Steffan Kaminski
**Python 3**
De Gruyter Studium

# Weitere empfehlenswerte Titel

*Informatik, Band 1: Programmierung, Algorithmen und Datenstrukturen*
H.-P. Gumm, M. Sommer, 2016
ISBN 978-3-11-044227-4, e-ISBN 978-3-11-044226-7,
e-ISBN (EPUB) 978-3-11-044231-1

*Simulation of Computers*
C. Vanderhoeven, 2016
ISBN 978-3-11-041319-9, e-ISBN 978-3-11-041320-5;
e-ISBN (EPUB) 978-3-11-041494-3

*Praktische Algorithmik mit Python*
T. Häberlein, 2012
ISBN 978-3-486-71390-9, e-ISBN 978-3-486-71444-9

*icom*
Jürgen Ziegler (Editor in Chief) 3 Hefte pro Jahrgang
ISSN 2196-6826

Steffan Kaminski

# Python 3

—

**DE GRUYTER**
OLDENBOURG

**Autor**
Steffan Kaminski
Nübelfeld 22
24972 Steinbergkirche
sk@anudi.de

ISBN 978-3-11-047361-2
e-ISBN (PDF) 978-3-11-047365-0
e-ISBN (EPUB) 978-3-11-047400-8

**Library of Congress Cataloging-in-Publication Data**
A CIP catalog record for this book has been applied for at the Library of Congress.

**Bibliografische Information der Deutschen Nationalbibliothek**
Die Deutsche Nationalbibliothek verzeichnet diese Publikation in der Deutschen
Nationalbibliografie; detaillierte bibliografische Daten sind im Internet über
http://dnb.dnb.de abrufbar.

© 2016 Walter de Gruyter GmbH, Berlin/Boston
Einbandabbildung: John Foxx/Stockbyte/thinkstock
Druck und Bindung: CPI books GmbH, Leck
♾ Gedruckt auf säurefreiem Papier
Printed in Germany

www.degruyter.com

# Vorwort

Mein erster Kontakt zu Python kam über die Linux-Distributionen der Jahrtausendwende zustande, damals noch die Version 1.5. Das ungewöhnliche Konzept der „Formatierung durch Einrückung" statt der Verwendung von Klammern erzeugte bei mir zunächst einige Kopfschmerzen. Die umfangreiche Bibliothek ermöglichte aber schon damals kompakte und effektive Programme für die unterschiedlichsten Zwecke.

Im Laufe der Zeit habe ich dann immer größere und umfangreichere Projekte mit Python umgesetzt. Von kurzen Scripten, die Daten zwischen verschiedenen Applikationen konvertierten, bis zu Daemon-Prozessen zum komplexen Nachrichtenaustausch – Die Programme verrichteten ihren Dienst zuverlässig und unauffällig, Änderungen und Erweiterungen konnte ich immer schnell umsetzen. Einen wesentlichen Beitrag dazu lieferten die gute Lesbarkeit von Python und die eingebauten Testmöglichkeiten.

Inzwischen ist die Entwicklung von Python bis zur Versionsnummer 3.5 fortgeschritten. Einige alte Zöpfe wurden abgeschnitten und nicht alle alten Programme laufen ohne Anpassung. Die Sprache hat durch die leicht geänderte Syntax aber an Klarheit gewonnen.

Der vorliegende Text stellt meine Dokumentation für den Wechsel von Python 2.x auf 3.x dar. Bei der Umstellung von einigen Projekten habe ich die Grundelemente der Sprache und verschiedene Bibliotheken noch einmal neu kennengelernt und dies für mich als Nachschlagewerk mit wichtigen Beispielen dokumentiert. Python 2.x wird in dem Text nicht mehr berücksichtigt, da diese Version nicht mehr lange von den Entwicklern unterstützt wird.

Der Text besteht aus verschiedenen Abschnitten. Die Sprachbeschreibung im ersten Teil sollte auch Python-Neulingen einen guten Einstieg ermöglichen.

Die Funktionen der Library in Teil zwei sind bis zu einem gewissen Grad auch nur mit einem grundlegenden Verständnis von Python zu nutzen. Der volle Leistungsumfang erschließt sich aber erst beim Verständnis der objektorientierten Eigenschaften.

Im dritten Teil werden ein paar umfangreichere Beispiele für Aufgaben aus der Praxis entwickelt und ausführlich vorgestellt. Ich hoffe damit etwas von der Eleganz von Python-Programmen darstellen zu können.

Der vierte Teil dient als Referenz für die Schlüsselwörter von Python, die eingebauten Funktionen und die Module der umfangreichen Python-Standardlibrary. Damit sollte der Leser schnell weitere Informationen über die eingebaute Hilfe oder die Online-Dokumentation finden können.

Mein Dank geht an alle Beteiligten beim De Gruyter-Verlag für die hervorragende Unterstützung, die vielen praktischen Tipps zur Umsetzung und die Bereitschaft, dieses Buch zu veröffentlichen.

Steinbergkirche, im Mai 2016                                                                 Steffan Kaminski

# Inhalt

Vorwort —— V


Teil I:  **Die Programmiersprache Python**

**1**       **Einleitung —— 3**
1.1         Konventionen in diesem Text —— **3**
1.2         Programmieren —— **4**
1.3         Der Python-Interpreter —— **4**
1.4         Kommentare —— **5**
1.5         Einrückung und Leerzeichen —— **6**
1.6         Fehlermeldungen —— **6**
1.7         Nichts tun: `pass` —— **7**
1.8         Eingebaute Funktionen —— **7**
1.9         Funktionen nachladen: `import` —— **8**
1.10        Variablen —— **9**
1.11        Gültige Variablennamen —— **10**
1.12        Ausgeben von Variablen —— **11**
1.13        Eingebaute Hilfen —— **11**


**2**       **Eingebaute Objekttypen —— 14**
2.1         Zahlen —— **14**
2.1.1       Mathematische Operatoren —— **15**
2.1.2       Bit-Operatoren —— **16**
2.1.3       Vergleichsoperatoren —— **17**
2.1.4       Kurzschreibweisen von Operatoren —— **17**
2.2         Zeichenketten —— **17**
2.3         Listen —— **20**
2.4         Tupel —— **21**
2.5         Range —— **22**
2.6         Operationen auf Sequenztypen —— **22**
2.6.1       Index-Zugriff —— **22**
2.6.2       Slicing —— **23**
2.6.3       Addition, Multiplikation und andere Funktionen —— **25**
2.7         Dictionarys —— **26**
2.8         Set und Frozenset —— **28**
2.9         Erzeugung von Listen, Sets und Dictionarys —— **30**
2.10        File-Objekte —— **31**
2.11        Binärdaten —— **32**

2.11.1     Unveränderbare Byte-Folgen: bytes —— **32**
2.11.2     Veränderbare Byte-Folgen: bytearray —— **34**
2.11.3     Daten in bytes und bytearray manipulieren —— **35**

**3         Fehlerbehandlung —— 42**
3.1        Fehler mit try ... except fangen —— **42**
3.2        Verschiedene Fehler fangen —— **43**
3.3        Alle Fehler fangen —— **43**
3.4        Weiter ohne Fehler: try ... except ... else —— **43**
3.5        Dinge auf jeden Fall ausführen: finally —— **44**
3.6        Mehr über den Fehler erfahren —— **44**
3.7        Einen Fehler auslösen —— **45**

**4         Ein- und Ausgabe —— 46**
4.1        Eingabe mit input() —— **46**
4.2        Ausgabe —— **48**
4.2.1      Strings formatieren mit format() —— **49**
4.2.2      Formatierung mit Formatstrings (Old String Formatting) —— **53**
4.2.3      Ausgabe auf stdout oder stderr —— **54**
4.2.4      Ausgabe mit print in eine Datei —— **55**
4.3        Dateien —— **55**
4.3.1      Arbeiten mit Dateien —— **55**
4.3.2      Textdateien —— **57**
4.3.3      Binärdateien —— **58**
4.3.4      Daten in Objekte ausgeben —— **60**
4.3.5      Fehlerbehandlung bei der Arbeit mit Dateien —— **61**

**5         Steuerung des Programmablaufs —— 63**
5.1        True, False, Leere Objekte und None —— **63**
5.2        Objektvergleich und Wertvergleich —— **64**
5.3        Boolesche Operatoren —— **65**
5.4        Bedingte Ausführung: if —— **66**
5.5        Mehrere Bedingungen: elif und else —— **66**
5.6        Objektabhängige Ausführung: with —— **67**
5.7        Bedingter Ausdruck —— **68**

**6         Schleifen —— 69**
6.1        Zählschleife: for —— **69**
6.2        Bedingte Schleife: while —— **71**
6.3        Unterbrechung einer Schleife: break —— **72**
6.4        Neustart der Schleife: continue —— **72**

**7** **Funktionen** —— 73
7.1       Definieren und Aufrufen von Funktionen —— 73
7.2       Sichtbarkeit von Variablen —— 74
7.3       Funktionsparameter —— 76
7.3.1     Positionsabhängige Parameter —— 77
7.3.2     Variable Anzahl von Parametern —— 78
7.3.3     Keyword Parameter —— 80
7.4       Defaultwerte für Funktionsparameter —— 81
7.5       Rückgabewert einer Funktion —— 81
7.6       Manipulation von Argumenten —— 82
7.7       Dokumentation im Programm: Docstring —— 83
7.8       Geschachtelte Funktionen —— 83

**8** **Funktionales** —— 85
8.1       Lambda-Funktionen —— 85
8.2       Funktionen auf Sequenzen ausführen: `map()` —— 86
8.3       Daten aus einer Sequenz extrahieren: `filter()` —— 87
8.4       Das Modul `functools` —— 87

**9** **Module** —— 88
9.1       Laden eines Moduls —— 88
9.1.1     Selektives Laden aus einem Modul —— 88
9.1.2     Umbenennen eines Moduls beim Import —— 89
9.2       Ein Modul erstellen —— 89
9.3       Wo werden Module gesucht? —— 90
9.4       Fehler beim Importieren —— 91
9.5       Ein Modul ist auch ein Programm —— 91
9.6       Neu laden eines Moduls —— 92
9.7       Mehrere Module – Ein Package —— 92

**10** **Objekte** —— 94
10.1      Definition von Klassen —— 94
10.2      Methoden —— 95
10.3      Attribute —— 95
10.4      Von der Klasse zum Objekt —— 96
10.4.1    Ein Objekt initialisieren: Der Konstruktor —— 96
10.4.2    Überladen von Funktionen —— 98
10.5      Klassenvariablen —— 98
10.6      Vererbung —— 99
10.6.1    Einfache Vererbung —— 100
10.6.2    Von eingebauten Klassen erben —— 102
10.6.3    Mehrfachvererbung —— 104

**11**     **Objekte unter der Lupe** —— **106**
11.1        Typ einer Variablen —— **106**
11.2        Attribute eines Objekts —— **107**
11.3        Standardfunktionen implementieren —— **109**
11.3.1      Vergleichsoperatoren —— **111**
11.3.2      Attributzugriff —— **112**
11.3.3      Verhalten von Containertypen —— **115**
11.3.4      Mathematische Operatoren —— **116**
11.3.5      Sonstige Operatoren und Konvertierungs-Funktionen —— **117**
11.4        Objekte aufrufen —— **117**
11.5        Darstellung eines Objekts als Zeichenkette —— **119**
11.6        Informationen über Objekte sammeln —— **121**
11.7        Attribute managen: Propertys —— **122**
11.8        Deskriptoren —— **123**
11.9        Dekoratoren —— **126**
11.9.1      Die zu dekorierende Funktion —— **127**
11.9.2      Eine Funktion als Dekorator —— **128**
11.9.3      Den Dekorator tarnen —— **130**
11.9.4      Objekt als Dekorator —— **132**
11.10       Iteratoren —— **133**
11.11       Generatoren —— **135**
11.12       Context Manager —— **136**
11.13       Exceptions —— **139**

**12**     **Mehr zu Namensräumen** —— **140**
12.1        Implizite Variablensuche —— **141**
12.2        Explizite Variablensuche: `global` und `nonlocal` —— **141**

## Teil II:  **Batterien enthalten**

**13**     **Collections** —— **145**
13.1        `deque` —— **145**
13.2        `ChainMap` —— **147**
13.3        `Counter` —— **148**
13.4        `OrderedDict` —— **150**
13.5        `defaultDict` —— **151**
13.6        `UserDict`, `UserList` und `UserString` —— **152**
13.7        `namedtuple` —— **152**

**14**     **Datum und Uhrzeit** —— **154**
14.1        UNIX-Zeit: `time` —— **154**

14.1.1      Ausgeben einer Zeit —— **156**
14.1.2      Einlesen einer Zeit —— **157**
14.1.3      Schlafen —— **158**
14.2      Das Modul `datetime` —— **158**
14.2.1      Datum: `datetime.date` —— **159**
14.2.2      Uhrzeit: `datetime.time` —— **160**
14.2.3      Zeitdifferenz/Zeitzone:
         `datetime.timedelta`/`datetime.timezone` —— **162**
14.2.4      Datum und Uhrzeit: `datetime.datetime` —— **164**

**15**      **Dateien und Verzeichnisse —— 169**
15.1      Systemunabhängiger Zugriff mit `pathlib` —— **169**
15.1.1      Die Klasse `Path` —— **170**
15.1.2      Methoden von Pure-Pfad-Objekts —— **173**
15.1.3      Methoden von konkreten Pfad-Objekts —— **174**
15.2      OS-spezifischer Zugriff mit `os.path` —— **179**
15.3      Temporäre Dateien erzeugen —— **181**

**16**      **Reguläre Ausdrücke —— 183**
16.1      Text beschreiben —— **183**
16.2      Pattern Matching —— **185**
16.2.1      Steuerung des Matching —— **187**
16.2.2      Individuelle Parameter für eine Gruppe —— **187**
16.3      Suchen und Ersetzen —— **189**
16.4      Referenzen auf gefundenen Text —— **190**
16.5      Regular Expression Objects —— **191**
16.6      Funktionen, Konstanten und Ausnahmen des Moduls —— **191**

**17**      **Zufallszahlen —— 195**
17.1      Das Modul `random` —— **195**
17.2      Einfache Zufallszahlen —— **196**
17.3      Zahlen aus einem Bereich —— **197**
17.4      Auswahl aus einer Menge und Mischen —— **198**
17.5      Zufallszahlen mit der Klasse `SystemRandom` —— **199**
17.6      Verteilungsfunktionen —— **199**

**18**      **Netzwerkprogrammierung mit Sockets —— 202**
18.1      Kommunikation im Internet —— **202**
18.1.1      Ein Socket-Server mit UDP —— **203**
18.1.2      Ein Socket-Client mit UDP —— **204**
18.1.3      UDP-Client und Server bei der Arbeit —— **205**
18.1.4      Ein Socket-Server mit TCP —— **206**

18.1.5    Ein Socket-Client mit TCP —— **207**
18.1.6    TCP-Client und Server bei der Arbeit —— **207**
18.2      UNIX-Sockets —— **207**
18.2.1    TCP UNIX-Socket —— **208**
18.2.2    UDP UNIX-Socket —— **211**
18.2.3    Client und Server mit UDP UNIX-Socket bei der Arbeit —— **212**
18.3      Mehrere Verbindungen über einen Socket —— **212**

**19**       **Automatisches Testen mit** doctest —— **213**
19.1      Doctest anwenden —— **213**
19.2      Doctest in ein Programm einfügen —— **214**
19.3      Umgang mit variablen Ausgaben —— **216**
19.4      Auslagern des Tests in eine Datei —— **217**

**20**       **Iteratoren und funktionale Programmierung** —— **220**
20.1      Erzeugung von Iteratoren mit itertools —— **220**
20.1.1    Endlosschleifen —— **220**
20.1.2    Sequenzfilter —— **221**
20.1.3    Permutationen —— **227**
20.2      Tools für Funktionen functools —— **229**

**21**       **Binärdaten und Codierungen** —— **237**
21.1      Binärstrukturen bearbeiten mit struct —— **237**
21.2      Transportcodierung mit base64 —— **242**
21.3      Objekte Serialisieren —— **243**
21.3.1    Python-Objekte serialisieren mit pickle —— **243**
21.3.2    Daten serialisieren mit json —— **247**

**22**       **Internetprotokolle** —— **251**
22.1      Ein Webserver in Python —— **251**
22.1.1    Webserver für statische Seiten —— **251**
22.1.2    Server für dynamische Seiten —— **253**
22.1.3    Daten auf dem Webserver empfangen und verarbeiten —— **255**
22.2      Webseiten mit einem Programm holen —— **258**
22.2.1    Eine Webseite holen mit urlopen() —— **259**
22.2.2    Die Klasse Request —— **261**
22.3      Bearbeiten von URLs —— **263**
22.3.1    Aufbauen einer URL —— **263**
22.3.2    Zerlegen einer URL —— **264**
22.4      E-Mail senden mit smtplib —— **265**
22.4.1    Versenden einer Mail —— **266**
22.4.2    Header zu einer Nachricht hinzufügen —— **269**

22.4.3      Verschlüsselter Mailversand —— **269**
22.5        E-Mail erstellen mit dem Modul email —— **272**
22.5.1      Header zu einer Nachricht hinzufügen —— **273**
22.5.2      Charset des Nachrichtentextes —— **273**
22.5.3      Abfragen von Nachrichten-Headern —— **274**
22.5.4      Weitere Methoden für email.message —— **277**
22.5.5      Aufbau einer Multipart-Message —— **279**
22.6        Multipart-Nachrichten mit email.mime —— **280**
22.7        E-Mail aus einer Datei lesen —— **283**
22.8        E-Mail empfangen mit poplib —— **286**
22.8.1      Die Klasse POP3 —— **286**
22.8.2      Weiterverarbeitung empfangener Nachrichten —— **288**

**23**       **Multitasking —— 290**
23.1        Das Modul threading —— **291**
23.1.1      Die Klasse Thread —— **292**
23.1.2      Threads als Objekt erzeugen —— **293**
23.1.3      Threads identifizieren —— **295**
23.1.4      Threads als abgeleitete Klasse —— **295**
23.2        Größere Mengen von Threads —— **298**
23.3        Synchronisation von Threads —— **298**
23.3.1      Lock —— **299**
23.3.2      RLock —— **301**
23.3.3      Condition —— **301**
23.3.4      Semaphore —— **306**
23.3.5      Event —— **307**
23.3.6      Timer —— **308**
23.3.7      Barrier —— **310**
23.4        Datenaustausch zwischen Threads —— **313**
23.5        Das Modul multiprocessing —— **318**
23.6        Datenaustausch zwischen Prozessen —— **323**
23.6.1      Die Klasse multiprocessing.Pipe —— **323**
23.6.2      Die Klasse multiprocessing.Queue —— **325**
23.6.3      Shared Memory —— **327**
23.6.4      Die Funktion Manager —— **331**
23.6.5      Manager-Objekte erstellen und manipulieren —— **334**
23.6.6      Manager-Objekte zwischen lokalen Prozessen teilen —— **336**
23.6.7      BaseManager-Objekte —— **337**
23.6.8      Zugriff von Manager-Objekten über das Netzwerk —— **338**

**24**       **Logging —— 341**
24.1        Das Modul logging —— **341**

24.1.1          Formatieren einer Logzeile —— **342**
24.1.2          Konfigurieren des Loggings mit `basicConfig()` —— **345**
24.1.3          Eigene Log-Level definieren —— **346**
24.1.4          Unterdrücken eines Log-Levels —— **347**
24.1.5          Funktionen im Modul `logging` —— **348**
24.2            Objektorientiertes Logging mit `logging` —— **349**
24.2.1          Logger-Objekte —— **349**
24.2.2          Die Klasse `Handler` —— **353**
24.2.3          `Formatter`-Objekte —— **358**
24.2.4          `Filter`-Objekte —— **359**
24.2.5          Ausgabe auf mehrere Kanäle gleichzeitig —— **360**
24.2.6          Konfigurationsmöglichkeiten für das Logging —— **360**
24.3            Logging mit `syslog` —— **368**
24.3.1          Log-Level im Modul `syslog` —— **369**
24.3.2          Berechnung der Bitmaske für `setlogmask()` —— **369**
24.3.3          Log-Kanäle —— **370**
24.3.4          Weitere Parameter für `openlog()` —— **370**
24.3.5          Beispiele —— **371**

**25**          **Datenbanken —— 372**
25.1            Das DB-API 2.0 —— **372**
25.1.1          Attribute eines Datenbankmoduls —— **373**
25.1.2          `Connection`-Objekte —— **373**
25.1.3          `Cursor`-Objekte —— **374**
25.1.4          Exceptions —— **375**
25.2            Das Modul `sqlite3` —— **376**
25.2.1          Öffnen einer Datenbank —— **377**
25.2.2          Daten definieren und abfragen —— **378**
25.2.3          Transaktionen —— **379**
25.2.4          Transaktionen interaktiv —— **381**
25.2.5          Erweiterungen des `Connection`-Objekts —— **384**
25.3            PostgreSQL mit `psycopg2` —— **385**
25.3.1          Verbindung zur Datenbank —— **385**
25.3.2          Parameter an Anfragen übergeben —— **387**
25.3.3          Erweiterungen des `Connection`-Objekts —— **388**
25.3.4          Transaktionen und Isolation Level —— **390**
25.4            MySQL mit `mysqlclient` —— **391**
25.4.1          Verbindung zur Datenbank —— **391**
25.4.2          Parameter an Anfragen übergeben —— **393**
25.4.3          Erweiterungen des `Connection`-Objekts —— **395**
25.4.4          Cursor-Klassen —— **396**

**26      Diverses —— 397**
26.1      `math` – Mathematische Funktionen —— 397
26.2      `hashlib` – Hashfunktionen —— 401
26.3      `csv` – CSV-Dateien —— 403
26.4      `getpass` – Passwörter eingeben —— 408
26.5      `enum` – Aufzählungstypen —— 409
26.6      `pprint` – Variablen schöner ausgeben —— 412

**27      Verarbeiten von Startparametern —— 414**
27.1      Zugriff auf die Startparameter mit `sys` —— 414
27.2      Startparameter mit `argparse` verarbeiten —— 415
27.2.1    Die Klasse `ArgumentParser` —— 416
27.2.2    Den Parser starten —— 418
27.2.3    Argumente für den Parser definieren —— 419

**28      Python erweitern —— 428**
28.1      Module von Drittanbietern finden —— 428
28.2      Pakete installieren mit `pip` —— 428
28.3      `virtualenv` und `pyvenv` —— 430
28.4      Interessante Module außerhalb der Standardlibrary —— 431

Teil III:  **Größere Beispiele**

**29      Referenzzähler für Latex-Dokumente —— 435**
29.1      Anforderungen —— 435
29.2      Eine Lösung —— 435
29.3      Mögliche Erweiterungen —— 437

**30      Dateien und Verzeichnisse umbenennen —— 438**
30.1      Anforderungen —— 438
30.2      Eine Lösung —— 438
30.3      Mögliche Erweiterungen —— 439

**31      Verfügbarkeit von Webservern prüfen —— 440**
31.1      Einen Webrequest stellen —— 440
31.2      Eine Klasse zum Abfragen einer URL —— 441
31.3      Webseite in einem Thread abfragen —— 442
31.4      Abfragen mehrerer Hosts —— 443
31.5      Mögliche Erweiterungen —— 443

**32      Änderungen im Linux-Dateisystem überwachen – Inotify —— 445**
32.1        Beschränkungen von `inotify` —— 445
32.2        Ereignisse im Dateisystem —— 445
32.3        Einen Eventhandler implementieren —— 446
32.4        Einrichten einer Überwachung —— 447
32.5        Überwachen von `/tmp` —— 448
32.6        Überwachung mehrerer Dateien/Verzeichnisse —— 450
32.7        Mögliche Erweiterung —— 451

## Teil IV: **Anhang**

**A         Keywords, Konstanten und Module —— 455**
A.1         Keywords in Python —— 455
A.2         Konstanten —— 456
A.3         Eingebaute Funktionen —— 457
A.4         Module —— 460
A.4.1       Datentypen —— 460
A.4.2       Mathematische Funktionen —— 460
A.4.3       Verarbeitung von Text —— 461
A.4.4       Dateien und Verzeichnisse —— 461
A.4.5       Speicherung von Daten und Objekten —— 462
A.4.6       Verschiedene Dateiformate —— 462
A.4.7       Datenkomprimierung und Archivierung —— 463
A.4.8       Grundlegende Funktionen —— 464
A.4.9       Parallele Programmierung —— 464
A.4.10      Kommunikation zwischen Prozessen —— 465
A.4.11      Internet-Protokolle —— 465
A.4.12      Internet-Datenformate —— 466
A.4.13      XML, HTML —— 467
A.4.14      Binärdaten —— 467
A.4.15      Funktionale Programmierung —— 467
A.4.16      Sonstiges —— 468
A.4.17      Kryptografische Funktionen —— 468
A.4.18      Internationalization —— 469

**B         Onlinequellen —— 470**

**Stichwortverzeichnis —— 473**

Teil I: **Die Programmiersprache Python**

# 1 Einleitung

Python ist eine moderne, objektorientierte Programmiersprache. Die Sprache hat einen kleinen Kern, die Syntax ist übersichtlich und schnell zu lernen. Der spielerische Umgang mit Python wird durch einen Interpreter unterstützt, in dem ein Programm Stück für Stück entwickelt und einzelne Anweisungen ausprobiert werden können.

Ein kleiner Kern bedeutet aber nicht, dass die Sprache nicht universell einsetzbar ist. Durch im Lieferumfang enthaltene Module stehen zahlreiche Erweiterungen zur Verfügung. Dadurch kann man mit Python die unterschiedlichsten Dinge bewältigen, von XML-Verarbeitung über komplexe mathematische Berechnungen bis hin zu Webprogrammierung.

Neben der objektorientierten Programmierung unterstützt Python auch verschiedene andere Programmiertechniken. Wer möchte, kann mit Python klassisch prozedural programmieren. Es sind auch Elemente der funktionalen Programmierung verfügbar. Der Programmierer kann Python auf die Weise nutzen, die ihm am besten liegt, er wird nicht zum Einsatz einer Programmiermethode gezwungen.

Dieser Text bietet dem Leser eine Einführung in die Programmierung mit Python und soll ihn in die Lage versetzen, einfache typische EDV-Aufgaben zu lösen. Zum Einsatz kommt Python ab Version 3.5.

Englisch ist die Sprache der EDV. Da dieser Text auch für Einsteiger in die Programmierung lesbar sein soll, werden, wenn möglich, die englischen Fachbegriffe mit deutschen Entsprechungen vorgestellt und ab dann gleichberechtigt verwendet.

## 1.1 Konventionen in diesem Text

Die Beispiele und Listings wurden unter Linux erstellt und getestet. Ein- und Ausgaben von Beispielen im Interpreter und der Linux-Shell werden im Folgenden in `monospace`-Schrift wiedergegeben, z. B.:

```
$ python3.5
Python 3.5.1 (default, Mar 15 2016, 14:33:11)
[GCC 4.8.5 20150623 (Red Hat 4.8.5-4)] on linux
Type "help", "copyright", "credits" or "license" for more information.
>>>
```

Dieses Beispiel zeigt den Start von Python in einer Linux-Shell. Das Dollarzeichen „$" am Anfang einer Zeile stellt den Prompt der Linux-Shell dar, „>>>" den Prompt der Python-Shell.

Programme/Listings werden ebenfalls in `monospace`-Schrift wiedergegeben, haben aber eine Zeilennummerierung und sind durch einen Rahmen vom übrigen Text abgesetzt. Die Zeilennummern in den Beispielen dienen nur zur besseren Referenzierung im Text und müssen nicht mit eingegeben werden, z. B.:

```
1  a = 42
```

## 1.2 Programmieren

Beim Programmieren sagt man dem Computer, was er mit Dingen machen soll. Das „Was" sind die Anweisungen oder Befehle und die „Dinge" werden als Daten oder Variablen bezeichnet. Ein Programm ist eine Folge von Anweisungen.

Wie jede andere Programmiersprache führt Python Anweisungen in der im Quelltext vorgegebenen Reihenfolge aus. Pro Zeile wird eine Anweisung geschrieben[1]. Am Zeilenende muss kein Semikolon oder anderes Zeichen stehen.

Wer schon eine andere Programmiersprache kennt, wird bei Python zunächst zwei Dinge ungewöhnlich finden:
–  Variablen (die Daten mit denen das Programm arbeitet) müssen nicht vor ihrer Nutzung mit einem Typ (dies ist eine Zahl, jenes ist eine Zeichenkette) definiert werden.
–  Logisch zusammenhängende Anweisungen (auch als Code- oder Anweisungsblock bezeichnet) werden nicht mit Klammern umgeben, sondern durch eine gleiche Anzahl Leerzeichen zu Beginn der Zeilen gekennzeichnet. Vor einem Block steht immer eine sogenannte Kopfzeile. Diese endet immer mit einem Doppelpunkt.
   Der Block endet mit der nächsten Zeile, die weniger Leerzeichen am Anfang aufweist.

Leerzeilen in Programmdateien werden ignoriert. Im Interpreter werden Leerzeilen zur Erkennung eines Blockendes benötigt und sind daher an manchen Stellen wichtig bzw. dürfen nicht genutzt werden, bis der Block zu Ende ist.

## 1.3 Der Python-Interpreter

Python verfügt über einen Interpreter, in dem Anweisungen direkt ausgeführt werden können. Dieser wird gestartet, wenn man Python ohne Parameter aufruft. Nach dem Start des Programms zeigt der Prompt „>>> " die Eingabebereitschaft des Interpreters an.

---

[1] Es gibt eine Ausnahme von dieser Regel. Diese sollte aber zugunsten der besseren Lesbarkeit sparsam oder gar nicht eingesetzt werden.

Wie so viele Einführungen in Programmiersprachen, beginnt auch dieser Text mit einem Programm, das die Zeichenkette „Hallo Welt" auf dem Bildschirm ausgibt.

```
1  print('Hallo Welt')
```

**Listing 1.1.** Hallo Welt in Python

Im Interpreter eingegeben gibt das Programm in Listing 1.1 die Zeichenkette „Hallo Welt" auf die Konsole aus:

```
>>> print('Hallo Welt')
Hallo Welt
>>>
```

Python führt im Interpreter jede Anweisung sofort nach Drücken der Return- oder Enter-Taste aus.

Wenn man eine Anweisung über mehrere Zeilen formatieren möchte, statt eine sehr lange Zeile zu schreiben, so kann man dies durch einen Backslash (\) am Ende der Zeile realisieren. Nach dem Backslash darf kein Zeichen mehr folgen:

```
>>> print('ha\
... llo')
hallo
```

Die Zeichenkette „..." stellt den zweiten Prompt des Python-Interpreters dar. Python hat noch nicht das Ende einer Zeile oder eines Blocks erkannt und wartet auf weitere Eingaben.

## 1.4 Kommentare

Mit dem Doppelkreuz (#) wird ein Kommentar eingeleitet, und Python ignoriert alle weiteren Zeichen bis zum Zeilenende. Das folgende Beispiel liefert also das gleiche Ergebnis wie das vorherige:

```
>>> print('Hallo Welt') # hier beginnt der Kommentar
Hallo Welt
>>>
```

## 1.5 Einrückung und Leerzeichen

Wie schon erwähnt, beachtet Python die Anzahl der Leerzeichen zu Beginn einer Zeile. Eine Anweisung im Interpreter sollte immer am Anfang der Zeile hinter dem Prompt „>>> " stehen. Sollten sich dennoch vor einer Anweisung aus Versehen ein oder mehrere Leerzeichen einschleichen, wird sich Python wie folgt beschweren:

```
>>> print('a')
  File "<stdin>", line 1
    print('a')
    ^

IndentationError: unexpected indent
```

Auch sollte man Leerzeichen nicht mit Tabulatorzeichen mischen. Dies wird früher oder später zu dem gezeigten Fehler oder einem unerwarteten Verhalten des Programms führen.

Die Anzahl der Leerzeichen in einer Anweisung ist beliebig. Hier kann der Programmierer den Code so gestalten, wie es ihm am besten gefällt. Die folgenden Anweisungen sind gleichwertig:

```
>>> 2+2
4
>>> 2 + 2
4
```

## 1.6 Fehlermeldungen

Python löst im Fehlerfall eine Exception (Ausnahme) aus und liefert, wie gerade gesehen, sehr ausführliche Fehlermeldungen. Diese Fehlerausgabe wird als Traceback bezeichnet.

Eine Ausnahme führt zum Programmabbruch wenn sie nicht durch das Programm behandelt wird. In einer interaktiven Sitzung kehrt der Interpreter zur Eingabeaufforderung zurück.

Im folgenden Beispiel soll der Interpreter eine ungültige Anweisung ausführen (das zweite Anführungszeichen fehlt). Dies wird mit einem SyntaxError quittiert:

```
>>> print('hallo welt)
  File "<stdin>", line 1
    print('hallo welt)
                      ^

SyntaxError: EOL while scanning string literal
```

Python kennt eine Vielzahl von Fehlermeldungen und unterstützt den Entwickler bei der Diagnose, indem es den Fehler genau klassifiziert und im Traceback einen Hinweis auf die Stelle gibt. Das „ˆ" über der Fehlermeldung zeigt auf die Ort, an der Python den Fehler erkannt hat.

Fehlerbehandlung ist ein umfangreiches Thema, das ausführlich in Kapitel 3 Fehlerbehandlung ab Seite 42 behandelt wird.

## 1.7 Nichts tun: pass

Manchmal kann es in einem Programm notwendig sein, nichts zu tun. Python bietet die Anweisung pass, um dies zu realisieren. Die Anweisung kann an jeder beliebigen Stelle im Programm auftauchen, an der Anweisungen erlaubt sind. Häufig wird sie als Platzhalter für später zu implementierende Funktionen genutzt.

```
>>> pass
>>>
```

## 1.8 Eingebaute Funktionen

Python bietet eingebaute Funktionen, die immer zur Verfügung stehen. Die komplette Liste der Funktionen findet sich in Anhang A.3 ab Seite 457.

Für den Anfang werden hier zunächst ein paar Funktionen kurz vorgestellt, die in den Beispielprogrammen im Text genutzt werden. In der folgenden Tabelle steht o für ein beliebiges Objekt. Der Platzhalter i steht für ein abzählbares Objekt. Die Variablen x und y stehen für beliebige Zahlen.

**Tab. 1.1.** Einige eingebaute Funktionen

| Funktion | Beschreibung |
| --- | --- |
| dir(o) | Listet die bekannten Namen im aktuellen Namensraum auf. |
| enumerate(o) | Liefert für jedes Element von o die laufende Nummer und das Element. |
| globals() | Liefert ein Dictionary mit den Variablen und deren Werten aus dem aktuellen globalen Namensraum. |
| help() | Ruft das eingebaute Hilfe-System auf. |
| id(o) | Liefert eine eindeutige ID für ein Objekt. |
| len(o) | Bestimmt die Länge, die Anzahl der Elemente, eines Objekts. |
| open(datei) | Öffnet eine Datei und liefert ein Dateiobjekt. |
| print(o) | Die universelle Ausgabefunktion. Wenn man der Funktion eine Variable übergibt, wird Python sie ausgeben. Die Beschreibung aller möglichen Parameter ist an dieser Stelle unmöglich. |

**Tab. 1.1.** fortgesetzt

| Funktion | Beschreibung |
| --- | --- |
| `sorted(i)` | Liefert eine sortierte Liste der Elemente in `i`. |
| `type(o)` | Bestimmt den Typ eines Objekts. Dient aber auch dazu, ein neues Typ-Objekt zu erstellen. |

## 1.9 Funktionen nachladen: `import`

Wie schon erwähnt, ist der Sprachumfang, also die Anzahl der eingebauten Schlüsselwörter in Python, sehr klein. Viele Funktionen sind in externe Programme ausgelagert. Eine Gruppe von Funktionen, die in einer Datei zusammengefasst sind, wird als Modul (engl. Module) bezeichnet. Die Gesamtheit dieser Bibliotheken der Python-Distribution wird als Standardlibrary, oder nur kurz Library, bezeichnet.

Der Zugriff auf ein Element der Standardlibrary ist nach einem Import des Moduls möglich. Dies geschieht meist am Anfang eines Programms mit dem Schlüsselwort `import` gefolgt vom Modulnamen, kann aber auch an jeder beliebigen anderen Stelle im Quelltext erfolgen.

```
1  import sys
```

**Listing 1.2.** Import des `sys`-Modul

Nach dem Statement aus Listing 1.2 können die Funktionen des Moduls `sys` in einem Programm genutzt werden. Ein Attribut oder eine Funktion des Moduls kann dann in der Form `sys.abc` oder `sys.xyz()` angesprochen werden.

Alternativ kann gezielt ein Element (Attribut oder Funktion) aus einem Modul importiert werden:

```
1  from sys import stdout
2  from sys import stdout as STDOUT
```

**Listing 1.3.** Import eines Elements aus dem Modul `sys`

In der Form von Zeile 1 im Listing 1.3 können auch mehrere Elemente auf einmal importiert werden. Diese müssen dann durch Komma getrennt werden.

In Zeile 2 des Listings 1.3 wird dem Element ein Alias zugewiesen, unter dem die Nutzung anschließend möglich ist. Dies ist hilfreich, wenn es zu Überschneidungen von Namen kommt oder ein langer Name verkürzt werden kann.

Der Zugriff ist in dieser Form ohne den Modulnamen möglich:

```
>>> from sys import stdout
>>> stdout.write('hallo')
hallo5
>>> from sys import stdout as STDOUT
>>> STDOUT.write('welt')
welt4
```

Die Funktion `write()` liefert die Anzahl der geschriebenen Bytes zurück. Daher die Zahlen hinter dem Text. Dieser Wert sollte einer Variablen zugewiesen werden.

Mehr zu Modulen im Kapitel 9 Module ab Seite 88.

## 1.10 Variablen

Neben Anweisungen besteht ein Programm aus Variablen. Diese sind die Daten, mit denen ein Programm arbeitet. Jedes in einer Variablen gespeicherte Datum hat einen Datentyp, oft nur kurz Typ genannt. Der Typ definiert die enthaltenen Daten, z. B. Zahlen, Zeichen oder auch komplexere Dinge.

Eine neue Variable wird einfach durch die Zuweisung eines Wertes im Programm bekannt gemacht und erhält dadurch implizit auch gleich den Datentyp.

```
1  a = 42;
```

**Listing 1.4.** Definition einer Variablen durch Zuweisung

Das Gleichheitszeichen „=" ist der Zuweisungsoperator in Python. Die Zuweisung in Listing 1.4 legt ein Zahlenobjekt an und speichert darin die Zahl 42. Unter dem Namen a kann von nun an auf dieses Datum zugegriffen werden. Der Bezeichner a wird allgemein als Variablenname oder kurz Variable bezeichnet und enthält eine Referenz auf das eigentliche Datum.

Es ist auch eine Mehrfachzuweisung möglich. Auf jeder Seite müssen gleich viele Elemente durch Komma getrennt stehen:

```
>>> a, b = 1, 2
>>> print(a, b)
1 2
```

Wie schon erwähnt, speichert eine Variable die Referenz auf das eigentliche Datum. Was bewirkt nun die Zuweisung einer Variablen an eine andere?

```
>>> b = a
>>> id(a)
8747424
>>> id(b)
8747424
```

Das Beispiel zeigt die Zuweisung von `a` an `b`. Die Funktion `id()` zeigt: Beide Variablen zeigen auf den gleichen Speicherbereich. Was geschieht nun, wenn `b` einen neuen Wert erhält?

```
>>> b = 43
>>> a
1
>>> id(b)
8747456
```

Es wird ein neues Datum angelegt und `b` erhält die Referenz darauf. Dieses Verhalten wird bei den Container-Datentypen und bei der Übergabe von Parametern an eine Funktion noch relevant.

In Python muss eine Variable nicht mit einem Typen definiert werden, und der Typ des Objekts, auf das eine Variable verweist, kann sich während der Laufzeit des Programms ändern, zum Beispiel von einer Zahl zu einer Zeichenkette. Man sagt, Python ist nicht statisch typisiert.

Python führt Typen-Änderungen nicht automatisch durch, dies geschieht nur durch eine Zuweisung eines anderen Wertes an eine Variable oder eine entsprechende Konvertierung. Man kann also nicht, wie z. B. in Perl, eine Zahl auf eine Zeichenkette addieren.

## 1.11 Gültige Variablennamen

Variablennamen müssen mit einem Buchstaben oder dem Unterstrich beginnen. Im Namen können auch Ziffern und der Unterstrich verwendet werden. Groß- und Kleinschreibung wird unterschieden.

Ein oder zwei Unterstriche zu Beginn eines Namens werden in Objekten zur Kennzeichnung von besonderen Variablen oder Methoden genutzt. Mehr dazu in den Kapiteln über Objekte.

## 1.12 Ausgeben von Variablen

Im Interpreter kann man eine Variable einfach durch ihren Namen gefolgt von einem Return/Enter ausgeben:

```
>>> a
1
```

Die eingebaute Funktion `print()` gibt eine Textdarstellung des Objekts, auf das die Variable `a` verweist, aus:

```
>>> print(a)
1
```

Bei Zahlen unterscheidet sich die Ausgabe im Interpreter gar nicht, bei Zeichenketten nur durch Anführungszeichen zu Beginn und Ende.

Man sollte im Interpreter immer mal wieder ausprobieren, was Python für diese zwei Wege der Objektanzeige ausgibt.

Der Versuch, eine nicht definierte Variable zu nutzen, führt zu einem `NameError`:

```
>>> print(c)
Traceback (most recent call last):
  File "<stdin>", line 1, in <module>
NameError: name 'c' is not defined
```

## 1.13 Eingebaute Hilfen

Python bietet eine eingebaute Hilfe-Funktion, ähnlich den Man-Pages von UNIX. Wenn man ein Kommando kennt, aber die nötigen Parameter vergessen hat, kann man einfach mit der Funktion `help()` und dem Funktionsnamen als Parameter die Dokumentation aufrufen:

```
>>> help(print)
Help on built-in function print in module builtins:

print(...)
    print(value, ..., sep=' ', end='\n', file=sys.stdout, flush=False)

    Prints the values to a stream, or to sys.stdout by default.
    ...
```

`help()` stellt den sogenannten Docstring der Funktion dar. Dieser Mechanismus ist auch mit selbst geschriebenen Funktionen anwendbar und sollte intensiv zur Dokumentation der eigenen Programme genutzt werden. Mehr zum Docstring in Kapitel 7.7 ab Seite 83.

Neben `help()` gibt es noch zwei weitere Funktionen, die die Untersuchung von Objekten zur Laufzeit unterstützen[2]: `dir()` und `type()`.

Variablen werden in sogenannten Namensräumen gespeichert. Ein Namensraum stellt die Verbindung von Namen zu Objekten dar. Der globale Namensraum im Interpreter kann durch einen Aufruf der eingebauten Funktion `dir()` inspiziert werden. In einem frisch gestarteten Python-Interpreter sieht er wie folgt aus:

```
>>> dir()
['__builtins__', '__doc__', '__loader__', '__name__', '__package__',
'__spec__']
```

Der globale Namensraum wird beim Start des Interpreters initialisiert und existiert, bis dieser beendet wird. In einem Programm können beliebig viele Namensräume existieren. Ein neuer Namensraum wird zum Beispiel durch ein Modul oder eine Funktion gebildet. Der Namensraum von Modulen wird beim Laden aufgebaut.

Funktionen und Objekte bauen ihre Namensräume bei der Ausführung bzw. Initialisierung auf und geben diese wieder frei, wenn sie beendet bzw. gelöscht werden.

Im folgenden Beispiel wird die Variable `b` angelegt. Sie taucht dann in der Liste des Namensraums auf. Wenn sie mit der Anweisung `del` gelöscht wird, ist kein Zugriff mehr möglich, und der Eintrag im Namensraum ist nicht mehr vorhanden:

```
>>> b = 42
>>> dir()
['__builtins__', '__doc__', '__loader__', '__name__', '__package__',
'__spec__', 'b']
>>> b
42
>>> del b
>>> b
Traceback (most recent call last):
  File "<stdin>", line 1, in <module>
NameError: name 'b' is not defined
>>>
```

---

2 Die Untersuchung von Objekten zur Laufzeit wird im Englischen als „Introspection", also Selbstbeobachtung, bezeichnet. In Python kann man alle Objekte betrachten.

Auf jede Variable kann die Funktion `dir()` angewendet werden. Diese zeigt die Attribute des Objekts an:

```
>>> a = 42
>>> dir(a)
['__abs__', '__add__', '__and__', '__bool__', '__ceil__',
...
'from_bytes', 'imag', 'numerator', 'real', 'to_bytes']
```

Die Liste ist häufig sehr lang. Anhand des Namens ist aber meist noch nicht klar, was dieses Attribut ist. Hier kommt die Funktion `type()` ins Spiel. Damit kann man den Typ eines Attributs bestimmen:

```
>>> type(a.from_bytes)
<class 'builtin_function_or_method'>
```

Mehr zu Namensräumen und den Funktionen `dir()` und `type()` in Kapitel 7 Funktionen ab Seite 73, Kapitel 9 Module ab Seite 88 und Kapitel 10 Objekte ab Seite 94.

# 2 Eingebaute Objekttypen

In Python sind alle Datentypen Objekte. Zahlen, Zeichenketten, Listen, alle diese Dinge bestehen nicht nur aus ihren Daten. Mit dem Typ sind immer auch Funktionen verknüpft. Diese sind für alle Objekte eines Typs vorhanden und man bezeichnet sie als Objektmethoden oder kurz Methoden. Jedes Objekt dieser Klasse kann die Funktionen aufrufen. Der Methodenaufruf wird immer in der Form `objekt.methode()` geschrieben.

Python enthält folgende Objekte:
- Zahlen
- Zeichenketten
- Listen, Tupel, Range (Sequenztypen)
- Dictionarys (Mappingtyp)
- Set (Mengentyp)
- Dateien
- Binärdaten (Bytes)

Diese Typen werden im Folgenden mit ihren wichtigsten Eigenschaften und Methoden vorgestellt. Sie bilden die Grundlage für die Programmierung in Python und den Aufbau eigener Objekte. Dies sind nicht alle eingebauten Objekte. Für eine vollständige Liste empfiehlt sich ein Blick in die „Language Reference" und „Library Reference".

## 2.1 Zahlen

Python bietet neben Ganz- und Fließkommazahlen (Integer und Float) auch komplexe Zahlen. Als Dezimalzeichen kommt bei Fließkommazahlen der Punkt statt eines Komma zum Einsatz. Hier zunächst ein paar Beispiele für die verschiedenen Zahlen.

```
1  ganzzahl = 42
2  langezahl = 12345678901234567890
3  fliesskomma1 = 3.14
4  fliesskomma2 = 8.12e+10
5  komplex = 1+2j
```

**Listing 2.1.** Verschiedene Zahlenwerte

Python bietet mit seinen Ganzzahlen etwas Besonderes. Die Zahlen können über den von der Rechnerarchitektur abhängigen Bereich von $2\widehat{\phantom{x}}31$ oder $2\widehat{\phantom{x}}63$ (für 32- oder 64-Bit CPU-Architekturen) Werte annehmen. Ganze Zahlen haben keine Begrenzungen in der Genauigkeit, wenn man genügend Speicher zur Verfügung hat.

Man kann in Python einfach die Zahl der Adressen von IPv6 berechnen und erhält ein exaktes Ergebnis statt der üblichen Exponentialschreibweise:

```
>>> pow(2, 128)
340282366920938463463374607431768211456
```

Ganzzahlen können bei einer Zuweisung auch in binärer, oktaler oder hexadezimaler Schreibweise angegeben werden. Listing 2.2 zeigt ein paar Beispiele.

```
1  binaer = 0b101010        # Präfix 0b
2  oktalzahl = 0o755        # Präfix 0o
3  hexzahl = 0xff           # Präfix 0x
```

**Listing 2.2.** Darstellung verschiedener Zahlensysteme

Die folgende Tabelle zeigt die verschiedenen Zahlentypen und deren Klassen in Python.

**Tab. 2.1.** Verschiedene Zahlendarstellungen und deren Python-Typen

| Zahl | Python-Typ |
|---|---|
| 42 | int |
| 1234567890123456789 | int |
| 3.141 | float |
| 1+2j | complex |

### 2.1.1 Mathematische Operatoren

Zum Rechnen gibt es die folgenden mathematischen Operatoren und eingebaute Funktionen (die Reihenfolge stellt gleichzeitig die Priorität dar).

**Tab. 2.2.** Mathematische Operatoren

| Operator | Funktion |
|---|---|
| + | Addition |
| − | Subtraktion |
| ∗ | Multiplikation |
| / | Division |
| // | für eine Ganzzahldivision (Ergebnis hat keine Nachkommastellen) |
| % | für die Modulusdivision (Rest) |
| − | Negation |

**Tab. 2.2.** fortgesetzt

| Operator | Funktion |
|---|---|
| + | unveränderter Wert |
| abs(x) | absoluter Wert |
| int(x) | erzeugt eine Ganzzahl |
| float(x) | erzeugt eine Fließkommazahl |
| complex(x, y) | erzeugt eine komplexe Zahl |
| divmod(x, y) | liefert gleichzeitig Ganzzahl- und Modulusdivision |
| pow(x, y) | Potenzieren |
| x ** y | Potenzieren |

Da der Additions- und Subtraktionsoperator eine niedrigere Priorität hat als die für Multiplikation und Division, beachtet Python die „Punkt vor Strich"-Regel. Der Vorrang jeder Operation kann aber wie in der Mathematik durch Klammerung individuell beeinflusst werden.

Die Priorität der mathematischen Operatoren ist höher als die der folgenden Bit-Operatoren.

### 2.1.2 Bit-Operatoren

Die Grundelemente der booleschen Algebra, die logischen Verknüpfungen, Schiebe-operationen auf Binärdaten und das Bitkomplement.

**Tab. 2.3.** Bit-Operatoren

| Operator | Funktion |
|---|---|
| a \| b | bitweises Oder |
| a ^ b | bitweises XOR |
| a & b | bitweises Und |
| a « n | a um n Bit nach links schieben |
| a » n | a um n Bit nach rechts schieben |
| ~a | Bitkomplement von a |

Beim Schieben nach links kommt es durch die beliebig genauen Zahlen von Python zu keinem Überlauf oder Abschneiden von Werten.

Die Bit-Operatoren haben eine höhere Priorität als die folgenden Vergleichsoperatoren.

### 2.1.3 Vergleichsoperatoren

Diese Operatoren können verwendet werden, um Vergleiche anzustellen. Das Ergebnis ist ein boolescher Wert für „wahr" oder „falsch". Sie haben alle die gleiche Priorität.

**Tab. 2.4.** Vergleichsoperatoren

| Operator | Funktion |
|----------|----------|
| < | kleiner |
| <= | kleiner oder gleich |
| > | größer |
| >= | größer oder gleich |
| == | gleich |
| != | ungleich |

Es gibt noch zwei weitere Vergleichsoperatoren. Da diese speziell mit Objekten zu tun haben werden diese erst im Kapitel über Objekte vorgestellt.

### 2.1.4 Kurzschreibweisen von Operatoren

Häufig wird eine Zuweisung an eine Variable gemacht, die auch auf der rechten Seite der Zuweisung steht.

```
1  a = a + b
```

**Listing 2.3.** Zuweisung an eine beteiligte Variable

Für Ausdrücke dieser Art bietet Python eine Kurzschreibweise.

```
1  a += b
```

**Listing 2.4.** Kurzschreibweise einer Zuweisung mit Addition

Man spart sich also die Wiederholung der Variablen, an die die Zuweisung erfolgt. Diese Schreibweise ist mit allen zuvor genannten mathematischen und Bit-Operatoren möglich.

## 2.2 Zeichenketten

Python speichert Zeichenketten als Folge von Zeichen in einem String-Objekt. Python kennt keinen Typen für ein einzelnes Zeichen, d.h. der kleinstmögliche String ist ein Zeichen lang. Für die Speicherung der Zeichen kommt UTF-8 zum Einsatz.

Alle Zeichenketten gehören der Klasse `str` an. Strings sind in Python unveränderlich. Alle Aktionen darauf liefern eine neue Zeichenkette.

Um eine Zeichenkette in einer Variablen zu speichern, wird diese bei der Zuweisung in einfache oder doppelte Anführungszeichen eingefasst.

```
1  s = 'hallo'
2  s = "hallo"
```

**Listing 2.5.** Definition von Variablen mit Zeichenkette als Datum

Die Varianten in Listing 2.5 sind gleichwertig. Durch den beliebigen Einsatz der Anführungszeichen kann man das jeweils andere Zeichen in einem String verwenden:

```
>>> s = "String mit ' im Satz."
>>> s
"String mit ' im Satz."
>>> print(s)
String mit ' im Satz.
```

Wenn das gleiche Zeichen in der Zeichenkette auftauchen soll muss es durch einen vorangestellten Backslash (\) markiert werden. Dieses Vorgehen bezeichnet man als „escapen":

```
>>> s = "ein Anführungszeichen \" muss gesondert behandelt werden"
>>> s
'ein Anführungszeichen " muss gesondert behandelt werden'
```

Des Weiteren können Zeichenketten mit dreifachen Anführungszeichen umgeben werden. Diese können dann Zeilenumbrüche und einfache Anführungszeichen enthalten. Dies wird im Englischen als „Multiline" bezeichnet:

```
>>> s = """hallo
... welt!"
... """
>>> s
'hallo\nwelt!"\n'
>>> print(s)
hallo
welt!"

>>>
```

Die Zeichenkette enthält die Steuerzeichen für den Zeilenwechsel \n und die verschiedenen Varianten von Anführungszeichen. Die mehrzeilige Zeichenkette kann ohne einen Backslash (\) am Ende der Zeile geschrieben werden.

## String-Methoden

Die folgende Tabelle enthält eine kurze Beschreibung einiger Methoden von String-Objekten. Die Liste ist nicht vollständig. In den Methodenaufrufen steht n für eine Zahl, s für einen String. `iterable` steht für einen beliebigen Sequenz-Typ.

**Tab. 2.5.** String-Methoden

| Methode | Beschreibung |
|---|---|
| capitalize() | Wandelt das erste Zeichen des String in Groß-, alle anderen in Kleinbuchstaben. |
| casefold() | Liefert den String in Kleinbuchstaben gewandelt. Sonderzeichen werden dabei ersetzt, z. B. das ß wird zu ss. |
| center(n[, fillchar]) | Liefert einen String der Länge n, in dem die Zeichenkette zentriert ist. Optional kann das Füllzeichen angegeben werden. |
| count(s[, start[, end]]) | Ermittelt, wie oft die Zeichenkette s enthalten ist. Mit start und end kann ein Bereich angegeben werden. |
| encode(encoding='utf-8', errors='strict') | Liefert ein Byte-Objekt der Zeichenkette mit der angegebenen Codierung. strict sorgt für einen UnicodeError beim Auftreten von unzulässigen Zeichen. Alternativ kann für errors einer der folgenden Werte angegeben werden: ignore, replace, xmlcharrefreplace oder backslashreplace. |
| endswith(s[, start[, end]]) | Testet, ob s das Ende der Zeichenkette ist. |
| find(s[, start[, end]]) | Liefert das erste Auftreten von s oder -1. |
| format(*args, **kwargs) | Nimmt eine Ersetzung von Platzhaltern vor. |
| index(s[, start[, end]]) | Wie find(). Löst ValueError aus, wenn die Zeichenkette nicht gefunden wird. |
| join(iterable) | Fügt die übergebenen Elemente mit dem String als Trennzeichen zusammen. |
| lower() | Konvertiert alle Zeichen zu Kleinbuchstaben. |
| lstrip([chars]) | Entfernt Leerzeichen am Anfang. Optional können die zu entfernenden Zeichen in chars angegeben werden. |
| replace(s1, s2[, count]) | Ersetzt s1 durch s2. Der Parameter count kann die Anzahl der Ersetzungen begrenzen. |
| rfind(s[, start[, end]]) | Liefert das erste Auftreten von s vom Stringende oder -1. |

**Tab. 2.5.** fortgesetzt

| Methode | Beschreibung |
| --- | --- |
| rindex(s[, start[, end]]) | Wie rfind(). Löst ValueError aus, wenn die Zeichenkette nicht gefunden wird. |
| rstrip([chars]) | Entfernt Leerzeichen am Ende der Zeichenkette. Optional können die zu entfernenden Zeichen in char angegeben werden. |
| split(sep=None, maxsplit=-1) | Trennt die Zeichenkette mit sep als Trennzeichen. Der Parameter maxsplit kann die Anzahl der Trennungen beschränken. |
| splitlines([keepends]) | Trennt die Zeichenkette an Zeilenendezeichen. Die Zeilenenden sind nur im Ergebnis enthalten, wenn keepends als True übergeben wird. |
| startswith(s[, start[, end]]) | Testet, ob die Zeichenkette mit s beginnt. |
| strip() | Entfernt Leerzeichen am Anfang und Ende der Zeichenkette. |
| swapcase() | Tauscht Groß- gegen Kleinbuchstaben und umgekehrt. |
| title() | Wandelt das erste Zeichen jedes Worts in Großbuchstaben. |
| upper() | Wandelt alle Zeichen des Strings in Großbuchstaben. |

Die Syntax für die Nutzung ist objekt.methode(). Die Methode muss immer als Funktion eines Objekts aufgerufen werden. Die Methode join() kann zum Beispiel wie folgt mit einem String als anonymen (namenlosem) Objekt aufgerufen werden:

```
>>> ' '.join(('a', 'b'))
'a b'
>>> s = 'Python'          # Zeichenkette initialisieren
>>> s.swapcase()          # Methode swapcase() aufrufen
'pYTHON'
```

## 2.3 Listen

Eine Liste ist eine geordnete Sammlung von Objekten. Eine Liste kann beliebige Objekte, also auch Listen, enthalten und ist veränderbar.

Die Klasse für Listen in Python ist list.
Die Zuweisung einer Liste erfolgt durch die Auflistung von Objekten in eckigen Klammern.

```
1  leereliste = []
2  ein_element_liste = [1]
3  liste1 = [1, 2, 3]
4  liste2 = [1, 3.14, "hallo"]
```

**Listing 2.6.** Deklaration von Listen

**Listen-Methoden**

Die folgende Tabelle gibt die Methoden der `list`-Objekte wieder. In den Aufrufen steht n für eine Zahl, x für ein beliebiges Objekt.

**Tab. 2.6.** Listen-Methoden

| Methode | Beschreibung |
| --- | --- |
| append(x) | Hängt x an das Ende der Liste. |
| clear() | Entfernt alle Elemente der Liste. Entspricht `del liste[:]` |
| copy() | Erzeugt eine flache Kopie der Liste. Entspricht `liste[:]` |
| insert(n, x) | Fügt x an Position n ein. Sollte n größer sein als die Liste, wird das Element angehängt. |
| pop() | Liefert das letzte Element der Liste und entfernt es gleichzeitig. Optional kann ein Index angegeben werden, der geholt werden soll. pop(0) würde das erste Element der Liste liefern. |
| remove(x) | Entfernt das erste Element x aus der Liste. |
| reverse() | Kehrt die Reihenfolge der Liste um. Diese Methode verändert die Liste direkt. |

Daten werden in Objekten nur als Referenz gespeichert. Beim Kopieren eines Objektes wird nur die Referenz vervielfältigt. Dies kann durchaus gewünscht sein. Normalerweise möchte man aber ein unabhängiges Objekt zur weiteren Bearbeitung haben. Dies erreicht man durch den Einsatz der Funktion `deepcopy()` aus dem Modul `copy`.

## 2.4 Tupel

Ein Tupel ist wie eine Liste eine geordnete Sammlung von Objekten. Im Gegensatz zu Listen sind Tupel nicht veränderbar.

Die Klasse dieser Objekte ist `tuple`.

Die Zuweisung zu einer Variablen erfolgt mit runden Klammern.

```
1  leerestupel = ()
2  t1 = (1, 2, 3)
```

**Listing 2.7.** Deklaration von Tupeln

In der Funktionalität entspricht ein Tupel einer Liste, das Lesen eines Datums über den Index ist möglich. Die Zuweisung eines neuen Wertes ist nicht möglich.

Ein Tupel mit nur einem Element erfordert bei der Zuweisung das Komma nach dem ersten Element.

```
1  ein_element_tupel = (1,)
```

**Listing 2.8.** Deklaration eines Tupel mit nur einem Element

Da Tupel unveränderbar sind, gibt es keine eigenen Methoden für Objekte diesen Typs, nur die in Kapitel 2.6 aufgeführten.

## 2.5 Range

Der Bereichstyp `range` dient zur Erzeugung von unveränderbaren Zahlenlisten. Diese werden z. B. für Zählschleifen eingesetzt.

Objekte diesen Typs gehören der Klasse `range` an.

Bei der Erzeugung eines `range`-Objekts kann man ein bis drei Parameter angeben. Wird nur ein Wert angegeben, so wird dies als Endwert betrachtet. Der Startwert ist dann null.

Zwei Werte werden als Start- und Endwert für die Zahlenreihe interpretiert. Ein dritter Wert stellt die Schrittweite zwischen den Zahlen dar:

```
>>> list(range(1, 10, 2))
[1, 3, 5, 7, 9]
>>> r = range(10)
>>> r
range(0, 10)
```

Wie dieser Typ zur n-fachen Ausführung von Anweisungen zum Einsatz kommt, wird im Kapitel 6 Schleifen ab Seite 69 erläutert.

## 2.6 Operationen auf Sequenztypen

Die Sequenztypen (Strings, Listen, Tupel und Range-Objekte) verfügen über einen gemeinsamen Satz von Operationen und Funktionen.

### 2.6.1 Index-Zugriff

Strings, Listen, Tupel und Range-Objekte sind eine abzählbare Folge. Über den sogenannten Indexoperator [] kann auf jedes einzelne Element zugegriffen werden.

Das erste Element hat den Index 0, das letzte die Länge der Folge minus 1:

```
>>> s = "Hallo"
>>> s[1]
'a'
```

Der Zugriff mit einem ungültigen Index, z. B. einem zu großen Index, löst eine Exception aus:

```
>>> s[10]
Traceback (most recent call last):
  File "<stdin>", line 1, in <module>
IndexError: string index out of range
```

Man kann auch einen negativen Index angeben, dieser wird dann vom Ende der Sequenz gezählt:

```
>>> s[-1]
'o'
```

Beim Einsatz eines negativen Index wird beim Verlassen des gültigen Wertebereichs ebenfalls eine Ausnahme ausgelöst.

Listen sind veränderbar. Einem Listenelement kann über den Index auch ein neuer Wert zugewiesen werden.

```
1  Liste1[0] = 42
```

**Listing 2.9.** Zuweisung an ein Listenelement

Zeichenketten sind unveränderbar. Die Zuweisung an ein Element einer Zeichenkette führt zu einer Exception.

Auch range-Objekte sind unveränderbar. Die Abfrage einzelner Elemente über den Index-Operator ist jedoch möglich:

```
>>> r = range(10)
>>> r[0]
0
>>> r[1]
1
```

## 2.6.2 Slicing

Das Extrahieren eines Teilstücks einer geordneten Menge wird in Python als Slicing bezeichnet. Der Begriff Slicing wird vielleicht am besten mit „einen Ausschnitt bilden" übersetzt. Das Slicing ist eine Erweiterung des Index-Zugriff auf einen Sequenztyp.

Beim Index-Zugriff wird nur ein Element zurückgeliefert, hier können es mehrere sein. In den Klammern wird ein Start- und Endwert für den Ausschnitt, getrennt durch einen Doppelpunkt, angegeben:

```
>>> liste1 = [1, 2, 4, 8, 16, 32]
>>> liste1[0:2]              # von Element 0 bis 2 (exklusive)
[1, 2]
```

Der Bereich kann auch als offenes Intervall angegeben werden, d.h. ohne Anfang oder Ende. Python liefert dann den Bereich vom Anfang oder bis zum Ende:

```
>>> liste2 = [0, 1, 2, 3, 4, 5, 6, 7, 8, 9]
>>> liste2[:5]               # Anfang bis Element 4
[0, 1, 2, 3, 4]
>>> liste2[5:]               # Element 5 bis Ende
[5, 6, 7, 8, 9]
```

Der Ausschnitt enthält die Daten ab dem Startindex ohne das Element mit dem Endindex. Dadurch ist sichergestellt, dass folgender Ausdruck eine Liste ohne Überschneidung zurückgibt:

```
>>> liste1[:2] + liste1[2:]
[1, 2, 4, 8, 16, 32]
```

Als dritter Wert ist beim Slicing die Schrittweite möglich. Auch dieser Wert wird durch einen Doppelpunkt von den anderen Werten getrennt:

```
>>> liste2[2:5:2]            # jedes zweite Element im Bereich
[2, 4]
```

Wenn man keinen Start- und Endwert angibt, liefert die Operation die gesamte Liste. Diese Operation wird gerne benutzt, wenn man eine Kopie einer Liste benötigt:

```
>>> liste3 = liste2[:]       # Kopiert von Anfang bis Ende
>>> liste3
[0, 1, 2, 3, 4, 5, 6, 7, 8, 9]
```

Ein Listenbereich kann durch die Zuweisung einer leeren Liste gelöscht werden:

```
>>> liste3[2:4] = []
>>> liste3
[0, 1, 4, 5, 6, 7, 8, 9]
```

### 2.6.3 Addition, Multiplikation und andere Funktionen

Die jeweiligen Typen können mit dem Additionsoperator + aneinander gehängt werden. Der Multiplikationsoperator * vervielfältigt den Inhalt einer Variablen:

```
>>> "hallo " + "welt"
'hallo welt'
>>> "hallo " * 4
'hallo hallo hallo hallo '
```

Zwei Zeichenketten werden von Python zusammengefügt, wenn sie im Quelltext direkt aufeinander folgen:

```
>>> s0 = "hallo " "welt"
>>> s0
'hallo welt'
```

Für den Test, ob eine Zeichenkette in einer anderen enthalten ist, gibt es den Operator in und dessen Umkehrung not in:

```
>>> s = "hallo"
>>> "ll" in s
True
>>> "oo" in s
False
```

Die Länge einer Sequenz ermittelt die eingebaute Funktion len(). Den kleinsten bzw. größten Wert einer Sequenz erhält man mit den Funktionen min() und max():

```
>>> s = "Hallo Welt"
>>> len(s)
10
>>> min(s)
' '
>>> max(s)
't'
```

Das erste Vorkommen eines Wertes in der Sequenz liefert die Funktion index():

```
>>> s= "Hallo Welt"
>>> s.index('l')
2
```

```
>>> s.index('Wel')
6
>>> s.index('WEL')
Traceback (most recent call last):
  File "<stdin>", line 1, in <module>
ValueError: substring not found
```

Falls der gesuchte Wert nicht enthalten ist, wird die Ausnahme `ValueError` ausgelöst.
Wie häufig ein Wert in der Sequenz vorkommt, liefert die Funktion `count()`:

```
>>> s= "Hallo Welt"
>>> s.count('l')
3
>>> s.count('Wel')
1
>>> s.count('WEL')
0
```

## 2.7 Dictionarys

Der englische Begriff Dictionary beschreibt diesen Datentyp schon sehr gut. Wie in
einem Wörterbuch wird zu einem Schlüssel ein Datum gespeichert. Der Schlüssel
muss ein unveränderliches Objekt, das Datum kann ein beliebiges Objekt sein.
    Python nennt die Klasse für Objekte diesen Typs `dict`.
Ein Dictionary wird mit geschweiften Klammern zugewiesen, Schlüssel und Wert sind
durch einen Doppelpunkt getrennt.

```
1  leeresdict = {}
2  d = {'key1': 'value1', 'key2': 2, 3: 'huhu'}
```

**Listing 2.10.** Deklaration von Dictionarys

Die Daten werden in keiner bestimmten, abzählbaren Reihenfolge gespeichert. Über
den Schlüssel wird ein sogenannter Hashwert gebildet, dieser bestimmt die Speicher-
position. Diese ist für den Programmierer nicht sichtbar, ein Indexzugriff ist nicht
möglich.
    Der Zugriff auf die Daten erfolgt dennoch in einer ähnlichen Syntax wie der Index-
Zugriff bei Listen. In eckigen Klammern wird der gesuchte Schlüssel angegeben.

```
1  d['key1']
```

**Listing 2.11.** Zugriff auf ein Dictionary

Listing 2.11 zeigt den Zugriff auf das in Listing 2.10 definierte Dictionary `d` mit dem Schlüssel `key1`.

Das Dictionary aus Listing 2.10 enthält eine Zahl als Schlüssel für einen Wert. Dies ist möglich, weil Zahlen unveränderliche Objekte darstellen. Für den Zugriff sieht es dann aus, als ob es sich bei der Variablen `d` um einen Sequenztypen handelt:

```
>>> d[3]
'huhu'
```

Der Zugriff auf einen nicht vorhandenen Schlüssel löst eine `KeyError`-Exception aus:

```
>>> d['key4']
Traceback (most recent call last):
  File "<stdin>", line 1, in <module>
KeyError: 'key4'
```

Vor dem Zugriff sollte man also mit dem Operator `in` prüfen, ob der Schlüssel in dem Dictionary enthalten ist.

```
1  'key4' in d
```

**Listing 2.12.** Test, ob ein Schlüssel in einem Dictionary vorhanden ist

Einem Schlüssel im Dictionary kann durch eine Zuweisung an den Zugriffsoperator ein neuer Wert zugeordnet werden.

```
1  d['key2'] = 42
```

**Listing 2.13.** Zuweisung an ein Dictionary-Element

Die Anweisung `del` entfernt einen Schlüssel mit seinem Datum aus dem Dictionary.

```
1  del d['key1']
```

**Listing 2.14.** Löschen eines Dictionary-Elements

Das Löschen eines nicht vorhandenen Keys löst einen `KeyError` aus.

## Dictionary-Methoden

Für Dictionarys ist der Additions-Operator + nicht definiert. Um ein Dictionary zu einem anderen hinzuzufügen, muss die Methode `update()` verwendet werden:

```
>>> d = {'key1': 'value1', 'key2': 2, 3: 'huhu'}
>>> d2 = {'a':1 ,'b':2}
>>> d.update(d2)
>>> d
{'a': 1, 3: 'huhu', 'key2': 2, 'b': 2, 'key1': 'value1'}
```

Um alle Schlüssel oder Werte eines Dictionarys zu ermitteln, verfügen die Objekte dieses Typs über die Methoden `keys()` und `values()`. Die Methoden liefern ein Objekt. Mit der eingebauten Funktion `list()` kann dieses in eine Liste umgewandelt werden:

```
>>> d.keys()
dict_keys(['a', 3, 'key2', 'b', 'key1'])
>>> d.values()
dict_values([1, 'huhu', 2, 2, 'value1'])
>>> list(d.values())          # umwandeln in eine Liste
[1, 'huhu', 2, 2, 'value1']
```

Alle in einem Dictionary enthaltenen Schlüssel-Werte-Paare bekommt man mit der Methode `items()`. Auch diese liefert ein Objekt:

```
>>> d.items()
dict_items([('a', 1), (3, 'huhu'), ('key2', 2), ('b', 2),
('key1', 'value1')])
>>> list(d.items())
[('a', 1), (3, 'huhu'), ('key2', 2), ('b', 2), ('key1', 'value1')]
```

## 2.8 Set und Frozenset

Ein Set ist eine veränderbare Menge von unveränderbaren Objekten, ähnlich einer Liste. Ein Set kann die aus der Mathematik bekannten Mengenoperationen ausführen, z. B. Differenz oder Überschneidung der Mengen ermitteln. Die enthaltenen Daten sind nicht sortiert oder über einen Index zu erreichen. Auch Slicing ist nicht möglich.
    Die Klassennamen für Objekte dieser Typen sind `set` und `frozenset`.
Ein Set erstellt man durch die Zuweisung von einem oder mehreren Elementen, umgeben von geschweiften Klammern, an eine Variable. Ein leeres Set erstellt man mit der eingebauten Funktion `set()`.

```
1  leeresset = set()
2  s = {2, 4}
```

**Listing 2.15.** Erstellen eines Sets

Nach der Initialisierung können über die Methoden `add()` und `remove()` Elemente zu einem Set hinzugefügt oder gelöscht werden:

```
>>> s1 = {1, 2, 3, 4, 5}
>>> s3 = {'a', 'b', 42, 3.14, (1, 2)}
>>> s3.add('=')
>>> s3
{(1, 2), 3.14, 42, '=', 'b', 'a'}
>>> s3.remove('a')
>>> s3
{(1, 2), 3.14, 42, '=', 'b'}
```

Mit dem Operator `in` kann man testen, ob ein Wert in dem Set enthalten ist, `len()` ermittelt die Anzahl der Elemente in einem Set:

```
>>> 3 in s1
True
>>> len(s1)
5
```

**Mengenoperationen**

Die Methoden eines Set-Objekts stellen die bekannten Mengenoperationen dar, für die Methoden sind auch mathematische Operatoren definiert.

**Tab. 2.7.** Mathematische Operatoren für Sets (Mengenoperationen)

| Operator | Methode | Funktion |
| --- | --- | --- |
| <= | issubset | Untermenge |
| >= | issuperset | Obermenge |
| \| | union | Vereinigungsmenge |
| & | intersection | Schnittmenge |
| – | difference | Differenzmenge |
| ^ | symmetric_difference | Differenz mit einmaligen Werten |

Die Methoden liefern für die zuvor definierten Sets folgendes:

```
>>> s2.issubset(s1)      # jedes Element von s2 in s1?
True
>>> s1.issuperset(s2)    # jedes Element von s2 in s1?
True
```

```
>>> s1.union(s2)        # neues Set mit allen Elementen aus s1 und s2
{1, 2, 3, 4, 5}
>>> s1.intersection(s2) # neues Set mit allen Elementen in s1 und s2
{2, 4}
>>> s1.difference(s2)   # neues Set mit den Elementen nur in s1
{1, 3, 5}
# neues Set mit den Elementen die nur in einem Set vorkommen
>>> s1.symmetric_difference(s2)
{1, 3, 5}
```

Neben dem `set` gibt es noch den Datentyp `frozenset`. Ein Set organisiert seine Daten wie ein Dictionary über einen Hashwert der enthaltenen Daten. Da ein Set veränderbar ist, kann darüber kein Hashwert ermittelt werden. Damit scheidet es als Schlüssel für ein Dictionary und als Element eines Sets aus. Ein `frozenset` kann nicht verändert werden und damit kann darüber ein Hash gebildet werden. Dem Einsatz als Dictionary-Key oder als Set-Element steht damit nichts mehr im Wege.

## 2.9 Erzeugung von Listen, Sets und Dictionarys

Objekte der Typen `list`, `set` und `dict` können, außer durch die explizite Deklaration, durch eine Schleife erzeugt werden. Die Originaldokumentation bezeichnet dies als „List Comprehension" oder auch „Display".

Listing 2.16 zeigt noch einmal die explizite Definition von `list`-, `set`- und `dict`-Objekten.

```
1  l = ['a', 'b', 'c']
2  s = {1, 2, 3}
3  d = {'a': 1, 'b': 2}
```

**Listing 2.16.** Erstellen von `list`-, `set`- und `dict`-Objekten durch Zuweisung

Bei der Erzeugung von Listen, Sets und Dictionarys durch eine Schleife können dabei auf die einzelnen Elemente Funktionen und Tests angewendet werden. Die Schleife hat die allgemeine Form:

```
<Ausdruck> for <Schleifenvariable> in <Sequenz> <Test>
```

Vor der Schleife steht ein Ausdruck, der das Ergebnis jeden Durchlaufs liefert. Dahinter kann ein Test folgen, der entscheidet, ob der aktuelle Wert der Schleifenvariable überhaupt im Ergebnis berücksichtigt werden soll.

In Listing 2.17 werden wieder eine Liste, ein Set und ein Dictionary erstellt, diesmal durch eine `for`-Schleife.

```
1  l = [x for x in range(10, 15)]
2  s = {x / 2 for x in range(5) if x % 2 == 0}
3  d = {x : y for x, y in enumerate(l)}
```

**Listing 2.17.** Berechnung von `list`-, `set`- und `dict`-Objekten

Die äußere Klammer um den gesamten Code legt den Ergebnistyp fest. Bei `set` und `dict` ist dies die geschweifte Klammer. Der Ausdruck für den Ergebniswert bestimmt dann das Ergebnis. Bei einem Dictionary werden zwei Werte getrennt durch den Doppelpunkt zurückgegeben.

Zeile 1 im Listing 2.17 ist die kürzeste Form: Jeder Wert der Schleifenvariable wird ohne weitere Berechnung in die neue Liste eingefügt (hier die Zahlen von 10 bis 14).

Die Schleife produziert folgendes Ergebnis:

```
>>> [x for x in range(10, 15)]
[10, 11, 12, 13, 14]
```

In Zeile 2 wird schon ein Ausdruck zur Berechnung des Ergebnis auf Basis der Schleifenvariable genutzt (Division durch zwei) und es ist ein Test formuliert, der nur die geraden Werte der `for`-Schleife für das Ergebnis auswählt:

```
>>> {x / 2 for x in range(5) if x % 2 == 0}
{0.0, 1.0, 2.0}
```

Das Dictionary in Zeile 3 wird aus der Liste, die in Zeile 1 erzeugt wurde, aufgebaut. Die Funktion `enumerate()` liefert den laufenden Index und das Datum von der Liste an die Schleifenvariablen `x` und `y`. Durch den Ausdruck `x : y` erkennt Python, dass das Ergebnis ein Dictionary sein muss:

```
>>> {x : y for x, y in enumerate(l)}
{0: 10, 1: 11, 2: 12, 3: 13, 4: 14}
```

## 2.10 File-Objekte

Für den Umgang mit Dateien stellt Python File-Objekte zur Verfügung. Dieses Objekt ist der Rückgabewert von `open()`. File-Objekte verfügen über die Methoden `read()` und `write()` zum Zugriff auf die enthaltenen Daten.

Mehr zu File-Objekten und den Umgang damit im Kapitel 4.3 Dateien ab Seite 55.

## 2.11 Binärdaten

Computer arbeiten nur mit Binärdaten. Acht Bits werden als ein Byte bezeichnet und dies stellt in der Regel die kleinste Dateneinheit dar. Dateien und über ein Netzwerk übertragene Daten sind eine Folge von Bytes. Wie ein Byte, oder eine Folge davon, interpretiert wird, kann beliebig festgelegt werden. Mehr zu diesem Thema in Kapitel 21 Binärdaten und Codierungen ab Seite 237.

Für Binärdaten stellt Python die Klassen bytes (unveränderbar) und bytearray (änderbar) zur Verfügung.

Zeichenketten stellen eine Repräsentation von Binärdaten dar; es handelt sich um Daten, die interpretiert und in der Regel für den Menschen lesbar sind. Die Umwandlung von Binärdaten in eine Zeichenkette geschieht durch die Methode decode() unter der Angabe einer Codierung, z. B. „UTF-8". Die Umkehrung, also die Wandlung einer Zeichenkette in eine Byte-Folge, realisiert die Methode encode() von str-Objekten.

### 2.11.1 Unveränderbare Byte-Folgen: bytes

bytes-Objekte können auch durch Zuweisung einer Zeichenkette oder durch den Aufruf von bytes() erzeugt werden. Vor der Zeichenkette muss ein „b" angegeben werden und sie darf nur ASCII-Zeichen enthalten:

```
>>> b = b'Hallo'
>>> b
b'Hallo'
```

**Tab. 2.8.** Konstruktoren für Objekte der Klasse bytes

| Konstruktor | Beschreibung |
| --- | --- |
| bytes([source[, encoding[, errors]]]) | Allgemeine Form der Funktion bytes(). Alle Parameter des Konstruktors sind optional. |
| bytes() | Erzeugt ein leeres Objekt. |
| bytes(n) | n ist eine Zahl. Der Aufruf erzeugt ein Objekt mit n Bytes. |
| bytes(range(10)) oder bytes([1, 2, 3]) | Initialisierung aus einer Sequenz. |
| bytes(obj) | Kopie eines anderen bytes-Objekts. |

Aus source wird das Objekt ggf. initialisiert. Mit den Parametern encoding und errors wird die Umwandlung einer Zeichenkette in Bytes gesteuert. In encoding wird die Codierung als Zeichenkette angegeben, z. B. „utf-8" oder „ascii". Mögliche Werte für errors sind „strict" (Standardwert), „ignore" oder „replace":

```
>>> bytes('Hallo', 'utf-8')
b'Hallo'
>>> bytes('Hällo', 'ascii',)
Traceback (most recent call last):
  File "<stdin>", line 1, in <module>
UnicodeEncodeError: 'ascii' codec can't encode character '\xe4' \
in position 1: ordinal not in range(128)
>>> bytes('Hällo', 'ascii', 'ignore')
b'Hllo'
>>> bytes('Hällo', 'ascii', 'replace')
b'H?llo'
```

Für die Konvertierung von und in Hexadezimaldarstellung existieren zwei Klassenmethoden. Klassenmethoden sind unabhängig von einem Objekt und werden in der
Form `klassenname.methode()` aufgerufen.

**Tab. 2.9.** Klassenmethoden der Klasse `bytes`

| Klassenmethode | Beschreibung |
| --- | --- |
| `fromhex(string)` | Ein Zeichenkette mit Zahlen in Hexadezimaldarstellung wird in Bytes umgewandelt. |
| `hex()` | Erzeugt eine Zeichenkette mit der Hexadezimaldarstellung der einzelnen Bytes einer Byte-Folge. |

Hier noch ein paar Beispiele für die Initialisierung von `bytes`-Objekten:

```
>>> b = b'Hallo'
>>> b
b'Hallo'
>>> b.hex()                 # Aufruf Methode
'48616c6c6f'
>>> bytes.fromhex('41')     # Aufruf Klassenmethode
b'A'
>>> b'B'.hex()
'42'
```

### 2.11.2 Veränderbare Byte-Folgen: `bytearray`

Objekte der Klasse `bytearray` können nur über einen der folgenden Konstruktoren erzeugt werden. Hier können die gleichen Objekte angegeben werden wie bei der Initialisierung eines `byte`-Objekts.

**Tab. 2.10.** Konstruktoren der Klasse `bytearray`

| Konstruktor | Beschreibung |
|---|---|
| `bytearray([source[, encoding[, errors]]])` | Allgemeine Form des Aufrufs `bytearray()`. |
| `bytearray()` | Erzeugt ein leeres Objekt. |
| `bytearray(n)` | Ein Array der Länge n. |
| `bytearray(range(10))` oder `bytearray([1,2,3])` | Initialisierung aus einer Sequenz. |
| `bytearray(obj)` | Kopie eines anderen `bytearray`-Objekts. |

Hier ein paar Beispiele für die Initialisierung dieser Objekte:

```
>>> bytearray([1,2,3])
bytearray(b'\x01\x02\x03')
>>> ba = bytearray([1,2,3])
>>> bb = bytearray(ba)
>>> bb
bytearray(b'\x01\x02\x03')
>>> bytearray(b'Hallo')
bytearray(b'Hallo')
```

Auch die Objekte der Klasse `bytearray` verfügen über zwei Klassenmethoden.

**Tab. 2.11.** Klassenmethoden der Klasse `bytearray`

| Klassenmethode | Beschreibung |
|---|---|
| `fromhex(string)` | Ein Zeichenkette mit Zahlen in Hexadezimaldarstellung wird in ein Array von Bytes umgewandelt. |
| `hex()` | Erzeugt eine Zeichenkette mit der Hexadezimaldarstellung der einzelnen Bytes des Arrays. |

### 2.11.3 Daten in `bytes` und `bytearray` manipulieren

Objekte der Klassen `bytes` und `bytearray` verfügen über die gleichen Operationen wie die anderen Sequenztypen (Test mit „in", Addition, Multiplikation, Indexzugriff und Slicing).

Darüber hinaus verfügen sie über Methoden zum Suchen und Ersetzen von einzelnen Zeichen oder Zeichenfolgen, zum Formatieren, zum Zerlegen und vieles mehr. Diese werden in den folgenden Tabellen und Beispielen vorgestellt. Viele Methoden sind auch bei den `str`-Objekten verfügbar.

**Den Inhalt einer Byte-Folge testen**

Eine Byte-Folge kann auf die enthaltenen Zeichenklassen untersucht werden.

**Tab. 2.12.** `bytes` und `bytearray`: Zeichenklasse bestimmen

| Methode | Beschreibung |
|---|---|
| `isalnum()` | Liefert `True` für eine Byte-Folge, die nur aus ASCII-Buchstaben oder -Ziffern besteht. |
| `isalpha()` | Liefert `True` für eine Byte-Folge, die nur aus ASCII-Buchstaben besteht. |
| `isdigit()` | Liefert `True` für eine Byte-Folge, die nur aus ASCII-Ziffern besteht. |
| `islower()` | Liefert `True` für eine Byte-Folge, die nur aus Kleinbuchstaben aus dem ASCII-Alphabet besteht. |
| `isspace()` | Liefert `True` für eine Byte-Folge, die nur aus ASCII-Whitespace besteht. |
| `istitle()` | Liefert `True` für eine Byte-Folge, bei der jedes Wort mit einem Großbuchstaben beginnt. |
| `isupper()` | Liefert `True`, wenn die Byte-Folge mindestens einen Großbuchstaben enthält und keinen Kleinbuchstaben. |

Die Anwendung der Funktionen sollte aufgrund der sprechenden Namen klar sein:

```
>>> b'Hallo'.isupper()
False
>>> b' \t'.isspace()              # Space und Tab
True
>>> b'Hallo Welt'.istitle()
True
>>> b'Hallo welt'.istitle()       # nicht jedes Wort gross
False
>>> b'123a'.isupper()
False
```

```
>>> b'123Ab'.isupper()                      # nicht alle Buchstaben gross
False
```

### Beschneiden einer Byte-Folge
Diese Methoden werden häufig für das Säubern von Zeilenenden genutzt.

**Tab. 2.13.** `bytes` und `bytearray`: Anfang und Ende säubern

| Methode | Beschreibung |
| --- | --- |
| `lstrip([chars])` | Entfernt die angegebenen Werte zu Beginn der Byte-Folge. Ohne Angabe von `chars` werden Leerzeichen entfernt. |
| `rstrip([chars])` | Entfernt die angegebenen Werte am Ende der Byte-Folge. |
| `strip([chars])` | Liefert eine Byte-Folge, bei der die Werte aus `chars` vom Anfang und Ende der Byte-Folge entfernt wurden. |

Die Zeichenkette „hallo welt" wird zunächst mit der Methode `center()` auf 20 Zeichen erweitert und dann mit den verschiedenen `strip`-Methoden bearbeitet, um Leerzeichen zu Beginn und/oder Ende zu entfernen:

```
>>> b'hallo welt'.center(20).lstrip()
b'hallo welt      '
>>> b'hallo welt'.center(20).rstrip()
b'     hallo welt'
>>> b'hallo welt'.center(20).strip()
b'hallo welt'
```

### Suchen in einer Byte-Folge und Vergleiche
Methoden für die Suche in einer Byte-Folge. Diese Methoden liefern die Position einer gesuchten Zeichenfolge oder einen booleschen Wert, ob sie gefunden wurde.

**Tab. 2.14.** `bytes` und `bytearray`: Suchen und vergleichen

| Methode | Beschreibung |
| --- | --- |
| `count(s[, start[, end]])` | Ermittelt, wie häufig s im Objekt vorkommt. Mit `start` und `end` kann der Bereich eingeschränkt werden. |
| `endswith(s[, start[, end]])` | Liefert `True`, wenn die Daten mit s enden. Der Suchparameter kann ein `bytes`-Objekt oder ein Tupel davon sein. |
| `find(s[, start[, end]])` | Liefert die Position des ersten Auftretens von s in den Daten. |
| `index(s[, start[, end]])` | Diese Funktion verhält sich wie `find()`. Falls s nicht gefunden wird, wird ein `ValueError` ausgelöst. |

**Tab. 2.14.** fortgesetzt

| Methode | Beschreibung |
|---|---|
| rfind(sub[, start[, end]]) | Durchsucht die Byte-Folge von rechts und liefert die erste Fundstelle von sub. |
| rindex(s[, start[, end]]) | Durchsucht die Byte-Folge von rechts und liefert das erste Vorkommen von s. Das Ergebnis ist -1 wenn s nicht gefunden wurde. |
| startswith(prefix[, start[, end]]) | Liefert True, wenn die Byte-Folge mit prefix beginnt. Der Parameter prefix kann auch ein Tupel von zu suchenden Werten sein. |

Python lässt dem Programmierer die Wahl: Die index-Methoden lösen eine Ausnahme aus, wenn sie die gesuchte Byte-Folge nicht finden. Wer lieber die Rückgabewerte prüfen möchte, ist bei den *find-Methoden richtig.

```
>>> b'hallo welt'.count(b'l')          # Zeichen zaehlen
3
>>> b'hallo welt'.endswith(b'elt')     # Ende vergleichen
True
>>> b'hallo welt'.find(b'l')           # Zeichen suchen
2
>>> b'hallo welt'.rfind(b'l')          # Zeichen vom Ende suchen
8
>>> b'hallo welt'.rindex(b'l')
8
>>> b'hallo welt'.rindex(b'z')         # falls erfolglos: Fehler
Traceback (most recent call last):
  File "<stdin>", line 1, in <module>
ValueError: substring not found
```

**Ersetzung von ASCII-Zeichen**
Diese Methoden tauschen Zeichen aus oder ändern die Groß- und Kleinschreibung.

**Tab. 2.15.** Ersetzungen von ASCII-Zeichen in bytes und bytearray

| Methode | Beschreibung |
|---|---|
| capitalize() | Liefert eine Byte-Folge, bei der das erste ASCII-Zeichen in Großbuchstaben und alle anderen in Kleinbuchstaben ausgegeben sind. |
| lower() | Konvertiert alle Großbuchstaben in Kleinbuchstaben. |
| replace(old, new[, count]) | Die Methode ersetzt die Werte old durch new. Der Parameter count kann die Anzahl der Ersetzungen beschränken. |

**Tab. 2.15.** fortgesetzt

| Methode | Beschreibung |
| --- | --- |
| swapcase() | Liefert eine Byte-Folge, bei der alle ASCII-Kleinbuchstaben durch Großbuchstaben ersetzt sind. |
| title() | Liefert eine Byte-Folge, bei der das erste Zeichen jedes Worts in Großbuchstaben geschrieben ist. |
| upper() | Liefert eine Byte-Folge, bei der alle ASCII-Kleinbuchstaben in Großbuchstaben gewandelt wurden. |

Ein paar Beispiele für die Anwendung der Methoden:

```
>>> b'hallo welt'.capitalize()          # Erster Buchstabe gross
b'Hallo welt'
>>> b'Hallo WELT'.lower()                # alles klein
b'hallo welt'
>>> b'hallo welt'.replace(b'l', b'L')    # l -> L
b'haLLo weLt'
>>> b'hallo welt'.replace(b'hw', b'HW')  # hw kommt nicht vor
b'hallo welt'
>>> b'Hallo WELT'.swapcase()
b'hALLO welt'
>>> b'hallo welt'.title()                # Wortanfaenge gross
b'Hallo Welt'
>>> b'hallo welt'.upper()                # alles gross
b'HALLO WELT'
```

### Formatierung der Byte-Folge
Die Daten können bei der Ausgabe verschoben und aufgefüllt werden.

**Tab. 2.16.** bytes und bytearray formatieren

| Methode | Beschreibung |
| --- | --- |
| center(width[, fillbyte]) | Zentriert die Byte-Folge in der Länge width. |
| expandtabs(tabsize=8) | Ersetzt die ASCII-Tabulatorzeichen durch ein oder mehrere ASCII-Leerzeichen. |
| ljust(width[, fillbyte]) | Liefert eine Byte-Folge der Länge width, bei der die Daten des Objekts links angeordnet sind. |
| rjust(width[, fillbyte]) | Liefert eine Byte-Folge der Länge width, in der die Daten rechts angeordnet sind. Wenn der Wert fillbyte nicht angegeben ist, wird ein ASCII-Leerzeichen verwendet. |

**Tab. 2.16.** fortgesetzt

| Methode | Beschreibung |
| --- | --- |
| zfill(width) | Liefert eine Zeichenkette der Länge width. Dabei wird die Zeichenkette links mit dem ASCII-Zeichen für 0 aufgefüllt. |

Auch hier einige Beispiele für die Anwendung der Methoden:

```
>>> b'hallo welt'.center(20)          # zentrieren
b'    hallo welt     '
>>> b'\t'.expandtabs()                # Tabulator -> Space
b'        '
>>> b'\t'.expandtabs(4)
b'    '
>>> b'hallo welt'.ljust(20)           # links anordnen
b'hallo welt          '
>>> b'hallo welt'.rjust(20, b'-')     # rechts mit Fuellzeichen
b'----------hallo welt'
```

### Zerlegen einer Byte-Folge

Diese Funktionen teilen eine Byte-Folge anhand von gegebenen Trennzeichen. Diese Zeichen sind Bestandteil des Ergebnisses der partition-Funktionen. Die Ergebnisse der split-Funktionen enthalten die Trennzeichen nicht.

Die Funktion splitlines() ist eine Besonderheit: Das Trennzeichen kann nicht gewählt werden. Zeilenenden sind voreingestellt. Dafür kann man hier wählen, ob die Trennzeichen im Ergebnis enthalten sein sollen, oder nicht.

**Tab. 2.17.** bytes und bytearray: Trennen

| Methode | Beschreibung |
| --- | --- |
| partition(s) | Zerlegt die Byte-Folge in ein Tupel mit den Werten vor dem ersten Auftreten von s, s und dem Teil nach s. Falls s nicht gefunden wird, ist das Ergebnis ein Tupel mit der Byte-Folge und zwei leeren Byte-Folgen. |
| rpartition(sep) | Zerlegt die Byte-Folge in ein Tupel mit den Werten vor dem letzten Auftreten von s, s und dem Teil nach s. Falls s nicht gefunden wird, ist das Ergebnis ein Tupel mit zwei leeren Byte-Folgen und der Byte-Folge. |
| rsplit(sep=None, maxsplit=-1) | Zerlegt eine Byte-Folge anhand sep vom Ende der Byte-Folge in Teile. Mit maxsplit kann die Anzahl der Operationen begrenzt werden. |

**Tab. 2.17.** fortgesetzt

| Methode | Beschreibung |
|---|---|
| split(sep=None, maxsplit=-1) | Trennt die Byte-Folge mit sep als Trennzeichen. |
| splitlines(keepends=False) | Trennt eine Byte-Folge beim Auftreten von ASCII-Zeilenenden. |

Die partition-Methoden zerlegen eine Byte-Folge in ein Dreier-Tupel:

```
>>> b'hallo welt'.partition(b'l')       # erstes l als Trenner
(b'ha', b'l', b'lo welt')
>>> b'hallo welt'.rpartition(b'l')      # letztes l als Trenner
(b'hallo we', b'l', b't')
```

Mit den split-Methoden ist eine beliebige Zerlegung einer Byte-Folge anhand eines oder mehrerer Zeichen möglich:

```
>>> b'hallo welt'.split(b'l')           # l als Trenner
[b'ha', b'', b'o we', b't']
>>> b'hallo welt'.partition(b'll')      # ll als Trenner
(b'ha', b'll', b'o welt')
>>> b'hallo\nwelt\n!'.splitlines()      # Zeilenende trennt
[b'hallo', b'welt', b'!']
```

**Zusammensetzen und Umwandeln einer Byte-Folge**
Zusammenfügen von Byte-Folgen und Änderung der Codierung.

**Tab. 2.18.** bytes und bytearray: Zusammenfügen und Umwandeln

| Methode | Beschreibung |
|---|---|
| decode(encoding='utf-8', errors='strict') | Liefert eine Zeichenkette mit den decodierten Byte-Werten. Mit den Default-Werten erhält man eine Python-Zeichenkette. |
| join(iterable) | Erstellt ein bytes-Objekt aus den einzelnen Werten in der übergebenen Sequenz mit dem Objekt als Trennzeichen. |

Die Methode decode() wird für die Weiterverarbeitung von Daten als Zeichenketten (Strings) benötigt. Das Ergebnis ist ein Objekt der Klasse str:

```
>>> type(b'hallo welt'.decode())
<class 'str'>
```

Byte-Folgen können mit `join()` zusammengesetzt werden:

```
>>> b''.join((b'a', b'b', b'c'))
b'abc'
>>> b'-'.join((b'a', b'b', b'c'))
b'a-b-c'
>>> b'-*-'.join((b'a', b'bbb', b'c'))
b'a-*-bbb-*-c'
```

**Alphabet austauschen**
Mit diesen Methoden kann das gesamte Alphabet der Byte-Folge ausgetauscht werden.

**Tab. 2.19.** `bytes` und `bytearray`: Transformieren

| Methode | Beschreibung |
| --- | --- |
| `maketrans(from, to)` | Diese statische Methode erstellt eine Ersetzungstabelle für die Methode `translate()`. Die Parameter `from` und `to` müssen `bytes`-Objekte gleicher Länge sein. |
| `translate(table[, delete])` | Die Methode kann Zeichen ersetzen oder löschen. Als `table` kann ein mit `maketrans()` erstelltes `bytes`-Objekt genutzt werden. Die Tabelle muss 256 Werte enthalten. Der Parameter `table` kann mit der Methode `maketrans()` erstellt werden. |

Die Methode `maketrans()` liefert eine Byte-Folge, wie sie für `translate()` benötigt wird. Sie ist 256 Bytes lang, dies entspricht der Anzahl Zeichen im ASCII:

```
>>> bytes.maketrans(b'', b'')
b'\x00\x01\x02\x03\x04\x05\x06\x07\x08\t\n\x0b\x0c\r...
!"#$%&\'()*+,-./0123456789:;<=>?@ABCDEFGHIJKLMNOPQRSTUVWXYZ...
abcdefghijklmnopqrstuvwxyz{|}~...
\xfc\xfd\xfe\xff'
>>> len(bytes.maketrans(b'', b''))
256
```

# 3 Fehlerbehandlung

Ein Programm soll natürlich nicht bei der ersten Gelegenheit wegen eines Fehlers seine Arbeit einstellen. Statt wie früher ein Programm mit endlosen Prüfungen von Funktionsrückgabewerten aufzublähen, setzen moderne Programmiersprachen auf Ausnahmen (Exceptions) und deren Behandlung (Exception Handling). Exceptions werden auch als Laufzeitfehler bezeichnet, da sie während der Ausführung des Programms auftreten. Im Gegensatz dazu steht ein `SyntaxError`. Diesen meldet der Python-Interpreter, bevor das Programm ausgeführt wird, weil er einen ungültigen Ausdruck oder Tippfehler entdeckt hat.

## 3.1 Fehler mit `try ... except` fangen

Eine Exception wird beim Auftreten eines Fehlers ausgelöst[1] und kann durch das Programm abgefangen werden. Python bietet dafür den `try ... except`-Block.

Ein Programmteil, in dem ein Fehler erwartet wird, folgt eingerückt im Anweisungsblock nach der `try`-Anweisung. Hinter dem anschließenden Schlüsselwort `except` wird eine oder mehrere zu behandelnde Ausnahme aufgeführt. Wenn keine explizite Ausnahme angegeben ist, verarbeitet dieser Zweig alle Ausnahmen (Default-Zweig). Dieser Fall muss als letzter Zweig formuliert werden.

Das Gegenstück zum Auslösen einer Exception ist das Schlüsselwort `raise`. Zunächst ein einfaches Beispiel für das Abfangen einzelner Ausnahmen:

```
>>> try:
...     print('hallo welt' + 1)
...     # und evtl. noch viel mehr Anweisungen
... except KeyboardInterrupt:
...     print('Tastendruck')
... except TypeError:
...     print('Typ-Fehler')
...
Typ-Fehler
```

Der Interpreter führt den `try`-Block aus. Wenn kein Fehler auftritt, werden die `except`-Blöcke übersprungen.

Wenn zwischen `try` und `except` ein Fehler auftritt, wird genau ein `except`-Abschnitt ausgeführt. Dieser muss die passende Exception-Klasse haben, oder der evtl. vorhandene Default-Zweig kommt zum Zug.

---

1 Man sagt auch „die Exception wird geworfen", „to throw an exception" im Englischen.

Das Beispiel fängt den `TypeError` für die Addition einer Zeichenkette und einer Zahl ab. Außerdem könnte ein `KeyboardInterrupt` auftreten. Diese Ausnahme wird ausgelöst, wenn der Anwender das Programm durch Drücken von `Ctrl+C` beendet.

## 3.2 Verschiedene Fehler fangen

In der `except`-Anweisung können auch mehrere Ausnahmen angegeben werden. Diese müssen dann in runde Klammern eingeschlossen und durch Komma getrennt sein.

```
1  try:
2      print('hallo welt' + 1)
3  except (SyntaxError, TypeError, KeyboardInterrupt):
4      print('Ein Fehler ist aufgetreten')
```

**Listing 3.1.** Gleiche Behandlung unterschiedlicher Fehler

Die Ausgabe des Programms aus Listing 3.1 ist „Ein Fehler ist aufgetreten".

## 3.3 Alle Fehler fangen

Die letzte, oder auch einzige, `except`-Anweisung kann ohne die Angabe einer Ausnahme geschrieben werden. Diese Anweisung fängt dann alle Ausnahmen („catch all" oder „Default-Zweig").

```
1  try:
2      print('hallo welt' + 1)
3  except:
4      pass
```

**Listing 3.2.** Fangen aller Fehler

Dieses Programm gibt nichts aus, da die `pass`-Anweisung im Zweig der Ausnahmebehandlung steht.

## 3.4 Weiter ohne Fehler: `try ... except ... else`

Im `try`-Block sollen nur Anweisungen stehen, die einen Fehler auslösen können. Die möglichen Fehler werden mit einem oder mehreren `except`-Blöcken abgefangen.

Anweisungen, die eine fehlerfreie Ausführung der Anweisungen im `try`-Block voraussetzen, sollten in einem nach den `except`-Blöcken folgenden `else`-Block geschrieben werden. Dieser Block wird nur ausgeführt, wenn der `try`-Block fehlerfrei beendet wurde. Das Programm in Listing 3.3 zeigt dies am Beispiel einer Dateioperation.

```
1  try:
2      f = open('dateiname')
3  except IOError:
4      print('Dateifehler')
5  else:
6      f.read()
7      f.close()
```

**Listing 3.3.** Exception mit `else`-Zweig

Die Anweisungen in dem `else`-Block werden nur ausgeführt, wenn der `try`-Block ohne Fehler ausgeführt wurde. Durch die Minimierung der Anweisungen in einem `try`-Block soll verhindert werden, dass ein Fehler behandelt wird, für den diese Ausnahmebehandlung gar nicht vorgesehen war.

## 3.5 Dinge auf jeden Fall ausführen: `finally`

Es gibt Situationen, in denen ein Code auf jeden Fall ausgeführt werden soll, egal ob vorher ein Fehler auftrat oder nicht. Dies ist immer dann der Fall, wenn Ressourcen vom Betriebssystem angefordert wurden, z. B. Dateien. Das Aufräumen, im Fall von Dateien der Aufruf von `close()`, kann in einem weiteren optionalen Zweig geschehen. Er beginnt mit dem Schlüsselwort `finally`.

Das Lesen einer Datei könnte wie in dem folgenden Listing aussehen.

```
1  f = open('foo')
2  try:
3      f.read()
4  finally:
5      f.close()
```

**Listing 3.4.** Exception mit `finally`-Zweig

Das Programm in Listing 3.4 versucht nur sicherzustellen, dass die Datei geschlossen wird. Alle anderen Fehler beim Öffnen oder Lesen der Datei bleiben unbehandelt!

## 3.6 Mehr über den Fehler erfahren

Wenn in einem `except`-Zweig eine konkrete Fehlerklasse angegeben wird, dann kann das Programm weitere Informationen über den Fehler erhalten. Die `except`-Zeile kann um eine Variable erweitert werden. Das Schlüsselwort `as` definiert einen sogenannten Alias, unter dem ein Fehlerobjekt zur Verfügung steht. Listing 3.5 zeigt, wie es geht.

```
1  try:
2      f = open('aufkeinenfallda')
3  except IOError as err:
4      print("{}".format(err))
5      print("{}".format(err.args))
```

**Listing 3.5.** Informationen über eine Exception ausgeben

Das Listing 3.5 weist die Daten eines aufgetretenen IOError der Variablen err zu und gibt sie aus. Das Programm hat aber auch Zugriff auf die einzelnen Argumente der Ausnahme in dem Attribut args. Im Interpreter sieht das wie folgt aus:

```
>>> try:
...     f = open('aufkeinenfallda')
... except IOError as err:
...     print('{}'.format(err))
...     print('{}'.format(err.args))
...
[Errno 2] No such file or directory: 'aufkeinenfallda'
(2, 'No such file or directory')
```

Die erste Zeichenkette entspricht der normalen Ausgabe der Exception. Das Attribut args ist ein Tupel und enthält den Fehlercode, auch als errno bezeichnet, und eine dazu passende Zeichenkette.

## 3.7 Einen Fehler auslösen

Um eine Exception auszulösen, dient, wie schon erwähnt, das Schlüsselwort raise. Die Standard-Exceptions sind im Interpreter ohne weiteren Import verfügbar. Nach raise gibt man die gewünschte Exception und ggf. weitere Parameter in Klammern an:

```
>>> raise TypeError
Traceback (most recent call last):
  File "<stdin>", line 1, in <module>
TypeError
>>> raise NameError('unbekannter Name',42)
Traceback (most recent call last):
  File "<stdin>", line 1, in <module>
NameError: ('unbekannter Name', 42)
```

# 4 Ein- und Ausgabe

Die Arbeitsweise von Computerprogrammen lässt sich immer auf das EVA-Prinzip reduzieren: Eingabe, Verarbeitung, Ausgabe. In diesem Kapitel geht es um die einfachsten Formen der Ein- und Ausgabe von Programmen über die Tastatur und den Bildschirm.

## 4.1 Eingabe mit `input()`

In der einfachsten Form liest ein Programm mit der eingebauten Funktion `input()` eine Zeichenkette von der Tastatur. Die Funktion kann auf drei Arten beendet werden (nach Eingabe von keinem oder beliebig vielen Zeichen):
- durch Drücken von `Return` oder `Enter`
- durch Drücken von `Ctrl+C`
- durch Drücken von `Ctrl+D`

Der normale Anwendungsfall, eine Eingabe wird durch Drücken der Taste `Return` oder `Enter` abgeschlossen, sieht im Interpreter wie folgt aus (das `Return` oder `Enter` hinter der Eingabe `hallo` sieht man nicht):

```
>>> s = input()
hallo
>>> s
'hallo'
```

Das Programm wartet kommentarlos auf eine Eingabe des Anwenders. Dies ist nicht besonders nutzerfreundlich. Deshalb kann der `input()`-Funktion auch eine Zeichenkette mitgegeben werden, die dem Anwender erläutert, was er als nächstes tun soll. Python fügt keinen Zeilenumbruch am Ende der Eingabeaufforderung ein, diese müssen bei Bedarf vom Programmierer angegeben werden:

```
>>> s = input('Bitte etwas eingeben:\n')
Bitte etwas eingeben:
Hallo
>>> s
'Hallo'
```

Das Beispiel fügt am Ende der Zeichenkette „Bitte etwas eingeben:" ein Newline-Zeichen ein. Diese Zeichenkette wird ausgegeben, und der Interpreter wartet in der nächsten Zeile auf eine Eingabe.

Drücken von Ctrl+D oder Ctrl+C bricht die Eingabe durch die Ausnahme EOFError bzw. KeyboardInterrupt ab. Beide Ausnahmen können vom Programm abgefangen werden.

```
1   try:
2       s = input('Bitte geben Sie etwas ein:\n')
3   except (EOFError, KeyboardInterrupt):
4       print('Ctrl+D oder Ctrl+C')
```

**Listing 4.1.** Ausnahmen abfangen bei Tastatureingaben

Listing 4.1 zeigt, wie man eine Eingabe mit der `input()`-Funktion absichern kann. Das Drücken von Ctrl+D oder Ctrl+C hat aber eine Konsequenz:

```
Bitte geben Sie etwas ein:
# User drueckt Ctrl+D oder Ctrl+C
>>> s
Traceback (most recent call last):
  File "<stdin>", line 1, in <module>
NameError: name 's' is not defined
```

Die Variable, die den Wert der `input()`-Funktion erhalten sollte, ist nicht definiert[1] und ein Zugriff darauf löst eine NameError-Exception aus. Dieses Problem kann man auf verschiedenen Wegen lösen:
- Die Exception NameError abfangen.
- Die Variable vor `input()` initialisieren, z. B. mit None.
- Prüfen ob die Variable im lokalen oder globalen Namensraum existiert.

Diese drei Fälle werden jetzt mit jeweils einem kurzen Programm vorgestellt. Das Listing 4.1 dient dabei als Ausgangspunkt, da hier die Ausnahmen beim Eingabeabbruch abgefangen werden.

```
1   try:
2       s2 = s
3   except NameError:
4       s = None
```

**Listing 4.2.** NameError bei nicht initialisierter Variable abfangen

Listing 4.2 kann komplett nach Listing 4.1 ausgeführt werden und fängt die Ausnahme bei einem Zugriff auf die Variable ab. Der except-Zweig sorgt dafür, dass der Variablenname verfügbar und auf None gesetzt ist.

---

[1] Vorausgesetzt, der Interpreter ist frisch gestartet, und die Variable ist nicht vom vorherigen Beispiel vorhanden.

```
1  try:
2      s = None
3      s = input('Bitte geben Sie etwas ein:\n')
4  except (EOFError, KeyboardInterrupt):
5      print('Ctrl+D oder Ctrl+C')
```

**Listing 4.3.** Variable vor Gebrauch initialisieren

Listing 4.3 zeigt den sicherlich einfachsten Weg: Die Variable wird vor Nutzung von `input()` initialisiert und ist dann auch im Fall eines Eingabeabbruchs verfügbar.

Die letzte Variante ist auch wieder komplett nach dem Listing 4.1 anwendbar. Man prüft einfach, ob ein Name in den Dictionarys für den lokalen oder globalen Namensraum enthalten ist.

```
1  if 's' in locals():
2      # Nutzung von s
3  if 's' in globals():
4      # Nutzung von s
```

**Listing 4.4.** Test, ob eine Variable existiert

Dazu muss man natürlich beachten, wo sich das Programm gerade befindet. Der Test des lokalen Namensraums sollte auf jeden Fall ein korrektes Ergebnis liefern, da eine Zuweisung an eine Variable einen evtl. vorhandenen globalen Namen verdeckt. Das Programm in Listing 4.4 ist so übrigens nicht ausführbar. Ein Kommentar kann nicht alleine in einem Anweisungsblock stehen. Hier muss mindestens ein `pass` eingefügt werden!

## 4.2 Ausgabe

Das Gegenstück zu `input()` ist `print()`. Diese Funktion gibt die übergebenen Daten auf den Bildschirm aus. Die Funktion nimmt beliebig viele Parameter entgegen und gibt sie getrennt durch ein Leerzeichen aus. Am Ende wird ein Newline ausgegeben.

Das Zeilenende bei `print()` kann als benannter Parameter `end` übergeben werden. Das folgende Beispiel setzt drei Pluszeichen vor das Newline:

```
>>> print(1, '123', 3, end='+++\n')
1 123 3+++
```

Um eine Ausgabe beliebig formatieren zu können, gibt es die eingebaute Funktion `format()`. Die Methode arbeitet mit Platzhaltern („Format Fields") und Formatangaben, um eine Zeichenkette mit den Werten von Variablen zu füllen.

Außerdem unterstützt Python eine String-Formatierung wie sie von der Programmier-sprache C eingeführt wurde. Bestimmte Zeichen innerhalb einer Zeichenkette stellen Platzhalter für eine folgende Liste von Variablen dar. Dies ist die alte Form der String-Formatierung („Old String Formatting") in Python.

### 4.2.1 Strings formatieren mit `format()`

Diese Art der Ausgabeformatierung wurde mit Python 3 eingeführt. Sie verwendet einen Formatstring, dem die einzufügenden Variablen durch die Methode `format()` übergeben werden. Die möglichen Formatangaben der Platzhalter in den Klammern unterscheiden sich etwas von denen der klassischen C-Formatstrings.

In der einfachsten Form können die Platzhalter ein Paar geschweifter Klammern sein, dann werden die übergebenen Parameter der Reihe nach eingesetzt (positions-abhängige Parameter). Zum Testen kann man im Interpreter einfach eine Zeichenkette angeben, für die die `format()`-Methode mit Parametern aufgerufen wird, z. B.:

```
>>> 'p1 {} p2 {}'.format('hallo', 42)
'p1 hallo p2 42'
```

Die Zeichenkette wird mit den ersetzten Platzhaltern ausgegeben.

Die folgende Tabelle zeigt die möglichen Formatangaben in den geschweiften Klammern. Damit kann die einzufügende Variable, die Breite der Ausgabe und die Art der Darstellung bei Zahlen spezifiziert werden.

**Tab. 4.1.** Platzhalter und Formatangaben bei `format()`

| Platzhalter | Funktion |
|---|---|
| `{}` | Universeller Platzhalter, eine Variable einsetzen |
| `{name}` | Variable mit Namen `name` hier einsetzen |
| `{:5}` | Feld 5 Zeichen breit formatieren |
| `{n:5}` | Variable n 5 Zeichen breit einfügen |
| `{:10b}` | Feld 10 Zeichen breit und Binärdarstellung |
| `d` | Dezimaldarstellung |
| `f` | Fließkommazahl (mit 6 Nachkommastellen) |
| `.2f` | 2 Nachkommastellen |
| `b` | Binärdarstellung |
| `x,X` | Hexadezimaldarstellung mit kleinen oder großen Buchstaben |

Python speichert seit Version 3 alle Zeichenketten mit Unicode. Für die Ausgabe kann eine Umwandlung erforderlich sein. Die Umlaute der deutschen Sprache zum Beispiel können im ASCII nicht direkt dargestellt werden und sind deshalb bei Ausgabe als ASCII entsprechend codiert. Für die Umwandlung von Zeichen gibt es drei besondere

Platzhalter. Mit diesen Platzhaltern kann man die Funktion zur Umwandlung gezielt auswählen.

**Tab. 4.2.** Umwandlung von Variablen durch `str.format()`

| Platzhalter | Funktion |
|---|---|
| !a | Wendet die Funktion `ascii()` auf die Variable an. |
| !s | Einsatz von `str()`. |
| !r | Einsatz von `repr()`. |

```
>>> '{}'.format('aä')
'aä'
>>> '{!a}'.format('aä')
"'a\\xe4'"
```

**Variablen über Index oder Namen einsetzen**

Die an `format()` übergebenen Parameter können über ihren Index angesprochen werden. Die Position wird in den geschweiften Klammern angegeben (Index-Zugriff mit Indexstart bei null). Das folgende Beispiel vertauscht dadurch die Parameter aus dem vorangegangenen:

```
>>> 'p1 {1} p2 {0}'.format('hallo', 42)
'p1 42 p2 hallo'
```

Es können auch Schlüsselwortparameter übergeben werden. Die Namen der Parameter werden dann einfach in Klammern geschrieben:

```
>>> 'p1 {string} p2 {zahl}'.format(string='hallo', zahl=42)
'p1 hallo p2 42'
```

Wie bei allen Funktionen, können Positions- und Schlüsselwortparameter gemischt werden. Die Schlüsselwortparameter müssen als letzte übergeben werden:

```
>>> 'p2 {1} p1 {0} k2 {key2} k1 {key1}'.format(42, 3.15, key1='a',\
  key2='b')
'p2 3.15 p1 42 k2 b k1 a'
```

**Formatierung eines Feldes**

Die eigentliche Formatierung eines Feldes gibt man nach einem Doppelpunkt in den geschweiften Klammern an. Hier orientieren sich die Platzhalter wieder an den C-Formatstrings. Es kann eine Feldbreite angegeben werden oder die Basis für die Darstellung von Zahlen:

```
>>> 'p1 '{:10}' p2 {:04X}'.format('hallo', 42)
"p1 'hallo     ' p2 002A"
>>> '{:b}'.format(42)
'101010'
```

Die Formatangabe kann natürlich auch mit einem Index oder Variablennamen kombiniert werden. Diese Angabe wird vor dem Doppelpunkt eingefügt:

```
>>> "p2 {1:04X} p1 '{0:10}'".format('hallo', 42)
"p2 002A p1 'hallo     '"
>>> 'p2 {zahl:04X} p2 {string:10}'.format(string='hallo', zahl=42)
'p2 002A p2 hallo     '
```

**Mehrere Dictionarys über Index ansprechen**

An die Funktion `format()` können ein oder mehrere Dictionarys übergeben werden. Im Platzhalter muss dann das referenzierte Dictionary durch einen Index spezifiziert werden und die Variable durch einen Schlüssel in eckigen Klammern angegeben werden:

```
>>> d1 = {'string': 'hallo', 'zahl': 42}
>>> 'p1 {0[string]} p2 {0[zahl]}'.format(d1)
'p1 hallo p2 42'
>>> d2 = {'zahl':42}
>>> d3 = {'string':'hallo'}
>>> 'dict2 {1[string]} dict2 {0[zahl]}'.format(d2, d3)
'dict2 hallo dict2 42'
```

**Dictionary als Keyword-Parameter übergeben**

Ein Dictionary kann an die Funktion auch als Keyword-Parameter übergeben werden:

```
>>> d1 = {'string': 'hallo', 'zahl': 42}
>>> '{string} welt'.format(**d1)
'hallo welt'
```

„**" vor dem Variablennamen übernimmt die Übergabe als einzelne Parameter. Mehr dazu im Kapitel 7.3.3 Keyword Parameter.

### Formatierung mit `str`-Methoden

Die Klasse `str` bringt ein paar Methoden zur Formatierung einer Zeichenkette mit. Die Gesamtlänge der Ausgabe, die Groß-/Kleinschreibung und die Ausrichtung des Datums kann auf diese Art beeinflusst werden.

**Tab. 4.3.** Formatierung mit Methoden der Klasse `str`

| Methode | Beschreibung |
| --- | --- |
| `ljust(w)` | Text links ausgegeben in einer Zeichenkette der Breite `w`. |
| `rjust(w)` | Text rechts in einer Zeichenkette der Breite `w` ausgegeben. |
| `zfill(w)` | Die Zeichenkette der Breite `w` links mit 0 füllen. |
| `center(w[, fillchar])` | Den Text in der Mitte einer Zeichenkette der Breite `w` positionieren und ggf. das Füllzeichen verwenden. |
| `captialize()` | Erste Zeichen in Großbuchstaben, der Rest klein. |
| `lower()` | Alle Zeichen in Kleinbuchstaben. |
| `swapcase()` | Klein- gegen Großbuchstaben tauschen und umgekehrt. |
| `title()` | Erster Buchstabe jedes Wortes in Großbuchstaben. |

Praktisch im Interpreter angewendet, sieht das für einige Funktionen aus Tabelle 4.3 wie folgt aus:

```
>>> "42".zfill(4)
'0042'
>>> "42".rjust(4)
'  42'
>>> "42".ljust(4)
'42  '
>>> "42".center(8)
'   42   '
>>> "42".center(8, '-')
'---42---'
>>> "Hallo Welt".capitalize()
'Hallo welt'
>>> "Hallo Welt".swapcase()
'hALLO wELT'
>>> "hallo welt".title()
'Hallo Welt'
```

### 4.2.2 Formatierung mit Formatstrings (Old String Formatting)

Python bietet auch die Formatstrings von C, um Zeichenketten mit Daten aus Variablen zu füllen. Der Formatstring ist selbst eine Zeichenkette und enthält Steuerzeichen als Platzhalter, die durch die Werte von Variablen ersetzt werden.

Die Steuerzeichen erfüllen drei Aufgaben für die Aufbereitung der Daten in der zu erzeugenden Zeichenkette: Wie eine Variable interpretiert werden soll (eine Zeichenkette, eine Ganzzahl, eine Fließkommavariable), wie viele Zeichen diese Variable in der Ausgabe einnehmen soll, und ob sie links- oder rechtsbündig dargestellt wird.

Zunächst werden die Steuerzeichen, die den Typ der Ausgabe festlegen, vorgestellt.

**Tab. 4.4.** Typ-Steuerzeichen zur Ausgabeformatierung

| Platzhalter | Ausgabe |
| --- | --- |
| %s | Zeichenkette |
| %d | Ganzzahl |
| %x | Ganzzahl in hexadezimaler Darstellung mit kleinen Buchstaben |
| %X | hexadezimale Ganzzahl mit großen Buchstaben |
| %o | Ganzzahl in oktaler Darstellung |
| %f | Fließkommazahl |

Ein paar Beispiele für die Typ-Formatierung mit den Platzhaltern aus Tabelle 4.4. Dem Formatstring folgen die nötigen Variablen/Werte nach einem %-Zeichen. Ein Datum kann als skalarer Wert oder als Tupel angegeben werden, zwei oder mehr müssen als Tupel folgen:

```
>>> "Zahl %d" % 42
'Zahl 42'
>>> "PI %f" % (3.141592653589793, )        # ein Wert als Tupel
'PI 3.141593'
>>> "Hallo %s" % 'Welt'
'Hallo Welt'
```

An der Zahl Pi sieht man, dass die Formatfelder gewisse Standardwerte bezüglich des Formats haben, die Nachkommastellen sind begrenzt. Die Breite eines Ausgabefeldes und auch die Vor- und Nachkommastellen einer Fließkommazahl können im Formatstring angegeben werden.

**Tab. 4.5.** Längenangaben und Ausrichtung in Formatstrings

| Platzhalter | Funktion |
|---|---|
| %2d | Anzahl Zeichen für eine Zahl, hier zwei. |
| %02d | Anzahl Zeichen für ein Ausgabefeld, ggf. mit führenden Nullen gefüllt. |
| %.2f | Anzahl Zeichen nach einem Dezimalpunkt auf zwei beschränken. |
| %5.2f | Gesamtbreite der Ausgabe ist fünf Zeichen, zwei Zeichen nach einem Dezimalpunkt. |
| %10s | Breite der Ausgabe ist 10 Zeichen (rechtsbündig). |
| %-10s | Formatiert das Feld 10 Zeichen breit und linksbündig. |

Ein paar Beispiele für die Längenangaben und die Ausrichtung nach Tabelle 4.5 bei der String-Formatierung:

```
>>> "Zahl %03d" % 42
'Zahl 042'
>>> "PI %2.3f" % 3.141592653589793
'PI 3.142'
>>> "PI %6.3f" % 3.141592653589793
'PI  3.142'
>>> "Hallo %-10s" % 'Welt'
'Hallo Welt      '
>>> "Hallo %10s" % 'Welt'
'Hallo       Welt'
```

Die Angaben \%2.3f und \%6.3f beschreiben die Gesamtlänge des Feldes mit der Anzahl der Nachkommastellen. Wenn die Gesamtlänge zu kurz gewählt wird, ist das Feld trotzdem lang genug, um die Ausgabe zu machen.

### 4.2.3 Ausgabe auf stdout oder stderr

Eine weitere Art, Ausgaben auf den Bildschirm zu machen, ist die Methode write() des Ausgabekanals stdout oder stderr (die write()-Funktion ist für alle Dateiobjekte definiert). Die Ausgabekanäle stdout und stderr werden mit dem Modul sys importiert.

```
>>> import sys
>>> r = sys.stdout.write("hallo\n")
hallo
>>> r                            # write() liefert die Anzahl
6                                # geschriebener Bytes: 6
```

### 4.2.4 Ausgabe mit `print` in eine Datei

Mit der Funktion `print()` kann der Programmierer seine Ausgabe auf den Bildschirm bringen. Die Funktion kann auch genutzt werden, um Daten in eine Datei auszugeben. Nach den Daten kann der benannte Parameter `file` angegeben werden. Hier übergibt man der Funktion ein File-Objekt, an das die Ausgabe geschickt wird:

```
fd = open('hallo_welt.txt', 'w+')
print("Hallo Welt", file=fd)
fd.close()
```

Dieses Beispiel öffnet zunächst die Datei `hallo_welt.txt`. Dann schreibt es den Text „Hallo Welt" mit `print()` in die durch den Parameter `file` angegebene Datei und schließt diese.

## 4.3 Dateien

Daten im Speicher eines Rechners gehen, wenn es sich um normale RAM-Bausteine handelt, beim Ausschalten verloren. Für die permanente Sicherung existieren in Rechnern Speichermedien, die auch ohne Anliegen einer Spannung ihre Daten behalten (z. B. Magnetspeicher in Festplatten oder Flash-Speicher).

Daten können auf diese Speichermedien geschrieben und wieder von dort gelesen werden. Eine zusammengehörende Menge von Daten bezeichnet man als Datei. Zur Organisation von vielen Dateien werden Verzeichnisse (Ordner) verwendet.

### 4.3.1 Arbeiten mit Dateien

Um den Inhalt einer Datei lesen oder schreiben zu können, muss sie zunächst mit der Funktion `open()` geöffnet werden. In der einfachsten Form reicht der Funktion als Parameter die Angabe des Dateinamens.

```
1  fd = open('foo')
2  data = fd.read()
3  fd.close()
```

**Listing 4.5.** Lesen aus einer Datei

Wenn man bei `open()` wie in Listing 4.5 Zeile 1 keine weiteren Informationen angibt, wird die Datei im Textmodus zum Lesen geöffnet. Die Funktion liefert ein File-Objekt. Dessen Methode `read()` liest ohne weitere Argumente die gesamte Datei ein. Wenn die Arbeit getan ist, schließt man die Datei wieder mit der Methode `close()`.

Optional kann man die Zugriffsart angeben. Dadurch kann man zwischen lesendem und schreibendem Zugriff unterscheiden und festlegen, ob es sich um Text- oder Binärdaten handelt.

**Tab. 4.6.** Parameter zum Öffnen einer Datei (mode)

| Parameter | Funktion |
|---|---|
| r | Lesen (read), dies ist der Defaultwert für `open()`. |
| w | Schreiben (write), löscht eine evtl. vorhandene Datei. |
| a | Am Ende der Datei anhängen (append). |
| r+ | Lesen und Schreiben, löscht eine evtl. vorhandene Datei. |
| b | Angehängt an einen der anderen Modi, öffnet die Datei im Binärmodus. |

Für Textdateien reicht beim Aufruf von `open()` der Dateiname. Die Angabe des Modus r ist optional. Für alle anderen Aktionen muss als zweiter Parameter der Modus angegeben werden, z. B.:

```
fd = open('foo', 'w')
```

Durch diesen Aufruf wird eine eventuell vorhandene Datei gelöscht. Zum Anhängen muss der zweite Parameter ausgetauscht werden:

```
fd = open('foo', 'a')
```

Um eine Datei zum Schreiben von Binärdaten zu öffnen, ist folgendes anzugeben:

```
fd = open('foo', 'wb')
```

**Methoden von File-Objekten**
Die Funktion `open()` aus Listing 4.5 liefert ein File-Objekt. Die typischen Funktionen für File-Objekte sind in der Tabelle 4.7 aufgeführt.

**Tab. 4.7.** Methoden von File-Objekten

| Methode | Beschreibung |
|---|---|
| read(n) | Liest n Bytes aus der Datei. |
| readline() | Liest eine Zeile inklusive des Zeilenendezeichens. |
| readlines() | Liefert eine Liste aller Zeilen in der Datei (inklusive des Zeilenendezeichens am Ende der Zeilen). |

**Tab. 4.7.** fortgesetzt

| Methode | Beschreibung |
|---|---|
| write(s) | Schreibt die Zeichenkette s in die Datei. |
| seek(p) | Setzt die Position des Schreib-/Lesezeigers auf Position p. Null ist der Anfang der Datei. |
| tell() | Liefert die Position des Schreib-/Lesezeigers. |

Wenn man die objektorientierte Verkettung von Methoden nutzt, kann man ein File-Objekt nutzen, ohne es einer Variablen zuzuweisen. Python verwaltet dies temporär, wenn man alle Operationen auf eine Datei in einer Anweisung erledigt.

```
1  data = open('foo').read()
```

**Listing 4.6.** Anonyme Dateioperation

In Listing 4.6 wird die Datei eingelesen und danach automatisch geschlossen. Ein File-Objekt für einen weiteren Zugriff existiert nicht. Dies ist die Kurzform für das in Listing 4.5 vorgestellte Programm.

Das File-Objekt kann auch als Iterator in einer `for`-Schleife verwendet werden. Dadurch kann ohne den Aufruf von `readline()` eine Datei zeilenweise verarbeitet werden.

```
1  fd = open('bar')
2  for l in fd:
3      print(l)
```

**Listing 4.7.** File-Objekt als Iterator

## 4.3.2 Textdateien

Textdateien sind für einen Rechner letztlich auch nur Binärdaten, da ein Computer nichts anderes kennt. Dennoch gibt es diese Bezeichnung für Dateien, die zeilenweise verarbeitet werden. Das Zeilenende ist durch ein oder mehrere Zeichen festgelegt. Dies ist vom verwendeten Betriebssystem abhängig. Python übernimmt bei Textdateien automatisch die nötigen Wandlungen von und in Zeichenketten. Der Programmierer muss sich nicht darum kümmern. Es genügt, die Datei als Textdatei zu öffnen:

```
>>> s = "hähä\r\nhihi\n"
>>> open('foo', 'w').write(s)
11
>>> print(open('foo').read())
```

```
hähä
hihi
```

Eine Zeichenkette kann mit der Methode `write()` in eine Datei ausgegeben werden. Das Einlesen erfolgt z. B. mit `read()`.

### 4.3.3 Binärdateien

Im Gegensatz zu Textdateien werden diese Dateien in der Regel byteweise oder in bestimmten Stücken verarbeitet. Python stellt dies durch die sogenannten Byte-Puffer („Buffer" im Englischen) dar.

Python speichert seit Version 3 alle Zeichenketten intern als Unicode in der Codierung UTF-8. Der Versuch, eine solche Zeichenkette in eine Binärdatei auszugeben, endet in einem `TypeError`:

```
>>> s = 'hähä'
>>> fd = open('bar', 'wb')
>>> fd.write(s)
Traceback (most recent call last):
  File "<stdin>", line 1, in <module>
TypeError: a bytes-like object is required, not 'str'
```

Unicode-Zeichenketten müssen also vor dem Schreiben in ein Byte-Format konvertiert werden. Strings bieten dafür die Methode `encode()`:

```
>>> fd.write(s.encode('iso-8859-1'))
4
>>> fd.close()
```

Die `write()`-Methode schreibt vier Bytes in die Datei. Man kann die Konvertierung auch in einen Byte-String machen und sich in der Konsole ausgeben lassen:

```
>>> bs = s.encode('iso-8859-1')
>>> bs
b'h\xe4h\xe4'
```

Das `b` vor der Zeichenkette kennzeichnet den Byte-String. Die Zeichenkette bestätigt die Länge von vier Zeichen in der Datei. Neben den beiden „h" sind die hexadezimalcodierten Umlaute zu sehen (jeweils mit führendem „\x").

Auch der lesende Zugriff auf eine Binärdatei liefert einen Byte-String. Dieser muss dann zur weiteren Verwendung als String mit der Methode `decode()` ins Unicode konvertiert werden. Zunächst werden die Daten in einen Byte-String eingelesen:

```
>>> bs = open('bar', 'rb').read()
>>> bs
b'h\xe4h\xe4'
```

Durch den Aufruf von `decode()` mit dem richtigen Encoding (das Encoding, das beim Schreiben der Daten genutzt wurde) erhält man wieder einen Unicode-String:

```
>>> s = bs.decode('iso-8859-1')
>>> s
'hähä'
>>> type(s)
<class 'str'>
```

Was passiert, wenn man UTF-8 als Encoding für die Binärdaten verwendet?

```
>>> fd = open('bar', 'wb')
>>> fd.write(s.encode('utf-8'))
6
>>> fd.close()
```

Zunächst ändert sich die Länge der Daten. Dies liegt an der Darstellung der Umlaute in dieser Codierung, sie benötigt für diese Zeichen zwei Bytes. Das Einlesen erfolgt wie zuvor, das Encoding für die Daten ändert sich zu UTF-8:

```
>>> bs = open('bar', 'rb').read()
>>> s = bs.decode('utf-8')
>>> s
'hähä'
```

Man könnte diese Datei auch einfach im Text-Modus öffnen. Linux verwendet für Textdateien die Codierung UTF-8. Python übernimmt hier automatisch die Interpretation in ein String-Objekt. (Sollte die Datei nicht in der erforderlichen UTF-8-Codierung vorliegen, wird das Programm mit einem Fehler beendet):

```
>>> s = open('bar').read()
>>> s
'hähä'
>>> type(s)
<class 'str'>
```

Bei Binärdateien ist es wichtig, die Codierung des Inhalts zu kennen. In der Regel ist der Aufbau der Datei dann genau festgelegt. Beim Schreiben und Lesen wird dann immer zwischen der programminternen Darstellung und dem Format in der Datei gewandelt.

Neben Textdaten können auch Zahlen oder andere Datentypen gespeichert werden.

Beim Öffnen einer Datei kann man das Encoding als benannten Parameter angeben. Die Konvertierung findet dann gleich beim Einlesen statt:

```
f = open('bar', 'r', encoding='utf-8')
```

### 4.3.4 Daten in Objekte ausgeben

Das Modul `io` bietet auch eine String-Klasse, die wie ein File-Objekt behandelt werden kann: `StringIO`. Die enthaltenen Daten werden dabei komplett im Speicher gehalten:

```
>>> import io
>>> sio = io.StringIO()
>>> sio.write("Hallo Welt!\n")
12
>>> sio.close()
```

Ein `StringIO`-Objekt verhält sich wie eine Datei. Daten können mit `write()` geschrieben werden, das Programm erhält die Anzahl der geschriebenen Bytes zurück. Die im Objekt vorhandenen Daten können mit der Methode `getvalue()` erfragt werden:

```
>>> sio = io.StringIO()
>>> sio.write("Hallo Welt!\n")
12
>>> data = sio.getvalue()
>>> data
'Hallo Welt!\n'
>>> type(data)
<class 'str'>
>>> sio.close()
```

Der Zugriff ist nach dem Schließen nicht mehr möglich. Die Daten müssen vorher in eine Variable gespeichert werden.

Die Klasse `StringIO` baut auf zwei Klassen auf, die viele der Methoden liefern, die auch bei normalen Dateien zur Verfügung stehen: `IOBase` und `TextIOBase`.

Auf ein `StringIO`-Objekt kann man z. B. auch die Methode `seek()` anwenden, um die Position, an die als nächstes geschrieben wird, zu beeinflussen:

```
>>> sio = io.StringIO()
>>> sio.write("Hallo Welt!\n")
>>> sio.seek(0)
0
>>> sio.write("huhu!")
5
>>> sio.getvalue()
'huhu! Welt!\n'
```

Dass der Inhalt nur überschrieben wird, ist unschön. Um den Inhalt der Datei mit dem Dateizeiger zurückzusetzen, ruft man die Methode `truncate()` mit der gewünschten Dateilänge auf:

```
>>> sio = io.StringIO()
>>> sio.write("41 42 43")
8
>>> sio.getvalue()
'41 42 43'
>>> sio.seek(2)
2
>>> sio.truncate(2)
2
>>> sio.getvalue()
'41'
```

Die Funktion `getvalue()` kann man mit `seek()` und `read()` nachbauen:

```
>>> sio = io.StringIO()
>>> sio.write("Hallo Welt!\n")
12
>>> sio.seek(0)
0
>>> sio.read()
'Hallo Welt!\n'
```

### 4.3.5 Fehlerbehandlung bei der Arbeit mit Dateien

Bei der Arbeit mit Dateien können viele Fehler auftreten. Ein paar Beispiele:
- Die Datei existiert nicht
- Das Programm hat nicht die erforderlichen Schreib-/Leserechte
- Es gibt nicht genug Speicherplatz

Python liefert für die unterschiedlichen Gründe eine entsprechende Fehlermeldung (zunächst existiert die Datei nicht, dann darf das Programm nicht schreiben):

```
>>> open('lormeipsum')
Traceback (most recent call last):
  File "<stdin>", line 1, in <module>
FileNotFoundError: [Errno 2] No such file or directory: 'lormeipsum'
>>> fd = open('loremipsum', 'w+')
Traceback (most recent call last):
  File "<stdin>", line 1, in <module>
PermissionError: [Errno 13] Permission denied: 'loremipsum'
```

Dateioperationen sollten immer mit einer Exception rechnen und daher mit einem `try ... except` umgeben werden.

Da Fehler bei den verschiedenen Aktionen auftreten können, ist es manchmal recht aufwendig, alle möglichen Fehler abzufangen. Im Listing 4.8 werden zunächst die möglichen Fehler beim Öffnen abgefangen. Das Lesen schlägt mit einem `ValueError` fehl, wenn die Datei nicht geöffnet werden konnte. Das `finally` sorgt dafür, dass die Datei in jedem Fall geschlossen wird.

```
1  try:
2      file = open('robots.txt')
3  except (FileNotFoundError, PermissionError) as err:
4      print("Fehler {}".format(err))
5
6  try:
7      data = file.read()
8  except ValueError:
9      # Falls open() nicht gelungen: I/O operation on closed file.
10     pass
11 finally:
12     file.close()
```

**Listing 4.8.** Dateioperationen mit Exception-Handling

Datei-Objekte unterstützen ein besonderes Protokoll. Objekte, die dieses Protokoll unterstützen, bezeichnet man als Context Manager. Die Anforderung und Freigabe der Ressourcen wird gekapselt, und der verbleibende Code wird übersichtlicher. Mehr dazu im Kapitel 5.6 Objektabhängige Ausführung: `with` auf Seite 67.

# 5 Steuerung des Programmablaufs

Ein wichtiges Element der Programmierung ist der Test. Er ermöglicht es, die lineare Abarbeitung der Anweisungen eines Programms zu unterbrechen. In einem Test wird mit dem Schlüsselwort `if` und den in Kapitel 2 vorgestellten Vergleichsoperatoren eine Bedingung formuliert. Abhängig vom Ergebnis des Tests, wahr oder falsch (`True` oder `False`), wird der anschließende Codeblock ausgeführt oder nicht.

Python nutzt die Einrückung des Code um zu erkennen, welche Anweisungen zu einem Block gehören und ausgeführt werden müssen. Alle Anweisungen, die nach einem erfolgreichen Test ausgeführt werden sollen, müssen also eingerückt werden.

Als weitere Anweisungen zur Ablaufsteuerung gibt es in der Programmierung und in Python die Schleifen `for` und `while`. Damit kann man einen Programmabschnitt mehrfach ausführen (mehr dazu in Kapitel 6).

## 5.1 `True`, `False`, Leere Objekte und `None`

Bei einem Vergleich wird der Wert einer Variablen mit dem einer anderen oder einem expliziten Wert verglichen, z. B. einer Zahl oder einer Zeichenkette. Nicht alle Werte für einen Vergleich lassen sich als Zahlen oder Zeichenketten darstellen. Logische Operationen liefern ein „wahr" oder „falsch" zurück. Dafür sind in Python einige Konstanten definiert.

**Tab. 5.1.** Eingebaute Konstanten für Vergleiche

| Schlüsselwort | Bedeutung |
|---|---|
| True | Der boolesche Wert für wahr. |
| False | Der boolesche Wert für falsch. |
| None | Dieser Wert soll die Abwesenheit eines Wertes darstellen, also einen undefinierten Wert. |

Diese Werte können einer Variablen zugewiesen oder direkt genutzt werden.

Für die in Kapitel 2 vorgestellten Objekttypen ist auch immer ein Beispiel für die Erzeugung eines leeren Objektes angegeben. Python interpretiert ein leeres Objekt oder die Zahl Null in einem Vergleich als `False`, alle anderen Werte als `True`.

## 5.2 Objektvergleich und Wertvergleich

Python bietet einige Möglichkeiten, die erzeugten Objekte zu inspizieren. Der Programmierer kann den Typ eines Objekts erfragen und auch testen, ob zwei Objekte gleich sind. Die eingebaute Funktion `id()` liefert eine eindeutige Identifikationsnummer für ein Objekt.

```
1  liste1 = [1, 2, 3]
2  liste2 = [1, 2, 3]
3  id(liste2)
```

**Listing 5.1.** Funktion `id()` auf Objekte angewendet

In Listing 5.1 werden zwei Variablen mit identischem Inhalt definiert. Die Funktion `id()` kann auf jede Variable angewendet werden. Dies sollte zum besseren Verständnis für beide Variablen ausgeführt werden. Das Ergebnis sollte dem Folgenden ähneln:

```
>>> id(liste1), id(liste2)
(140407815952904, 140407815992776)
```

Der in C geschriebene Python-Interpreter liefert beim Aufruf von `id()` die Speicheradresse der Daten einer Variablen zurück. Man sieht deutlich, dass es sich nicht um dieselben Daten handelt, auch wenn sie inhaltlich gleich sind.

Der Vergleich mit `is` vergleicht die Objektidentität.

```
1  liste1 is liste2
```

**Listing 5.2.** Identitätsvergleich

Das Ergebnis ist ein boolescher Wert. Der Operator vergleicht die Referenzen der Objekte. Das Ergebnis ist `True`, wenn die ID der Objekte gleich ist, sonst `False`.

**Tab. 5.2.** Operatoren für den Vergleich von Objekten

| Schlüsselwort/Operator | Funktion |
| --- | --- |
| is | Prüft, ob die Identität von zwei Objekten gleich ist. |
| is not | Der Test, ob die Identitäten nicht übereinstimmen. |

Variablen enthalten nur eine Referenz auf Daten. Wenn man also eine Variable an einen weiteren Namen zuweist, erhält sie die Referenz der anderen Variablen. Dies ist im folgenden Beispiel zu sehen:

```
>>> liste3 = liste1
>>> liste3 is liste1
True
>>> id(liste1), id(liste3)
(140407815952904, 140407815952904)
```

Der Operator `is` vergleicht nicht die Daten der Variablen. Ein Vergleich der Werte findet mit dem Operator `==` statt. Der Code aus Listing 5.3 liefert mit den Daten aus Listing 5.1 `True`.

```
1  liste1 == liste2
```

**Listing 5.3.** Wertvergleich

Der Vergleichsoperator `==` liefert einen booleschen Wert für einen Wertvergleich der Objekte, `True` wenn der Wert identisch ist, sonst `False`. Der Unterschied der beiden Operatoren wird mit dem folgenden Beispiel bei einem Vergleich mit einer Konstanten deutlich:

```
>>> liste = [1]
>>> liste == [1]
True
>>> liste is [1]
False
```

Die Konstante hat eine andere Speicheradresse als die Variable `liste`. Der Wert der beiden Objekte ist jedoch gleich.

## 5.3 Boolesche Operatoren

In Python gibt es drei boolesche/logische Operatoren, um mehrere Tests miteinander zu verknüpfen (nach steigender Priorität geordnet).

**Tab. 5.3.** Logische Operatoren zur Verknüpfung von Tests

| Operator | Funktion |
| --- | --- |
| or | Logisches Oder |
| and | Logisches Und |
| not | Logische Negation |

Diese Operatoren haben die niedrigste Priorität von allen bisher vorgestellten Operatoren.

## 5.4 Bedingte Ausführung: `if`

Die `if`-Anweisung führt einen oder mehrere Tests aus. Abhängig vom Ergebnis wird der folgende Codeabschnitt ausgeführt oder nicht. Die einfachste Form der `if`-Anweisung sieht wie folgt aus:

```
1  a = 42
2  if a == 42:
3      print("hurra")
```

**Listing 5.4.** Eine simple `if`-Abfrage

In Zeile 2 von Listing 5.4 ist nach dem `if` der Vergleich formuliert. In den Tests der `if`-Anweisung kann keine Zuweisung an eine Variable vorgenommen werden. Dies verhindert den populären Fehler anderer Programmiersprachen, bei dem ein Tippfehler einen gültigen Test darstellt, aber durch die Bewertung der Zuweisung als booleschen Wert immer ein unerwartetes Ergebnis liefert.

Die Zeile wird durch einen Doppelpunkt abgeschlossen. Diese Zeile bezeichnet man auch als Kopfzeile für den folgenden Codeblock.

Der auszuführende Anweisungsblock – das kann eine oder beliebig viele Anweisungen sein – folgt ab Zeile 3. Alle Zeilen des Blocks müssen die gleiche Einrücktiefe haben. In diesem Fall sind es vier Leerzeichen. Dies ist auch die Empfehlung in der Python-Community.

## 5.5 Mehrere Bedingungen: `elif` und `else`

Um mehrere Bedingungen zu prüfen, kann die `if`-Anweisung mit einer oder mehreren `elif`-Anweisungen ergänzt werden:

```
>>> b = 42
>>> if b == 0:
...     print("0")
... elif b > 0:
...     print(b)
...
42
```

Die einzelnen Tests werden der Reihe nach durchgeführt, bis einer erfolgreich bewertet wird. Dann kommt der zugehörige Codeblock zur Ausführung, und danach wird das Programm hinter dem letzten `elif` fortgesetzt.

Die `if`-Anweisung kann für den Fall, dass der Test nicht erfolgreich durchgeführt wurde, einen Anweisungsblock ausführen. Dieser wird durch die weitere Kopfzeile `else:` eingeleitet. Diese befindet sich in der gleichen Spalte wie die zugehörige `if`-Anweisung.

```
1  if a == 42:
2      print("hurra")
3  elif a == "42":
4      print("hurra")
5  else:
6      print("ha ha")
```

**Listing 5.5.** if/elif/else

Das Programm in Listing 5.5 vergleicht, ob die Variable `a` die Zahl 42 (Zeile 1) oder die Zeichenkette mit dem Inhalt „42" (Zeile 3) enthält. Falls keiner der Tests erfolgreich ist, wird der `else`-Zweig ausgeführt.

## 5.6 Objektabhängige Ausführung: `with`

Mit dem `with`-Statement wird ein Block abhängig von einem Context ausgeführt. Der Context wird durch ein Objekt dargestellt. Dieses stellt bestimmte Methoden bereit, die zu Beginn und Ende des Blocks ausgeführt werden. Damit werden erforderliche Initialisierungen und Aufräumarbeiten durchgeführt.

Ein Beispiel dafür ist das Öffnen und Lesen einer Datei. Vor dem Lesen muss die Datei geöffnet werden. Dadurch erhält man das Datei-Objekt, mit dem man arbeitet. Wenn die Datei nicht mehr benötigt wird, ruft man die Methode `close()` des Datei-Objekts auf (Listing 5.6).

```
1  file = open('robots.txt')
2  data = file.read()
3  file.close()
```

**Listing 5.6.** Daten aus einer Datei lesen

Ein Datei-Objekt kann zum Beispiel mit dem `with`-Statement genutzt werden. Der so ausgeführte Block sorgt selbständig dafür, dass die Datei geschlossen wird:

```
>>> with open('robots.txt') as file:
...     lines = file.readlines()
...
>>> lines[0]
'# robots.txt\n'
```

Ein Fehler, zum Beispiel beim Öffnen der Datei, weil es die Datei nicht gibt oder nicht ausreichend Zugriffsrechte vorhanden sind, wird so aber nicht abgefangen.

Mehr Informationen zu Context Manager Objekten und deren Möglichkeiten bei der Fehlerbehandlung finden sich im Abschnitt 11.12 Context Manager ab Seite 136.

## 5.7 Bedingter Ausdruck

Eine Sonderform der if-Anweisung ist der bedingte Ausdruck („Conditional Expression"). In anderen Sprachen wird dies auch als „ternärer Operator" bezeichnet.

Bei dem bedingten Ausdruck wird zunächst der Ausdruck nach dem if betrachtet. Wenn das Ergebnis True ist, wird der Wert vor dem if zurückgegeben, sonst der nach dem else:

```
>>> 1 if True else 0
1
>>> 1 if False else 0
0
```

Dieses Beispiel würde man als if-Anweisung wie folgt schreiben:

```
1  if True:
2      1
3  else:
4      0
```

**Listing 5.7.** Bedingter Ausdruck mit if ... else ausformuliert

Der Vorteil eines bedingten Ausdrucks gegenüber einer vollständigen Formulierung als if-Anweisung ist die Platzersparnis. Dieser Ausdruck passt in eine Zeile.

Dieser Operator hat die niedrigste Priorität von allen Operatoren, muss also ggf. geklammert werden.

# 6 Schleifen

Schleifen dienen der wiederholten Ausführung von einer oder mehreren Anweisungen. In der Programmierung werden verschiedene Schleifenarten unterschieden.

Die Zählschleife: Die enthaltenen Anweisungen werden ausgeführt, bis ein gewisser Zählerstand erreicht ist. Viele Programmiersprachen enthalten diese Funktionalität in Form der `for`-Schleife. In Python wird statt eines Zählers eine Sequenz durchlaufen.

Die bedingte Schleife: Hier werden die Anweisungen erst nach einem Test ausgeführt. Dieser Test wird vor jedem Durchlauf der Schleife erneut ausgeführt, und die Anzahl der Schleifendurchläufe ist nicht genau festgelegt. Dieser Typ Schleife wird mit dem Schlüsselwort `while` eingeleitet.

## 6.1 Zählschleife: `for`

Die `for`-Schleife durchläuft alle Elemente einer Sequenz oder anderer Objekte, die Iteration unterstützen. Dies kann z. B. eine Zeichenkette, eine Liste, ein Tupel, ein Dictionary oder ein `range`-Objekt sein. In jedem Schleifendurchlauf wird der Schleifenvariablen ein Wert aus der Sequenz zugewiesen. Für einen String oder eine Liste sieht das zum Beispiel so aus:

```
>>> for c in 'Huhu':
...     print(c)
...
H
u
h
u
>>> for n in [42, 3.14]:
...     print(n)
...
42
3.14
```

Eine `for`-Schleife über ein Dictionary liefert zunächst nur die Schlüssel in der Schleifenvariablen:

```
>>> d = {'1': 42, 'a': 3.14, 'text': 'hallo welt'}
>>> for k in d:
...     print(k)
```

```
...
1
a
text                        .
```

Die Rückgabe der Schlüsselwerte erfolgt nicht in der Reihenfolge, in der das Dictionary initialisiert wurde. Dies ist eine Folge aus dem inneren Aufbau eines Dictionarys und man sollte dies in Erinnerung behalten. Falls man eine bestimmte Reihenfolge erzwingen möchte, kann man die Funktion `sorted()` auf das Dictionary anwenden.

Der Zugriff auf ein Element des Dictionarys erfolgt über den Schlüssel:

```
>>> for k in d:
...     print(d[k])
...
42
3.14
hallo welt
```

Man kann auch die Mehrfachzuweisung nutzen und das Schlüssel-Wert-Paar zwei Schleifenvariablen zuweisen. Die Schleife muss über die Rückgabe der Dictionary-Methode `items()` ausgeführt werden:

```
>>> for k, v in d.items():
...     print(k, v)
...
1 42
a 3.14
text hallo welt
```

`range`-Objekte wurden bei der Vorstellung der eingebauten Datentypen kurz erwähnt. Diese Objekte stellen eine unveränderbare Sequenz dar. Falls man eine Schleife über einen bestimmten Zahlenbereich laufen lassen möchte, ist dies der Typ der Wahl. Man braucht nicht erst eine Liste mit den Zahlenwerten erstellen, um dann die Schleife darauf anzuwenden:

```
>>> for n in range(3):
...     print(n)
...
0
1
2
```

**Aktion nach Schleifenende:** `for ... else`

Eine `for`-Schleife kann einen `else`-Zweig haben. Dieser wird immer dann ausgeführt, wenn die Schleife vollständig ausgeführt wurde (Listing 6.1).

```
1   for i in range(10):
2       print(i)
3   else:
4       print("Schleifenende")
```

**Listing 6.1.** `for`-Schleife mit `else`-Zweig

Dieser `else`-Teil wird nicht ausgeführt, wenn die Anweisung `break` genutzt wird, um die Schleife vorzeitig zu beenden (siehe Abschnitt 6.3).

## 6.2 Bedingte Schleife: `while`

Die `while`-Schleife prüft die im Schleifenkopf formulierte Bedingung vor jeder Ausführung des folgenden Codeblocks. Der Schleifenkörper wird nur ausgeführt, wenn die Bedingung als `True` bewertet wird, d.h. die Schleife wird also eventuell gar nicht durchlaufen. Daher wird die `while`-Schleife auch als abweisende Schleife bezeichnet.

```
1   while True:
2       pass
```

**Listing 6.2.** Minimale, endlose `while`-Schleife

Eine einfache Endlosschleife: Zeile 1 in Listing 6.2 stellt den Schleifenkopf mit der Bedingung dar. Diese muss mit einem Doppelpunkt abgeschlossen werden.

Eine einfache Zählschleife kann auch mit `while` formuliert werden. Das Programm muss dabei den Zähler selbst verwalten. Listing 6.3 entspricht einer `for`-Schleife mit `range(10)`.

```
1   i = 0
2   while i < 10:
3       print(i)
4       i += 1
```

**Listing 6.3.** `while`-Schleife als Ersatz für eine `for`-Schleife

**Aktion nach Schleifenende:** `while ... else`

Die Schleife kann ebenfalls um einen `else`-Zweig erweitert werden. Dieser wird bei einem normalen Ende der Schleife ausgeführt (Listing 6.4).

```
1   i = 3
2   while(i > 0):
3       print(i)
4       i -= 1
5   else:
6       print("Schleifenende")
```

**Listing 6.4.** while-Schleife mit else-Zweig

## 6.3 Unterbrechung einer Schleife: break

Mit der break-Anweisung kann man eine Schleife jederzeit verlassen, ein eventuell vorhandener else-Zweig wird dann nicht ausgeführt.

```
1   for n in range(1, 10):
2       if n * n > 42:
3           break
4       print(n)
```

**Listing 6.5.** Abbruch einer Schleife mit break

Das Beispiel in Listing 6.5 durchläuft die Zahlen von eins bis zehn. Wenn das Quadrat der Zahl größer als 42 ist, wird die Schleife beendet (Zeile 2 und 3). Alle Zahlen, deren Quadrat kleiner als 42 ist, werden ausgegeben (Zeile 4).

## 6.4 Neustart der Schleife: continue

Die continue-Anweisung springt an den Anfang der Schleife zurück. Dadurch werden die restlichen Anweisungen im Schleifenkörper nicht mehr ausgeführt.

```
1   for n in range(10):
2       if n % 2 == 0:
3           continue
4       print(n)
```

**Listing 6.6.** Rücksprung an den Schleifenanfang mit continue

Das Beispiel in Listing 6.6 gibt nur die ungeraden Zahlen zwischen eins und neun aus. In Zeile 2 wird geprüft, ob die Division durch zwei keinen Rest liefert. Dies ist bei den geraden Zahlen der Fall, und die continue-Anweisung wird ausgeführt. Der nachfolgende Code in der Schleife wird nicht mehr durchlaufen.

# 7 Funktionen

Funktionen sind ein Element der strukturierten Programmierung. Häufig benötigte Codefolgen können damit an einer Stelle mit einem Namen definiert und von jeder Stelle im Programm aus aufgerufen werden. Im Fehlerfall hat man dann statt x Stellen nur eine, an der Änderungen vorzunehmen sind.

Bei Bedarf kann man einer Funktion einen oder mehrere Parameter mitgeben, die für die formulierte Aufgabe erforderlich sind. Die Parameter können beliebige Python-Objekte sein. Dadurch wird eine flexible Nutzung einer Funktion möglich. Der Funktionsname mit seinen Parametern wird als Interface (Schnittstelle) oder auch Signatur bezeichnet.

Eine Funktion kann ein Ergebnis an seinen Aufrufer liefern, muss es aber nicht. Das Funktionsergebnis kann ebenfalls ein beliebiges Objekt sein.

Auch Funktionen sind Objekte in Python. Man kann sie einer Variablen zuweisen und dann aufrufen oder an andere Funktionen übergeben.

## 7.1 Definieren und Aufrufen von Funktionen

Eine Funktionsdefinition wird durch das Schlüsselwort def eingeleitet. Darauf folgt der Funktionsname und die Parameterliste (auch als Argumentliste bezeichnet) in runden Klammern. Eine Funktion muss keine Parameter definieren, die runden Klammern müssen allerdings angegeben werden. Die Zeile muss durch einen Doppelpunkt abgeschlossen werden.

Der Funktionsname kann, wie ein Variablenname, aus Buchstaben, Zahlen und dem Unterstrich bestehen. Zahlen dürfen erst ab dem zweiten Zeichen verwendet werden. Auch hier wird, wie bei Variablen, die Groß-/Kleinschreibung unterschieden. Der Funktionsname darf mehrfach in einem Programm vergeben werden. Python beachtet aber nur die letzte Definition.

Ob die Funktion ein Ergebnis liefert oder nicht, muss bei der Funktionsdefinition nicht explizit angegeben werden.

In der einfachsten Form erwartet eine Funktion keine Daten, und sie liefert auch kein Ergebnis.

```
1  def func():
2      pass
```

**Listing 7.1.** Funktion ohne Parameter und Rückgabewert

Nach der Kopfzeile (Listing 7.1, Zeile 1) folgt eingerückt der Anweisungsblock, in diesem Fall die leere Anweisung pass (Zeile 2). Eine Funktionsdefinition erzeugt ein Funktionsobjekt und verbindet den Funktionsnamen im aktuellen Namensraum damit. Der Funktionscode wird bei seiner Definition nicht ausgeführt, dies geschieht erst durch einen Aufruf der Funktion.

Genau genommen liefert jede Python-Funktion ohne explizite Rückgabe den Wert None zurück. Dies wird gleich noch in einem Beispiel gezeigt.

In Python muss eine Funktion vor ihrem ersten Aufruf bekannt sein, d.h. die Funktionsdefinition muss im Quelltext oder im Interpreter vor dem ersten Aufruf stehen. Ist dies nicht der Fall, wird sich Python mit einem NameError beschweren.

Man ruft eine Funktion auf, indem man den Namen und die Argumentliste in runden Klammern dahinter angibt. Hier der Beispielaufruf der Funktion aus Listing 7.1 im Interpreter, um zu zeigen, dass wirklich ein Wert zurückgegeben wird:

```
>>> def func():
...     pass
...
>>> v = func()
>>> v
>>> v == None
True
>>> func()
>>>
```

Die Funktion func() liefert None zurück. Der Interpreter gibt für diesen Wert nichts aus, sondern zeigt gleich wieder den Prompt (>>>) an und erwartet die nächste Eingabe. Ein Vergleich zeigt, dass die Funktion einen Rückgabewert liefert.

Da eine Funktion ein Objekt ist, kann sie einer Variablen zugewiesen werden. Dazu gibt man auf der rechten Seite der Zuweisung einfach den Funktionsnamen an. Anschließend kann man die Variable, die ja jetzt auf die Funktion zeigt, als neuen Funktionsnamen nutzen und aufrufen:

```
>>> f = func
>>> f
<function func at 0x7f2f6db99ea0>
>>> f()
```

## 7.2 Sichtbarkeit von Variablen

Eine Funktion stellt einen neuen Namensraum bereit. Variablen, die übergeben oder hier erstellt werden, werden mit dem Ende der Funktion gelöscht und sind dann nicht mehr verfügbar.

Eine lokal definierte Variable kann eine im Namensraum des Aufrufers bekannte Variable verdecken.

```
1  def func():
2      v = 1
3      # hier koennte noch viel berechnet werden...
4      print(v)
```

**Listing 7.2.** Funktion mit lokaler Variable

In der Funktion in Listing 7.2 wird die lokale Variable v mit dem Wert 1 erstellt und ausgegeben (Zeile 2 und 4). Beim Aufruf mit der zuvor auf 42 initialisierten Variable sieht das dann wie folgt aus:

```
>>> v = 42
>>> v
42
>>> func()
1
>>> v
42
```

Die Variable im globalen Namensraum des Interpreters wurde durch die lokale Variable in der Funktion verdeckt. Eine Änderung an der Variablen innerhalb der Funktion ist nach außen nicht sichtbar.

Wenn die Variable v nicht in der Funktion definiert wird bevor sie genutzt wird, versucht Python sie in dem der Funktion übergeordneten Namensraum, in diesem Fall also dem globalen Namensraum des Interpreters, zu finden. Der Zugriff auf Variablen aus übergeordneten Namensräumen ist nur lesend möglich:

```
>>> def func():
...     print(v)
...
>>> func()
42
```

Erst wenn die Suche erfolglos ist, wird Python am Ende der Suche eine NameError-Exception auslösen. Im folgenden Beispiel wird versucht, die Variable n in der Funktion zu nutzen:

```
>>> def func():
...     print(nichtda)
...
>>> func()
Traceback (most recent call last):
  File "<stdin>", line 1, in <module>
  File "<stdin>", line 2, in func
NameError: name 'nichtda' is not defined
```

Um auch schreibenden Zugriff zu erhalten, muss die Variable mit dem Schlüsselwort global in der Funktion deklariert werden:

```
>>> def func():
...     global v
...     v = 1
...     print(v)
...
>>> v
42
>>> func()
1
>>> v
1
```

Nach der Rückkehr aus der Funktion ist die globale Variable v geändert.

## 7.3 Funktionsparameter

Die bisherigen Beispiele für Funktionen waren immer ohne Argumente. Python bietet verschiedene Möglichkeiten, Parameter zu übergeben:
– über die Position in der Parameterliste (Positional Parameters)
– als benannte Argumente (Keyword Arguments)
– als variable Parameterliste (Variable Arguments)
– mit vorbelegten Werten (Default Values)

Diese verschiedenen Typen können auch gemeinsam bei einer Funktionsdeklaration genutzt werden.

Parameter einer Funktion werden in Python immer als Referenz übergeben. Dadurch können veränderbare Objekte immer durch die Funktion geändert werden.

### 7.3.1 Positionsabhängige Parameter

Dies ist die einfachste Art, Werte an eine Funktion zu übergeben. Eine andere Bezeichnung dafür ist „formale Parameter".

Sie werden einfach nacheinander, durch Komma getrennt, in der Parameterliste aufgeführt. Die Bezeichner in der Funktionssignatur legen die Namen fest, unter denen die Variablen in der Funktion bekannt sind.

```
1  def func(a):
2      print("Parameter:", a)
```

**Listing 7.3.** Funktion mit Parameter

In Zeile 1 von Listing 7.3 wird für die Funktion ein Parameter mit dem lokalen Namen a definiert. Dieser wird in Zeile 2 an die Funktion `print()` übergeben:

```
>>> func(1)
Parameter: 1
>>> func('huhu')
Parameter: huhu
```

Die Anzahl der Parameter kann beliebig festgelegt werden. Die Funktion kann auch mit drei formalen Parametern definiert werden.

```
1  def func(a, b, c):
2      pass
```

**Listing 7.4.** Funktion mit mehreren Parametern

Die Funktion in Listing 7.4 muss dann mit genau drei Werten aufgerufen werden. Die beim Aufruf übergebenen Werte werden dann der Reihe nach den Variablen a, b und c zugewiesen. Python sucht bei einem Funktionsaufruf eine Funktion mit dem gegebenen Namen und der passenden Signatur. Falls zwar der Name stimmt, die Signatur aber nicht dem Aufruf entspricht, wird die Ausnahme `TypeError` ausgelöst:

```
>>> func(1, 2)
Traceback (most recent call last):
  File "<stdin>", line 1, in <module>
TypeError: func() missing 1 required positional argument: 'c'
```

Wenn es keine Funktion mit dem gegebenen Namen gibt, wird wie bei einer nicht definierten Variablen ein `NameError` ausgelöst:

```
>>> func1()
Traceback (most recent call last):
  File "<stdin>", line 1, in <module>
NameError: name 'func1' is not defined
```

Es ist nicht möglich, in Python mehrere Funktionen mit gleichem Namen aber unterschiedlichen Parameterlisten zu definieren[1].

### 7.3.2 Variable Anzahl von Parametern

Nun kann es durchaus vorkommen, dass man nicht im Voraus weiß, wie viele Parameter eine Funktion verarbeiten muss. Dafür gibt es die variable Parameterliste. Falls eine solche genutzt wird, steht sie in der Funktionsdefinition immer hinter den positionsabhängigen Parametern. Die Variable wird häufig `args` genannt.

```
1  def func(*args):
2      print(args)
```

**Listing 7.5.** Funktion mit variabler Parameterliste

Im Listing 7.5 sind in Zeile 1 keine weiteren Parameter definiert. Die Funktion kann mit einer unterschiedlichen Anzahl von Werten aufgerufen werden:

```
>>> func()
()
>>> func(1)
(1,)
>>> func(1, 2, 3, 4)
(1, 2, 3, 4)
```

Die Funktion arbeitet mit einem, vier oder auch keinem Parameter. Um die einzelnen Werte zu verarbeiten, wird man normalerweise eine Schleife auf die Variable `args` anwenden.

Sequenz-Objekte (`list`, `tuple` und `str`) können auf zwei Arten an eine Funktion mit variabler Parameterliste übergeben werden:
- als das Sequenz-Objekt
- als die einzelnen Objekte der Sequenz

---

**1** Dies wird als „Überladen" einer Funktion bezeichnet. Python verhindert nicht die Definition von mehreren Funktionen mit gleichem Namen und unterschiedlichen Parameterlisten. Es ist aber nur die zuletzt definierte Funktion erreichbar.

Für die unterschiedlichen Möglichkeiten mit der variablen Parameterliste mit der Funktion aus Listing 7.5 zwei Beispiele:

```
liste = [1, 2, 3]
>>> func(liste)
([1, 2, 3],)
```

Die Liste wird an die Funktion übergeben und dort in der lokalen Variable als Liste zur Verfügung gestellt.

Beim Aufruf einer Funktion kann man auch die Syntax für die variablen Parameter mit dem Stern vor dem Variablennamen nutzen (`*variablenname`). Python übergibt dann den Inhalt der Sequenz als einzelne Werte an die Funktion. Dieser Parameter muss nach den postionsabhängigen Parametern stehen und darf nur einmal in der Argumentenliste vorkommen:

```
>>> func(*liste)
(1, 2, 3)
>>> func(liste, *liste)
([1, 2, 3], 1, 2, 3)
```

An dem Beispiel sieht man, dass die variable Argumentenliste alle übergebenen Werte aufnimmt, und die letzte Liste als einzelne Werte in der Funktion ankommt.

Nun noch ein Beispiel für eine Funktion mit einer Kombination von positionsabhängigen und variablen Parametern.

```
1  def func(p1, p2, *args):
2      print("parameter 1", p1, "2", p2, "variabel", args)
```

**Listing 7.6.** Formale und variable Parameter an eine Funktion übergeben

Die Funktion `func()` in Listing 7.6 muss mit mindestens zwei Werten aufgerufen werden. Alle weiteren Parameter landen in der variablen Argumentliste.

In diesem Fall bleibt sie leer:

```
>>> func(1, 2)
parameter 1 1 2 2 variabel ()
```

Alle weiteren Parameter landen bei einem entsprechend erweiterten Aufruf in `args`:

```
>>> func(1, 2, 42, 3.141)
parameter 1 1 2 2 variabel (42, 3.141)
```

### 7.3.3 Keyword Parameter

Eine weitere Art, Parameter an eine Funktion zu übergeben, sind die benannten Parameter („Keyword Parameter"). Dadurch kann man optionale Parameter realisieren, die beim Aufruf der Funktion einen Namen zugewiesen bekommen und in beliebiger Reihenfolge angegeben werden können.

Keyword-Argumente stehen in einer Funktionsdefinition immer nach den variablen Parametern.

In der Funktionsdefinition wird als letzter Parameter eine Variable mit führendem ** angegeben (meistens wird diese Variable kwargs genannt). Diese nimmt alle benannten Argumente in einem Dictionary auf.

```
1  def func(**kwargs):
2      for k, v in kwargs.items():
3          print("%s=%s" % (k, v))
```

**Listing 7.7.** Funktion mit Keyword Parametern

Der Aufruf der Funktion aus Listing 7.7 liefert die einzelnen Schlüsselwörter mit den Werten:

```
>>> func(p1=1, p2=2)
p2=2
p1=1
```

Der Zugriff auf die Argumente erfolgt wie bei Dictionarys üblich. Die Funktion im folgenden Listing 7.8 prüft, ob ein Wert mit dem Schlüssel v übergeben wurde, und gibt ihn dann aus. Der Defaultwert für die Ausgabe ist sonst 42.

```
1  def func(**kwargs):
2      v = 42
3      if 'v' in kwargs:
4          v = kwargs['v']
5      print(v)
```

**Listing 7.8.** Nutzung von Keyword Parametern in Funktionen

Hier noch der Aufruf der Funktion aus Listing 7.8 ohne und mit zwei Keyword-Parametern:

```
>>> func()
42
>>> func(a=0, v=1)
1
```

## 7.4 Defaultwerte für Funktionsparameter

In der Funktionsdefinition kann einem Parameter ein Standardwert („Default Value")
zugewiesen werden. Dadurch muss der Parameter beim Aufruf nur angegeben werden, wenn er einen von der Vorgabe abweichenden Wert haben soll.

```
1  def func(a, b=None):
2      if b:
3          print("Parameter a", a, "b", b)
4      else:
5          print("Parameter a", a)
```

**Listing 7.9.** Funktion mit Default-Parameter

Der Variable b ist None als Standardwert zugewiesen (Listing 7.9, Zeile 1). Die Funktion
prüft, ob sie zwei Werte erhalten hat, und macht dann eine entsprechende Ausgabe:

```
>>> func('huhu')
Parameter a huhu
>>> func('huhu', 42)
Parameter a huhu b 42
```

Defaultwerte können nur bei positionsabhängigen Parametern angegeben werden.

## 7.5 Rückgabewert einer Funktion

Mit dem Schlüsselwort return kann man aus der Funktion einen Wert an den Aufrufer
zurückgeben. Die Anweisung kann an mehreren Stellen in der Funktion auftreten, z. B.
in verschiedenen Zweigen einer if-Abfrage.

```
1  def func():
2      return 42
```

**Listing 7.10.** Funktion mit Rückgabewert

Ein Aufruf der Funktion aus Listing 7.10 liefert die Zahl 42:

```
>>> func()
42
```

Als Rückgabewert kommt jeder beliebige Ausdruck in Python in Frage, z. B. ein einzelner Wert, eine Berechnung, ein Funktionsaufruf, ein Tupel oder eine Liste von Variablen. Durch die Rückgabe einer Liste oder eines Dictionarys lassen sich beliebig
große und komplexe Datenstrukturen austauschen.

Wenn eine Funktion einen Rückgabewert liefert, sollte dieser zur weiteren Verwendung mit einer Zuweisung in einer Variablen landen:

```
>>> ret = func()
>>> ret
42
```

## 7.6 Manipulation von Argumenten

Als Parameter übergebene, veränderbare Objekte (z. B. Listen oder Dictionarys) können in einer Funktion geändert werden. Die Änderungen an einer solchen Variablen sind nach der Rückkehr für den Aufrufer der Funktion sichtbar!

Dies ist ein weiterer Weg, Daten aus einer Funktion zu erhalten. Man sollte dies aber mit Vorsicht einsetzen und gut dokumentieren, da ein Aufrufer eventuell nicht mit einer Änderung seiner Daten rechnet.

```
1  def func(a):
2      a[0] = 0
```

**Listing 7.11.** Manipulation der Argumente in einer Funktion

Die Funktion im Listing 7.11 überschreibt den ersten Wert in der übergebenen Variable. Das Beispiel ist nicht schön, da sich die Funktion darauf verlässt, ein änderbares Objekt zu erhalten. Der Programmierer sollte zunächst prüfen, ob das übergebene Objekt diese Operation überhaupt zulässt.

Ein Aufruf mit einer Liste zeigt diesen Seiteneffekt der Funktion:

```
>>> l = [1, 2, 3]
>>> func(l)
>>> l
[0, 2, 3]
```

Wenn man dies verhindern möchte, kann man eine Kopie der Liste an die Funktion übergeben (dieses Vorgehen wurde schon im Abschnitt über Listen vorgestellt):

```
>>> l = [1, 2, 3]
>>> func(l[:])
>>> l
[1, 2, 3]
```

## 7.7 Dokumentation im Programm: Docstring

Nach dem Funktionskopf kann der Programmierer einen String zur Dokumentation der Funktion angeben. In der einfachsten Form ist dies nur ein Einzeiler, es kann aber auch ein beliebig langer, mehrzeiliger Text sein, der die folgende Funktion beschreibt. Diesen Text bezeichnet man als „Docstring".

Dieser Text kann durch die `help()`-Funktion abgerufen werden:

```
>>> def func():
...      "Diese Funktion macht nichts"
...      pass
...
>>> help(func)
Help on function func in module __main__:

func()
    Diese Funktion macht nichts
```

In dem Text kann neben der Dokumentation auch gleich ein oder mehrere Testaufrufe der Funktion mitsamt den erwarteten Rückgabewerten angegeben werden. Das Modul `doctest` kann diese Textstellen suchen und ausführen und meldet dann abweichende Ergebnisse. Mehr über `doctest` im Abschnitt 19 Automatisches Testen mit `doctest` auf Seite 213.

## 7.8 Geschachtelte Funktionen

Eine Funktion kann auch lokal in einer Funktion definiert werden. Diese Funktion ist dann nur innerhalb der umgebenden Funktion bekannt und kann nur dort ausgeführt werden.

```
1  def func():
2      def inner():
3          return 42
4      return inner()
```

**Listing 7.12.** Geschachtelte Funktion (Funktion in einer Funktion)

Das Beispiel in Listing 7.12 liefert keinen Mehrwert, da die Funktion nur das Ergebnis der inneren Funktion zurückgibt.

Was geschieht nun, wenn die äußere Funktion nicht das Ergebnis, sondern die Funktion selbst als Rückgabewert liefert?

```
1  def func2():
2      def inner():
3          return 42
4      return inner
```

**Listing 7.13.** Rückgabe der inneren Funktion

Auch das ist möglich. Der Rückgabewert ist eine Funktion, kann einer Variablen zugewiesen und wie gewohnt ausgeführt werden:

```
>>> i = func2()
>>> i()
42
>>> type(i)
<class 'function'>
>>> i
<function func2.<locals>.inner at 0x7fa9ed69b1e0>
```

Die innere Funktion kann man, wie jede andere Funktion auch, mit Parametern definieren, damit sie gewohnt flexibel eingesetzt werden kann.

```
1  def func3():
2      def inner(v):
3          return v * v
4      return inner
```

**Listing 7.14.** Rückgabe einer inneren Funktion mit Parametern

Ein Aufruf der Funktion `func3()` aus Listing 7.14 mit einem Wert:

```
>>> i = func3()
>>> i(2)
4
```

Eine Funktion, die eine Funktion als Ergebnis liefert, wird auch als Factory-Funktion bezeichnet.

Eine Anwendung von Factory-Funktionen wird Kapitel 11.9 Dekoratoren auf Seite 126 vorgestellt.

# 8 Funktionales

Python hat einige Elemente von funktionalen Programmiersprachen geerbt. In der Theorie sollen Programme hier nur aus Funktionen bestehen, die auf die übergebenen Daten arbeiten, ein Ergebnis liefern und keine Seiteneffekte haben.

Zum „Erbgut" von den funktionalen Programmiersprachen gehören das eingebaute Schlüsselwort `lambda` zur Definition von anonymen Funktionen, die eingebauten Funktionen `map()` und `filter()`. Weitere Funktionen befinden sich im Modul `functools`.

## 8.1 Lambda-Funktionen

Eine Lambda-Funktion ist eine Funktion ohne Namen und mit nur einem Ausdruck. Für die Addition von zwei Werten kann das z. B. wie folgt aussehen:

```
1   lambda x, y : x + y
```

**Listing 8.1.** Lambda-Funktion zur Addition von zwei Werten

Nach dem Schlüsselwort `lambda` folgt die Parameterliste der Funktion. Getrennt durch einen Doppelpunkt schließt sich die eigentliche Funktion an.

Eine Lambda-Funktion kann einer Variablen zugewiesen und dadurch später aufgerufen werden:

```
>>> lf = lambda x, y : x + y
>>> lf(1,2)
3
```

Die Parameter einer Lambda-Funktion können wie bei normalen Funktionen definiert werden, d.h. es können auch Defaultwerte und variable Parameter genutzt werden:

```
>>> lf = lambda x, y=0, *z : x + y + sum(n for n in z)
>>> lf(1, 2, 3, 4, 5)
15
```

Lambda-Funktionen können an jeder Stelle im Programm genutzt werden, an der eine Funktion aufgerufen werden kann. Zum Einsatz von Lambda-Funktionen gleich mehr bei der Funktion `map()`.

## 8.2 Funktionen auf Sequenzen ausführen: `map()`

Diese Funktion benötigt zwei Argumente: Eine Funktion und ein Sequenz-Objekt, auf dessen Elemente die Funktion angewendet werden soll. Das Ergebnis ist ein Iterator. Einfache Funktionen können hier unter Einsatz einer Lambda-Funktion direkt im Aufruf von `map()` definiert werden.

```
1   i = map(lambda v: v * v, range(5))
```

**Listing 8.2.** `map()`-Funktion mit Lambda-Funktionen im Aufruf

Im Listing 8.2 wird eine Lambda-Funktion definiert, die den übergebenen Wert mit sich selbst multipliziert und auf eine Zahlensequenz von null bis vier angewendet. Den erhaltenen Iterator kann man dann z. B. zur Ausgabe nutzen:

```
>>> i = map(lambda v: v * v, range(5))
>>> i
<map object at 0x7fcd84691e10>
>>> for v in i:
...     print(v)
...
0
1
4
9
16
```

Alternativ kann man durch die Konvertierung in ein Tupel oder eine Liste eine sofortige Ausführung der `map()`-Funktion erzwingen:

```
>>> list(map(lambda v: v * v, range(5)))
[0, 1, 4, 9, 16]
```

Um zum Beispiel eine Menge von Zahlen in Fließkommazahlen umzuwandeln, kann man die Funktion `float()` an `map()` übergeben:

```
>>> data = [1, 2, 3]
>>> list(map(float, data))
[1.0, 2.0, 3.0]
```

## 8.3 Daten aus einer Sequenz extrahieren: `filter()`

Wie die `map()`-Funktion nimmt `filter()` eine Funktion und eine Sequenz entgegen. Die Funktion dient, wie der Name schon sagt, zur Filterung von Daten anhand der Funktion. Liefert die Funktion für den Wert `True` als Ergebnis, ist der Wert in der Ausgabemenge enthalten.

Ein Aufruf von `filter()` ist equivalent zu `[x for x in seq if f(x)]`.

## 8.4 Das Modul `functools`

Neben den eingebauten Funktionen und Schlüsselwörtern gibt es noch das Modul `functools`. Hier ist zum Beispiel die Funktion `reduce()` definiert. Wie die Funktion `map()` nimmt sie zwei Parameter entgegen: eine Funktion und einen Sequenz-Typ.

Die Funktion `reduce()` wendet die gegebene Funktion der Reihe nach auf die ersten beiden Datenelemente an, bis nur noch ein Element übrig ist. Enthält die Sequenz nur ein Element, wird dieses zurückgegeben:

```
>>> import functools
>>> data = [1, 2, 3]
>>> functools.reduce(lambda x, y: x * y, data)
6
>>> functools.reduce(lambda x, y: x * y, [1])
1
```

In Kapitel 20 Iteratoren und funktionale Programmierung ab Seite 220 findet sich mehr zu den Funktionen aus dem Modul `functools`.

# 9 Module

Die Aufteilung einer Programmieraufgabe in Module ist eine altbewährte Technik. Teilaufgaben lassen sich getrennt voneinander bearbeiten und testen. Außerdem können Teile eines Programms leicht in ein anderes Projekt übernommen werden.

Module in Python sind normale Programmdateien mit der Namenserweiterung .py und können einen beliebigen Python-Code, Funktions- und Klassendefinitionen enthalten.

Sollte ein Modul einene ausführbaren Code enthalten, so wird dieser beim ersten Import einmal ausgeführt.

## 9.1 Laden eines Moduls

Ein Modul wird durch einen Import im Programm verfügbar. In der einfachsten Form folgt dem Schlüsselwort import der Modulname.

```
1   import foo
```

**Listing 9.1.** Allgemeine Form des Modulimports

Ein Modul bildet seinen eigenen Namensraum, dies ist der Dateiname ohne die Erweiterung .py. Variablen, Funktionen oder Klassen (also alle Bezeichner/Namen) werden dann in der Form modulname.attribut angesprochen. Für das Modul aus Listing 9.1 könnte es zum Beispiel foo.bar sein.

Ein Import kann an beliebigen Stellen in einem Programm auftauchen, auch in einer Funktion oder Klassendefinition.

### 9.1.1 Selektives Laden aus einem Modul

Man muss nicht alle Symbole eines Moduls importieren, man kann beim Import gezielt einzelne Namen vorgeben.

```
1   from foo import bar
```

**Listing 9.2.** Selektiver Import aus einem Modul

Dadurch werden nur die angegebenen Symbole in den aktuellen (lokalen) Namensraum geladen und stehen dann direkt zur Verfügung. Dieses Vorgehen ist aber nicht empfehlenswert, da es den Namensraum „zumüllt" und eventuell eine bereits vorhandene Variable/Funktion verdecken könnte.

### 9.1.2 Umbenennen eines Moduls beim Import

Die Bezeichnung des Namensraums kann beim Import verändert werden. Listing 9.3 gibt ein allgemeines Beispiel.

```
1  import foo as bar
```

**Listing 9.3.** Ändern des Namensraums beim Import

Die enthaltenen Namen werden dann nicht durch `foo.xyz` sondern `bar.xyz` angesprochen. Neben einer Verkürzung eines Modulnamens wird dies auch häufig eingesetzt, um unterschiedliche Versionen eines Moduls unter dem gleichen Namen zu nutzen.

## 9.2 Ein Modul erstellen

Als Beispiel für die Erstellung eines Moduls werden die Funktionen aus Listing 9.4 mit dem Namen `quadrat` in der Datei `quadrat.py` gespeichert. Diese Datei wird am besten dort angelegt, wo der Interpreter gestartet wird. Wie und wo Python Module sucht, wird im folgenden Abschnitt 9.3 ab Seite 90 erläutert.

```
1  def quadrat(x):
2      return x * x
3
4  def kubik(x):
5      return quadrat(x) * x
```

**Listing 9.4.** Funktionen im Modul `quadrat`, Datei `quadrat.py`

Die Bereitstellung in einem Programm erfolgt durch einen Aufruf von `import`. Danach kann die enthaltene Funktion über den Namensraum `quadrat` erreicht werden:

```
>>> import quadrat
>>> quadrat.quadrat(4)
16
```

Statt das gesamte Modul als eigenen Namensraum zu importieren, kann auch gezielt eine Funktion in den lokalen Namensraum importiert werden. Die geschieht durch einen Import der Form `from x import y`:

```
>>> from quadrat import quadrat
>>> quadrat(5)
25
```

Mehrere Funktionen können mit einer Anweisung geladen werden. Die Namen werden durch Komma getrennt angegeben:

```
>>> from quadrat import quadrat, kubik
>>> kubik(3)
27
```

Um herauszufinden, welche Namen ein Modul definiert, kann man die eingebaute Funktion `dir()` nutzen. Das Ergebnis ist eine Liste von Zeichenketten:

```
>>> import quadrat
>>> dir(quadrat)
['__builtins__', '__cached__', '__doc__', '__file__', '__loader__',
 '__name__', '__package__', '__spec__', 'kubik', 'quadrat']
>>> quadrat.__name__
'quadrat'
>>> quadrat.__file__
'/home/user/prog/python/quadrat.py'
```

Die Liste zeigt die enthaltenen Attribute des Moduls, auch die Funktionen `quadrat` und `kubik`.

Des Weiteren speichert Python z. B. den Namensraum des Moduls in `__name__` und dem tatsächlichen Dateinamen in `__file__`.

## 9.3 Wo werden Module gesucht?

Python sucht Module anhand einer Liste von Pfaden. Diese Liste ist im Modul `sys` definiert und sieht unter Python 3.5 auf Linux wie folgt aus:

```
>>> import sys
>>> sys.path
['', '/usr/lib64/python35.zip', '/usr/lib64/python3.5',
 '/usr/lib64/python3.5/plat-linux',
 '/usr/lib64/python3.5/lib-dynload',
 '/home/user/.local/lib/python3.5/site-packages',
 '/usr/lib64/python3.5/site-packages',
 '/usr/lib/python3.5/site-packages']
```

Das aktuelle Verzeichnis steht an erster Stelle von `sys.path`, dann folgen die Pfade des Systems. Die `site-packages` sind Verzeichnisse für Module, die nicht zur Standarddistribution gehören und nicht systemweit zur Verfügung stehen müssen. Der Programmierer kann so z. B. in seinem Verzeichnis Erweiterungen installieren, ohne die Schreibrechte für das System zu benötigen.

Diese Liste kann durch ein Programm beeinflusst werden. Im einfachsten Fall kann man einen weiteren Pfad anhängen:

```
sys.path.append('/var/www/django_apps/')
```

## 9.4 Fehler beim Importieren

Natürlich kann beim Import eines Moduls ein Fehler auftreten. Entweder durch einen Tippfehler, d.h. der Name des Moduls ist nicht richtig geschrieben, oder das gesuchte Modul ist nicht installiert. Der Fehler ist in beiden Fällen ein `ImportError`:

```
>>> import foo
Traceback (most recent call last):
  File "<stdin>", line 1, in <module>
ImportError: No module named 'foo'
```

Diesen Fehler kann man sich zunutze machen, um verschiedene Versionen eines Moduls zu laden. Das Vorgehen dabei wird ungefähr aussehen wie in Listing 9.5.

```
1  try:
2      import foo_v2 as foo_std
3  except ImportError:
4      import foo_std
```

**Listing 9.5.** Importieren unterschiedlicher Modulversionen

In dem Beispiel in Listing 9.5 wird versucht, das Modul `foo_v2` zu laden. Sollte dies gelingen, wird gleich der Name des Moduls `foo_std` dafür verwendet. Auf diese Art ist ein Ersatz ohne Änderungen am Quelltext möglich. Falls das Modul nicht gefunden wird, kommt `foo_std` zum Einsatz.

## 9.5 Ein Modul ist auch ein Programm

Module können, wie jedes Python-Programm, an den Interpreter übergeben und ausgeführt werden:

```
python <modulname.py> [Parameter]
```

Dabei werden die Anweisungen, die nicht in Funktionen oder Klassen stehen, ausgeführt.

Da dieser Code auch bei jedem Import des Moduls in ein Programm ausgeführt wird, kann man prüfen, in welchem Kontext das Modul gerade geladen wird. Dafür macht man einen Vergleich, ob der aktuelle Namensraum `__main__` ist. Dies ist nur der Fall, wenn ein Modul als Programm ausgeführt wird. Die folgende `if`-Abfrage ist am Ende vieler Programme zu finden:

```
if __name__ == "__main__":
    # hier können Anweisungen ausgeführt werden
    pass
```

Diesen Code findet man häufig am Ende eines Moduls. Darin sind meist Testfunktionen für die direkte Ausführung des Moduls enthalten. Diese sollen natürlich nicht bei einem Import durch ein Programm ausgeführt werden.

Diese Anweisungen sind für die Funktion eines Moduls nicht erforderlich.

## 9.6 Neu laden eines Moduls

Module werden vom Interpreter nur einmal geladen. Wenn eine Änderung an einem Modul gemacht wurde, gibt es zwei Möglichkeiten, diese im Interpreter bekannt zu machen: Den Interpreter neu starten oder das Modul erneut laden. Ein Modul wird mit der Methode `reload()` neu geladen:

```
>>> import imp
>>> imp.reload(mein_modul)
```

## 9.7 Mehrere Module – Ein Package

Sobald ein Programm wächst und zusammengehörige Teile in einzelnen Dateien landenm steigt die Anzahl der Dateien im Verzeichnis. In einem Package können diese entsprechend ihrer Zusammengehörigkeit gruppiert werden.

Ein Package ist ein Verzeichnis, in dem mehrere Python-Module zusammen mit einer Datei mit dem Namen `__init__.py` abgelegt werden. Es können auch wieder solche Verzeichnisse enthalten sein.

Zum Ausprobieren kann man ein Verzeichnis erstellen, z. B. `pt` und dort eine Kopie des Listings 9.4 ablegen. Hinzu kommt die leere Datei `__init__.py`. Das Verzeichnis sollte wie folgt aussehen:

```
pt/
    __init__.py
    quadrat.py
```

Um die Funktionen eines Moduls aus dem Package zu nutzen, wird der Pfad des Moduls angegeben. Dabei werden die einzelnen Teile durch Punkte getrennt. Die Funktionen müssen dann mit ihrem absoluten Pfad angesprochen werden:

```
>>> import pt.quadrat
>>> pt.quadrat.quadrat(2)
4
```

Hier auch noch ein Beispiel zur Änderung des Namensraums. Statt des vollständigen Pfads `pt.quadrat` kommt bei der Nutzung das kürzere `pq` zum Einsatz:

```
>>> import pt.quadrat as pq
>>> pq.quadrat(2)
4
```

Man kann auch nur einen Teil eines Packages laden. Der Pfad einer Funktion ist dann nur noch relativ zum importierten Modul:

```
>>> from pt import quadrat
>>> quadrat.kubik(3)
27
```

Als letzte Möglichkeit bleibt der Import einer einzelnen Funktion. Diese kann dann ohne weitere Spezifikation aufgerufen werden:

```
>>> from pt.quadrat import kubik
>>> kubik(4)
64
```

Ein Import aller enthaltenen Funktionen und Namen ist mit einem Stern möglich:

```
from pt import *
```

Dies könnte bei verschachtelten Modulen eine aufwendige rekursive Suche starten, die erhebliche Zeit beansprucht. Python macht das nicht, es wird nur die oberste Ebene eingelesen.

Für tiefere Ebenen muss der Package-Autor in der Datei `__init__.py` in jedem Verzeichnis eine Liste mit dem Namen `__all__` definieren. Diese enthält alle Bezeichner, die geladen werden sollen. Die Pflege dieser Liste obliegt natürlich dem Programmierer des Moduls.

# 10 Objekte

Python ist eine objektorientierte Programmiersprache. Die Idee hinter objektorientierten Techniken (Analyse, Design und Programmierung) ist, ein System anhand seiner (Teil-)Objekte zu beschreiben. Die Daten und Funktionen eines Teilobjekts werden in einer Klasse zusammengefasst.

Als Objekt wird das zur Laufzeit des Programms existierende Exemplar einer Klasse bezeichnet, seine Daten auch als Attribute. Die Daten eines Objekts sind von der Außenwelt abgekapselt, nur das Objekt hat Zugriff darauf.

Die Funktionen eines Objekts sind in der Regel nach außen sichtbar und können mit den enthaltenen Daten arbeiten. Ein anderer Name für eine Funktion eines Objekts ist Methode. Der Aufruf einer Methode wird in den objektorientierten Techniken auch als „Senden einer Nachricht" bezeichnet.

Ziel der Objektorientierung: Ein Programm soll nur noch aus Objekten bestehen, die miteinander Nachrichten austauschen. Durch die Zerlegung in Klassen erhält der Programmierer automatisch eine Modularisierung seiner Aufgabe.

Eine weitere Idee der Objektorientierung ist die Vererbung. Gemeinsame Teile von Klassen können in einer Basisklasse implementiert werden. Bei Bedarf kann man aber jederzeit in einer abgeleiteten Klasse eine Erweiterung der Daten und der Funktionalität vornehmen. Die Vererbung erhöht die Wiederverwendung von Codes. In einer Klassenhierarchie kann von einer allgemeinen Klasse zu immer spezielleren Klassen entwickelt werden. Es braucht nur noch der Code für die Spezialisierung implementiert werden, der Rest kommt von den Basisklassen.

Durch Vererbung wird eine „ist ein"-Beziehung ausgedrückt, z. B. ein Delphin ist ein Säugetier.

Die Attribute in einem Objekt, die auch Objekte sein können, werden dagegen mit der „hat ein"-Beziehung beschrieben, z. B. ein Auto hat einen Motor.

## 10.1 Definition von Klassen

Eine Klasse bildet die Basis für Objekte und beschreibt deren Attribute und Methoden. Eine Klassen-Definition wird durch das Schlüsselwort `class` eingeleitet. Danach folgt der Klassenname und, falls Vererbung zum Einsatz kommt, eine Liste von Elternklassen in runden Klammern. Die runden Klammern müssen nicht angegeben werden, wenn keine Vererbung genutzt wird. Diese Zeile endet wie eine Funktionsdeklaration mit einem Doppelpunkt.

```
1  class MeineKlasse():
2      pass
```

**Listing 10.1.** Eine minimale (leere) Klasse

Listing 10.1 definiert die Klasse `MeineKlasse` ohne Attribute und Methoden. Die Klasse hat keine explizite Elternklasse (Parent) angegeben. In Python sind alle Klassen von der Klasse `object` abgeleitet, dies muss nicht explizit angegeben werden.

## 10.2 Methoden

Methoden sind Funktionen, die innerhalb einer Klasse definiert werden. Sie können für ein existierendes Objekt in der Form `objekt.methode()` aufgerufen werden.

```
1  class A():
2      def func(self):
3          pass
```

**Listing 10.2.** Methodendefinition in einer Klasse

Listing 10.2 zeigt eine minimale Methodendefinition. Alle Methoden einer Klasse erhalten als ersten Parameter eine Referenz auf das Objekt, mit dem die Funktion ausgeführt werden soll. Für diesen Parameter hat sich der Name `self` etabliert[1]. Beim Aufruf der Methode wird in diesem Wert implizit das Objekt übergeben, für das die Methode aufgerufen wird. Daher wird dieser Wert beim Aufruf nie angegeben.

## 10.3 Attribute

Klassen können Variablen definieren, in denen der Zustand eines Objekts gespeichert wird. Diese werden auch als Attribute bezeichnet. Im Unterschied zu normalen Variablen, werden sie in einem Objekt immer mit der Referenz auf das aktuelle Objekt angesprochen. Dies ist der bei der Methodendefinition eingeführte Parameter `self`.

```
1  class MeineKlasse():
2      def setvalue(self, v):
3          self.value = v
4      def getvalue(self):
5          return self.value
```

**Listing 10.3.** Klasse mit Attribut

In der Methode `setvalue()` im Listing 10.3 wird die Variable `value` definiert und der übergebene Wert zugewiesen. Die Methode `getvalue()` liefert dem Aufrufer den Wert der Variablen zurück. Das Präfix `self.` sorgt dafür, dass immer die Variable des aktuellen Objekts referenziert wird.

---

1 Um anderen Programmierern das Lesen des Programms nicht zu erschweren, sollte man diese Konvention einhalten.

## 10.4 Von der Klasse zum Objekt

Um von einer Klasse ein Objekt zu erzeugen, nimmt man den Klassennamen als Funktionsnamen und macht einen Aufruf (z. B. für die Klasse `MeineKlasse` aus Listing 10.3 ohne Parameter).

```
1  o = MeineKlasse()
```

**Listing 10.4.** Erzeugung eines Objekts

Der Aufruf in Listing 10.4 erzeugt ein Objekt der Klasse und weist ihn der Variablen `o` zu. Der Aufruf der Methoden eines Objekts erfolgt in der Notation `objekt.methode()`:

```
>>> o.setvalue(42)
>>> o.getvalue()
42
```

Sollte der Aufruf von `getvalue()` vor `setvalue()` erfolgen, tritt folgender Fehler auf:

```
>>> o = MeineKlasse()
>>> o.getvalue()
Traceback (most recent call last):
  File "<stdin>", line 1, in <module>
  File "<stdin>", line 5, in getvalue
AttributeError: 'MeineKlasse' object has no attribute 'value'
```

Python beschwert sich zu Recht über einen Zugriff auf eine noch nicht definierte Variable. Dieses Problem kann durch die Definition eines Konstruktors umgangen werden.

### 10.4.1 Ein Objekt initialisieren: Der Konstruktor

Die Objekterzeugung kann vom Programmierer beeinflusst werden. In der Klasse kann die Methode `__init__()`[2] definiert werden. Diese Methode wird bei der Erzeugung eines Objekts automatisch als Erstes aufgerufen.

In anderen Programmiersprachen wird diese Methode als Konstruktor bezeichnet. Der Konstruktor hat die Aufgabe, ein Objekt vor dessen Nutzung in einen definierten Zustand zu bringen, zum Beispiel interne Variablen zu definieren und mit Werten zu belegen. Diese Funktion kann wie jede Python-Funktion mit Parametern

---

**2** Python-Klassen verfügen über eine Menge Funktionen, die mit `__` beginnen. Diese Methoden werden als Hooks bezeichnet und ermöglichen die Implementierung z. B. von Operatoren in eigenen Klassen.

aufgerufen werden. Das Beispiel aus Listing 10.4 würde dann um die entsprechenden Parameter erweitert werden müssen. Diese Methode wird bei der Erzeugung eines Objekts automatisch aufgerufen.

```
1  class A:
2      def __init__(self, v):
3          self.v = v
```

**Listing 10.5.** Konstruktor in einer Klasse

Das Listing 10.5 zeigt die Klasse A mit einem Konstruktor, der einen Parameter erwartet. Ein Objekt kann nun durch Aufruf der Klasse mit einem Wert erzeugt werden:

```
>>> n = A(42)
>>> n
<__main__.A instance at 0x7fe0604e17e8>
```

Attribute und Methoden von Klassen sind in Python immer von außen zugänglich. Eine strikte Kapselung von Attributen oder Methoden wie in anderen Programmiersprachen ist nicht wirklich möglich[3]. Der Zugriff auf die Variable v in dem Objekt ist ohne Weiteres in der üblichen Form `objekt.attribut` möglich:

```
>>> n.v
42
```

Man kann sogar dynamisch Attribute zu einem Objekt hinzufügen. Dafür ist nur eine Zuweisung an `objekt.attribut` nötig:

```
>>> n.w = 1
>>> n.w
1
```

Auch ein Entfernen eines Attributs zur Laufzeit ist möglich:

```
>>> del n.w
>>> n.w
Traceback (most recent call last):
  File "<stdin>", line 1, in <module>
AttributeError: 'A' object has no attribute 'w'
```

---

**3** Per Konvention werden Namen mit einem vorangestellten _ trotz vollen Zugriffs als privat betrachtet. Namen mit führendem __ sind nicht mehr direkt erreichbar.

### 10.4.2 Überladen von Funktionen

In anderen Programmiersprachen kann man in einer Klasse eine Methode mit unterschiedlichen Signaturen erstellen. Dies wird als Überladen einer Funktion bezeichnet. In Python ist es durchaus möglich, mehrere Funktionen mit dem gleichen Namen und unterschiedlichen Parametern in einem Modul oder einer Klasse zu definieren. Python beschwert sich nicht über eine mehrfach definierte Funktion, ermöglicht aber nur die Nutzung der letzten Definition einer Funktion.

## 10.5 Klassenvariablen

Als Klassenvariable wird eine Variable bezeichnet, die von allen Objekten einer Klasse geteilt wird, d.h. jedes Objekt kann lesend und schreibend auf diese Variable zugreifen, und Änderungen sind in allen existierenden Objekten verfügbar.

```
1  class B:
2      classvar = 42
3      def __init__(self, v):
4          self.val = v
```

**Listing 10.6.** Klasse mit Klassenvariable

Die Klassenvariable `classvar` in Listing 10.6 wird in der Klasse ohne den Präfix `self` definiert. Dies unterscheidet die Klassenvariable von der Objekt-Variablen `v`.

Der Zugriff von außen ist wie immer über `objekt.attribut` möglich. Wenn man zwei Objekte erzeugt und die `id` der Klassenvariablen ausgibt, sieht man z. B. folgendes:

```
>>> pi = B(3.14)
>>> e = B(2.78)
>>> pi.classvar
42
>>> e.classvar
42
>>> pi.val
3.14
>>> e.val
2.78
>>> id(pi.classvar), id(e.classvar)
(10456352, 10456352)
```

Wenn innerhalb des Objekts, z. B. in einer Funktion, auf die Klassenvariable zugegriffen werden soll, muss dies über die Klasse eines existierenden Objekts erfolgen, wie z. B. in Listing 10.7.

```
1  type(self).classvar
```

**Listing 10.7.** Zugriff auf eine Klassenvariable in einem Objekt

Statt `type(self)` könnte auch der Klassenname verwendet werden. Diese Variante ist aber unempfindlich gegen Namensänderungen der Klasse.

**Typ der Klassenvariablen**

Bei der Nutzung von Klassenvariablen sollte man darauf achten, ob diese veränderbar sind (list, dict), oder nicht (tuple, str). Änderbare Typen können von jedem Objekt manipuliert werden. Nicht änderbare Typen werden bei einer Zuweisung als neue Variable in dem betreffenden Objekt angelegt und die Referenz in dem Namen gespeichert (dies verdeckt den originalen Wert):

```
>>> e.classvar = 0
>>> pi.classvar
42
>>> e.classvar
0
>>> id(pi.classvar), id(e.classvar)
(10456352, 10455008)
```

Um das Chaos komplett zu machen, kann man die so erstellte lokale Variable löschen. Da die Operationen nur in den Namensräumen stattfindet, erhält man nach dem Löschen wieder Zugriff auf die Klassenvariable:

```
>>> del e.classvar
>>> e.classvar
42
```

## 10.6 Vererbung

Um das Rad nicht jedes Mal neu erfinden zu müssen, kann man das Konzept der Vererbung nutzen. Eine bestehende Klasse bildet die Basis für eine neue, bei der dann nur Erweiterungen oder kleine Änderungen in den gespeicherten Informationen oder Funktionen vorgenommen werden[4]. Die restlichen Funktionen und Eigenschaften

---

4 Das erneute Definieren von bereits vorhandenen Funktionen wird als „Überschreiben" bezeichnet. Die neue Funktion überschreibt die vorhandene und macht sie so zunächst nicht mehr zugänglich.

werden von der Basisklasse (auch Parent-Klasse oder nur kurz Parent genannt) übernommen.

Um von einer anderen Klasse Methoden und Werte zu erben, muss man den Klassennamen in den runden Klammern der Klassendefinition angeben.

```
1  class Abgeleitet(BasisKlasse):
2      pass
```

**Listing 10.8.** Definition einer abgeleiteten Klasse in Python (Vererbung)

Das Listing 10.8 zeigt beispielhaft die Definition der Klasse Abgeleitet. Sie erbt alle Eigenschaften und Funktionen der Klasse Basisklasse.

Abgeleitete Klassen sollten in ihrem Konstruktor die __init__-Methode ihrer Parent-Klasse aufrufen, um diese korrekt zu initialisieren. Zugriff auf den Konstruktor und die anderen Methoden der Parent-Klasse ist mit der Funktion super() möglich.

In Python ist auch Mehrfachvererbung möglich. Hier gibt man einfach alle Klassen nacheinander, durch Komma getrennt, bei der Klassendefinition an. Bei der Mehrfachvererbung gibt es ein paar Dinge zu beachten, die durch die Suchreihenfolge für Variablen und Methoden entstehen.

### 10.6.1 Einfache Vererbung

Das Konzept der Vererbung wird nun an einem einfachen Beispiel mit zwei Klassen vorgestellt.

```
1   class Punkt():
2       def __init__(self, x=0, y=0):
3           self.x = x
4           self.y = y
5       def getX(self):
6           return self.x
7       def getY(self):
8           return self.y
9
10  class Ort(Punkt):
11      def __init__(self, x, y, name):
12          super(Ort, self).__init__(x, y)
13          self.name = name
14      def getName(self):
15          return self.name
```

**Listing 10.9.** Einfaches Beispiel für Vererbung

Listing 10.9 definiert zwei Klassen:

- Die Klasse `Punkt` speichert X- und Y-Koordinaten.
- Die Klasse `Ort` ist von `Punkt` abgeleitet und speichert zusätzlich einen Namen als weiteres Datum. Die Koordinaten des `Ort`-Objekts werden durch die geerbten Eigenschaften und Funktionen der Klasse `Punkt` verwaltet.

Bei der Initialisierung eines `Ort`-Objekts muss man die Koordinaten und einen Namen angeben:

```
>>> o = Ort(1, 2, 'Meine Stadt')
```

Die Koordinaten werden an den Konstruktor der Klasse `Punkt` weitergegeben. Auf dem soeben erzeugten Objekt kann man alle Methoden der Klassen `Punkt` und `Ort` nutzen:

```
>>> o.getX()
1
>>> o.getY()
2
>>> o.getName()
'Meine Stadt'
```

Bei Bedarf könnte man die Methoden der Klasse `Punkt` einfach in der Klasse `Ort` neu definieren (überschreiben).

Der Typ eines Objekts und seine Vererbungsbeziehungen können zur Laufzeit ermittelt werden.

**Tab. 10.1.** Funktionen zur Bestimmung der Klasse eines Objekts

| Funktion | Beschreibung |
|---|---|
| `type(objekt)` | Liefert den Typ des Objekts o. |
| `isinstance(objekt, klasse)` | Liefert True, wenn `objekt` ein Exemplar von `klasse` oder eine Subklasse davon ist. `klasse` kann eine Klasse, ein `type`-Objekt oder ein Tupel dieser Werte sein. |
| `issubclass(klasse, vklasse)` | Liefert True, wenn `klasse` eine Subklasse von `vklasse` ist. Eine Klasse wird als ihre eigene Subklasse betrachtet. `vklasse` kann eine Klasse oder ein Tupel von Klassen sein. |

Die Funktion `isinstance()` ermittelt, ob das Objekt o der Klasse `Punkt` oder `Ort` angehört:

```
>>> isinstance(o, Punkt)
True
>>> isinstance(o, Ort)
True
```

Ein Objekt der Klasse `Ort` ist natürlich ein Exemplar beider Klassen. Die Funktion nimmt auch ein Tupel mit mehreren Klassen zum Vergleich entgegen:

```
>>> isinstance(o, (Punkt, Ort))
True
```

Der Rückgabewert ist in diesem Fall `True`, wenn das Objekt einer der angegebenen Klassen angehört.

Mit der Funktion `issubclass()` lässt sich die Vater-Kind-Beziehung zwischen Klassen ermitteln:

```
>>> issubclass(Ort, Punkt)
True
>>> issubclass(type(o), Punkt)
True
>>> issubclass(Punkt, Ort)
False
```

Die Prüfung, ob eine Klasse von einer anderen abgeleitet ist, besteht nur `Ort`.

### 10.6.2 Von eingebauten Klassen erben

Die eigenen Klassen können natürlich auch von den eingebauten Klassen abgeleitet werden. Zum Beispiel könnte man sich ein eigenes Dictionary erstellen. Zunächst nur das Listing mit der Ableitung der Klasse und dem Konstruktor.

```
1  class MDict(dict):
2      def __init__(self):
3          super(MDict, self).__init__()
```

**Listing 10.10.** Von dict abgeleitete Klasse

Da in der Klasse `MDict` in Listing 10.10 noch keine weitere Funktionalität implementiert ist, verhalten sich Objekte dieser Klasse wie gewöhnliche Dictionarys:

```
>>> md = MDict()
>>> 'a' in md
False
>>> md['a'] = 42
>>> md['a']
42
>>> md
{'a': 42}
```

Wie kann man der Klasse jetzt ein besonderes Verhalten mitgeben? Welche Methoden sind dafür zuständig? Der Aufruf von `help(dict)` zeigt die Dokumentation der Klasse und die enthaltenen Methoden. Um ein Element hinzuzufügen, wird `__setitem__()` aufgerufen, um es abzufragen `__getitem__()`. Diese Methoden können auf dem bereits erstellten Objekt zum Test aufgerufen werden:

```
>>> md.__getitem__('a')
42
>>> md.__setitem__('b', 'huhu')
>>> md
{'b': 'huhu', 'a': 42}
```

Das Ergebnis ist das gleiche wie beim klassischen Zugriff auf ein Dictionary.
    Die vollständige Implementierung der Klasse könnte also wie folgt aussehen:

```
1  class MDict(dict):
2      def __init__(self):
3          super(MDict, self).__init__()
4      def __setitem__(self, key, value):
5          print("setitem")
6          super(MDict, self).__setitem__(key, value)
7      def __getitem__(self, key):
8          print("getitem")
9          return super(MDict, self).__getitem__(key)
```

**Listing 10.11.** dict-Klasse mit Get/Set-Hooks

Die Methoden geben zur Kontrolle eine Meldung aus und rufen die Funktion der Elternklasse auf. An dieser Stelle könnte der Schlüssel oder der Wert manipuliert werden. Die Nutzung des Objekts zeigt, dass die entsprechenden Methoden aus der Klasse `MDict` aufgerufen werden:

```
>>> md = MDict()
>>> md['a'] = 42
setitem
>>> md['a']
getitem
42
>>> md
{'a': 42}
```

Mehr zu Hooks in Kapitel 11.3 Standardfunktionen implementieren, ab Seite 109.

### 10.6.3 Mehrfachvererbung

Python erlaubt das Erben von mehreren Klassen. Die Basisklassen werden bei der Klassendefinition einfach hintereinander angegeben.

```python
1  class A:
2      def m(self):
3          print("A.m()")
4
5  class B:
6      def m(self):
7          print("B.m()")
8
9  class C(A, B):
10     pass
```

**Listing 10.12.** Mehrfachvererbung

Das Listing 10.12 definiert drei Klassen: A und B mit jeweils der Methode m. Die Klasse C erbt von Klasse A und B. Welche Funktion wird ausgeführt, wenn die Methode m auf einem Objekt der Klasse C aufgerufen wird?

```python
>>> c = C()
>>> c.m()
A.m()
```

Das Objekt der Klasse C führt beim Aufruf der Methode m() die Funktion der Klasse A aus. Dies liegt an der Suchreihenfolge von Python. Wenn eine Methode oder Variable nicht in dem Namensraum des Objekts gefunden wird, sucht Python im Parent-Objekt. Wenn es mehrere Parentklassen gibt, werden diese in der bei der Klassendefinition angegebenen Reihenfolge von links nach rechts durchsucht.

Sollte es mehrere Ebenen der Vererbung geben, wird die nächst höhere Ebene erst nach dem erfolglosen Durchsuchen einer Ebene untersucht.

Das Vertauschen der Elternklassen in der Klassendefinition wirkt sich direkt auf das Suchergebnis aus.

```python
1  class C(B, A):
2      def m(self):
3          print("C.m()")
4          super(C, self).m()
```

**Listing 10.13.** Aufruf einer Parent-Methode mit super()

Ein Objekt dieser Klasse C wird die Methode m() der Klasse B ausführen, nachdem es die Meldung auf den Bildschirm ausgegeben hat:

```
>>> c = C()
>>> c.m()
C.m()
B.m()
```

Der Aufruf der Methode `m()` aus einer bestimmten Klasse ist nur unter Angabe der gewünschten Klasse möglich, nicht über die Funktion `super()`. Die Implementierung der Klasse `C` könnte dann wie folgt aussehen:

```
1  class C(A, B):
2      def m(self):
3          B.m(self)
4          A.m(self)
```

**Listing 10.14.** Aufruf einer Methode einer bestimmten Elternklasse

Durch die explizite Formulierung der Methodenaufrufe für eine Klasse in Listing 10.14 (Zeilen 3 und 4) ist die Ausführung aller Methoden aus den Elternklassen in einer exakt festgelegten Reihenfolge möglich:

```
>>> c = C()
>>> c.m()
B.m()
A.m()
```

# 11 Objekte unter der Lupe

Alles in Python ist ein Objekt, das wurde schon mehrfach erwähnt. Mit den bisher vorgestellten Sprachelementen lassen sich viele Probleme lösen. Mit dem Wissen über die Details und den Aufbau eines Objekts kann man weitere interessante Dinge, und einiges effektiver, implementieren.

Auf den folgenden Seiten werden einige tiefergehende Eigenschaften von Python-Objekten, und wie man sie in eigenen Klassen nutzen kann, vorgestellt. Eigene Objekte können zum Beispiel auf die eingebauten Operatoren für Addition, Subtraktion und Vergleiche reagieren oder das Verhalten von eingebauten Klassen implementieren.

## 11.1 Typ einer Variablen

Der Typ, also die Klasse, einer Variablen lässt sich mit der eingebauten Funktion `type()` ermitteln.

```
1   type(o)
```

**Listing 11.1.** Typ-Bestimmung einer Variablen mit der eingebauten Funktion `type()`

Auf eine Variable angewendet, sieht dies wie folgt aus:

```
>>> liste = [1, 2, 3]
>>> type(liste)
<class 'list'>
>>> string = "hallo"
>>> type(string)
<class 'str'>
```

Die Funktion liefert den Klassennamen. Im Beispiel sind dies die Klassen `str` und `list`.

Den so ermittelten Typ einer Variablen kann man vergleichen. Ob dies mit dem Ergebnis der `type()`-Funktion einer anderen Variablen oder einem Typen geschieht, ist egal:

```
>>> type(string) == str
True
>>> type(string) == list
False
>>> type(string) == type("")
True
```

## 11.2  Attribute eines Objekts

Die Funktion `dir()` ermöglicht einen Blick auf die in einem Objekt enthaltenen Attribute. Angewendet auf eine Liste sieht das zum Beispiel so aus:

```
>>> liste = [1, 2, 3]
>>> dir(liste)
['__add__', '__class__', '__contains__', '__delattr__', '__delitem__',
'__dir__', '__doc__', '__eq__', '__format__', '__ge__',
'__getattribute__', '__getitem__', '__gt__', '__hash__', '__iadd__',
'__imul__', '__init__', '__iter__', '__le__', '__len__', '__lt__',
'__mul__', '__ne__', '__new__', '__reduce__', '__reduce_ex__',
'__repr__', '__reversed__', '__rmul__', '__setattr__', '__setitem__',
'__sizeof__', '__str__', '__subclasshook__', 'append', 'clear',
'copy', 'count', 'extend', 'index', 'insert', 'pop', 'remove',
'reverse', 'sort']
```

An der dargestellten Liste erkennt man die verfügbaren Attribute einer Liste. Die Funktion `type()` kann auf jedes Element angewendet werden:

```
>>> type(liste.count)
<class 'builtin_function_or_method'>
```

Bei `count` handelt es sich also um eine Funktion. Die Klasse stellt einige Funktionen für die Arbeit mit ihren Daten zur Verfügung, z. B. um die Anzahl der Elemente zu zählen (`count()`), Daten einzufügen (`insert()`), anzuhängen (`append()`) oder zu löschen (`pop()`). Auch andere Funktionen wie z. B. Sortieren (`sort()`) sind vorhanden.

Das Attribut `__doc__` stellt den Docstring (den Hilfetext) für die Klasse dar:

```
>>> liste.__doc__
"list() -> new empty list\nlist(iterable) -> new list initialized
from iterable's items"
```

Die Funktion `type()` liefert zu jedem Attribut Informationen:

```
>>> type(liste.__ne__)
<class 'method-wrapper'>
```

Wenn nicht klar ist, ob ein Objekt ein bestimmtes Attribut hat, kann man vor einem Zugriff testen, ob es vorhanden ist. Die Funktion `hasattr()` erwartet ein Objekt und eine Zeichenkette mit dem gesuchten Namen:

```
>>> hasattr(liste, '__doc__')
True
>>> hasattr(liste, 'nichtvorhanden')
False
```

Die Daten eines Objekts (Attribute/Variablen) werden im internen Dictionary `__dict__` verwaltet. Ein Attribut-Zugriff schaut in diesem Dictionary nach dem Namen. Falls Vererbung zum Einsatz kam, wird auch in den übergeordneten Klassen hier nach einem Attribut gesucht.

Die gerade erzeugte Liste `liste` verfügt nicht über dieses Attribut, die internen Daten sind nicht über einen Namen erreichbar:

```
>>> hasattr(liste, '__dict__')
False
```

### Unbeschränkter Zugriff auf Attribute

Wie schon erwähnt, werden Attribute von Objekten nicht vor unerlaubtem Zugriff geschützt. Anhand einer einfachen Klasse kann man dies vorführen.

```
1  class A:
2      def __init__(self):
3          self.v = 42
4      def getv(self):
5          return self.__dict__['v']
```

Listing 11.2. Verschiedene Zugriffsmöglichkeiten auf Attribute in einer Klasse

Bei einem Objekt der Klasse `A` aus Listing 11.2 kann man auf verschiedenen Wegen an das Attribut `v` kommen. Innerhalb und außerhalb des Objekts ist der Zugriff auf das Attribut möglich. Das folgende Beispiel zeigt die verschiedenen Möglichkeiten:

```
>>> a = A()
>>> a.v
42
>>> a.getv()
42
>>> hasattr(a, '__dict__')
True
>>> a.__dict__
{'v': 42}
>>> a.__dict__['v']
42
```

Dass der Zugriff möglich ist, heißt nicht, dass man die Möglichkeit auch nutzen soll. Nur das Objekt sollte seinen Status ändern. Ein direkter Zugriff von außen schafft eine Abhängigkeit von der Implementierung und sollte vermieden werden.

## 11.3 Standardfunktionen implementieren

Die Ausgabe von `dir()` zeigt eine Menge Methoden mit einem doppelten Unterstrich (\_\_) zu Beginn und Ende des Namens. Diese werden als „Hooks" (Haken, Aufhänger) bezeichnet. Diese Methoden können in einer eigenen Klasse definiert werden, um sie an das Verhalten der eingebauten Klassen anzugleichen.

**Tab. 11.1.** Hooks für Standardverhalten

| Methodenname | Einsatzzweck |
| --- | --- |
| `__init__(self [, ...])` | Konstruktor, wird beim Erzeugen eines Objekts aufgerufen. Eine abgeleitete Klasse muss den Konstruktor des Parents aufrufen. |
| `__del__(self)` | Destruktor, wird aufgerufen, wenn das Objekt gelöscht wird. Eine abgeleitete Klasse muss die Methode des Parents aufrufen. |
| `__repr__(self)` | Diese Methode liefert eine Darstellung eines Objekts als Zeichenkette. Wird durch die Funktion `repr()` aufgerufen. |
| `__str__(self)` | Wird durch `str()`, `print()` und `format()` aufgerufen und muss einen String liefern. |
| `__bytes__(self)` | Wird von `bytes()` aufgerufen und sollte eine Darstellung des Objekts als Byte-String liefern. |
| `__format__(self, f)` | Wird durch `format()` aufgerufen. Die Interpretation des übergebenen Formatstrings `f` bleibt dem Objekt überlassen, kann aber an die Standardmethode übergeben werden. |
| `__hash__(self)` | Die Funktion `hash()` ruft diese Methode auf und erwartet eine Zahl. Objekte die im Fall eines Vergleichs als gleich angesehen werden, müssen den gleichen Wert liefern. Diese Methode sollte nur implementiert werden, wenn auch die Methode `__eq__()` implementiert ist. Es wird empfohlen, die Attribute des Objekts, die auch für einen Vergleich herangezogen werden, per `xor` zu verknüpfen. |
| `__bool__(self)` | Liefert `True` oder `False`, wenn die Funktion `bool()` aufgerufen wird. Wenn die Methode nicht implementiert ist, wird das Ergebnis von `__len__()` entsprechend bewertet. Ohne diese Methoden werden alle Objekte einer Klasse werden als `True` angesehen. |

Zwei sehr wichtige und häufig implementierte Hooks sind `__str__()` und `__repr__()`. Sie ermöglichen, die Darstellung eines Objekts bei der Ausgabe in Zeichenketten und im Interpreter zu beeinflussen. Die Möglichkeiten werden im Abschnitt 11.5 Darstellung eines Objekts als Zeichenkette ausführlich behandelt.

Anhand einer einfachen Klasse soll nun gezeigt werden, wie einige Methoden aus Tabelle 11.1 realisiert werden können.

```
 1  class Std:
 2      def __init__(self):
 3          print("init")
 4      def __del__(self):
 5          print("del")
 6      def __format__(self, formatstring):
 7          print("format")
 8          return "42"
 9      def __bytes__(self):
10          print("bytes")
11          return b'bytestring'
12      def __hash__(self):
13          print("hash")
14          return 42
15      def __bool__(self):
16          print("bool")
17          return True
```

**Listing 11.3.** Beispielimplementierung einiger Standardhooks

Listing 11.3 zeigt ein paar simple Implementierungen einiger Standardhooks. Alle Methoden enthalten ein `print`-Statement, um den Aufrufzeitpunkt anzuzeigen. Wo erforderlich, wird ein statischer Rückgabewert geliefert. In der Anwendung liefert ein Objekt der Klasse im Interpreter die folgenden Ausgaben:

```
>>> s = Std()
init
>>> hash(s)
hash
42
>>> "{}".format(s)
format
'42'
>>> bytes(s)
bytes
b'bytestring'
>>> bool(s)
bool
True
>>> del s
del
```

Der Konstruktor wird beim Erzeugen des Objekts aufgerufen. Die anderen Methoden werden durch die in Tabelle 11.1 genannten Funktionen aktiviert.

### 11.3.1 Vergleichsoperatoren

Die Funktionen für Vergleiche sind mit den zugehörigen Operatoren in Tabelle 11.2 aufgeführt (die Namen der Methoden lassen sich leicht aus den englischen Bezeichnungen ableiten).

**Tab. 11.2.** Hooks für Vergleichsoperatoren

| Methodenname | Einsatzzweck |
| --- | --- |
| `__eq__(self, o)` | equal (==) |
| `__ge__(self, o)` | greater or equal (>=) |
| `__gt__(self, o)` | greater (>) |
| `__le__(self, o)` | less or equal (<=) |
| `__lt__(self, o)` | less than (<) |
| `__ne__(self, o)` | not equal (!=) |

Mit diesen Methoden kann man in einer Klasse die Standardmethoden überschreiben, wenn die Klasse ein abweichendes Verhalten bei Vergleichen benötigt. Diese Methoden können, wie alle anderen Methoden eines Objekts auch, statt der Operatoren direkt aufgerufen werden. Am Beispiel einer Liste kann man dies ausprobieren:

```
>>> liste = [1, 2, 3]
>>> liste == [1, 2, 3]
True
>>> liste.__eq__([1, 2, 3])
True
>>> liste.__eq__([1, 2, 3, 4])
False
```

Dieser direkte Aufruf ist aber nicht zu empfehlen, da es sich um ein Implementierungsdetail handelt, das sich jederzeit ändern kann, oder vielleicht sogar ganz gestrichen oder ersetzt wird.

Im folgenden Listing wird eine Klasse definiert, die die Hooks für die Operatoren == und != für Vergleiche implementiert.

```
1  class Alleq():
2      def __eq__(self, b):
3          print("eq")
4          return True
5      def __ne__(self, b):
6          print("ne")
7          return False
```

**Listing 11.4.** Implementierung von Hooks für Vergleichs-Operationen

Die Methoden geben beim Aufruf eine Meldung aus, um den Programmablauf zu verdeutlichen. Der Test auf Gleichheit liefert immer `True`, der auf Ungleichheit immer `False`. In der Anwendung sieht die Klasse aus Listing 11.4 wie folgt aus:

```
>>> a = Alleq()
>>> if a == 1: print("gleich")
...
eq
gleich
>>> if a != 1: print("ungleich")
...
ne
```

Die Implementierung der Methoden mit statischen Rückgabewerten ist natürlich nicht wirklich hilfreich. Für eigene Objekte sollte man die Funktionen mit sinnvollen Tests implementieren und entsprechende Rückgabewerte liefern. Letztlich bleibt es dem Programmierer überlassen, diese Methoden bei Bedarf zu überschreiben. In der Regel wird die Standardimplementierung ausreichen.

### 11.3.2 Attributzugriff

Beim Zugriff auf Attribute eines Objekts kommen die Methoden der folgenden Tabelle ins Spiel (`n` steht für den Namen, `v` für einen beliebigen Wert).

**Tab. 11.3.** Hooks für den Zugriff auf Attribute

| Methodenname | Einsatzzweck |
|---|---|
| `__getattr__(self, n)` | Diese Methode wird aufgerufen, wenn das gesuchte Attribut nicht in den verfügbaren Namensräumen gefunden werden kann. Das weitere Vorgehen bleibt der Methode überlassen. Der Wert kann berechnet werden oder, falls der Zugriff nicht gewünscht ist, mit einem `AttributeError` quittiert werden. |

**Tab. 11.3.** fortgesetzt

| Methodenname | Einsatzzweck |
|---|---|
| `__getattribute__(self, n)` | Wird zuerst beim Attributzugriff aufgerufen. Falls implementiert, ruft ein hier ausgelöster `AttributeError` die Methode `__getattr__()`. |
| `__setattr__(self, n, v)` | Die Methode wird ausgeführt, wenn einem Attribut ein Wert zugewiesen wird. |
| `__delattr__(self, n)` | Wird durch ein `del o.n` ausgeführt. |
| `__dir__(self)` | Wird durch den Aufruf von `dir()` auf das Objekt ausgeführt. Die Methode muss eine Sequenz liefern. |

Zunächst ein Beispiel für den Zugriff auf ein Attribut. Die Klasse `Attr` in Listing 11.5 implementiert die Methode `__getattr__()`. Diese wird intern aufgerufen, wenn das gesuchte Attribut nicht gefunden wird. Dies wird eigentlich durch die Exception `AttributeError` signalisiert. Diese Methode kann jedoch ein anderes Verhalten realisieren. Nicht bekannte Variablen werden mit dem Wert 42 initialisiert (Zeile 7). Nur für den Variablennamen `nie` löst sie einen `AttributeError` aus (Zeile 5).

```
1   class Attr:
2       def __getattr__(self, name):
3           print("getattr")
4           if name == 'nie':
5               raise AttributeError
6           if name not in self.__dict__:
7               self.__dict__[name] = 42
8           return self.__dict__[name]
```

**Listing 11.5.** Klasse mit Hook `__getattr__()` für den Attributzugriff

Ein Objekt der Klasse `Attr` zur Demonstration des Verhaltens ist schnell erzeugt. Ein beliebiges Attribut kann abgefragt werden und es wird mit 42 vorbelegt. Nur das Attribut `nie` liefert eine Ausnahme:

```
>>> a = Attr()
>>> a.nie
getattr
Traceback (most recent call last):
  File "<stdin>", line 1, in <module>
  File "<stdin>", line 5, in __getattr__
AttributeError
>>> a.a
getattr
42
```

Die durch die Methode angelegten Attribute sind im internen Speicher des Objekts einsehbar:

```
>>> a.__dict__
{'a': 42}
```

Die Klasse GA im folgenden Listing 11.6 implementiert die Methoden __getattr__() und __getattribute__(), um den Ablauf der Funktionsaufrufe beim Attributzugriff in einem Objekt zu demonstrieren.

```
1  class GA:
2      def __getattr__(self, name):
3          print("getattr")
4          return 42
5      def __getattribute__(self, name):
6          print("gettattribute")
7          # Methode des Parent aufrufen
8          return object.__getattribute__(self, name)
```

**Listing 11.6.** Klasse mit Hooks __getattr__() und __getattribute__() für zweistufigen Attributzugriff

Beim Zugriff auf ein nicht definiertes Attribut wird die beschriebene Reihenfolge des Aufrufs sichtbar. Eine unbekannte Variable löst in der __getattribute__() einen AttributeError aus und ruft dadurch die Methode __getattr__() auf:

```
>>> g = GA()
>>> g.a
gettattribute
getattr
42
```

Wenn das Objekt über das gesuchte Attribut verfügt, sieht der Ablauf schon anders aus, die Methode __getattribute__() liefert das Ergebnis:

```
>>> g.a = 0
>>> g.a
gettattribute
0
```

Nun noch ein Beispiel für die Hooks zum Setzen und Löschen eines Attributs mit den Methoden __setattr__() und __delattr__().

```
1  class AC:
2      def __setattr__(self, n, v):
3          print("setattr")
4          object.__setattr__(self, n, v)
5      def __delattr__(self, n):
6          print("delattr")
7          object.__delattr__(self, n)
```

**Listing 11.7.** Klasse mit Hooks `__setattr__()` und `__delattr__()` zum Setzen und Löschen von Attributen

Die Nutzung eines Objekts aus Listing 11.7 sieht dann im Interpreter wie folgt aus:

```
>>> a = AC()
>>> a.a = 42
setattr
>>> a.__dict__
{'a': 42}
>>> del a.a
delattr
>>> a.__dict__
{}
```

### 11.3.3 Verhalten von Containertypen

Listen, Tupel und Dictionarys werden als Container bezeichnet, da sie andere Typen enthalten können. Für den Zugriff auf die enthaltenen Elemente kommt eine spezielle Syntax zum Einsatz. Die folgenden Hooks ermöglichen die Implementierung.

**Tab. 11.4.** Hooks für das Verhalten von Containern

| Methodenname | Einsatzzweck |
| --- | --- |
| `__len__(self)` | Sollte eine Zahl größer oder gleich null liefern, die die Länge (Anzahl der Elemente) des Objekts darstellt. |
| `__getitem__(self, key)` | Über diese Methode wird der Index-Zugriff von Sequenz-Typen realisiert. Der Schlüssel könnte eine Zahl oder ein Slice sein. Die Methode sollte auch mit einem negativen Index umgehen können. Ein ungültiger Wert für den Index sollte mit einem `KeyError` quittiert werden. Ein Zugriff außerhalb der Elemente sollte ein `IndexError` liefern. |

**Tab. 11.4.** fortgesetzt

| Methodenname | Einsatzzweck |
| --- | --- |
| | Falls der Schlüssel in einem Mapping-Typ nicht vorhanden ist, sollte ein `KeyError` ausgelöst werden. |
| `__missing__(self, key)` | Wird von `__getitem__` gerufen, wenn ein Key nicht in dem Dictionary enthalten ist. |
| `__setitem__(self, k, v)` | Wird für die Zuweisung des Wertes `v` an den Index/Schlüssel `k` aufgerufen. |
| `__delitem__(self, k)` | Sollte nur implementiert werden, wenn ein Dictionary-Typ das Löschen eines Schlüssels unterstützt. |
| `__iter__(self)` | Ein Iterator über einen Containertyp. |
| `__reversed__(self)` | Wird von `reversed()` aufgerufen. Die Funktion sollte ein Iterator-Objekt liefern, der rückwärts über alle enthaltenen Elemente läuft. |
| `__contains__(self, v)` | Test, ob der Wert `v` in dem Container enthalten ist (`in`). |

### 11.3.4 Mathematische Operatoren

Die Hooks für die mathematischen und logischen Operatoren sind in der folgenden Tabelle aufgeführt.

**Tab. 11.5.** Hooks für mathematische und logische Operatoren

| Methodenname | Operator/Funktion |
| --- | --- |
| `__add__(self, other)` | + |
| `__sub__(self, other)` | - |
| `__mul__(self, other)` | * |
| `__truediv__(self, other)` | / |
| `__floordiv__(self, other)` | // |
| `__mod__(self, other)` | % |
| `__divmod__(self, other)` | `divmod()` |
| `__pow__(self, other[, modulo])` | `pow()` |
| `__lshift__(self, other)` | « |
| `__rshift__(self, other)` | » |
| `__and__(self, other)` | & |
| `__or__(self, other)` | \| |
| `__xor__(self, other)` | ^ |

Diese Hooks aus Tabelle 11.5 gibt es auch alle mit einem „r" nach den führenden Unterstrichen, also `__r*`. Diese Methoden werden von den Operatoren aufgerufen, wenn die herkömmliche Methode beim linken Operanden nicht implementiert ist (ein `NotImplemented` liefert) und die Operanden unterschiedlichen Typs sind.

Für die Kurzschreibweise der Operatoren beginnen die Methodennamen mit `__i`, also `__imul__()` für `*=`.

### 11.3.5 Sonstige Operatoren und Konvertierungs-Funktionen

Python verfügt außerdem über Vorzeichenoperatoren, die Betragsfunktion und das Zweierkomplement.

**Tab. 11.6.** Hooks für Vorzeichenoperatoren, Betragsfunktion und Zweierkomplement

| Methodenname | Einsatzzweck |
| --- | --- |
| `__neg__()` | - |
| `__pos__()` | + |
| `__abs__()` | `abs()` |
| `__invert__()` | ~ |

Als Beispiel die Binärdarstellung der Zahl 42 und deren Zweierkomplement:

```
>>> "{:b} {:b}".format(42, ~42)
'101010 -101011'
```

Zum Schluss noch die Hooks für die Konvertierung von Zahlenwerten und zum Runden.

**Tab. 11.7.** Hooks für Typkonvertierung von Zahlen und zum Runden

| Methodenname | Einsatzzweck |
| --- | --- |
| `__complex__()` | `complex()` |
| `__int__()` | `int()` |
| `__float__()` | `float()` |
| `__round__()` | `round()` |

# 11.4 Objekte aufrufen

Funktionen sind Objekte in Python wie alles andere. Dies wurde bereits erwähnt und kann durch die eingebaute Funktion `type()` überprüft werden. Sie sind Objekte der Klasse `function`:

```
>>> def func():
...     pass
...
>>> type(func)
<class 'function'>
```

Die wichtigste Eigenschaft von Funktionen ist, dass man sie aufrufen kann. Dadurch wird der enthaltene Code ausgeführt.

Eine Klasse kann nur einmal aufgerufen werden, ein Objekt eigentlich gar nicht. Der Aufruf einer Klasse ist die Objekterzeugung.

```
1  class A(object):
2      def __init__(self):
3          pass
```

**Listing 11.8.** Einfache Klasse

Listing 11.8 definiert eine minimale Klasse mit der Konstruktor-Methode. Von dieser Klasse wird ein Objekt erzeugt, dabei wird die Methode __init__() ausgeführt:

```
>>> a = A()
```

Ein weiterer Aufruf des gerade erzeugten Objekts ist nicht möglich:

```
>>> a()
Traceback (most recent call last):
  File "<stdin>", line 1, in <module>
TypeError: 'A' object is not callable
```

Die Implementierung der Methode __call__() in einer Klasse ermöglicht es, ein Objekt aufzurufen, als ob es eine Funktion wäre[1]. Bei Objekten ohne diese Methode löst ein versuchter Aufruf wie bereits gezeigt einen TypeError aus.

Warum sollte ein Objekt aufrufbar sein? Ein Objekt kann einen Zustand speichern. Funktionen können dies nicht.

```
1  class Counter:
2      def __init__(self):
3          self.zaehler = 0
4      def __call__(self):
5          self.zaehler += 1
6          return self.zaehler
```

**Listing 11.9.** Aufrufbare Klasse Counter

---

1 Objekte, die diese Methode implementieren, werden auch als Funktionsobjekte bezeichnet.

Die Klasse `Counter` aus Listing 11.9 stellt einen einfachen Zähler dar. Jeder Aufruf des Objekts wird an die Methode `__call__()` weitergeleitet und diese erhöht den Zählerstand:

```
>>> c = Counter()
>>> c
<__main__.Counter object at 0x7f024b451ef0>
>>> c()
1
>>> c()
2
```

Bevor man ein Objekt aufruft, sollte man testen, ob es dieses Vorgehen unterstützt. Der Test ist auf zwei Arten möglich. Zunächst kann man mit der Funktion `hasattr()` prüfen, ob das Objekt das Attribut `__call__` hat:

```
>>> hasattr(c, '__call__')
True
```

Der zweite Weg ist der Test mit der eingebauten Funktion `callable()`:

```
>>> callable(c)
True
```

## 11.5 Darstellung eines Objekts als Zeichenkette

Python sorgt dafür, dass jedes Objekt als Zeichenkette dargestellt wird. Das geschieht natürlich nicht auf magische Art und Weise, sondern ist ein definierter Vorgang. Der Programmierer kann und sollte diese Funktionalität für seine Objekte anpassen, da sonst nur die Standardimplementierung zur Anwendung kommt.

Die eingebauten Funktionen `str()` und `repr()` können genutzt werden, um Objekte als Zeichenkette auszugeben. Die Funktion `str()` (Hook `__str__()`) sollte eine für Menschen brauchbare Darstellung eines Objekts liefern und wird zum Beispiel durch die Funktion `print()` aufgerufen. Im Gegensatz dazu soll `repr()` (Hook `__repr__()`) eine Darstellung liefern, die der Interpreter verarbeiten kann. Diese Ausgabe sollte zur Erzeugung eines identischen Objekts dienen können. Diese Funktion wird z. B. genutzt, wenn eine Variable im Interpreter ausgegeben wird.

Manche Objekte liefern keine besondere Darstellung für den Benutzer, `str()` liefert dann die gleiche Ausgabe wie `repr()`. Dies ist zum Beispiel bei Zahlen, Listen und Dictionarys der Fall. Zeichenketten haben zwei verschiedene Darstellungen:

```
>>> str(liste)
'[1, 2, 3]'
>>> repr(liste)
'[1, 2, 3]'
>>> str("")
''
>>> repr("")
"''"
```

Die Hooks können alternativ zu den eingebauten Funktionen verwendet werden:

```
>>> liste.__str__()
'[1, 2, 3]'
>>> liste.__repr__()
'[1, 2, 3]'
```

In eigenen Klassen kann die Ausgabe durch die Definition der Methoden für die Hooks
__str__() und __repr__() beeinflusst werden.

```
1  class A():
2      def __init__(self, v):
3          self.v = v
4      def __str__(self):
5          print("__str__")
6          return "Mein Wert: %s" % self.v
7      def __repr__(self):
8          print("__repr__")
9          return "A(%s)" % self.v
```

**Listing 11.10.** Überschreiben des __str__()- und __repr__()-Hooks

Listing 11.10 enthält eine Definition der __str__()- und __repr__()-Methoden für die
Klasse A. Die Methoden geben zur Kontrolle eine Meldung auf den Bildschirm aus.

Für die Ausgabe im Interpreter wird __repr__() ausgeführt. Die Ausgabe könnte
zur Erzeugung eines identischen Objekts genutzt werden.

Die eingebaute Funktion print() führt __str__() aus. Das Ergebnis ist eine weniger
technische Darstellung des Objekts:

```
>>> a = A(42)
>>> a
__repr__
A(42)
>>> print(a)
__str__
Mein Wert: 42
```

## 11.6 Informationen über Objekte sammeln

Das Modul `inspect` bietet Funktionen, um ein Objekt im Detail zu untersuchen und alle enthaltenen Variablen und Methoden aufzulisten. Die Funktionen stehen nach einem Import zur Verfügung:

```
import inspect
```

Die Methode `getmembers()` liefert eine Liste von Tupeln der Art (Name, Wert) der in einem Objekt enthaltenen Methoden und Attribute.

Neben vielen anderen Funktionen ist eine Reihe von `is`-Funktionen enthalten. Diese dienen dazu, die Art des Objekts zu bestimmen. Die Methoden liefern `True`, wenn das angegebene Kriterium erfüllt ist, sonst `False`.

**Tab. 11.8.** `is`-Methoden aus dem Modul `inspect`

| Methode | Beschreibung |
| --- | --- |
| isabstract | Eine abstrakte Basisklasse. |
| isbuiltin | Eingebaute Funktion oder gebundene, eingebaute Methode. |
| isclass | Eine Klasse (eingebaute oder selbstdefinierte). |
| iscode | Ein Stück ausführbarer Code. |
| isdatadescriptor | Data descriptor |
| isframe | Frame |
| isfunction | Das Objekt ist eine Funktion. |
| isgenerator | Generator |
| isgeneratorfunction | Generator-Funktion |
| isgetsetdescriptor | getset Descriptor |
| ismemberdescriptor | member Descriptor |
| ismethod | Eine gebundene Python Methode. |
| ismethoddescriptor | Method Descriptor, nicht wenn `ismethod`, `isclass`, `isfunction` oder `isbuiltin` wahr sind. |
| ismodule | Modul |
| isroutine | Userdefinierte oder eingebaute Funktion/Methode. |
| istraceback | Traceback |

Das Modul `inspect` ermöglicht einen sehr tiefen Einblick in ein Programm. Für eine vollständige Liste der Funktionen sei hier auf die Python-Dokumentation verwiesen.

Als Beispiel sei hier nur noch das Nachschlagen einer Methodensignatur vorgestellt:

```
>>> class A(object):
...     def afunc(self):
...         pass
...
>>> a = A()
```

```
>>> import inspect
>>> str(inspect.signature(A.afunc))
'(self)'
```

## 11.7 Attribute managen: Propertys

Python ermöglicht den direkten Zugriff auf Attribute von Objekten. Zur Laufzeit können Attribute verändert, hinzugefügt oder gelöscht werden. Der Zugriff kann durch Funktionen gesteuert werden. Variablen, bei denen der Zugriff durch eine Funktion gesteuert erfolgen soll, werden als „Property" bezeichnet.

In der Klassendefinition werden Methoden zum Setzen, Lesen und Löschen der Variablen implementiert. Anschließend werden die Methoden zusammen mit dem Variablennamen durch den Aufruf der Funktion property() als Property definiert.

```
1  class P:
2      def __init__(self, v=0):
3          self._v = v
4      def getv(self):
5          return self._v
6      def setv(self, v):
7          self._v = v
8      def delv(self):
9          del self._v
10     v = property(getv, setv, delv)
```

**Listing 11.11.** Klasse mit durch Aufruf von property() definierten Propertys

In der Anwendung unterscheidet sich die Klasse durch nichts von anderen Klassen:

```
>>> p = P()
>>> p.v = 42
>>> p.v
42
```

Wofür können Propertys genutzt werden? Natürlich für die Steuerung des Zugriffs auf Variablen in Objekten. In Python ist es allerdings nicht gern gesehen, einfach nur die Schnittstelle eines Objekts mit Methoden zum Setzen und Abfragen von internen Variablen aufzublähen. Propertys sollten genutzt werden, um den Wert einer Variablen zu prüfen oder zu berechnen, schließlich handelt es sich um eine normale Funktion, durch die der Wert gesetzt oder geliefert wird.

Propertys können statt mit der property()-Funktion auch mit einem Dekorator definiert werden. Listing 11.12 zeigt die Implementierung der Klasse aus Listing 11.11 mit Dekoratoren. (Details zu Dekoratoren in Kapitel 11.9.)

```
1   class P:
2       def __init__(self, v=0):
3           self._v = v
4       @property
5       def v(self):
6           return self._v
7       @v.setter
8       def v(self, v):
9           self._v = v
10      @v.deleter
11      def v(self):
12          del self._v
```

**Listing 11.12.** Klasse mit durch Dekoratoren definierten Propertys

Die Methodennamen stellen den Namen des Propertys dar. Der Variablenname, in dem der Wert gespeichert wird, kann davon abweichen, sollte es aber zur besseren Lesbarkeit nicht.

## 11.8 Deskriptoren

Als „Descriptor" wird eine Klasse bezeichnet, die ein bestimmtes Protokoll zum Zugriff auf ein Attribut implementiert. Hinter dieser Definition verbirgt sich die Verallgemeinerung der im Kapitel 11.7 vorgestellten Schnittstelle für Propertys.

Ein Descriptor ist ein Attribut, bei dem eine oder mehrere der folgenden Methoden implementiert sind: __get__(), __set__(), __delete__(). Diese Methoden ermöglichen es, während des Zugriffs Einfluss auf die Daten zu nehmen.

```
1   class D:
2       def __init__(self, val):
3           self.val = val
4       def __get__(self, obj, typ):
5           print('__get__')
6           return self.val
7       def __set__(self, obj, val):
8           print('__set__')
9           self.val = val
10      def __delete__(self, obj):
11          print('__delete__')
12          self.val = None
```

**Listing 11.13.** Erste Implementierung eines Deskriptors

Ein Objekt der Klasse D aus Listing 11.13 verhält sich nicht anders als andere Objekte. Ein Zugriff auf oder eine Veränderung des Attributs erfolgen wie gewohnt:

```
>>> d = D(0)
>>> d.val
0
>>> d.val = 42
>>> d.val
42
```

Bemerkenswert: Die Methoden __get__() oder __set__() werden nicht aufgerufen!

Das Verhalten sieht anders aus, wenn ein Objekt der Klasse D in einem anderen Objekt als Attribut genutzt wird (Definition der Klasse C in Listing 11.14).

```
1  class C:
2      d = D(0)
```

**Listing 11.14.** Desktiptor als Attribut in einer Klasse

Der Zugriff auf das Attribut d in einem Objekt der Klasse C sieht dann wie folgt aus:

```
>>> c1 = C()
>>> c1.d
__get__
0
>>> c1.d = 42
__set__
```

Da das Attribut d in der Klasse C ein Klassenattribut ist, erhält auch ein neues Objekt dieses Attribut, wie sich mit der Funktion id() leicht nachweisen lässt:

```
>>> c2 = C()
>>> id(c1.d)
__get__
139817486523648
>>> id(c2.d)
__get__
139817486523648
```

Wenn man pro Objekt einen eigenen Wert speichern möchte, kann man dies in der Deskriptorklasse implementieren. Beim Aufruf von __get__() und __set__() wird das Objekt, für das der Zugriff erfolgt, mit übergeben.

```
1  class D:
2      def __init__(self):
3          self.values = {}
4      def __get__(self, obj, typ):
5          print('__get__', str(self), str(obj), str(typ))
6          return self.values[obj]
7      def __set__(self, obj, val):
8          print('__set__', str(self), str(obj), str(val))
9          self.values[obj] = val
10     def __delete__(self, obj):
11         print('__delete__', str(self), str(obj))
12         del self.values[obj]
```

**Listing 11.15.** Deskriptor mit Speicher für individuelle Objekte

Listing 11.15 definiert eine neue Deskriptorklasse. Im Konstruktor wird ein Dictionary erstellt, das die einzelnen Werte aufnehmen soll (`values`). Die Methoden geben zur Kontrolle aus, für welches Objekt sie aufgerufen wurden (`self`), welches Objekt der Container ist (`obj`) und ggf. den weiteren Parameter der Operation.

Um einen besseren Einblick in die Objekte zu ermöglichen, wird der Deskriptor außerhalb der Klasse C erzeugt:

```
>>> descriptor = D()
```

Die Klasse C ändert sich dadurch nur minimal, statt des Konstruktor-Aufrufs wird das bereits erzeugte Objekt der Klassenvariable zugewiesen (Listing 11.16).

```
1  class C:
2      d = descriptor
```

**Listing 11.16.** Klasse mit bereits erzeugtem Deskriptor

Die Erzeugung der Objekte erfolgt wie gewöhnlich und das Dictionary der Objektvariablen im Deskriptor ist noch leer:

```
>>> c1 = C()
>>> c2 = C()
>>> descriptor.__dict__
{'values': {}}
```

Beim Zugriff auf das Attribut d werden die Methoden des Deskriptors ausgeführt:

```
>>> c1.d = 1
__set__ <__main__.D object at 0x7f98f280f278>
<__main__.C object at 0x7f98f280f470> 1
```

```
>>> c2.d = 2
__set__ <__main__.D object at 0x7f98f280f278>
<__main__.C object at 0x7f98f280f4a8> 2
>>> c2.d
__get__ <__main__.D object at 0x7f98f280f278>
<__main__.C object at 0x7f98f280f4a8> <class '__main__.C'>
2
>>> c1.d
__get__ <__main__.D object at 0x7f98f280f278>
<__main__.C object at 0x7f98f280f470> <class '__main__.C'>
1
```

Ein Aufruf von `id()` auf die Attribute liefert unterschiedliche Adressen:

```
>>> id(c2.d)
__get__ <__main__.D object at 0x7f98f280f278>
<__main__.C object at 0x7f98f280f4a8> <class '__main__.C'>
140294879774720
>>> id(c1.d)
__get__ <__main__.D object at 0x7f98f280f278>
<__main__.C object at 0x7f98f280f470> <class '__main__.C'>
140294879774688
```

Das Dictionary des Deskriptors sieht nun wie folgt aus:

```
>>> descriptor.__dict__
{'values': {
    <__main__.C object at 0x7f98f280f630>: 2,
    <__main__.C object at 0x7f98f280f5f8>: 1
  }
}
```

Eine Anwendung dieser Technik ist das Einsparen von Speicherplatz. Für eine Vielzahl von Objekten wird nur ein Dictionary für die Speicherung der Attribute erzeugt und verwaltet.

## 11.9 Dekoratoren

Dekoratoren sind Funktionen, die eine Funktion kapseln. Dadurch, dass sie den Aufruf einer Funktion umgeben, können sie deren Parameter und Rückgabe beeinflussen und einige interessante Dinge realisieren: Ein- und Ausgaben können z. B.

für wiederholte Aufrufe zwischengespeichert werden, oder ein Profiling ist ohne Änderung der eigentlichen Funktion möglich.

Dekoratoren können als Funktionen oder Objekte implementiert werden. Die Grundlagen für Dekorator-Funktionen wurden schon im Kapitel 7.8 Geschachtelte Funktionen, auf Seite 83 erwähnt. Da dort aber noch viele Details über Objekte nicht erklärt waren, werden Dekoratoren erst hier vollständig vorgestellt.

Ein Dekorator wird in der Zeile vor dem Funktionskopf notiert. Er beginnt mit einem @, gefolgt von dem Funktionsaufruf ohne Klammern und Parameter (also nur dem Funktionsnamen). Am besten lässt sich ein Dekorator anhand eines Beispiels erklären.

### 11.9.1 Die zu dekorierende Funktion

Für die weiteren Beispiele wird zunächst eine einfache Funktion definiert, die mit einem Dekorator ausgezeichnet werden soll.

```
1  def func():
2      "func Docstring"
3      print("running func")
4      return 42
```

**Listing 11.17.** Diese Funktion soll mit einem Dekorator umgeben werden

Die Funktion in Listing 11.17 nimmt keinen Parameter entgegen und liefert einen statischen Rückgabewert. Zur besseren Darstellung der Abläufe gibt die Funktion eine Meldung auf den Bildschirm aus. Der Aufruf und die Ausgabe der Funktion sind wenig überraschend:

```
>>> func()
running func
42
```

Bevor es weitergeht, noch eine kurze Untersuchung der Funktion. Der Name func verweist wie erwartet auf die Funktion func und der Docstring enthält den erwarteten Wert:

```
>>> func
<function func at 0x7fae76a28f28>
>>> func.__doc__
'func Docstring'
```

Die Schnittstelle von `func()` lässt sich mit `inspect.signature()` inspizieren. Sie ist die einer Funktion ohne Parameter:

```
>>> import inspect
>>> print(inspect.signature(func))
()
```

### 11.9.2 Eine Funktion als Dekorator

Der zu erstellende Dekorator soll als einfache Profiling-Aktion die Möglichkeit bieten, die Anzahl der Funktionsaufrufe zu zählen. Das Listing 11.18 zeigt eine Dekorator-Funktion, um die Aufrufe der gerade vorgestellten Funktion `func()` zählen zu können. Die Funktion `callcount()` nimmt einen Wert entgegen: Die Funktion. Die Rückgabe ist die im Inneren definierte Funktion `counter()`.

```
1  def callcount(f):
2      callcounter = 0
3      def counter():
4          "counter Docstring"
5          print("counter running", f.__name__)
6          if hasattr(f, 'callcounter'):
7              f.callcounter += 1
8              print("increasing counter to" , f.callcounter)
9          else:
10             f.callcounter = 1
11             print("initializing counter in", f.__name__, f)
12         print("call #{}".format(f.callcounter))
13         ret = f()
14         print("counter leaving", f.__name__)
15         return ret
16     return counter
```

**Listing 11.18.** Dekoratorfunktion zum Zählen der Funktionsaufrufe

Die an `callcount()` übergebene Funktion wird in `counter()` ausgeführt (Zeile 13). Vorher wird geprüft, ob die Funktion ein Attribut mit dem Namen `callcounter` hat (Zeile 6). Dies stellt den Aufrufzähler dar, und dieser wird entweder initialisiert oder um eins erhöht.

Der Zugriff auf den eigentlichen Zähler ist nur in der Dekorator-Funktion möglich. Auch wenn der Zähler als Attribut der eigentlichen Funktion definiert wird, ein Zugriff auf diesen Zähler ist von außen nicht möglich.

Im Interpreter kann man die Funktion `func` an die Dekorator-Funktion übergeben und erhält eine Referenz auf die Funktion `counter()` zur Ausführung:

```
>>> w = callcount(func)
>>> w
<function callcount.<locals>.counter at 0x7ffeaa170f28>
>>> w()
counter running func
initializing counter in func <function func at 0x7f8f195088c8>
call #1
running func
counter leaving func
42
```

Der Aufruf von `func()` hat sich dadurch nicht verändert:

```
>>> func()
running func
42
```

Um diese Zählfunktion für die Funktion `func()` zu aktivieren, ist nur eine winzige Änderung an dem Programm zu machen: Der Dekorator muss vor dem Funktionskopf notiert werden.

```
1  @callcount
2  def func():
3  ...
```

**Listing 11.19.** Dekorieren der Funktion `func()`

Listing 11.19 zeigt die nötigen Änderungen an Listing 11.17. Die Ausgaben des Aufrufs der Funktion `func()` sehen jetzt wie folgt aus:

```
>>> func()
counter running func
initializing counter in func <function func at 0x7f8f19260158>
call #1
running func
counter leaving func
42
```

Um maximale Flexibilität zu bieten, sollte ein Dekorator mit beliebigen Schnittstellen einer Funktion umgehen können. Dafür setzt man am besten die *- und **-Form für variable Argumente bei der inneren Funktion ein.

```
1   def callcount(f):
2       def counter(*args, **kwargs):
3           print("counter running", f.__name__)
4           if hasattr(f, 'callcounter'):
5               f.callcounter += 1
6           else:
7               f.callcounter = 1
8           print("call #{}".format(f.callcounter))
9           ret = f(*args, **kwargs)
10          print("counter leaving", f.__name__)
11          return ret
12      return counter
```

**Listing 11.20.** Aufrufzähler-Dekorator mit flexibler Schnittstelle

Der Aufruf einer ausgezeichneten Funktion `func2()` kann mit dem Dekorator aus Listing 11.20 jetzt mit Funktionen mit einer beliebigen Anzahl Parametern erfolgen. Zum Testen kann eine Funktion mit einem oder mehreren Argumenten definiert werden (hier mit drei Werten).

```
1   @callcount
2   def func2(a, b, c):
3       "func2 Docstring"
4       print("running func2")
5       return a + b + c
```

**Listing 11.21.** Dekorierte Funktion mit drei Parametern

Der Aufruf von `func2()` aus Listing 11.21 gibt dann Folgendes aus:

```
>>> func2(1, 2, 3)
counter running func2
call #1
running func2
counter leaving func2
6
```

### 11.9.3 Den Dekorator tarnen

Durch einen Dekorator ändert sich der Objekttyp von `func` oder `func2` nicht. Es handelt sich nach wie vor um eine Funktion (`class 'function'`):

```
>>> type(func)
<class 'function'>
```

```
>>> type(func2)
<class 'function'>
```

Allerdings zeigt der Funktionsname `func` oder `func2` nicht mehr auf die Funktion selbst, sondern auf `counter`:

```
>>> func
<function callcount.<locals>.counter at 0x7fdbc1e15c80>
>>> func.__name__
'counter'
```

Dies kann man korrigieren, indem man im Dekorator den Namen der Funktion mit dem der übergebenen überschreibt, bevor man die Funktion zurückgibt (Listing 11.22).

```
 1  import functools
 2  def callcount(f, *args, **kwargs):
 3      def counter(*args, **kwargs):
 4          "counter Docstring"
 5          print("counter running", f.__name__)
 6          if hasattr(f, 'callcounter'):
 7              f.callcounter += 1
 8          else:
 9              f.callcounter = 1
10          print("call #{}".format(f.callcounter))
11          ret = f(*args, **kwargs)
12          print("counter leaving", f.__name__)
13          return ret
14      functools.update_wrapper(counter, f)
15      return counter
```

**Listing 11.22.** Aufrufzähler-Dekorator mit richtigem Funktionsnamen

Durch den Aufruf von `update_wrapper()` werden der Funktionsname und der Docstring auf die ursprüngliche Funktion korrigiert: (Nähere Informationen zu dieser Funktion im Kapitel 20.2 Tools für Funktionen `functools` auf Seite 229.)

```
>>> func
<function func at 0x7f0bbd1b66a8>
>>> func.__doc__
'func Docstring'
```

Die Funktion enthält nach dem ersten Aufruf ein neues Attribut: `__wrapped__`. Darin ist die dekorierte Funktion gespeichert. Darüber ist der Zählerstand zu erreichen:

```
>>> func.__wrapped__.callcounter
2
```

### 11.9.4 Objekt als Dekorator

Ein Dekorator kann auch als Klasse implementiert werden. Hier teilt sich der verwendete Code auf den Konstruktor `__init__()` und die Methode `__call__()` auf.

Der Dekorator zum Zählen der Aufrufe einer Funktion kann wie folgt implementiert werden (die Zählfunktionalität ist noch nicht enthalten).

```
1   class fcount():
2       def __init__(self, f):
3           "Wird aufgerufen wenn die Funktion initialisiert wird"
4           print("fcount init")
5           self.f = f
6       def __call__(self, *args, **kwargs):
7           "Wird aufgerufen wenn die dekorierte Funktion gerufen wird"
8           print("fcount call")
9           return self.f(*args, **kwargs)
```

**Listing 11.23.** Dekorator zum Zählen von Aufrufen

Der Konstruktor wird aufgerufen, wenn der Dekorator im Quelltext auftaucht. Er nimmt die Funktion entgegen und speichert sie für den späteren Aufruf. Die Ausgabe mit `print()` ist nur zur Verdeutlichung der Aufrufzeitpunkte enthalten.

Wenn der Dekorator tatsächlich ausgeführt wird, also wenn die ausgezeichnete Funktion gerufen wird, kommt die Methode `__call__()` zum Einsatz, hier wird die zuvor gespeicherte Funktion aufgerufen.

Die dekorierte Funktion sieht aus wie in den vorherigen Beispielen.

```
1   @fcount
2   def func(a, b):
3       print("adding")
4       return a + b
```

**Listing 11.24.** Mit dem Aufrufzähler dekorierte Funktion

Listing 11.24 in den Interpreter eingegeben liefert folgende Ausgabe:

```
>>> @fcount
... def func(a, b):
...     print("adding")
...     return a + b
...
fcount init
>>> func(1, 2)
fcount call
adding
3
```

Die Ausgaben im Interpreter bestätigen den Aufruf des Konstruktors bei der Funktionsdefinition. Erst durch den Aufruf der dekorierten Funktion wird die Methode `__call__()` mit den weiteren Ausgaben ausgelöst.

Die Klasse des Dekorators muss nun noch um die Zählfunktion ergänzt werden. Vor dem Aufruf der gekapselten Funktion wird die Zähler-Variable mit eins initialisiert oder um eins erhöht.

Das folgende Listing 11.25 zeigt die vollständige Klasse für den Dekorator zum Zählen der Funktionsaufrufe mit einem Objekt.

```
 1  class fcount():
 2      def __init__(self, f, *args, **kwargs):
 3          "Wird aufgerufen wenn die Funktion initialisiert wird"
 4          print("fcount init")
 5          self.f = f
 6      def __call__(self, *args, **kwargs):
 7          "Wird aufgerufen wenn die dekorierte Funktion gerufen wird"
 8          print("fcount call")
 9          if hasattr(self, 'callcount'):
10              self.callcount += 1
11          else:
12              self.callcount = 1
13          return self.f(*args, **kwargs)
```

**Listing 11.25.** Klasse für einen Zähl-Dekorator

## 11.10 Iteratoren

„Iterator" bzw. „Iterable"[2] ist die Bezeichnung für Python-Objekte, die in einer `for`-Schleife als Lieferant für eine Folge von Werten genutzt werden können.

Was macht ein Objekt, z. B. eine Liste, dafür? Das Vorgehen einer Schleife kann man im Interpreter in einzelnen Schritten durchlaufen. Als Erstes benötigt man den zu durchlaufenden Iterator, zum Beispiel eine Liste:

```
>>> l = [1, 2, 3]
>>> i = iter(l)
>>> type(i)
<class 'list_iterator'>
```

Mit der Funktion `iter()` kann man einen Iterator für ein Objekt anfordern, in diesem Fall ein Objekt der Klasse `list_iterator`. Die Funktion liefert einen `TypeError`, falls das Objekt diese Funktionalität nicht unterstützt.

---

**2** Die Klassen `dict`, `list`, `str` und `tuple` sind Beispiele dafür.

Mit diesem Iterator ruft die `for`-Schleife die eingebaute `next()`-Funktion auf und erhält dadurch das nächste Element:

```
>>> next(i)
1
>>> next(i)
2
>>> next(i)
3
>>> next(i)
Traceback (most recent call last):
  File "<stdin>", line 1, in <module>
StopIteration
```

Wenn keine Elemente mehr zur Verfügung stehen, wird die Exception `StopIteration` ausgelöst. Dies ist kein Fehler im eigentlichen Sinn, sondern nur ein Ende-Signal an die for-Schleife. Die gerade beschriebenen Abläufe werden als „Iterator Protocol" bezeichnet.

Eine Klasse kann die Funktionalität mit den Methoden `__iter__()` und `__next__()` implementieren. Diese Methoden werden durch `iter()` und `next()` aufgerufen.

```
1  class Count3():
2      def __init__(self, max=2):
3          self.max = max
4          self.count = -1
5      def __iter__(self):
6          return self
7      def __next__(self):
8          if self.count < self.max:
9              self.count += 1
10             return self.count
11         else:
12             raise StopIteration
```

**Listing 11.26.** Klasse mit Iterator Protokoll

Das Listing 11.26 zeigt die Klasse `Count3`, die das Iterator Protokoll implementiert. Der Konstruktor initialisiert einen Zähler mit dem Wert -1 und setzt einen Maximalwert (Defaultwert für den Konstruktor ist 2). Bei jedem Aufruf durch `next()` liefert das Objekt den um eins erhöhten Zählerstand. Wenn der Maximalwert erreicht ist, löst das Objekt die `StopIteration`-Exception aus. Ein Objekt der Klasse liefert, wenn bei der Initialisierung nichts anderes angegeben wird, in einer `for`-Schleife drei Werte und beendet diese dann:

```
>>> c3 = Count3()
>>> for n in c3:
...      n
...
0
1
2
```

Der Ablauf der Schleife kann auch mit den Funktionen `iter()` und `next()` im Einzelnen nachvollzogen werden:

```
>>> c3 = Count3()
>>> i = iter(c3)
>>> i
<__main__.Count3 object at 0x7fd91b5c4cf8>
>>> next(i)
0
>>> next(i)
1
>>> next(i)
2
>>> next(i)
Traceback (most recent call last):
  File "<stdin>", line 1, in <module>
  File "<stdin>", line 12, in __next__
StopIteration
```

## 11.11 Generatoren

Ein Generator ist eine Funktion, die als Iterator genutzt werden kann. Dafür liefert die Funktion ihren Rückgabewert mit `yield` statt wie gewöhnlich mit `return`. Die Funktion wird dabei durch den Aufruf von `yield` unterbrochen, und das Programm wird an der Stelle des Funktionsaufrufs fortgesetzt.

```
1  def gen3():
2      i = 0
3      while i < 3:
4          yield i
5          i += 1
```

**Listing 11.27.** Generatorfunktion

Listing 11.27 zeigt eine Generatorfunktion. An dieser Funktion ist bemerkenswert, dass das Inkrement der Variablen erst nach dem `yield` in Zeile 4 erfolgt. Dies zeigt, dass die Funktion bei einem erneuten Aufruf nach dem `yield` fortgesetzt wird:

```
>>> for n in gen3():
...     n
...
0
1
2
```

Der Generator aus Listing 11.27 implementiert die gleiche Funktion wie der Iterator aus Listing 11.26. Die Funktion ist ungleich kompakter.

Eine besondere Form der Generatoren sind die List-Comprehensions. Dies sind einzeilige Funktionen.

Das `range`-Objekt in Python kann nur mit ganzen Zahlen arbeiten. Die folgende Generatorfunktion erlaubt auch die Nutzung von Fließkommazahlen.

```
1  def frange(start, stop, step):
2      i = start
3      while i < stop:
4          yield i
5          i += step
```

**Listing 11.28.** Zählschleife mit Fließkommavariable

Für eine Schleife im Bereich 0 bis Pi mit zehn Schritten kann die Funktion wie folgt genutzt werden:

```
>>> import math
>>> frange(0, math.pi, math.pi / 10)
<generator object frange at 0x7fd9174c2cf0>
```

Wegen Rundungsfehlern kann es passieren, dass die Schleifenbedingung nicht exakt die Anzahl von Durchläufen liefert, die man erwartet.

## 11.12 Context Manager

Im Abschnitt über das `with`-Statement (Kapitel 5.6 auf Seite 67) wurden die Context Manager schon erwähnt. Diese Objekte implementieren zwei Methoden, die beim Betreten und Verlassen eines Codeblocks ausgeführt werden: `__enter__()` und `__exit__()`.

Datei-Objekte implementieren zum Beispiel diese Methoden:

```
>>> file = open('robots.txt')
>>> file
<_io.TextIOWrapper name='robots.txt' mode='r' encoding='UTF-8'>
>>> file.__exit__(None, None, None)
>>> file.readlines()
Traceback (most recent call last):
  File "<stdin>", line 1, in <module>
ValueError: I/O operation on closed file.
```

Die Datei ist nach dem Aufruf von `__exit__()` geschlossen und kann nicht mehr gelesen werden. Um Fehler zu behandeln, könnte man eine eigene Klasse definieren, die von der Klasse `file` erbt und die nötigen Methoden definiert.

Zum Experimentieren reicht eine einfache Klasse, die diese Schnittstellen implementiert. Die Methode `__enter__()` erfordert keine weiteren Parameter, `__exit__()` dagegen schon. Diese werden als „Type", „Value" und „Traceback" bezeichnet.

```
1  class CM:
2      def __enter__(self):
3          print("enter()")
4          return "irgendein Wert"
5      def __exit__(self, exc_type, exc_val, exc_tb):
6          print("exit()")
7          print("typ", exc_type)
8          print("val", exc_val)
9          print("tbk", exc_tb)
```

**Listing 11.29.** Minimale Klasse für einen Context Manager

Listing 11.29 definiert die Klasse CM mit den erforderlichen Methoden. Ein Objekt der Klasse aus dem Listing kann mit einem einfachen `with`-Statement ausgeführt werden. Ein Objekt der Klasse wird in einem `with`-Statement erzeugt und als Variable `v` im Block genutzt.

```
1  with CM() as v:
2      print("value", v)
```

**Listing 11.30.** Context Manager ausführen

Wenn man die beiden Zeilen von Listing 11.30 im Interpreter ausführt, erhält man folgende Ausgabe:

```
enter()
value irgendein Wert
exit()
typ None
val None
tbk None
```

Man sieht, dass die __enter__-Methode als Erstes ausgeführt wird. Dann erfolgt die Ausgabe des Rückgabewertes durch das print-Statement im with-Block. Abschließend wird die __exit__-Methode ausgeführt.

Programm 11.30 mit dem with-Statement wird nun so verändert, dass es zur Laufzeit einen Fehler produziert.

```
1  with CM() as v:
2      print("value", v)
3      print("" + 1)          # Fehler
4      print("blockende")
```

Listing 11.31. Fehler im Context Manager provozieren

Die Ausgabe in der Methode __exit__() ist jetzt mit den Werten der Exception gefüllt:

```
enter()
value irgendein Wert
exit()
typ <class 'TypeError'>
val Can't convert 'int' object to str implicitly
tbk <traceback object at 0x7f147db7fd08>
Traceback (most recent call last):
  File "<stdin>", line 3, in <module>
TypeError: Can't convert 'int' object to str implicitly
```

Wenn das Programm die fehlerhafte Anweisung erreicht, wird die Exception ausgelöst und die __exit__()-Methode ausgeführt. Die letzte print()-Anweisung im with-Block wird nicht mehr erreicht.

Alle Ressourcen, die zuvor von dem Objekt angefordert wurden, können in dieser Methode freigegeben werden. Dies, und die mögliche Fehlerbehandlung an dieser Stelle, kann zu einem übersichtlicheren Quelltext führen. Der Umgang mit einer Ressource und allen möglichen Fehlern kann in einem Objekt gekapselt werden. Die Nutzung wird im with-Statement übersichtlich gebündelt.

Der Rückgabewert von __exit__() ist noch wichtig, wenn im Anweisungsblock eine Ausnahme auftrat. Wenn die Methode True liefert, wird die Ausnahme als behandelt betrachtet. Ein anderer Wert sorgt dafür, dass die Exception erneut ausgelöst wird, um an anderer Stelle behandelt zu werden.

## 11.13 Exceptions

Ausnahmen sind in Python ganz gewöhnliche Objekte. Die Basisklasse für alle eingebauten Ausnahmen ist BaseException. Eigene Exceptions sollten von der Klasse Exception abgeleitet werden. Diese Klasse dient auch als Basis für alle eingebauten Ausnahmen, die nicht den Interpreter beenden. Da die Klasse zu den eingebauten Bezeichnern gehört, muss zur Nutzung kein Modul importiert werden.

Eine Exception kann mit dem Kommando **raise** und der Klasse Exception ausgelöst werden. Parameter an die Klasse werden in der Fehlermeldung ausgegeben:

```
>>> raise Exception
Traceback (most recent call last):
  File "<stdin>", line 1, in <module>
Exception
>>> raise Exception('test', 123)
Traceback (most recent call last):
  File "<stdin>", line 1, in <module>
Exception: ('test', 123)
```

Eine Exception nimmt mit dem Konstruktor eine beliebige Anzahl Parameter entgegen. Eine selbstdefinierte Exception kann dies in der __init__()-Methode selbst definieren.

```
1  class E(Exception):
2      def __init__(self, v):
3          self.v = v
4      def __str__(self):
5          return repr(self.v)
```

**Listing 11.32.** Selbstdefinierte Exception

Listing 11.32 zeigt die von Exception abgeleitete eigene Exception E. Der Konstruktor nimmt einen Wert entgegen. Nach der Definition kann die Klasse zum Auslösen einer Ausnahme mit **raise** genutzt werden:

```
>>> class E(Exception):
...     def __init__(self, v):
...         self.v = v
...     def __str__(self):
...         return repr(self.v)
...
>>> raise E('Fehler')
Traceback (most recent call last):
  File "<stdin>", line 1, in <module>
__main__.E: 'Fehler'
```

# 12 Mehr zu Namensräumen

Namensräume enthalten die Namen der aktuell definierten Variablen, Funktionen und Klassen. Jede Funktion, jedes Modul, jedes Objekt hat seinen eigenen Namensraum. Namensräume haben keine Verbindung zueinander. Variablen, Funktionen oder Klassen mit identischen Namen können in unterschiedlichen Namensräumen (Modul, Funktion, Objekt) definiert werden und sich damit ggf. verdecken. Die Auswahl des richtigen Attributs findet dann bei Bedarf durch das Voranstellen des richtigen Namensraums statt.

```
1  v = 'global'
2
3  def f():
4      v = 'f lokal'
5      print(v)
6
7  class c:
8      def __init__(self):
9          self.v = 'c intern'
```

**Listing 12.1.** Gleicher Variablenname in verschiedenen Namensräumen

Die drei Variablen in Listing 12.1 mit dem Namen v existieren unabhängig voneinander im globalen Namensraum des Interpreters, dem der Funktion f() und eines Objekts der Klasse c. Nachdem die Anweisungen des Listings im Interpreter ausgeführt wurden, kann man die Trennung überprüfen:

```
>>> o = c()
>>> v
'global'
>>> f()
f lokal
>>> o.v
'c intern'
```

Ein Modul stellt eine weitere Möglichkeit dar, einen Namensraum zu eröffnen. Auch hier wird, wie bei einem Objekt, der Zugriff auf die enthaltenen Variablen durch den vorangestellten Namensraum möglich.

## 12.1 Implizite Variablensuche

Wie bei der Vererbung bei Klassen gibt es auch für Variablen eiOne Suchreihenfolge. Lokale Variablen kommen zuerst. Sollte ein Name nicht im lokalen Namensraum gefunden werden, wird im übergeordneten Namensraum gesucht. Dazu ein Beispiel.

```
1  v = 'global'
2
3  def f():
4      print(v)
5      # v = 'lokal'
6
7  f()
```

**Listing 12.2.** Variablensuche im übergeordneten Namensraum

Listing 12.2 definiert eine globale Variable und eine Funktion. In der Funktion wird durch die Funktion `print()` auf eine Variable `v` zugegriffen. Da sie nicht lokal definiert ist, wird die Variable im übergeordneten Namensraum ausgegeben.

In Zeile 5 des Listings ist eine Zuweisung an die Variable auskommentiert. Der Interpreter bricht die Ausführung des Programms an dieser Stelle mit der Fehlermeldung `UnboundLocalError` ab. Eine Zuweisung an eine unbekannte Variable ist nicht möglich.

Mit den Schlüsselwörtern `global` und `nonlocal` kann dieses Verhalten beeinflusst werden.

## 12.2 Explizite Variablensuche: `global` und `nonlocal`

Zuweisungen an Variablen gehen ohne die Angabe von `global` immer an den geraden aktiven Namensraum, es wird also ggf. eine neue lokale Variable erstellt. Das Gleiche gilt für das Löschen mit `del`.

Auch das `import`-Statement ist abhängig vom aktuellen Namensraum und fügt geladene Objekte lokal ein.

Die Anweisung `global` gibt den Hinweis, die Variable im globalen Namensraum zu suchen. Die Anweisung `nonlocal` veranlasst die Suche in dem umgebenden Namensraum. Durch beide Anweisungen wird eine Zuweisung möglich.

Dazu ein Beispiel, das die verschiedenen Zugriffsmöglichkeiten demonstriert.

```
1  v = 'global'
2  def bereiche():
3      v = 'funktion lokal'
4      def bereich_lokal():
5          v = 'bereich_lokal'
6      def bereich_nonlocal():
7          nonlocal v
```

```
 8          v = 'bereich_nonlokal'
 9      def bereich_global():
10          global v
11          v = 'bereich_global'
12      print('lokal:', v)
13      v = 'lokal zugewiesen'
14      print('lokal zugewiesen:', v)
15      bereich_global()
16      print('nach global:', v)
17      bereich_nonlocal()
18      print('nach nonlocal:', v)
19
20  print('vor:', v)
21  bereiche()
22  print('nach:', v)
```

**Listing 12.3.** Zugriff auf unterschiedliche Namensräume

Dieses Programm in Listing 12.3 definiert die Variable v zunächst global mit der Zeichenkette „global". Die Funktion bereiche() definiert die Variable v lokal mit dem Wert „funktion lokal". Außerdem definiert sie drei Funktionen, die die unterschiedlichen Zugriffsmöglichkeiten auf die Variable realisieren. Die Ausführung der Funktion mit den zwei umgebenden print()-Anweisungen (Zeilen 20–22) liefert das folgende Ergebnis:

```
vor: global
lokal: funktion lokal
lokal zugewiesen: lokal zugewiesen
nach global: lokal zugewiesen
nach nonlocal: bereich_nonlokal
nach: bereich_global
```

Als Erstes wird die globale Variable vor dem Aufruf von bereiche() ausgegeben. Der Funktionsaufruf initialisiert die lokale Variable und gibt diese aus. Die erneute Zuweisung ist eigentlich überflüssig, sie soll nur noch mal verdeutlichen, dass die Funktionen bei ihrer Definition nicht ausgeführt werden.

Die lokale Funktion bereich_global() greift auf die globale Variable v zu. In der Ausgabe der lokalen Variable ändert sich also nichts. Die Funktion bereich_nonlocal() sucht die Variable im übergeordneten Bereich der Funktion, wird im Bereich der Funktion bereiche() fündig, und ändert deren Wert.

Nach der Rückkehr aus der Funktion bereiche() wird die globale Variable ausgegeben. Sie ist durch die Funktion bereich_global() geändert worden.

# Teil II: **Batterien enthalten**

Eine viel zitierte Aussage in der Python-Welt ist „Batteries included" („Batterien enthalten").
Dies bezieht sich auf die Bibliotheken einer Python-Installation. Diese statten den
Programmierer mit den unterschiedlichsten Werkzeugen aus, er muss das Rad nicht neu
erfinden. In den folgenden Abschnitten werden einige Module für die gängigsten Probleme
vorgestellt.

# 13 Collections

Neben den eingebauten Datentypen Listen, Tupel, Dictionarys und Set bietet Python noch einige spezialisierte Containertypen in dem Modul `collections`.

**Tab. 13.1.** Klassen im Modul `collections`

| Klasse | Beschreibung |
| --- | --- |
| deque | Ein listenähnliches Objekt, bei dem auf beiden Seiten schnell Objekte hinzugefügt oder gelöscht werden können. |
| ChainMap | Fügt beliebig viele Dictionarys oder Mappings unter einem Namen zusammen. |
| Counter | Diese Klasse ist ein Dictionary zum Zählen von unveränderlichen (hashbaren) Objekten. |
| OrderedDict | Diese Klasse merkt sich die Reihenfolge, in der Objekte hinzugefügt wurden. |
| defaultDict | Diese Klasse liefert fehlende Elemente durch den Aufruf einer Factory-Funktion. |
| UserDict | Ein Wrapper um Dictionarys, um die Vererbung zu erleichtern. |
| UserList | Ein Wrapper um Listen, um die Vererbung zu erleichtern. |
| UserString | Ein Wrapper um Strings, um die Vererbung zu erleichtern. |

Neben den Klassen gibt es noch eine Factory-Funktion für `namedtuple`. Dabei handelt es sich um Tupel, bei denen die einzelnen Werte über einen Namen angesprochen werden können. Dies dient der besseren Lesbarkeit des Codes.

## 13.1 deque

Die Bezeichnung `deque` ist eine Abkürzung von „Double-Ended Queue" („doppelseitige Warteschlange"). Diese Klasse wird als Stack (Stapelspeicher) oder Queue (Warteschlange) genutzt und ist besonders effizient implementiert.

Der Konstruktor nimmt maximal zwei Parameter entgegen. Als Erstes kann eine Sequenz übergeben werden, mit dem die Queue gefüllt wird:

```
>>> from collections import deque
>>> d = deque('hallo')
>>> d
deque(['h', 'a', 'l', 'l', 'o'])
```

Der zweite Parameter des Konstruktors heißt `maxlen` und kann die Anzahl der Elemente in der Queue beschränken. Bei Erreichen von `maxlen` wird beim nächsten Einfügen auf der gegenüberliegenden Seite ein Element entfernt:

```
>>> d = deque('hallo', 5)
>>> d
deque(['h', 'a', 'l', 'l', 'o'], maxlen=5)
>>> d.append(' ')
>>> d
deque(['a', 'l', 'l', 'o', ' '], maxlen=5)
```

Die folgende Tabelle beschreibt die verfügbaren Methoden der Klasse deque.

**Tab. 13.2.** Methoden der Klasse deque

| Methode | Beschreibung |
|---|---|
| append(x) | Fügt am rechten Ende ein Element hinzu. |
| appendleft(x) | Fügt am linken Ende ein Element hinzu. |
| clear() | Löscht alle Elemente. |
| count(x) | Zählt die Elemente mit dem Wert x. |
| extend(it) | Hängt die Werte aus it am Ende an. |
| pop() | Liefert das Element vom rechten Ende und entfernt es gleichzeitig. Löst einen IndexError aus, wenn keine Elemente vorhanden sind. |
| popleft() | Liefert das Element vom linken Ende und entfernt es gleichzeitig. Löst einen IndexError aus, wenn keine Elemente vorhanden sind. |
| remove(v) | Entfernt das erste Element v. Falls der Wert v nicht vorhanden ist, wird ein ValueError ausgelöst. |
| reverse() | Dreht die Reihenfolge der Elemente „in-place" um, liefert also kein neues Objekt. |
| rotate(n) | Ein positives n rotiert das deque n-mal nach rechts. Ein negativer Wert rotiert n-mal nach links. |
| maxlen | Die maximale Länge eines deque oder None, wenn unbeschränkt. |

Hier noch ein paar Beispiele für die Methoden aus Tabelle 13.2. Zunächst wird ein Objekt der Klasse deque aus einer Zeichenkette initialisiert und ein Element links eingefügt:

```
>>> d = deque('hallo')
>>> d.appendleft(' ')
>>> d
deque([' ', 'h', 'a', 'l', 'l', 'o'])
```

Das gerade eingefügte Element wird mit popleft() wieder entfernt und könnte einer Variablen zugewiesen werden. pop() würde das „o" aus dem deque entfernen:

```
>>> d.popleft()
' '
```

Die Anzahl eines bestimmten Elements kann mit `count()` bestimmt werden:

```
>>> d.count('l')
2
```

Mit der Methode `extend()` kann das `deque` um eine iterierbare Menge erweitert werden, hier eine Zeichenkette:

```
>>> d.extend(' welt')
>>> d
deque(['h', 'a', 'l', 'l', 'o', ' ', 'w', 'e', 'l', 't'])
```

Die Umkehrung der Elemente kann mit der Methode `reverse()` vorgenommen werden. Die Funktion verändert das Objekt selbst und liefert nichts zurück:

```
>>> d.reverse()
>>> d
deque(['t', 'l', 'e', 'w', ' ', 'o', 'l', 'l', 'a', 'h'])
```

Das `deque` kann auch wie ein Ringspeicher eingesetzt werden:

```
>>> d.rotate(2)
>>> d
deque(['a', 'h', 't', 'l', 'e', 'w', ' ', 'o', 'l', 'l'])
```

## 13.2 ChainMap

Die Klasse `ChainMap` ermöglicht das Ansprechen mehrerer Dictionarys oder Mappings unter einem Namen. Für den Anwender sieht es so aus, als ob es sich dabei um ein Objekt handelt:

```
>>> from collections import ChainMap
>>> a = {'1': 1, '2': 2}
>>> b = {'a': 'A', 'b': 'B'}
>>> cm = ChainMap(a, b)
>>> cm
ChainMap({'2': 2, '1': 1}, {'a': 'A', 'b': 'B'})
>>> cm['a']
'A'
>>> cm['1']
1
```

Die in dem Objekt enthaltenen Daten sind unter dem Attribut `maps` als Liste der einzelnen Dictionarys erreichbar:

```
>>> cm.maps
[{'2': 2, '1': 1}, {'a': 'A', 'b': 'B'}]
```

Änderungen durch die Methode `update()` und `del` werden nur auf das erste Dictionary der Liste ausgeführt.

## 13.3 Counter

Ein `Counter`-Objekt kann zum Zählen von Elementen einer Sequenz genutzt werden. Ein Objekt verhält sich nach der Initialisierung wie ein Dictionary.

Die einfachste Initialisierung erfolgt mit einer Sequenz:

```
>>> from collections import Counter
>>> c = Counter('Hallo')                        # Zeichenkette
>>> c
Counter({'l': 2, 'o': 1, 'H': 1, 'a': 1})
>>> c = Counter(['ham', 'ham', 'spam', 'ham', 'spam']) # Liste
>>> c
Counter({'ham': 3, 'spam': 2})
>>> c = Counter({'a': 1, 'b': 2} )              # Dictionary
>>> c
Counter({'b': 2, 'a': 1})
```

Mit benannten Parametern können ebenfalls Zähler gesetzt werden:

```
>>> c = Counter(ham=7, spam=42)
>>> c
Counter({'spam': 42, 'ham': 7})
```

Einzelne Zähler können wie in einem Dictionary angesprochen und verändert werden:

```
>>> c['ham']
7
>>> c['ham'] += 1
>>> c
Counter({'spam': 42, 'ham': 8})
```

Die Klasse `Counter` stellt folgende Methoden zur Verfügung:

**Tab. 13.3.** Methoden der Klasse `Counter`

| Methode | Beschreibung |
|---------|--------------|
| `elements()` | Liefert einen Iterator, der jedes enthaltene Element entsprechend dem Zählerstand wiederholt. |
| `most_common([n])` | Liefert eine Liste der Elemente nach absteigender Häufigkeit. Durch den Parameter `n` kann die maximale Länge der Liste vorgegeben werden. |
| `subtract([it|map])` | Zieht die gegebenen Werte von den Zählern ab. |

Es folgen ein paar Beispiele für die Anwendung der Methoden aus Tabelle 13.3. Zunächst die Methode `most_common()`:

```
>>> c = Counter('Hallo')
>>> c.most_common()
[('l', 2), ('o', 1), ('H', 1), ('a', 1)]
>>> c.most_common(2)
[('l', 2), ('o', 1)]
```

`Counter`-Objekte bieten sich also an, um die Häufigkeit von Wörtern in einem Text zu ermitteln. Das folgende Beispiel nimmt als Text die erste Szene des ersten Aufzugs von Shakespeares „Julius Cäsar", gespeichert in der Datei „jc.txt":

```
>>> from collections import Counter
>>> text = ' '.join(open('jc.txt').readlines())
>>> c = Counter(text.split())
>>> c.most_common(10)
[('ihr', 13), ('die', 10), ('ein', 9), ('ich', 9), ('auf', 8),
 ('Herr,', 8), ('Und', 7), ('in', 7), ('Bürger.', 7), ('den', 7)]
```

Die Reihenfolge von Zählern mit gleichem Wert ist nicht festgelegt.

Zählerstände können auf die verschiedensten Wege miteinander verrechnet werden, z. B. mit der Methode `subtract()` oder auch mit den mathematischen Operatoren:

```
>>> c = Counter(['ham', 'ham', 'spam', 'ham', 'spam'])
>>> c['ham']
3
>>> c.subtract({'ham': 2})
>>> c['ham']
1
```

```
>>> c1 = Counter(['spam', 'spam', 'spam'])
>>> c2 = Counter(['spam', 'spam'])
>>> c1.subtract( {'spam': 1} )
>>> c1
Counter({'spam': 2})
>>> c1-c2
Counter()
```

Die Methode update() ermöglicht die Änderung von Zählern im Counter-Objekt. Sie verhält sich bei Counter-Objekten anders als bei Dictionarys: Die Zähler der Schlüssel werden addiert, nicht vorhandene werden hinzugefügt:

```
>>> c.update({'ham': 1})
>>> c['ham']
2
```

## 13.4 OrderedDict

Ein OrderedDict merkt sich die Reihenfolge, in der die Daten eingefügt wurden. Neue Elemente werden am Ende hinzugefügt.

Initialisiert werden die Objekte mit einer Sequenz (Liste, Tupel oder Zeichenkette). Ein Key-Value-Paar muss eine Liste oder ein Tupel sein:

```
>>> from collections import OrderedDict
>>> d = OrderedDict.fromkeys('hallo')
>>> d
OrderedDict([('h', None), ('a', None), ('l', None), ('o', None)])
>>> d = OrderedDict([['a', 'A'], ['b', 'B']])
>>> d
OrderedDict([('a', 'A'), ('b', 'B')])
>>> d['a']
'A'
>>> d['c'] = 'C'
>>> d
OrderedDict([('a', 'A'), ('b', 'B'), ('c', 'C')])
```

Die Klasse `OrderedDict` bietet neben den Dictionary-Funktionen die folgenden Methoden.

**Tab. 13.4.** Methoden der Klasse `OrderedDict`

| Methode | Beschreibung |
|---|---|
| `popitem(last=True)` | Liefert einen Wert aus dem Dictionary. Der Parameter `last` legt fest, ob LIFO (`True`) oder FIFO (`FALSE`). |
| `move_to_end(key, last=True)` | Verschiebt ein Element mit dem Schlüssel `key` an das Ende des Dictionarys (`last=True`) oder an den Anfang (`last=False`). |

Ausgehend von dem `OrderedDict` aus dem letzten Beispiel jeweils eine Anwendung der Funktionen aus Tabelle 13.4:

```
>>> d.move_to_end('a')
>>> d
OrderedDict([('b', 'B'), ('c', 'C'), ('a', 'A')])
>>> d.popitem(last=False)
('b', 'B')
```

Da diese Klasse die Reihenfolge der Elemente beachtet, kann die Funktion `reversed()` auf ein Objekt angewendet werden:

```
>>> list(reversed(d))
['a', 'c']
```

## 13.5 defaultDict

Bei `defaultDict` handelt es sich um eine von `dict` abgeleitete Klasse. Der Name leitet sich aus der praktischen Funktion ab, dass dieses Dictionary für nicht gefundene Schlüsselwerte einen Defaultwert generiert und einfügt.

Der Konstruktor akzeptiert als ersten Parameter einen Wert für `default_factory`. Hier kann eine Funktion ohne Parameter oder `None` angegeben werden:

```
>>> from collections import defaultdict
>>> d = defaultdict(int, (('a', 'A'), ('b', 'B')))
>>> d['c']
0
>>> d
defaultdict(<class 'int'>, {'c': 0, 'a': 'A', 'b': 'B'})
```

Die übergebene Funktion muss einen Wert zurückgeben und wird automatisch bei nicht bekannten Schlüsseln aufgerufen:

```
>>> def foo():
...     return 'bar'
...
>>> d = defaultdict(foo)
>>> d['a']
'bar'
>>> d['b']
'bar'
>>> d
defaultdict(<function foo at 0x7f6bb0e63bf8>,
 {'a': 'bar', 'b': 'bar'})
```

## 13.6 `UserDict`, `UserList` und `UserString`

Diese Klassen sind ein minimaler Wrapper um die jeweilige Basisklasse. Alle drei Klassen verhalten sich wie die Parentklassen. Der einzige nennenswerte Unterschied ist das Attribut `data`. Darin befinden sich die Daten des Objekts und es stellt damit eine definierte Schnittstelle für den Zugriff zur Verfügung:

```
>>> from collections import UserDict, UserList, UserString
>>> ud = UserDict({'a': 'A', 'b': 'B'})
>>> ud
{'a': 'A', 'b': 'B'}
>>> ud.data
{'a': 'A', 'b': 'B'}
>>> us = UserString('Hallo Welt!')
>>> us.data
'Hallo Welt!'
>>> us.data = 'Hallo!'
>>> us.data
'Hallo!'
```

## 13.7 `namedtuple`

Ein `namedtuple` stattet die einzelnen Elemente eines Tupels mit Namen aus, unter denen sie angesprochen werden können. In der Anwendung sieht es aus, als ob es sich um Attribute eines Objekts handelt.

Der Konstruktor benötigt einen Namen und eine Liste der Elementnamen:

```
>>> import collections
>>> Event = collections.namedtuple('Event', ['wann', 'wo'])
```

Nach der Definition des `namedtuple` können, ähnlich einer Objekterzeugung, Tupel erstellt werden. Der Konstruktor benötigt dann Parameter entsprechend der zuvor an den Konstruktor übergebenen Namensliste:

```
>>> e = Event('Heute', 'Am Strand')
>>> e
Event(wann='Heute', wo='Am Strand')
>>> e.wann
'Heute'
>>> e.wo
'Am Strand'
```

Über die Elemente des Tupels kann natürlich auch ein Iterator angewendet werden:

```
>>> for v in e:
...     print(v)
...
Heute
Am Strand
```

# 14 Datum und Uhrzeit

Auf Datum und Uhrzeit trifft man beim Programmieren an den unterschiedlichsten Stellen. Ob es sich um Eingaben handelt, die geprüft werden müssen, oder Daten, die für die Ausgabe ein bestimmtes Format haben sollen. Auch wird häufig mit Daten gerechnet, um z. B. eine Zeitspanne zu ermitteln. Python bietet Module für die unterschiedlichsten Anwendungsfälle. Das Modul `time` baut auf den in der C-Library vorhandenen Strukturen und Funktionen auf.

Die Objekte im Modul `datetime` bieten Funktionen für die Manipulation von Datum und Zeit. Es ist möglich damit zu rechnen, und die Daten können leicht ausgegeben werden.

## 14.1 UNIX-Zeit: `time`

Der Titel UNIX-Zeit bezieht sich auf die Art und Weise, wie die Zeit auf UNIX-Systemen verwaltet wird. UNIX bezieht seine aktuelle Zeit auf den 01.01.1970 00:00 Uhr[1]. Ein einfacher Zähler hält den Wert der seitdem verstrichenen Sekunden, heutzutage meist ein Wert mit Millisekunden als Nachkommastellen. Dieser wird als „UNIX Timestamp", oder kurz Timestamp, bezeichnet. In Python kann der Zählerstand mit der Funktion `time()` aus dem Modul `time` abgefragt werden:

```
>>> import time
>>> time.time()
1420965574.5689898
```

Die im Folgenden vorgestellten Funktionen des `time`-Moduls bauen auf der C-Library der Systeme auf und bilden deren Datenstrukturen und Funktionen nach.

Ein Zähler mit einem Wert im Milliardenbereich ist für Menschen nicht besonders hilfreich. Dieser Wert kann mit zwei Funktionen in eine besser lesbare Form gebracht werden: `gmtime()` und `localtime()`. Als Parameter nehmen die Funktionen einen Sekundenwert aus der Funktion `time()` entgegen. Wenn kein Wert angegeben wird, arbeiten die Funktionen mit der aktuellen Zeit.

Das Resultat des Funktionsaufrufs ist eine Datenstruktur, sie wird `struct_time` genannt. Die Python-Version dieser Struktur weicht von deren Aufbau etwas ab. Sie verfügt über einzelne Werte für alles, was es über einen Zeitpunkt zu wissen gibt: Tag, Monat, Jahr, Stunde, Minute, Sekunde, Wochentag, Tag des Jahres und noch einiges mehr.

---

[1] Dieses Datum wird als „Epoch" bezeichnet.

**Tab. 14.1.** Elemente der struct_time in Python

| Name | Beschreibung |
|------|-------------|
| tm_year | Jahreszahl |
| tm_mon | Monat (1–12) |
| tm_mday | Tag (1–31) |
| tm_hour | Stunde (0–23) |
| tm_min | Minute (0–59) |
| tm_sec | Sekunde (1–61) |
| tm_wday | Wochentag (0–6, 0 ist Montag) |
| tm_yday | Tag des Jahres (1–366) |
| tm_isdst | Sommerzeit (0, 1, -1) |
| tm_zone | Abkürzung der Zeitzone |
| tm_gmtoff | Offset zu UTC in Sekunden |

Der Wertebereich für Sekunden ist tatsächlich bis 61. 60 wird für Schaltsekunden benötigt, und 61 wird aus historischen Gründen unterstützt.

Die Funktionen localtime() und gmtime() liefern ein Objekt der Klasse struct_time:

```
>>> time.localtime()
time.struct_time(tm_year=2015, tm_mon=1, tm_mday=11, tm_hour=9,
tm_min=48, tm_sec=49, tm_wday=6, tm_yday=11, tm_isdst=0)
>>> time.gmtime()
time.struct_time(tm_year=2015, tm_mon=1, tm_mday=11, tm_hour=8,
tm_min=48, tm_sec=49, tm_wday=6, tm_yday=11, tm_isdst=0)
```

Der Wert -1 in tm_isdst ist für die Erstellung eines Sekundenwertes aus einer struct_time durch die Funktion mktime() gedacht. Wird dieser Wert übergeben, so wird dieses Feld korrekt gefüllt.

Die beiden letzten Werte aus Tabelle 14.1 sind nur vorhanden, falls die zugrunde liegende C-Library dies unterstützt.

Die einzelnen Attribute eines struct_time lassen sich mit ihrem in Tabelle 14.1 aufgeführten Namen abfragen:

```
>>> import time
>>> ts = time.localtime()
>>> ts.tm_year
2015
>>> ts.tm_wday
6
```

### 14.1.1 Ausgeben einer Zeit

Eine Zeit in einer `struct_time` lässt sich auf verschiedenen Wegen in einem für Menschen brauchbaren Format ausgeben. Die Funktion `asctime()` gibt ein Standardformat aus:

```
>>> time.asctime()
'Sun Jan 11 13:58:03 2015'
```

Ohne Parameter wird auch hier die aktuelle Zeit ausgegeben.

Mehr Flexibiltät bei der Ausgabe bietet die Funktion `strftime()`[2]. Als Parameter kann man einen Formatstring angeben, dessen Platzhalter an die der alten String-Formatierung erinnern. Die Abkürzungen lehnen sich an die englischen Wörter für Datum und Uhrzeit an.

**Tab. 14.2.** Template-Platzhalter für `strftime()`

| Platzhalter | Beschreibung |
| --- | --- |
| %a | Abgekürzter Wochentag in der aktuellen Lokalisierung |
| %A | Wochentag in der aktuellen Lokalisierung |
| %b | Abgekürzter Monatsname in der aktuellen Lokalisierung |
| %B | Monatsname in der aktuellen Lokalisierung |
| %d | Tag des Monats mit führender Null (01–31) |
| %m | Monat mit führender Null (01–12) |
| %y | Jahr ohne Jahrhundert (00–99) |
| %Y | Jahr mit Jahrhundert |
| %H | Stunde der 24-Stunden-Uhr mit führender Null (00–23) |
| %I | Stunde einer 12-Stunden-Uhr mit führender Null (01–12) |
| %p | Indikator für Vor-/Nachmittag der 12-Stunden-Uhr (z. B. AM/PM) |
| %M | Minute (00–59) |
| %S | Sekunde (00–61) |
| %z | Offset der Zeitzone mit Vorzeichen (z. B. +0100) |
| %Z | Name der Zeitzone (z. B. CET) |

Die vollständige Liste der Platzhalter findet sich in der Library Reference von Python. Hier noch ein paar Beispiele zur Anwendung von `strftime()`. Die Funktion nimmt als zweiten Parameter ein `struct_time` entgegen. Ohne diesen Parameter wird die aktuelle Zeit zur Anzeige gebracht.

Die Formatierung des aktuellen Datums nach ISO 8601 sieht damit wie folgt aus:

```
>>> time.strftime('%Y-%m-%d')
'2015-01-11'
```

---

**2** f für format

Die Zeitzone kann als Offset oder mit Namen ausgegeben werden:

```
>>> time.strftime('%z')
'+0100'
>>> time.strftime('%Z')
'CET'
```

Der Platzhalter %z soll nicht mehr angewendet werden. Die alternative Darstellung der Zeitzone durch %z ist aber nicht auf allen Plattformen durch die zugrunde liegende C-Library gegeben.

Den Namen der Zeitzone kann man über das Attribut `tzname` des `time`-Moduls ermitteln:

```
>>> time.tzname
('CET', 'CEST')
```

Der erste Wert des Tupels ist der Name der aktuellen Zeitzone ohne Sommerzeit, der zweite der mit Sommerzeit.

Aus einem UNIX-Timestamp kann man mit `ctime()` wieder eine Zeichenkette machen (das Ergebnis kann man auch durch `asctime(localtime(secs))` erhalten:

```
>>> time.ctime(1000000000)
'Sun Sep  9 03:46:40 2001'
```

### 14.1.2 Einlesen einer Zeit

Der umgekehrte Anwendungsfall ist das Einlesen einer Zeitangabe aus einer Zeichenkette, um eine `struct_time` für die weitere Verarbeitung zu erhalten. Im Modul `time` ist dafür die Funktion `strptime()` enthalten[3]. Die Funktion benötigt eine Zeichenkette des Zeitpunkts und ein Template mit dem Format. Das Ergebnis ist ein `struct_time`-Objekt:

```
>>> import time
>>> time.strptime('2015-01-11', '%Y-%m-%d')
time.struct_time(tm_year=2015, tm_mon=1, tm_mday=11, tm_hour=0,
tm_min=0, tm_sec=0, tm_wday=6, tm_yday=11, tm_isdst=-1)
```

Nicht in der Zeichenkette enthalte Werte werden auf null bzw. einen sinnvollen Wert gesetzt.

---

**3** p für parse (analysieren).

Datum und Template müssen mit seinen Zeichen, die nicht zum Datum gehören, exakt übereinstimmen. Leerzeichen am Anfang oder Ende oder andere Trennzeichen zwischen den Werten führen zu einem `ValueError`:

```
>>> time.strptime('2015-01-11', '%Y %m %d')
Traceback (most recent call last):
  File "<stdin>", line 1, in <module>
  File "/usr/lib/python3.4/_strptime.py", line 494, in _strptime_time
    tt = _strptime(data_string, format)[0]
  File "/usr/lib/python3.4/_strptime.py", line 337, in _strptime
    (data_string, format))
ValueError: time data '2015-01-11' does not match format '%Y %m %d'
```

### 14.1.3 Schlafen

Wenn das Programm zu schnell rechnet, kann man für den Anwender eine kleine Pause einbauen. Die Funktion `sleep()` hält die Ausführung des Programms für die gegebene Zeit an Sekunden an:

```
>>> time.sleep(3)   # 3 Sekunden
>>> time.sleep(.1) # 0.1 Sekunde
```

## 14.2 Das Modul `datetime`

Das Modul `datetime` bietet verschiedene Objekte, um bequem mit Datum und Zeit umzugehen. Dabei unterscheidet es zwischen „einfachen" und „bewussten" Typen[4]. Einfache Objekte verfügen nicht über genug Informationen, um sich absolut in der Zeit positionieren zu können, d.h. es fehlt eine Information über die Zeitzone und/oder evtl. aktive Sommerzeit.

**Tab. 14.3.** Klassen im Modul `datetime`

| Klasse | Beschreibung |
| --- | --- |
| date | Einfacher Datumstyp auf Basis des gregorianischen Kalenders (Dieses Objekt nimmt an, dass diese Art der Datumsberechnung immer gültig war und ist) |
| time | Uhrzeit (ohne Schaltsekunden) |
| datetime | Datum und Zeit mit Informationen über die Zeitzone |

---

4 Die Dokumentation bezeichnet sie als „naive" und „aware"

**Tab. 14.3.** fortgesetzt

| Klasse | Beschreibung |
| --- | --- |
| timedelta | Eine Differenz zwischen zwei Objekten des Typs date, time oder datetime |
| tzinfo | Abstrakte Basisklasse für timezone |
| timezone | Information über eine Zeitzone |

Alle diese Objekte sind unveränderlich, können also als Key in Dictionarys verwendet werden.

### 14.2.1 Datum: `datetime.date`

Ein Objekt des Typs `date` speichert ein Datum ohne Uhrzeit und kann auf verschiedenen Wegen erstellt werden. Für das aktuelle Datum gibt es die Methode `today()`:

```
>>> import datetime
>>> datetime.date.today()
datetime.date(2015, 1, 11)
```

Alle anderen Methoden erfordern die Angabe der Bestandteile eines konkreten Datums (Jahr, Monat, Tag) oder den Wert eines Timestamps:

```
>>> datetime.date(2015, 1, 1)
datetime.date(2015, 1, 1)
>>> datetime.date.fromtimestamp(1000000000)
datetime.date(2001, 9, 9)
```

Wie schon in Tabelle 14.3 erwähnt, wurde die Berechnung des Datums für den Typ `date` auf Basis des gregorianischen Kalenders gestellt. Die Methode `fromordinal()` liefert die laufende Nummer des Datums seit dem 1. Januar des Jahres 1[5]:

```
>>> datetime.date.fromordinal(1)
datetime.date(1, 1, 1)
>>> datetime.date.fromordinal(735599)
datetime.date(2015, 1, 1)
```

Die einzelnen Attribute eines Objekts können über ihre Namen abgefragt werden (`year`, `month`, `day`):

---

**5** Werte kleiner als 1 resultieren in einem `ValueError`.

```
>>> d = datetime.date(2015, 1, 1)
>>> d.year
2015
```

**Vergleichen und rechnen mit `date`-Objekten**
Objekte dieses Typs können miteinander mit Hilfe der mathematischen Operatoren
verglichen werden:

```
>>> d = datetime.date(2015, 1, 1)
>>> d > datetime.date(2015, 2, 1)
False
>>> d < datetime.date(2015, 2, 1)
True
>>> d == datetime.date(2015, 2, 1)
False
```

Durch einfache Subtraktion erhält man ein `timedelta`-Objekt:

```
>>> datetime.date(2015, 2, 1) - datetime.date(2015, 1, 1)
datetime.timedelta(31)
```

Ein solches Objekt kann man auf ein `date`-Objekt addieren oder davon abziehen und
erhält wieder ein `date`:

```
>>> deltat = datetime.date(2015, 2, 1) - datetime.date(2015, 1, 1)
>>> d - deltat
datetime.date(2014, 12, 1)
>>> d + deltat
datetime.date(2015, 2, 1)
```

### 14.2.2 Uhrzeit: `datetime.time`

Eine `time`-Objekt stellt eine beliebige Tageszeit dar, mit oder ohne Zeitzone. Für die
Initialisierung können die einzelnen Werte als benannte Parameter übergeben werden
(`hour`, `minute`, `second`, `microsecond`, `tzinfo`). Die Standardwerte sind mit null definiert,
ohne Zeitzone:

```
>>> datetime.time()
datetime.time(0, 0)
>>> datetime.time(23, 59, 59)
datetime.time(23, 59, 59)
```

Die Objekte verfügen über die folgenden, nur lesbaren, Attribute.

**Tab. 14.4.** Attribute von `time`-Objekten

| Attribut | Beschreibung |
| --- | --- |
| `min` | Kleinste darstellbare `time`. |
| `max` | Größte darstellbare `time`. |
| `resolution` | Kleinstmögliche Differenz zwischen zwei unterschiedlichen `time`-Objekten. |
| `hour` | Stunde |
| `minute` | Minute |
| `second` | Sekunde |
| `microsecond` | Mikrosekunden |
| `tzinfo` | Zeitzone, wenn bei der Initialisierung angegeben, sonst `None`. |

Über die folgenden Methoden können die Objekte ausgegeben oder neue `time`-Objekte mit anderen Werten erstellt werden.

**Tab. 14.5.** Methoden von `time`-Objekten

| Methode | Beschreibung |
| --- | --- |
| `replace()` | Erzeugt ein neues `time`-Objekt mit Änderungen in den gegebenen benannten Parametern (`hour`, `minute`, `second`, `microsecond`, `tzinfo`) |
| `isoformat()` | Das Datum im Format HH:MM:SS.mmmmmm |
| `strftime()` | Formatierte Ausgabe der Zeit. Formatstring wie bei den anderen `strftime()`-Funktionen. |
| `utcoffset()` | Der Abstand zu UTC, `None` falls die Zeitzone nicht gesetzt ist. |
| `dst()` | `None` falls keine Sommerzeit aktiv ist, sonst die Abweichung in Minuten. |
| `tzname()` | Name der Zeitzone. |

Die Methode `replace()` kann einzelne Bestandteile einer Zeit ersetzen und liefert ein neues Objekt:

```
>>> d = datetime.time(21, 0, 0)
>>> d
datetime.time(21, 0)
>>> d.replace(minute=30)
datetime.time(21, 30)
>>> d
datetime.time(21, 0)
```

### 14.2.3 Zeitdifferenz/Zeitzone: `datetime.timedelta`/`datetime.timezone`

Durch Subtraktion von zwei `date`- oder `time`-Objekten erhält man eine Zeitdifferenz in Form eines `timedelta`-Objekts.

Alternativ kann ein `timedelta`-Objekt über einen Konstruktor erzeugt werden. Dieser hat nur benannte Parameter mit einem Defaultwert von null.

**Tab. 14.6.** Parameter bei der Initialisierung von `timedelta`

| Parametername | Beschreibung |
| --- | --- |
| `days` | Tage (kann auch abgefragt werden) |
| `seconds` | Sekunden (kann auch abgefragt werden) |
| `microseconds` | Mikrosekunden (kann auch abgefragt werden) |
| `milliseconds` | Millisekunden |
| `minutes` | Minuten |
| `hours` | Stunden |
| `weeks` | Wochen |

Der bei der Initialisierung angegebene Zeitraum wird in den Attributen für Tage, Sekunden und Mikrosekunden gespeichert. Die anderen Werte werden entsprechend umgerechnet. Die übergebenen Werte können positive oder negative Integer oder Fließkommazahlen sein.

Ein Wert für eine Stunde Zeitdifferenz sieht zum Beispiel wie folgt aus:

```
>>> cet_offset = datetime.timedelta(hours=1)
>>> cet_offset
datetime.timedelta(0, 3600)
```

Die Ausgabe eines `timedelta`-Objekts gibt auch nur die Werte für Tage, Sekunden und Mikrosekunden aus. Die Werte für Sekunden und Mikrosekunden werden nicht angezeigt, solange sie Null sind.

Die Attribute kann man mit den Namen aus Tabelle 14.6 einzeln abfragen:

```
>>> cet_offset.days
0
>>> cet_offset.seconds
3600
>>> cet_offset.microseconds
0
```

Zeiträume werden bei einer Ausgabe über `str()` in eine typische Darstellung von Uhrzeiten formatiert:

```
>>> str(cet_offset)
'1:00:00'
>>> str(cet_offset + datetime.timedelta(1))
'1 day, 1:00:00'
```

**Länge des Zeitraumes in Sekunden**

Die einzige Methode der Objekte diesen Typs ist total_seconds(). Sie liefert den Wert des Objekts umgerechnet in Sekunden. Die Nachkommastellen stellen die Mikrosekunden dar. So braucht man die Werte für days, seconds und microseconds nicht selbst umzurechnen und aufzusummieren:

```
>>> cet_offset.total_seconds()
3600.0
```

**Rechnen mit Zeiträumen**

Das Objekt für Zeitdifferenzen unterstützt einige mathematische Operatoren:

```
>>> cet_offset
datetime.timedelta(0, 3600)
>>> cet_offset * 2
datetime.timedelta(0, 7200)
>>> cet_offset / 2
datetime.timedelta(0, 1800)
>>> cet_offset % datetime.timedelta(seconds=700)
datetime.timedelta(0, 100)
>>> cet_offset // datetime.timedelta(seconds=700)
5
```

**Definieren einer Zeitzone**

Eine Zeitzone ist die Angabe einer Zeitdifferenz. Ein timezone-Objekt wird daher mit einem timedelta-Objekt initialisiert:

```
>>> cet_offset = datetime.timedelta(hours=1)
>>> cet = datetime.timezone(cet_offset)
>>> cet
datetime.timezone(datetime.timedelta(0, 3600))
```

Zeitzonen-Objekte werden für die Initialisierung von time- oder datetime-Objekten benötigt. Mit dieser Angabe ist der Zeitpunkt vollständig beschrieben.

Für ein `time`-Objekt kann das zum Beispiel wie folgt aussehen:

```
>>> cet_offset = datetime.timedelta(hours=1)
>>> cet = datetime.timezone(cet_offset)
>>> twtz = datetime.time(21, 0, 0, 0, cet)
>>> str(twtz)
'21:00:00+01:00'
```

Die Initialisierung des Objekts kann auch mit einem Keyword-Parameter für die Zeitzone erfolgen, wenn einer oder mehrere Werte null sind:

```
>>> str(datetime.time(21, tzinfo=cet))
'21:00:00+01:00'
>>> str(datetime.time(tzinfo=cet))
'00:00:00+01:00'
```

### 14.2.4 Datum und Uhrzeit: `datetime.datetime`

Ein `datetime`-Objekt stellt die Kombination aus Datum und Uhrzeit sowie Informationen zur Zeitzone dar.

#### Initialisierung der Objekte

Für `datetime`-Objekte existiert ein Konstruktor. Diesem müssen die Daten für Jahr, Monat und Tag übergeben werden. Werte für Stunde, Minute, Sekunde, Mikrosekunde und Zeitzone sind optional und als benannte Parameter mit einem Default von null definiert:

```
>>> datetime.datetime(2015, 1, 1)
datetime.datetime(2015, 1, 1, 0, 0)
```

Darüber hinaus verfügen diese Objekte über die gleichen Methoden zur Initialisierung wie `date`- und `time`-Objekte und noch einige spezielle Methoden für diesen Typ. Für das aktuelle Datum mit Uhrzeit kann die Methode `today()` verwendet werden:

```
>>> datetime.datetime.today()
datetime.datetime(2015, 1, 11, 14, 22, 47, 880073)
```

Alternativ kann man auch `now()` verwenden. Um ein Objekt in der Zeitzone UTC zu erstellen, kann man die Methode `utcnow()` verwenden:

```
>>> datetime.datetime.now()
datetime.datetime(2015, 1, 11, 14, 22, 53, 96970)
>>> datetime.datetime.utcnow()
datetime.datetime(2015, 1, 11, 13, 23, 31, 704335)
```

Der UNIX-Timestamp kann in ein Datum unter Berücksichtigung der Zeitzone oder für die Zone UTC umgerechnet werden:

```
>>> datetime.datetime.fromtimestamp(1000000000)
datetime.datetime(2001, 9, 9, 3, 46, 40)
>>> datetime.datetime.utcfromtimestamp(1000000000)
datetime.datetime(2001, 9, 9, 1, 46, 40)
```

Eine absolute Tageszahl seit dem 1. Januar im Jahr 1 kann mit fromordinal() in ein Datum verwandelt werden:

```
>>> datetime.datetime.fromordinal(735599)
datetime.datetime(2015, 1, 1, 0, 0)
```

Eine Zeichenkette kann mit Hilfe von strptime() und einem Template in ein Objekt eingelesen werden:

```
>>> datetime.datetime.strptime('2015-01-01 01:02:03',
... '%Y-%m-%d %H:%M:%S')
datetime.datetime(2015, 1, 1, 1, 2, 3)
```

Ein datetime-Objekt kann neben den Methoden, die zur Initialisierung eines date-Objekts zur Verfügung stehen, auch aus einem date- und time-Objekt zusammengefügt werden. Die Methode dafür heißt combine():

```
>>> import datetime
>>> d = datetime.date(2015, 1, 1)
>>> t = datetime.time(12, 0, 0)
>>> datetime.datetime.combine(d, t)
datetime.datetime(2015, 1, 1, 12, 0)
```

Nun noch ein Beispiel für die Initialisierung eines datetime-Objekts inklusive Zeitzone:

```
>>> import datetime
>>> cet_offset = datetime.timedelta(hours=1)
>>> cet = datetime.timezone(cet_offset)
>>> d = datetime.datetime(2015, 1, 1, tzinfo=cet)
```

```
>>> d
datetime.datetime(2015, 1, 1, 0, 0,
tzinfo=datetime.timezone(datetime.timedelta(0, 3600)))
>>> d.tzinfo
datetime.timezone(datetime.timedelta(0, 3600))
```

### Vergleichen und rechnen mit `datetime`

Wie mit `date`- und `time`-Objekten können mit diesen Objekten Vergleiche angestellt und Zeitdifferenzen berechnet werden:

```
>>> d1 = datetime.datetime.fromordinal(735599)  # 01.01.2015
>>> d2 = datetime.datetime.fromordinal(735600)  # 02.01.2015
>>> d1 < d2
True
>>> d1 > d2
False
>>> d1 == d2
False
>>> d1 - d2
datetime.timedelta(-1)
```

### Attribute und Methoden von `datetime`

Die Objekte der Klasse `datetime` verfügen über Attribute zur Abfrage der einzelnen Werte und Methoden zur Umrechnung in andere Darstellungen.

**Tab. 14.7.** Attribute und Methoden von `datetime`-Objekten

| Attribut | Beschreibung |
| --- | --- |
| min | Kleinstes darstellbares `datetime`. |
| max | Größtes darstellbares `datetime`. |
| resolution | Kleinstmögliche Differenz zwischen zwei `datetime`-Objekten. |
| year | Jahres-Attribut |
| month | Monat |
| day | Tag |
| hour | Stunde |
| minute | Minute |
| second | Sekunde |

**Tab. 14.7.** fortgesetzt

| Attribut | Beschreibung |
|---|---|
| microsecond | Mikrosekunden |
| tzinfo | Zeitzone, wenn bei der Initialisierung angegeben, sonst None. |
| Methoden | |
| date() | Liefert den Datumsteil. |
| time() | Liefert den Zeitteil ohne Zeitzone. |
| timetz() | Zeitteil des Objekts inkl. Zeitzone. |
| replace() | Erzeugt ein neues datetime-Objekt mit Änderungen in den gegebenen benannten Parametern (year, month, day, hour, minute, second, microsecond, tzinfo) |
| astimezone(tz) | Liefert ein neues datetime-Objekt mit der Zeit in der gegebenen Zeitzone. |
| utcoffset() | Der Abstand zu UTC, None falls die Zeitzone nicht gesetzt ist. |
| dst() | None falls keine Sommerzeit aktiv ist, sonst die Abweichung in Minuten. |
| tzname() | Name der Zeitzone. |
| timetuple() | Liefert die Daten des Objekts in einer struct_time. |
| utctimetuple() | Daten des Objekts in der Zeitzone UTC. |
| toordinal() | Der Tag im gregorianischen Kalender. |
| timestamp() | Die Daten als POSIX-Timestamp. |
| weekday() | Wochentag des Datums im Bereich 0 (Montag) bis 6 (Sonntag). |
| isoweekday() | Wochentag des Datums im Bereich 1 (Montag) bis 7 (Sonntag). |
| isocalendar() | Liefert ein Tupel mit Jahr, Monat, Tag. |
| isoformat() | Das Datum im Format YYYY-MM-DDTHH:MM:SS.mmmmmm |
| ctime() | Liefert das Datum als Zeichenkette wie die Funktion time.ctime() |
| strftime() | Formatierte Ausgabe des Datums. Formatstring wie die anderen strftime()-Funktionen. |

Hier noch ein paar Beispiele der Nutzung der Attribute und Methoden aus der Tabelle 14.7 für ein datetime-Objekt. Zunächst wird das Objekt erstellt:

```
>>> cet_offset = datetime.timedelta(hours=1)
>>> cet = datetime.timezone(cet_offset)
>>> d = datetime.datetime(2015, 1, 1, tzinfo=cet)
```

Der Zugriff auf einige Attribute und die Extraktion einzelner Teile erfolgt über die Attribute aus Tabelle 14.7:

```
>>> d.year
2015
>>> d.tzinfo
datetime.timezone(datetime.timedelta(0, 3600))
>>> d.date()
datetime.date(2015, 1, 1)
>>> d.time()
datetime.time(0, 0)
>>> d.utcoffset()
datetime.timedelta(0, 3600)
```

Und schließlich die Umwandlung in andere Objekte und Darstellungen durch die Methoden aus Tabelle 14.7:

```
>>> d.timetuple()
time.struct_time(tm_year=2015, tm_mon=1, tm_mday=1, tm_hour=0,
tm_min=0, tm_sec=0, tm_wday=3, tm_yday=1, tm_isdst=-1)
>>> d.timestamp()
1420066800.0
```

# 15 Dateien und Verzeichnisse

Python läuft auf den unterschiedlichsten Plattformen. Auf diesen existieren unterschiedliche Dateisysteme, die sich in vielen Dingen unterscheiden:
- Groß-/Kleinschreibung wird unterschieden oder nicht.
- Das Trennzeichen zwischen einzelnen Verzeichnissen ist OS-spezifisch.
- Es gibt einzelne Geräte/Laufwerke oder es ist alles hierarchisch von einer Wurzel organisiert.

Python bietet sowohl systemspezifische Klassen für den Zugriff auf Dateisysteme als auch abstrakte Klassen. Diese machen ein Programm über Systemgrenzen hinweg portabel.

## 15.1 Systemunabhängiger Zugriff mit `pathlib`

Für den systemunabhängigen Zugriff gibt es seit Python 3.4 das Modul `pathlib`[1]. Im Modul sind verschiedene Klassen enthalten:
- `WindowsPath` und `PureWindowsPath`
- `PosixPath` und `PurePosixPath`
- `Path` und `PurePath`

Die Klasse `Path` ist von den beiden Klassen `WindowsPath` und `PosixPath` abgeleitet und ermöglicht den systemunabhängigen Zugriff auf Dateien und Verzeichnisse. Objekte dieser Klassen werden als konkrete Pfad-Objekte bezeichnet.

Die systemabhängigen Klassen `WindowsPath` und `PosixPath` lassen sich nur auf dem jeweiligen System verwenden. Der Versuch, ein solches Objekt auf der jeweils anderen Plattform zu erzeugen, wird mit einer `NotImplementedError`-Exception quittiert.

Die Klassen mit `Pure` im Namen unterscheiden sich von ihren Namensvettern durch das Fehlen von I/O-Operationen. Dadurch können sie auch auf dem jeweils anderen System erzeugt und genutzt werden. Mit diesen Objekten kann man nur Pfade bearbeiten. Sie sind die Parents der systemspezifischen Klassen `WindowsPath` und `PosixPath`.

Ein `Path`-Objekt ist unveränderlich, darüber kann ein Hash gebildet und Objekte können sortiert werden. Objekte der gleichen Klasse können miteinander verglichen werden.

---

[1] Warnung aus der Dokumentation von Python 3.4 und auch 3.5: Das Modul ist noch als „vorläufig" gekennzeichnet und kann noch inkompatible Änderungen erfahren oder sogar ganz entfernt werden.

### 15.1.1 Die Klasse `Path`

Einem `Path`-Objekt kann bei der Initialisierung ein Pfad[2] oder mehrere Parameter mit den einzelnen Bestandteilen eines Pfads mitgegeben werden. Der übergebene Pfad kann ein absoluter oder relativer Pfad oder ein Dateiname sein. Wird dieser nicht angegeben, so wird das Objekt mit dem aktuellen Pfad initialisiert:

```
>>> from pathlib import Path
>>> p = Path("/usr/local/bin/python3.5")
>>> p
PosixPath('/usr/local/bin/python3.5')
>>> Path('/', 'usr', 'local' )
PosixPath('/usr/local')
```

Ein `Path`-Objekt verfügt unter anderem über die folgenden Attribute:

**Tab. 15.1.** Attribute von `Path`-Objekten

| Attribut | Beschreibung |
|----------|--------------|
| `parts` | Liefert die Bestandteile des Pfades. Die Wurzel bzw. das Laufwerk sind im ersten Element enthalten. |
| `drive` | Das Laufwerk, falls vorhanden. |
| `root` | Die Wurzel, falls vorhanden. |
| `anchor` | Laufwerk und Wurzel zusammen. |
| `parents` | Eine unveränderliche Sequenz aller übergeordneten Pfade. |
| `parent` | Der übergeordnete Pfad. |
| `name` | Der letzte Bestandteil des Pfads, falls vorhanden, ohne Laufwerk und Wurzel. |
| `suffix` | Die Dateierweiterung des letzten Pfadbestandteils, falls vorhanden. |
| `suffixes` | Eine Liste aller Dateierweiterungen. |
| `stem` | Die letzte Pfad-Komponente ohne Erweiterung. |

Hier ein paar Beispiele für die in Tabelle 15.1 vorgestellten Attribute. (Nicht vorhandene Werte wie z. B. ein Laufwerk in einem Posix-Pfad werden als leere Zeichenkette zurückgegeben.) Für die Beispiele werden zunächst zwei Pfade initialisiert:

```
>>> ul = Path('/','usr','local' )
>>> p = Path("/usr/local/bin/python3.5")
```

---

**2** Die Python-Dokumentation gibt ein „`*pathsegments`" als Parameter an. Ein Pfad kann mit seinen einzelnen Bestandteilen übergeben werden, die dann zusammengefügt werden.

Der Variablen `ul` wird ein Verzeichnis zugewiesen, `p` enthält einen vollständigen Pfad zu einer Datei. Die Funktionen für die einzelnen Bestandteile liefern Folgendes mit diesen beiden Pfaden:

```
>>> ul.drive
''
>>> ul.root
'/'
>>> ul.anchor
'/'
>>> p.name
'python3.5'
>>> p.parts
('/', 'usr', 'local', 'bin', 'python3.5')
```

Die übergeordneten Verzeichnisse für die Pfade sind:

```
>>> tuple(p.parents)
(PosixPath('/usr/local/bin'), PosixPath('/usr/local'),
 PosixPath('/usr'), PosixPath('/'))
>>> p.parent
PosixPath('/usr/local/bin')
```

Häufig benötigt man den Dateinamen oder die Extension der Datei. Diese Daten sind über die Attribute des Objekts verfügbar:

```
>>> p.suffix
'.5'
>>> p.stem
'python3'
>>> Path('backup.tar.gz').suffixes
['.tar', '.gz']
```

Um einen Pfad als Zeichenkette zu erhalten, kann man die eingebaute Funktion `str()` oder `bytes()` verwenden. Letzteres ist nur unter Unix zu empfehlen:

```
>>> ul = Path('/', 'usr', 'local' )
>>> str(ul)
'/usr/local'
>>> bytes(ul)
b'/usr/local'
```

**Operatoren für `Path`-Objekte**

Für die Verkettung von `Path`-Objekten ist der UNIX Pfad-Trenner „/" als Operator definiert. Ein Zusammenfügen mit dem Additionsoperator „+" ist nicht möglich!

Beim Zusammenfügen kann ein `Path`-Objekt um eine Zeichenkette oder weitere `Path`-Objekte erweitert werden:

```
>>> root = Path('/')
>>> root / 'usr' / 'local'
PosixPath('/usr/local')
>>> etc = Path('etc')
>>> root / etc
PosixPath('/etc')
```

Die Operatoren für Vergleiche von `Path`-Objekten werden in der folgenden Tabelle vorgestellt:

**Tab. 15.2.** Vergleichs-Operatoren von `Path`-Objekten

| Operator | Beschreibung |
|----------|--------------|
| == | Gleich |
| < | Kleiner |
| > | Größer |
| / | Zusammenfügen |

Praktisch sieht das wie folgt aus: (Auf Linux-/UNIX-Systemen wird immer ein `PosixPath`-Objekt erzeugt. Hier sind Groß-/Kleinschreibung wichtig.)

```
>>> Path('/ETC') == Path('/etc')
False
>>> Path('/ETC') < Path('/etc')
True
```

Das Ergebnis der Vergleiche ergibt sich aus den Ordinalwerten der Buchstaben.

Ein `Path`-Objekt kann mit `in` in einem Tupel, einer Liste oder einem Dictionary gesucht werden:

```
>>> Path('/etc') in [ Path('/etc') ]
True
>>> Path('/etc') in {Path('/usr') : 'usr', Path('/etc') : 'etc'}
True
```

### 15.1.2 Methoden von Pure-Pfad-Objekten

Die Methoden der Pure-Objekte stehen in der folgenden Tabelle. Sie sind durch die Vererbung auch in den konkreten Pfad-Objekten verfügbar.

**Tab. 15.3.** Methoden von Pure-Path-Objekten

| Methode | Beschreibung |
|---|---|
| as_posix() | Liefert den Pfad als Zeichenkette mit „forward slashes" (/). |
| as_uri() | Liefert einen file-URI. |
| is_absolute() | True, wenn der Pfad eine Wurzel und ggf. ein Laufwerk hat. |
| joinpath(*other) | Anhängen der Parameter an einen Pfad. |
| match(pattern) | Testet den Pfad gegen ein Suchpattern. |
| relative_to(*other) | Liefert einen Pfad relativ zum gegebenen Pfad. |
| with_name(name) | Liefert einen Pfad mit dem gegebenen Namen am Ende. |
| with_suffix(suffix) | Tauscht das letzte Suffix oder fügt das gegebene an. |

Auch hier wieder ein paar Beispiele für die Anwendung der Methoden. Für die Beispiele wird zunächst ein Windows- und ein UNIX-Pfad erzeugt:

```
>>> from pathlib import Path, PureWindowsPath
>>> wp = PureWindowsPath("c:\Programme")
>>> ul = Path('/','usr','local' )
```

Die Darstellung der Pfade kann bei Bedarf geändert werden:

```
>>> wp.as_posix()
'c:/Programme'
>>> ul.as_uri()
'file:///usr/local'

>>> ul.is_absolute()
True
```

Der UNIX-Pfad wird um das Verzeichnis `bin` erweitert:

```
>>> ul.joinpath('bin')
PosixPath('/usr/local/bin')
```

Wie sieht der relative Teil des UNIX-Pfads aus?

```
>>> ul.relative_to('/usr')
PosixPath('local')
```

Warum ist das Ergebnis `PosixPath('local')`? `Path`-Objekte sind unveränderlich. Die vorherige Operation hat ein neues Pfad-Objekt geliefert, das Objekt der Variablen `ul` ist unverändert.

Das Ende des Pfads kann ersetzt oder ergänzt werden:

```
>>> p = Path("/usr/local/bin/python3.5")
>>> p.with_name('python2.7')
PosixPath('/usr/local/bin/python2.7')
>>> p.with_suffix('.3')
PosixPath('/usr/local/bin/python3.3')
```

Bei der Anwendung der `match`-Methode gibt es ein paar Dinge zu beachten. Wenn das Pattern kein vollständiger Pfad ist (ein relativer Pfad), kann ein absoluter oder relativer Pfad angegebenen sein, das Matching findet vom Stringende statt:

```
>>> Path("/usr/local/bin/python3.5").match('python*')
True
>>> Path("usr/local/bin/python3.5").match('*bin/*')
True
```

Kommt ein absolutes Pattern zum Einsatz, muss der Pfad ebenfalls absolut sein:

```
>>> Path('/tmp/123').match('/*/123')
True
```

### 15.1.3 Methoden von konkreten Pfad-Objekten

Die konkreten Pfad-Objekte verfügen über weitere Methoden, die in den Pure-Objekten nicht verfügbar sind. Die vollständige Liste der Methoden ist in der Python-Dokumentation zu finden.

**Tab. 15.4.** Methoden von konkreten Pfad-Objekten I

| Methode | Beschreibung |
| --- | --- |
| cwd() | Erzeugt ein neues Pfad-Objekt mit dem aktuellen Verzeichnis. |
| chmod(mode) | Setzt die Zugriffsrechte für den Pfad. |
| exists() | Prüft, ob der Pfad vorhanden ist. |
| expanduser() | Ersetzt die Tilde in einem Pfad mit dem Home-Verzeichnis des Users. |

**Tab. 15.4.** fortgesetzt

| Methode | Beschreibung |
| --- | --- |
| glob(pattern) | Liefert ein Generator-Objekt aller Dateiobjekte, die dem Pattern entsprechen. |
| group() | Liefert den Namen der Besitzergruppe für den Pfad. |
| home() | Liefert das Home-Verzeichnis des Users. |
| iterdir() | Liefert für einen Pfad auf ein Verzeichnis ein Generator-Objekt für alle enthaltenen Dateien. |
| mkdir() | Erzeugt ein Verzeichnis mit den gegebenen Rechten und ggf. benötigten Parent-Verzeichnissen. Die Default-Werte sind mode=0o777 und parents=False. |
| open() | Öffnet wie die eingebaute Funktion open() eine Datei. |
| owner() | Liefert den Namen des Dateibesitzers. |
| read_bytes() | Liefert den Inhalt der Datei als Bytes-Objekt. |
| read_text() | Liefert den Inhalt der Datei als String. |
| rename(target) | Benennt die Datei/das Verzeichnis in target um. Der Parameter kann sowohl eine Zeichenkette als auch ein Path-Objekt sein. |
| replace(target) | Ersetzt das Objekt durch target. |
| resolve() | Liefert einen absoluten Pfad. Symbolische Links werden dabei aufgelöst. |
| rglob(pattern) | Rekursive Dateisuche. |
| rmdir() | Löscht ein Verzeichnis. |
| samefile(other_path) | Prüft, ob der Pfad und das gegebene Path-Objekt oder die Zeichenkette auf dieselbe Datei zeigen. |
| stat() | Liefert Informationen über das Path-Objekt, z. B. Größe und Zugriffszeit. |
| symlink_to(target) | Erstellt einen symbolischen Link auf target. |
| touch() | Legt eine Datei neu an oder setzt bei einer existierenden Datei den Zeitstempel für die letzte Modifikation auf die aktuelle Zeit. |
| unlink() | Löscht eine Datei. |
| write_bytes(data) | Schreibt die Daten in die Datei. Die Datei wird automatisch geöffnet und geschlossen. |
| write_text(data, encoding=None, errors=None) | Schreibt data in eine Textdatei. |

Auch hier wieder einige Beispiele für den Einsatz der Methoden. Die Methode cwd() erzeugt ein absolutes Pfad-Objekt:

```
>>> Path.cwd()
PosixPath('/root')
```

Vor dem Zugriff sollte man prüfen, ob das Dateiobjekt überhaupt vorhanden ist:

```
>>> p.exists()
True
```

Der `stat`-Aufruf liefert ein Objekt mit einer Menge Attribute. Diese können unter den im Beispiel angezeigten Namen (`st_size`, `st_atime`...) abgefragt werden:

```
>>> p.stat()
os.stat_result(st_mode=33261, st_ino=2530531, st_dev=2067,
st_nlink=2, st_uid=0, st_gid=0, st_size=8777204, st_atime=1420101987,
 st_mtime=1413011570, st_ctime=1413011570)
>>> p.stat().st_size
8777204
>>> ul.stat()
os.stat_result(st_mode=16877, st_ino=2490998, st_dev=2067,
st_nlink=16, st_uid=0, st_gid=0, st_size=4096, st_atime=1419359620,
st_mtime=1417939168, st_ctime=1417939168)
```

Mit „Globbing" oder kurz „Glob" wird das Suchen von Dateien mit den üblichen Platzhaltern bezeichnet. Ein Stern steht für beliebig viele Zeichen, ein Fragezeichen für genau ein Zeichen:

```
>>> list(Path().glob('*.py'))
[PosixPath('Sockets.py')]
```

Häufig benötigt man den Typ einer Datei. Handelt es sich um eine reguläre Datei oder ein Verzeichnis? Die folgenden Funktionen bestimmen den Typ eines `Path`-Objekts.

**Tab. 15.5.** Methoden von konkreten Pfad-Objekten II - Dateitypen bestimmen

| Methode | Beschreibung |
|---|---|
| is_dir() | Verzeichnis |
| is_file() | Datei |
| is_symlink() | Symbolischer Link |
| is_socket() | Socket |
| is_fifo() | Queue |
| is_block_device() | Block-Device |
| is_char_device() | Character-Device |

In der Anwendung sehen die Methoden wie folgt aus. Der Python-Interpreter ist eine Datei, kein Verzeichnis: (Der Pfad kann je nach System abweichen.)

```
>>> p = Path('/usr/bin/python3.5')
>>> p.is_dir()
False
>>> p.is_file()
True
```

Wenn man eine bestimmte Datei sucht, bleibt einem meist nur das Durchsuchen des gesamten Verzeichnisses:

```
>>> tmp = Path('/tmp')
>>> for f in tmp.iterdir(): f
...
PosixPath('/tmp/.esd-500')
PosixPath('/tmp/pulse-mQiwmOOnPGbh')
PosixPath('/tmp/apache.3670.0.5.sock')
```

### Rekursive Suche in einem Verzeichnis

Nun eine praktische Anwendung des `pathlib`-Moduls. Die rekursive Suche nach Dateien in einem Verzeichnis, z. B. alle JPG-Bilder.

```
1   from pathlib import Path
2
3   def listdir(p, pattern='*.jpg'):
4       """Das Verzeichnis 'p' rekursiv nach 'pattern' durchsuchen"""
5       dirs = []
6       for file in p.iterdir():
7           if file.is_dir():            # Verzeichnisse fuer spaeter merken
8               dirs.append(file)
9           elif file.is_file() and file.match(pattern):
10              print(file)
11      for dir in dirs:                 # nun alle Verzeichnisse durchsuchen
12          listdir(dir)
13
14  p = Path()                           # Start im aktuellen Verzeichnis
15  listdir(p)
```

**Listing 15.1.** Ein Verzeichnis rekursiv durchsuchen

Das Programm in Listing 15.1 sollte sich eigentlich selbst erklären. Der einzige Kniff ist die Speicherung der gefundenen Verzeichnisse. Diese werden erst untersucht, wenn das Verzeichnis vollständig bearbeitet ist.

**Arbeiten mit Dateiattributen**

Die Dateiattribute enthalten in st_mtime den Zeitpunkt des letzten Zugriffs. Dieser Wert kann mit dem Zeitpunkt der letzten Sicherung verglichen werden. Dateien mit einem größeren Wert sind danach verändert worden.

Das Programm setzt Folgendes voraus: Das Backup wird nach /backup gemacht. Darin befinden sich Verzeichnisse für jeden Wochentag. Darin soll sich die Datei backuptest befinden. Das Zugriffsdatum dieser Datei wird genutzt, um festzustellen, ob die Daten erfolgreich gesichert wurden.

```
1  from pathlib import Path
2  import datetime
3  import time
4
5  # Hier liegen das Backup
6  backuppath = Path('/backups')
7  backuptestfile = Path('backuptest')
8
9  # Datum bestimmen: Heute
10 today = datetime.datetime.today()
11 today_name = today.strftime("%A")
12
13 # Gestern Null Uhr
14 yesterday = today - datetime.timedelta(1)
15 yesterday = yesterday.replace(hour=0, minute=0, second=0)
16
17 # Differenz in Sekunden
18 max_age_testfile = (today - yesterday).total_seconds()
19
20 # Timestamp der aktuellen Zeit
21 now = int(time.time())
22
23 # Existiert die gesuchte Datei und ist sie aktuell?
24 testpath = backuppath / today_name / backuptestfile
25 if testpath.exists():
26     fileinfo = testpath.stat()
27     if now - fileinfo.st_mtime > max_age_testfile:
28         print("outdated", testpath)
29 else:
30     print("not found", testpath)
```

**Listing 15.2.** Beispiel für den Umgang mit Dateiattributen

Nach etwas vorbereitender Rechnerei wird in Zeile 24 der Pfad zur gesuchten Datei zusammengefügt. Wenn die Datei vorhanden ist, wird die Methode stat() aufgerufen und die „Modification Time" mit dem vorgegebenen Zeitraum verglichen. Dieser beträgt die Zahl der Sekunden seit null Uhr des Vortages. Die Datei muss danach aktualisiert/erstellt worden sein.

## 15.2 OS-spezifischer Zugriff mit `os.path`

Für die Manipulation von Pfaden enthält Python noch ein älteres Modul: `os.path`. Dieses ist immer für das gerade zugrunde liegende System konfiguriert und bietet nur ein funktionales Interface. In dem Modul werden Byte-Folgen oder Unicode-Strings verarbeitet. Das Modul bietet dem Anwender die folgenden Funktionen für die Arbeit mit Pfaden. Für die vollständige Liste sei wieder auf die Python Dokumentation verwiesen.

**Tab. 15.6.** Funktionen in `os.path`

| Funktion | Beschreibung |
|---|---|
| `basename(path)` | Liefert den letzten Teil des Pfads. |
| `dirname(path)` | Liefert den Verzeichnisnamen aus path. |
| `exists(path)` | Liefert `True`, wenn der Pfad existiert. |
| `expanduser(path)` | Ersetzt ~ in `path` durch das Heimatverzeichnis des Users. |
| `expandvars(path)` | Ersetzt Dollar-Variablen im Pfad durch Umgebungsvariablen. |
| `getatime(path)` | Zeit des letzten Zugriffs. |
| `getmtime(path)` | Zeit der letzten Modifikation. |
| `getctime(path)` | Liefert den Zeitpunkt der Erzeugung (creation time). |
| `getsize(path)` | Größe in Bytes. |
| `isabs(path)` | `True`, wenn es ein absoluter Pfad ist. |
| `isfile(path)` | `True`, wenn es eine vorhandene, reguläre Datei ist. |
| `isdir(path)` | `True`, wenn es ein vorhandenes Verzeichnis ist. |
| `islink(path)` | `True`, wenn es ein symbolischer Link ist. |
| `ismount(path)` | `True`, wenn es sich um einem Mount-Point handelt. |
| `join(path, *paths)` | Fügt den Pfad und die folgenden Teile zusammen. |
| `split(path)` | Trennt den letzten Teil vom Pfad und liefert diese beiden Bestandteile. |
| `splitext(path)` | Trennt eine Extension von dem Pfad. |

Hier einige Beispiele für die Anwendung der Funktionen Tabelle 15.6.

Um das Arbeitsverzeichnis des Users[3] auf einem Linux/UNIX zu ermitteln, kann man einfach die Tilde expandieren:

```
>>> import os
>>> os.path.expanduser('~')
'/root'
```

Den so ermittelten Pfad kann man dann zur Ausgangsbasis für weitere Verzeichnisse machen:

---

3 Das bezieht sich natürlich auf den User, unter dem das Programm ausgeführt wird.

```
>>> home = os.path.expanduser('~')
>>> os.path.join(home, 'tmp')
'/root/tmp'
>>> os.path.join('usr', 'local', 'bin')
'usr/local/bin'
```

Ein Programm kann testen, ob ein Pfad existiert und welchen Typ dieses Ziel hat:

```
>>> os.path.exists('/tmp')
True
>>> os.path.isdir('/tmp')
True
>>> os.path.isfile('/tmp')
False
```

Um eine Datei vom Pfad zu trennen, gibt es zwei Möglichkeiten. Eine liefert beide Bestandteile des Pfads, die andere nur den Dateinamen:

```
>>> os.path.split('/usr/local/bin/python3.5')
('/usr/local/bin', 'python3.5')
>>> os.path.basename('/usr/local/bin/python3.5')
'python3.5'
```

Den übergeordneten Pfad aus einem Pfad ermittelt die Funktion `dirname()`:

```
>>> os.path.dirname('/usr/local/bin/python3.5')
'/usr/local/bin'
```

Die letzte Extension mit einem Punkt im Dateinamen kann abgetrennt werden:

```
>>> os.path.splitext('/tmp/backup.tar.gz')
('/tmp/backup.tar', '.gz')
```

Falls keine Extension vorhanden ist, bleibt der Teil der Rückgabe leer:

```
>>> os.path.splitext('/tmp')
('/tmp', '')
```

Viele Methoden, die im neuen Modul `pathlib` für ein `Path`-Objekt verfügbar sind, waren bisher auf verschiedene Module verteilt. Im Modul `os` sind z. B. die Funktionen enthalten, um das aktuelle Verzeichnis zu ermitteln oder zu wechseln.

**Tab. 15.7.** Datei- und Verzeichnis-Methoden im Modul `os`

| Methode | Beschreibung |
|---------|--------------|
| `os.chdir(path)` | Wechselt das aktuelle Arbeitsverzeichnis. |
| `os.getcwd()` | Ermittelt das aktuelle Arbeitsverzeichnis. |
| `os.chmod(path, mode)` | Setzt die Zugriffsrechte. |
| `os.stat(path)` | Informationen über einen Pfad erfragen. |
| `os.unlink(path)` | Löscht die gegebene Datei. |

Auch das bereits im Modul `pathlib` eingebaute Pattern-Matching für Dateinamen war bisher in einem eigenen Modul untergebracht. Das Modul `glob` bietet mit der gleichnamigen Funktion die gleiche Funktionalität wie das `pathlib`-Modul.

Alle in Python verfügbaren Module zum Umgang mit Dateien und Verzeichnissen sind im Abschnitt „File and Directory Access" der Python Dokumentation aufgeführt. `https://docs.python.org/3/library/filesys.html`

## 15.3 Temporäre Dateien erzeugen

Eine weitere wichtige Aufgabe ist das sichere Erzeugen von temporären Dateien. In diesem Zusammenhang bedeutet „sicher" unter anderem, dass der Dateiname einmalig ist und die Zugriffsrechte korrekt gesetzt sind.

Python bietet dafür das Modul `tempfile`.

**Tab. 15.8.** Methoden im Modul `tempfile`

| Methode | Beschreibung |
|---------|--------------|
| `TemporaryFile()` | Erzeugt eine temporäre Datei, die nach dem Schließen sofort gelöscht wird. |
| `NamedTemporaryFile()` | Erzeugt eine temporäre Datei, deren Name für ein erneutes Öffnen abgefragt werden kann (Attribut `name`). |
| `mkstemp()` | Erzeugt eine temporäre Datei, die nach dem Schließen nicht gelöscht wird.<br>Die Funktion liefert ein Filehandle und den Dateinamen. |
| `mkdtemp()` | Erzeugt ein temporäres Verzeichnis. Der Programmierer muss das Verzeichnis und seinen Inhalt selbst aufräumen. |

Hier ein paar Beispiele zu den Funktionen. Eine temporäre Datei wird erzeugt, Daten hineingeschrieben und dann geschlossen:

```
>>> import tempfile
>>> fd, filename = tempfile.mkstemp()
```

```
>>> fd, filename
(4, '/tmp/tmp4xhe2t7h')
>>> os.write(fd, b'hallo welt')
10
>>> os.close(fd)
```

Die Datei kann mit dem Dateinamen wieder geöffnet und die Daten ausgelesen werden. Nach dem Schließen wird die Datei mit `unlink()` gelöscht:

```
>>> fd = os.open(filename, os.O_RDONLY)
>>> os.read(fd, 10)
b'hallo welt'
>>> os.close(fd)
>>> os.unlink(filename)
```

Die Funktion `TemporaryFile()` liefert ein Objekt zurück, das über die üblichen Methoden (`read`, `write`, `seek`) verfügt und direkt genutzt werden kann.

Alle Funktionen, um temporäre Dateien zu erzeugen, verfügen über eine Vielzahl von benannten Parametern mit Defaultwerten. Damit kann z. B. der Name der Datei beeinflusst oder ein umgebendes Verzeichnis erstellt werden. Die Details zeigt die eingebaute Hilfe, z. B. `help(tempfile.mkstemp)`.

# 16 Reguläre Ausdrücke

Reguläre Ausdrücke („Regular Expression" oder nur kurz „regexp", „regex" oder „RE") sind ein mächtiges Werkzeug, um Textmuster zu beschreiben. Damit lassen sich flexibel Textpassagen in Zeichenketten suchen und bearbeiten. Bevor ein paar praktische Beispiele folgen, muss zunächst erklärt werden, wie ein Text durch reguläre Ausdrücke beschrieben werden kann. Die Anwendung eines regulären Ausdrucks auf einen Text wird auch als „Pattern Matching" bezeichnet (vielleicht am besten mit „Muster-Vergleich" übersetzt).

## 16.1 Text beschreiben

Ein regulärer Ausdruck beschreibt eine Zeichenfolge. Diese Beschreibung nutzt sogenannte Zeichenmengen/-klassen und Operatoren, um anzugeben, wie oft eine bestimmte Zeichenfolge vorkommen soll (Wiederholungsoperatoren). Neben diesen Platzhaltern können auch konkrete Wörter (Zeichenketten) angegeben werden.

Ein regulärer Ausdruck wird in einer Zeichenkette formuliert, und eine Zeichenklasse wird darin in eckigen Klammern angegeben.

Tab. 16.1. Reguläre Ausdrücke: Beispiele für Zeichenmengen

| Zeichenmenge | Beschreibung |
|---|---|
| [a-z] | Ein Kleinbuchstabe (alle Zeichen von a bis z). |
| [ABCDE] | Ein Großbuchstabe aus der Menge A, B, C, D, E. |
| [0-9] | Eine Zahl. |
| [a-zA-Z0-9] | Ein Zeichen aus der Menge aller Buchstaben und Zahlen. |
| [abc] | Eines der Zeichen a, b oder c. |
| hallo | Die Zeichenkette „hallo". |

Das Muster [a-z] aus Zeile 1 der Tabelle 16.1 stellt die Menge der Zeichen von „a bis z" dar (alle Kleinbuchstaben). Dieses Pattern erfasst genau ein Zeichen aus der angegebenen Menge, auch wenn es selbst mehrere Zeichen umfasst.

Einzelne Zeichen oder Zeichenmengen können mit einer Angabe, wie oft diese auftreten darf oder muss, versehen werden. Außerdem gibt es besondere Zeichen für den Zeilenanfang und das Zeilenende sowie einen universellen Platzhalter.

**Tab. 16.2.** Besondere Zeichen in regulären Ausdrücken

| Sonderzeichen | Beschreibung |
|---|---|
| . | Der Punkt akzeptiert ein beliebiges Zeichen bis auf den Zeilenwechsel. |
| ^ | Das Caret. Dies ist der Anfang der Zeichenkette. |
| $ | Das Ende der Zeichenkette. Ein Zeilenwechsel folgt diesem Zeichen. |
| * | Null oder beliebig viele Wiederholungen des vorangehenden Zeichens oder der Zeichenmenge. |
| + | Eine oder beliebig viele Wiederholungen des vorangehenden Zeichens oder der Zeichenmenge. |
| ? | Der vorangehende Ausdruck darf ein- oder keinmal auftreten. |
| {n} | Genau n-fache Wiederholung. |
| {m, n} | Wiederholung im Bereich m bis n. |
| \| | Trennt Alternativen (Oder-Verknüpfung). |

```
1   "."           # ein beliebiges Zeichen bis auf den Zeilenwechsel
2   "^."          # ein beliebiges Zeichen am Zeilenanfang
3   "0+"          # eine oder mehrere Nullen
4   "[0-9]+"      # eine oder mehrere Ziffern
5   "0{4}"        # vier Nullen
6   "0{1,}"       # eine oder mehrere Nullen
7   "0{2, 3}"     # mindestens zwei, höchstens drei Nullen
8   "(0|1)"       # die Ziffer Null oder Eins
9   "/?$"         # vielleicht ein Slash am Ende der Zeile
```

**Listing 16.1.** Beispiele zu Tabelle 16.2

Sonderzeichen wie der Punkt, der Bindestrich, die eckigen und runden Klammern usw. müssen in einer Zeichenmenge durch einen vorangestellten Backslash ihrer besonderen Bedeutung beraubt werden.

```
1   "[0-9\-]+"    # Ziffern oder der Bindestrich
2   "\$+"         # ein oder mehrere Dollar-Zeichen
```

**Listing 16.2.** Escapen von Sonderzeichen in regulären Ausdrücken

Das Caret hat zu Beginn von Zeichenmengen noch eine besondere Bedeutung: Es invertiert die angegebene Zeichenmenge.

```
1   [^abc]        # jedes Zeichen bis auf a, b, oder c
```

**Listing 16.3.** Invertierte Zeichenmenge

Listing 16.3 zeigt einen Ausdruck, der auf ein Zeichen bis auf die Buchstaben a, b oder c passt.

Ein etwas komplexeres Beispiel, um die vorgestellten Möglichkeiten zu demonstrieren, mit einem Bezug zum häufig genutzten „Hallo Welt": Der Ausdruck in Listing 16.4 beschreibt eine Zeile (Zeilenanfang und -ende sind angegeben), in der der Text „Hallo Welt", gefolgt von keinem oder beliebig vielen Ausrufezeichen, stehen kann.

```
1   ^[Hh]allo+ [Ww]elt!*$
```

**Listing 16.4.** Regulärer Ausdruck für Hallo Welt

Der erste Buchstabe der Wörter kann groß oder kleingeschrieben werden. Das „o" von „Hallo" muss mindestens einmal vorhanden sein, kann aber auch beliebig oft wiederholt werden. Die Wörter müssen durch ein Leerzeichen getrennt sein.

## 16.2 Pattern Matching

Python stellt die Funktionen für reguläre Ausdrücke durch das Modul `re` zur Verfügung. Vor der Nutzung muss das Modul geladen werden:

```
import re
```

Die einfachste Nutzung der regulären Ausdrücke ist die Suche nach einer Zeichenkette. Dafür gibt es zwei Methoden:
- `match()` sucht ab dem Anfang einer Zeichenkette
- `search()` liefert einen Treffer irgendwo in der Zeichenkette

Als Parameter erwarten die Funktionen das zu suchende Pattern und die zu durchsuchende Zeichenkette. Optional können noch Parameter angegeben werden, die das Suchverhalten beeinflussen.

Wie sich der erwähnte Unterschied in der Startposition der beiden Funktionen auswirkt, soll an einem Beispiel verdeutlicht werden:

```
>>> import re
>>> s = "hallo"
>>> re.match('ll', s)
>>> re.search('ll', s)
<_sre.SRE_Match object; span=(2, 4), match='ll'>
```

Das Beispiel definiert die Variable `s` mit dem Text „Hallo". Ein `match()` auf die Zeichenkette „ll" liefert kein Ergebnis, der Aufruf von `search()` schon.

Die Funktion `match()` sucht wie erwähnt ab Beginn der Zeile und erfordert deshalb einen regulären Ausdruck, der die gesamte Zeile in dem Pattern beschreibt, z. B.:

```
>>> re.match(".*ll.*", s)
<_sre.SRE_Match object; span=(0, 5), match='hallo'>
```

Die Funktionen liefern bei einem Treffer ein `Match`-Objekt. Dieses Objekt sollte man für die weitere Verwendung einer Variablen zuweisen:

```
>>> m = re.search("ll", s)
```

Der Vorteil von regulären Ausdrücken ist die flexible Beschreibung von Text. Das Ziel der Anwendung ist, den tatsächlich gefundenen Text zu erhalten. Dafür muss man die gesuchte Passage im Pattern durch runde Klammern zu einer Gruppe zusammenfassen[1]. Es können natürlich auch mehrere Stellen so markiert werden. Den Zugriff auf die Fundstücke erhält das Programm durch die Methode `groups()`:

```
>>> m = re.match(".*(l+).*", s)
>>> m
<_sre.SRE_Match object; span=(0, 5), match='hallo'>
>>> m.groups()
('l',)
>>> m = re.match(".*(l+)(o+).*", s)
>>> m.groups()
('l', 'o')
```

Die Methode `groups()` liefert ein Tupel mit allen gefundenen Zeichengruppen. Dem aufmerksamen Leser wird nicht entgehen, dass der erste Treffer nicht aus zwei Buchstaben besteht, obwohl der Regex mit „einem oder mehr" definiert wurde. Das liegt an dem gierigen Verhalten von regulären Ausdrücken. Jeder Teil versucht so viel wie möglich von der Zeichenkette aufzunehmen, und die Definition „`.*`" nimmt so viel sie kann, bevor der nächste Teilausdruck sein Werk erfolgreich beenden kann[2].

---

**1** In der Python-Dokumentation wird der durch runde Klammern eingefasste Teil eines Regex als „Group" bezeichnet.
**2** Wenn man sich den Wert des ersten Matches ausgeben lässt, sieht man, dass er das erste „l" einschließt.

## 16.2.1 Steuerung des Matching

Wie schon erwähnt, kann das Verhalten der einzelnen Funktionen durch Flags beeinflusst werden.

**Tab. 16.3.** Flags und deren Abkürzungen für das Pattern-Matching

| Flag | Beschreibung |
|------|--------------|
| IGNORECASE (I) | Groß-/Kleinschreibung nicht beachten |
| MULTILINE (M) | Ausdruck über mehrere Zeilen anwenden |
| ASCII (A) | Nur ASCII |
| UNICODE (U) | Nur Unicode |

Tabelle 16.3 listet einige Flags und deren Abkürzung in Klammern auf. Ein kurzes Beispiel für den Einsatz des Flags IGNORECASE. Das Zeichen A wird ohne Angabe des Flag korrekt als nicht Bestandteil der gesuchten Zeichenmenge erkannt. Schaltet man die Unterscheidung von Groß- und Kleinbuchstaben aus, gilt dies nicht mehr:

```
>>> re.match("[^abc]", "A")
<_sre.SRE_Match object; span=(0, 1), match='A'>
>>> re.match("[^abc]", "A", re.I)
```

Ein Flag kann in der ausführlichen Schreibweise oder in der abgekürzten Form angegeben werden.

Mehrere Flags werden durch den Oder-Operator (|) zusammengefasst, z. B.:

```
>>> re.match("[^abc]", "A", re.I|re.A)
```

## 16.2.2 Individuelle Parameter für eine Gruppe

Jede Gruppe kann mit individuellen Parametern versehen werden. Dafür wird als erstes nach der öffnenden Klammer ein Fragezeichen notiert. Danach folgen dann Definitionen, die nur für diese Gruppe gelten[3].

**Tab. 16.4.** Parameter für eine Gruppe in einem Regulären Ausdruck

| Parameter | Beschreibung |
|-----------|--------------|
| (?aiLmsux) | Setzen der Flags. |
| (?P<name>...) | Zugriff auf diese Gruppe im Ergebnis über den Namen „name". |

---

3 Dies wird in der Dokumentation als „Extension", also Erweiterung, bezeichnet.

**Tab. 16.4.** fortgesetzt

| Parameter | Beschreibung |
| --- | --- |
| (?#...) | Ein Kommentar im Regex. |
| (?:...) | Führt den Match aus, liefert aber kein Ergebnis. |
| (?=...) | Lookahead. |
| (?!...) | Negativer Lookahead. |

Eine vollständige Liste der Extensions findet sich in der Python-Dokumentation. Hier noch ein paar Beispiele, um den Einsatz der in Tabelle 16.4 vorgestellten Möglichkeiten zu demonstrieren.

Ein Matching unabhängig von Groß-/Kleinschreibung, wie in dem Beispiel aus dem Abschnitt 16.2.1, könnte auch so formuliert werden:

```
re.match("(?i)[^abc]", "A")
```

Dies ist eine Alternative zum Setzen der Flags als Argument in einer der Funktionen. Das Pattern selbst passt auf eine leere Zeichenkette.

Um eine Gruppe über einen Namen anzusprechen, kann man diesen vor der Gruppe definieren. Der Name muss den Konventionen für Bezeichner in Python entsprechen:

```
>>> s = "1 2 3 4 5"
>>> m = re.search("(?P<drei>3)", s)
>>> m.group('drei')
'3'
```

Der Zugriff auf die benannten Gruppen erfolgt über die Methode group() des Match-Objekts. Diese erhält den Namen der Gruppe als Parameter.

Ein Kommentar wird komplett ignoriert, auch evtl. enthaltene Steuerzeichen:

```
>>> m = re.search("(?#kommentar...$)(?P<drei>3)", s)
>>> m.groups()
('3',)
```

Wenn das Ergebnis einer Gruppe nicht enthalten sein soll, kann dies wie folgt formuliert werden:

```
>>> m = re.search("(?:3) (4)", s)
>>> m.groups()
('4',)
```

Ein „Lookahead" betrachtet die folgenden Zeichen. Diese werden aber noch nicht in ein Ergebnis übernommen und stehen noch für den restlichen Ausdruck zur Verfügung. Dies lässt also eine Bedingung im regulären Ausdruck zu. Es gibt nur einen Treffer, wenn die nachfolgende Gruppe zutrifft:

```
>>> m = re.search("(2 3) (?=4)", s)
>>> m
<_sre.SRE_Match object; span=(2, 6), match='2 3 '>
>>> m.groups()
('2 3',)
```

Im Match-Objekt sieht man in der Angabe für span sehr gut, dass die Zahl Vier aus der Zeichenkette berücksichtigt wird, der Bereich umfasst die Zeichen Zwei bis Sechs.

Der „negative Lookahead" betrachtet ebenfalls Zeichen nach einer Gruppe. Allerdings trifft der reguläre Ausdruck nur zu, wenn dieser Teil nicht gefunden wird:

```
>>> m = re.search("(2 3) (?!4)", s)
>>> m
>>> m = re.search("(2 3) (?!5)", s)
>>> m
<_sre.SRE_Match object; span=(2, 6), match='2 3 '>
>>> m.groups()
('2 3',)
```

Der erste Versuch mit der Vier liefert kein Match-Objekt. Der zweite Versuch ist dagegen erfolgreich, da die Fünf nicht auf die Zeichenkette „2 3 " folgt.

## 16.3 Suchen und Ersetzen

Ein regulärer Ausdruck kann auch zum Suchen und Ersetzen innerhalb einer Zeichenkette genutzt werden. Die Funktion sub() erwartet mindestens drei Parameter: Ein Pattern, die einzufügenden Zeichen und die Zeichenkette, auf die die Funktion angewendet werden soll.

In der einfachsten Form kann die Funktion mit einer Zeichenkette als Suchmuster genutzt werden, um eine neue Zeichenkette zu erhalten:

```
>>> s = "1 2 3 4 5"
>>> re.sub("3", "33", s)
'1 2 33 4 5'
```

Die Funktion ersetzt jedes Auftreten des Patterns. Um dies zu beeinflussen, hat die Funktion den benannten Parameter `count` an vierter Stelle:

```
>>> s = "3 3 3"
>>> re.sub("3", "33", s, count=2)
'33 33 3'
>>> re.sub("3", "33", s, 1)
'33 3 3'
```

Als weiteren Parameter kann noch `flags` angegeben werden. Die Flags beeinflussen das Suchverhalten wie bei den anderen Funktionen für reguläre Ausdrücke:

```
>>> s = "a A"
>>> re.sub("a", "b", s, flags=re.I)
'b b'
```

Das Flag `re.I` sorgt dafür, dass die Groß-/Kleinschreibung nicht beachtet wird und so beide Buchstaben ersetzt werden.

## 16.4 Referenzen auf gefundenen Text

Das Pattern umschreibt den zu suchenden Text. Häufig wird dieser Teil des Textes aber gleich für eine Ersetzung benötigt. Dafür muss man irgendwie Bezug auf das gefundene Ergebnis nehmen können.

Jede Gruppe kann über ihre Position angesprochen werden. Die erste Gruppe hat die Nummer eins und wird mit `\1` angesprochen. Die größte zulässige Gruppennummer ist 99:

```
>>> s = 'a b c d e'
>>> re.sub("(b) (.)", "\\1\\2\\1 \\2", s)
'a bcb c d e'
```

Damit Python den Backslash nicht interpretiert, muss dieser doppelt oder die Zeichenkette im Raw-Modus angegeben werden:

```
>>> s = 'a b c d e'
>>> re.sub("(b) (.)", r"\1\2\1 \2", s)
'a bcb c d e'
```

Die Referenz kann auch dafür genutzt werden, in `match()` oder `search()` ein Muster zu definieren, das auf bereits gefundene Textteile zurückgreift:

```
>>> s = "huhu"
>>> s1 = "huhu"
>>> s2 = "haha"
>>> re.search(r'(h.)\1', s1)
<_sre.SRE_Match object; span=(0, 4), match='huhu'>
>>> re.search('(h.)\\1', s2)
<_sre.SRE_Match object; span=(0, 4), match='haha'>
```

## 16.5 Regular Expression Objects

Bisher wurden Funktionen auf der Modulebene von `re` vorgestellt. Wenn ein regulärer Ausdruck häufiger angewendet werden soll, lohnt sich eine Umwandlung mit der Methode `compile()`. Der Ablauf ist dann folgender:

```
>>> import re
>>> rec = re.compile(".(.).*")
>>> m = rec.search('Hallo')
>>> m.groups()
('a',)
```

Nach dem obligatorischen Import wird der reguläre Ausdruck der Methode `compile()` übergeben und das Ergebnis in einer Variablen gespeichert. Anschließend kann das Objekt in der Variablen `rec` für einen Methodenaufruf genutzt werden.

## 16.6 Funktionen, Konstanten und Ausnahmen des Moduls

Die Konstanten in dem Modul werden für die verschiedenen Flags bei den einzelnen Funktionen genutzt. Sie beeinflussen das Verhalten bei der Suche, z. B. ob auf Groß-/Kleinschreibung geachtet wird. Für fast alle Flags gibt es eine Kurz- und Langschreibweise.

**Tab. 16.5.** Konstanten des Moduls `re`

| Konstante | Beschreibung |
| --- | --- |
| A ASCII | Nur ASCII-Matching statt Unicode. |
| DEBUG | Gibt Debug-Informationen über einen kompilierten Ausdruck aus. |
| I IGNORECASE | Groß-/Kleinschreibung ignorieren. |
| L LOCALE | Sollte nicht mehr genutzt werden. Macht die Suche nach Wörtern und Withespace von der „locale" abhängig. |

**Tab. 16.5.** fortgesetzt

| Konstante | Beschreibung |
| --- | --- |
| M MULTILINE | Untersucht zusammenhängenden Text auch über Zeilenumbrüche hinweg. |
| S DOTALL | Der Punkt akzeptiert auch ein Leerzeichen. |
| X VERBOSE | Leerzeichen in regulären Ausdrücken wird ignoriert. Dadurch kann ein Ausdruck besser lesbar, auch über mehrere Zeilen, formatiert werden. |

Einige Funktionen des Moduls re wurden bereits vorgestellt. Hier noch eine Übersicht der vollständigen Signaturen aller enthaltenen Funktionen.

**Tab. 16.6.** Funktionen im Modul re

| Funktion | Beschreibung |
| --- | --- |
| compile(pattern, flags=0) | Übersetzt einen regulären Ausdruck in ein RE-Objekt. |
| search(pattern, string, flags=0) | Findet das erste Auftreten von pattern in string und liefert dann ein Match-Objekt. |
| match(pattern, string, flags=0) | Liefert ein Match-Objekt, wenn null oder mehr Zeichen zu Beginn der Zeichenkette dem Ausdruck pattern entsprechen. |
| fullmatch(pattern, string, flags=0) | Liefert ein Match-Objekt, wenn die gesamte Zeile dem pattern entspricht. |
| split(pattern, string, maxsplit=0, flags=0) | Trennt die Zeichenkette string an den Vorkommen von pattern. |
| findall(pattern, string, flags=0) | Liefert eine Liste von Zeichenketten mit allen nicht überlappenden Fundstellen von pattern in string. Falls mehrere Gruppen definiert sind, werden diese als Tupel zurückgegeben. |
| finditer(pattern, string, flags=0) | Liefert einen Iterator für alle nicht überlappenden Fundstellen von pattern in string. |
| sub(pattern, repl, string, count=0, flags=0) | Ersetzt in string alle Vorkommen von pattern durch repl. |
| | Wenn count eine Zahl größer gleich eins ist, werden nur entsprechend viele Ersetzungen vorgenommen. |
| subn(pattern, repl, string, count=0, flags=0) | Wie sub(). Das Ergebnis ist ein Tupel mit der neuen Zeichenkette und der Anzahl der Ersetzungen. |
| escape(string) | Setzt den Backslash vor alle Zeichen mit besonderer Bedeutung in der Zeichenkette. |
| purge() | Löscht den Cache für reguläre Ausdrücke. |

Hier noch ein paar Beispiele für die bisher nicht vorgestellten Funktionen. Den Anfang macht `findall()`:

```
>>> s = "abc abd abc abe aaa"
>>> re.findall('ab(.) ab(.)', s)
[('c', 'd'), ('c', 'e')]
```

`finditer()` liefert Match-Objekte, die direkt in einer Schleife verarbeitet werden können:

```
>>> for f in re.finditer('ab(.) ab(.)', s):
...    print(f)
...
<_sre.SRE_Match object; span=(0, 7), match='abc abd'>
<_sre.SRE_Match object; span=(8, 15), match='abc abe'>
```

Um ganz sicherzugehen, dass eine Zeichenkette keine Zeichen mit besonderer Bedeutung für reguläre Ausdrücke hat, kann `escape()` verwendet werden. Die erhaltene Zeichenkette kann dann als exakte Zeichenkette in einem Ausdruck verwendet werden:

```
>>> re.escape('a{1} + b[0] * 3.14.')
'a\\{1\\}\\ \\+\\ b\\[0\\]\\ \\*\\ 3\\.14\\.'
```

Eine Zeichenmenge in eckigen Klammern legt fest, welche Zeichen an einer Position erwartet werden. Statt wiederholt Zeichenmengen in einem regulären Ausdruck selbst anzugeben, können auch vordefinierte Sonderzeichen genutzt werden.

**Tab. 16.7.** Definierte Zeichenmengen für reguläre Ausdrücke

| Sonderzeichen | Beschreibung |
| --- | --- |
| \b | Leere Zeichenkette am Anfang oder Ende eines Wortes. Ein Wort besteht aus alphanumerischen Zeichen oder dem Unterstrich in Unicode. |
| \B | Ein leerer String, nicht am Anfang oder Ende eines Wortes. |
| \d | Jede Dezimalzahl. |
| \D | Jedes Zeichen, das keine Dezimalzahl im Unicode darstellt. |
| \s | Jedes „Whitespace"-Zeichen: Leerzeichen, Tabulator, Newline, Return... |
| \S | Jedes nicht-„Whitespace"-Zeichen. |
| \w | Jedes Zeichen, das in einem Wort auftauchen kann. Enthält Ziffern und den Unterstrich. |

**Tab. 16.7.** fortgesetzt

| Sonderzeichen | Beschreibung |
|---|---|
| \W | Jedes nicht-Wort-Zeichen. |
| \A | Der Anfang der Zeichenkette. |
| \Z | Das Ende der Zeichenkette. |

### Ausnahmen bei regulären Ausdrücken

Das Modul definiert eine einzige Exception: `re.error`. Diese wird z. B. bei fehlerhaften Ausdrücken ausgeworfen:

```
>>> try:
...     re.compile('[a-z')
... except re.error as e:
...     print(e)
...
unterminated character set at position 0
>>> try:
...     re.compile('(a-z)(A-Z')
... except re.error as e:
...     print(e)
...
missing ), unterminated subpattern at position 5
```

# 17 Zufallszahlen

Computer können keine echten Zufallszahlen wie beim Würfeln oder Roulette erzeugen. Sie tragen daher den Namen „Pseudo-Random Number Generator". Ein Algorithmus liefert Ergebnisse, diese können also reproduziert werden, sobald die Randbedingungen bekannt sind. Außerdem weisen die Algorithmen eine Periode auf, nach einer bestimmten Aufrufzahl wiederholen sich die Ergebnisse.

Die Dokumentation warnt ausdrücklich vor dem Einsatz des Zufallszahlengenerators in kryptografischen Anwendungen und verweist dafür auf die Funktion `urandom()` aus dem `os`-Modul.

## 17.1 Das Modul `random`

Das Modul `random` stellt einen Zufallszahlengenerator zur Verfügung. Daneben gibt es Funktionen für eine zufällige Auswahl aus einer Menge oder zum Mischen einer solchen.

Für den Zufallsgenerator gibt es einige Funktionen, die der Verwaltung dienen und keine Zufallszahlen liefern. An den Funktionen erkennt man auch sehr gut, dass es keine echten Zufallszahlen sind, die dort ausgegeben werden. Ein Zufallsgenerator, der wiederholt die gleiche Sequenz ausgeben kann, ist für manche Anwendungen nicht zu gebrauchen, und es ist wichtig, diese Funktionen zu kennen, bevor man den Generator benutzt.

**Tab. 17.1.** Allgemeine Funktionen im Modul `random`

| Funktion | Beschreibung |
|---|---|
| `seed(a=None, version=2)` | Initialisiert den Zufallszahlengenerator mit `a` oder der aktuellen Uhrzeit. Falls das OS Zufallsquellen bereitstellt, kommen diese zum Einsatz. Der Parameter `version` bestimmt die Interpretation des Parameters `a`. Version 1 verwendet den Hashwert von `a`. Version 2 konvertiert Objekte der Klassen `str`, `bytes` oder `bytearray` in ein `int` und verwendet diesen Wert. |
| `getstate()` | Liefert ein Objekt, das den Status des Zufallszahlengenerators enthält. Dieser Status kann mit `setstate()` gesetzt werden. |
| `setstate(s)` | Initialisiert den Zufallszahlengenerator mit einem zuvor gespeicherten Status. Durch die Initialisierung kann man eine bestimmte Folge von Zufallszahlen wiederholen. |

**Tab. 17.1.** fortgesetzt

| Funktion | Beschreibung |
|---|---|
| getrandbits(n) | Liefert einen Integer mit n zufälligen Bits. Diese Funktion ist nicht für jeden Zufallszahlengenerator verfügbar. Wenn sie vorhanden ist, ist auch die Funktion randrange() verfügbar. |

Ein Aufruf von seed() vor der ersten Nutzung des Zufallszahlengenerators kann nicht schaden. So erhält man bei jedem Programmstart einen unterschiedlichen Ausgangswert.

Die Funktion getrandbits() liefert Zahlen mit der gegebenen Bit-Zahl. Zahlen mit nur zwei Bit können Werte im Bereich von 0 bis 3 darstellen:

```
>>> import random
>>> [random.getrandbits(2) for n in range(10)]
[2, 0, 2, 2, 2, 0, 3, 3, 1, 1]
```

## 17.2 Einfache Zufallszahlen

In der einfachsten Form liefert die Funktion random() eine Fließkommazahl im Bereich von 0.0 bis 1.0 (1.0 ist nicht im Bereich enthalten):

```
>>> import random
>>> random.random()
0.8917174944249894
>>> random.random()
0.03769631849543975
```

## 17.3 Zahlen aus einem Bereich

Ganzzahlige Zufallswerte liefert die Funktion `randrange()`. Wenn man zum Beispiel einen sechsseitigen Würfel im Programm benötigt, kann man die Funktion `randrange()` nutzen. Diese Funktion erwartet wie die Funktion `range()` mindestens einen oberen Grenzwert als Parameter. Das Ergebnis bewegt sich dann im Bereich von 0 bis zum oberen Grenzwert minus eins.

Die folgende Tabelle enthält die Funktionen des Moduls, mit denen ganzzahlige Zufallszahlen erzeugt werden können.

**Tab. 17.2.** Funktionen für ganzzahlige Zufallszahlen aus einem Bereich

| Funktion | Beschreibung |
|---|---|
| `randrange(stop)` | Wählt ein Element größer gleich null und kleiner `stop`. |
| `randrange(start, stop[, step])` | Liefert ein Element aus der Menge `range(start, stop, step)`. Damit kann zum Beispiel ein Element aus geraden Zahlen gewählt werden. |
| `randint(a, b)` | Liefert eine Zahl größer gleich `a` und kleiner gleich `b`. Der Wert von `a` muss kleiner oder gleich `b` sein. Diese Funktion entspricht einem Aufruf von `randrange(a, b + 1)`. |

Je ein Beispiel für `randrange()` mit den möglichen Parametern:

```
>>> import random
>>> [random.randrange(10) for n in range(10)]
[7, 8, 9, 7, 4, 8, 8, 5, 8, 4]
>>> [random.randrange(10, 20, 2) for n in range(10)]
[10, 10, 16, 12, 10, 12, 14, 10, 14, 10]
```

Die Funktion liefert bei zwei Parametern ein Ergebnis größer gleich dem Startwert und kleiner als der Endwert. Ein sechsseitiger Würfel muss also 1 und 7 als Parameter erhalten.

Ein Beispiel für die Ergebnisse von `randint()` mit dem Wertebereich 10–20:

```
>>> [random.randint(10, 20) for n in range(10)]
[20, 15, 13, 18, 11, 17, 15, 17, 11, 19]
```

Für einen sechsseitigen Würfel kann man dann 1 und 6 als Parameter für die Funktion verwenden:

```
>>> [random.randint(1, 6) for n in range(10)]
[3, 3, 1, 1, 4, 2, 6, 2, 3, 1]
```

## 17.4 Auswahl aus einer Menge und Mischen

Die Funktionen in der folgenden Tabelle nehmen eine Sequenz als Eingabe entgegen. Als Ergebnis liefern sie einen oder mehrere Werte aus der Sequenz oder bringen die Sequenz in eine zufällige Reihenfolge.

**Tab. 17.3.** Zufallsfunktionen die auf Sequenzen arbeiten

| Funktion | Beschreibung |
|---|---|
| choice(seq) | Die Funktion liefert ein Datum aus der übergebenen Sequenz. |
| sample(seq, n) | Die Funktion liefert eine größere Auswahl aus einer Sequenz. Die Parameter für die Funktion sind eine Sequenz und die Anzahl der geforderten Elemente. |
| shuffle(x[, random]) | Eine Sequenz kann mit der Funktion gemischt werden. Das Mischen findet „in place" statt, verändert also die Originalsequenz. Die Funktion liefert kein Ergebnis. |

Beispiele für die Arbeit mit choice() und sample():

```
>>> data = [1, 2, 3, 4, 5, 6]
>>> random.choice(data)
6
>>> random.choice(data)
2
>>> random.choice(data)
4
>>> random.sample(data, 2)
[1, 3]
>>> random.sample(data, 2)
[6, 2]
```

Die geforderte Anzahl Ergebnisse darf die Anzahl der Elemente der Sequenz nicht übersteigen. Dies führt zu einem ValueError.

Noch ein Beispiel für das Mischen einer Sequenz mit der Funktion shuffle():

```
>>> data = list(range(11))
>>> data
[0, 1, 2, 3, 4, 5, 6, 7, 8, 9, 10]
>>> random.shuffle(data)
>>> data
[3, 5, 9, 4, 6, 10, 0, 1, 7, 8, 2]
```

## 17.5 Zufallszahlen mit der Klasse SystemRandom

Im Modul ist die Klasse SystemRandom definiert. Objekte dieser Klasse nutzen für die Zufallszahlen-Erzeugung die Funktion urandom() aus dem Modul os. Nachdem man ein Objekt der Klasse erstellt hat, kann man die Methoden aus dem Modul random wie gewohnt verwenden:

```
>>> import random
>>> rnd = random.SystemRandom()
>>> rnd.random()
0.7954519578152421
>>> [rnd.randrange(10) for n in range(10)]
[4, 6, 2, 0, 8, 0, 6, 0, 4, 4]
>>> data = list(range(11))
>>> data
[0, 1, 2, 3, 4, 5, 6, 7, 8, 9, 10]
>>> rnd.shuffle(data)
>>> data
[3, 5, 9, 1, 10, 0, 4, 2, 7, 6, 8]
```

Diese Funktion ist nicht auf allen Plattformen verfügbar. Die Sequenzen sind nicht reproduzierbar, und die Methoden getstate() und setstate() sind nicht implementiert.

## 17.6 Verteilungsfunktionen

Wer jemals mit Statistik und Wahrscheinlichkeitsrechnung zu tun hatte, dem dürften einige Namen in der folgenden Tabelle bekannt vorkommen. Die Namen der Parameter entsprechen den in der Mathematik verwendeten Bezeichnern. Für die Anwendung der einzelnen Funktionen schlägt man am besten in der entsprechenden Fachliteratur nach.

Alle aufgeführten Funktionen liefern Fließkommazahlen als Ergebnis.

**Tab. 17.4.** Verteilungsfunktionen im Modul random

| Funktion | Beschreibung |
|---|---|
| uniform(a, b) | Liefert eine Zahl zwischen a und b. Falls b kleiner ist als a, werden die Grenzen getauscht. |

**Tab. 17.4.** fortgesetzt

| Funktion | Beschreibung |
|---|---|
| triangular(low, high, mode) | Liefert Zahlen zwischen low und high. Mit der Zahl mode kann man den Schwerpunkt für die gelieferten Zahlen bestimmen. Die Standardwerte sind null und eins sowie die Mitte zwischen diesen Werten. |
| betavariate(alpha, beta) | Beta-Verteilung. Die Werte für alpha und beta müssen größer als null sein. |
| expovariate(lambd) | Exponentialverteilung. Der Wert für lambd sollte ungleich null sein. |
| gammavariate(alpha, beta) | Gammaverteilung. Die Werte für alpha und beta müssen größer als null sein. |
| gauss(mu, sigma) | Gaußsche Normalverteilung. mu ist der Mittelwert und sigma die Standardabweichung. |
| lognormvariate(mu, sigma) | Logarithmische Normalverteilung. |
| normalvariate(mu, sigma) | Normalverteilung. |
| vonmisesvariate(mu, kappa) | von-Mises-Verteilung. |
| paretovariate(alpha) | Pareto-Verteilung. |
| weibullvariate(alpha, beta) | Weibull-Verteilung. |

Zufallszahlen aus einem bestimmten Bereich können mit uniform() erzeugt werden:

```
>>> [random.uniform(11, 12) for n in range(10)]
[11.008394163631618, 11.894843131243857, 11.578815255556021,
 11.550058763488229, 11.118974060139058, 11.126973577973944,
 11.778794713210502, 11.81550876073428, 11.162373708353654,
 11.535410429602381]
```

Die Daten für eine Gaußsche Normalverteilung um einen bestimmten Wert kann mit der Funktion gauss() erzeugt werden:

```
>>> z = [random.gauss(10, 5) for n in range(10000)]
>>> sum(z) / len(z)
9.94508675031991
```

Für eine einfache Prüfung des Ergebnisses werden zunächst alle Werte in Integer umgewandelt:

```
>>> z1 = list(map(int, z))
>>> z1[:5]                    # ein paar Werte ausgeben
[5, 8, 11, 15, 9]
```

Mit einem Counter-Objekt aus dem Modul collections wird die Häufigkeit der einzelnen Werte ermittelt und die 11 häufigsten ausgegeben. (Das Counter-Objekt wird in Kapitel 13.3 auf Seite 148 vorgestellt):

```
>>> from collections import Counter
>>> c = Counter(z1)
>>> c.most_common(11)
[(10, 825), (11, 780), (9, 778), (8, 760), (12, 732), (7, 658),
 (6, 650), (13, 11), (14, 535), (5, 534), (4, 458)]
```

Hier nur noch ein Beispiel mit der Funktion triangular(). Durch Verschiebung des Parameters mode kann man die Verteilung der Zahlen beeinflussen:

```
>>> import random
>>> sum([random.triangular(1, 2) for n in range(1000)])/1000
1.508852500306644
>>> sum([random.triangular(1, 2, 1) for n in range(1000)])/1000
1.3257093624362064
>>> sum([random.triangular(1, 2, 2) for n in range(1000)])/1000
1.6580529563810655
```

Die Verschiebung des Schwerpunkts ist beim Mittelwert der Ergebnisse deutlich zu erkennen.

# 18 Netzwerkprogrammierung mit Sockets

Das wohl am häufigsten eingesetzte Netzwerkprotokoll IP (Internet Protocol) ist untrennbar mit der Programmierschnittstelle Sockets verbunden. Dieses Interface steht auch in Python mit dem Modul `socket` zur Verfügung. Damit kann der Programmierer eine Verbindung zu jedem über dieses Protokoll erreichbaren Rechner aufnehmen oder selbst einen Service für andere zur Verfügung stellen.

Sockets werden in zwei Domänen genutzt: UNIX-Domain und Internet-Domain. Dies wirkt sich auf die Reichweite bzw. Verfügbarkeit eines Sockets aus. UNIX-Sockets sind nur lokal auf einem Rechner nutzbar. Ein Socket in der Internet-Domäne ist universell nutzbar, auf dem lokalen Rechner und auch global, sobald eine entsprechende Verbindung in das Internet verfügbar ist.

Im Folgenden werden die Grundlagen dafür erläutert und einige Beispiele für die konkrete Implementierung von beiden Seiten der Kommunikation vorgestellt und im Detail erläutert.

## 18.1 Kommunikation im Internet

Das Socket-Programmiermodell besteht aus zwei Kommunikationsteilnehmern: Dem Server und dem Client. Server und Client sind jeweils ein Programm; sie können sich auf einem Rechner oder zwei getrennten Rechnern befinden. Für den Einsatz von IP macht dies keinen Unterschied[1]

Wie stellen die Programme die Verbindung her? Der Server erzeugt einen Socket und wartet passiv auf eine eingehende Verbindung. Der Socket hat eine sogenannte Portnummer[2], die der Server beim Erstellen des Sockets auswählt. Zusammen mit einer (oder mehreren) IP-Adresse(n) des Rechners, auf dem das Programm läuft, bildet das Tupel IP:Port eine eindeutige Kennung für den Server.

Der Client baut die Verbindung auf, indem er den Namen oder die IP-Adresse sowie den Port des Zielsystems bei der Erzeugung des Sockets angibt. Das Tupel IP:Port wird auf Client-Seite ebenfalls bestimmt und als Absendeadresse für Datenpakete verwendet.

Die IP-Adresse des Zielrechners wird, wenn ein Name angegeben wird, über den DNS (Domain Name Service) ermittelt. Dies stellt eine Art Telefonbuch für Servernamen dar: Man sendet einen Namen und erhält die IP-Adresse zurück. Diese Auflösung des Namens läuft im Hintergrund und unbemerkt für das Programm.

---

[1] Dieser Abschnitt geht zunächst auf Sockets in der Internet-Domain ein. Die Eigenheiten von UNIX-Sockets werden in einem späteren Kapitel betrachtet.
[2] Der Port ist für viele Protokolle festgelegt, z.B. Port 80 für das Protokoll des World Wide Web (HTTP).

Die Tupel IP-Adresse und Port auf Client- und Server-Seite definieren die bestehende Verbindung eindeutig.

Der Programmierer muss sich nun noch entscheiden, welche Qualität seine Verbindung haben soll. Ist es wichtig, dass alle Daten ankommen?

Für eine einfache Verbindung, bei der die Reihenfolge des Empfangs egal ist und auch mal ein Datenpaket verloren gehen kann, gibt es UDP. (User Datagram Protocol. Diese Art Verbindung wird auch als Datagram-Verbindung bezeichnet.) Der Versand der Datenpakete entspricht einer Postkarte: Jedes Datenpaket enthält die Empfänger-adresse und wird in das Netz „geworfen". Der Absender erfährt nicht, ob es angekommen ist. Diese Art Verbindung wird z.B. für die Uhrzeitsynchronisation im Internet genutzt. Wenn ein Paket nicht ankommt, muss es nicht erneut gesendet werden, da die Daten inzwischen veraltet sind.

Eine zuverlässige Verbindung wird mit TCP (Transmission Control Protocol, auch als Stream-Verbindung bezeichnet) erreicht. Hier wird vor dem Versand der Daten eine virtuelle Verbindung aufgebaut und jedes Datenpaket wird vom Empfänger quit-tiert. Dies ist vergleichbar mit einem Telefonat, bei dem der andere Teilnehmer dem Sprecher ständig mit einem „Hmm" eine Rückmeldung liefert. TCP wird eingeset-zt, wenn der Verlust von Daten auf einer Verbindung ausgeschlossen werden soll. Neben der virtuellen Verbindung wird im Hintergrund viel Aufwand getrieben, um die Daten vollständig und in der richtigen Reihenfolge beim Kommunikationspart-ner abzuliefern. Die Protokolle für das WWW (HTTP) und E-Mail (SMTP) setzen zum Beispiel auf TCP auf.

So viel zur Theorie, auf in die Praxis.

### 18.1.1 Ein Socket-Server mit UDP

Ein Programm soll als Server dienen und dafür einen UDP-Socket öffnen, der Daten von Client-Programmen entgegennimmt. Die empfangenen Daten werden mit ein paar Informationen zur Verbindung auf den Bildschirm ausgegeben. Das Programm nimmt eine eingehende Verbindung an, versucht Daten zu lesen, gibt eine Meldung aus und schließt dann den Socket.

```
1   from socket import *
2
3   host = 'localhost'
4   port = 4665
5   buf = 1024
6
7   s = socket(AF_INET, SOCK_DGRAM)
8   s.bind((host, port))
9   data, addr = s.recvfrom(buf)
10  if not data:
11      print('Keine Daten von', addr[0], addr[1])
```

```
12 else:
13     print('\nDaten', data.decode('ascii'), 'von', addr[0], addr[1])
14
15 s.close()
```

**Listing 18.1.** Minimaler UDP-Server

Listing 18.1 importiert in Zeile 1 zunächst das Socket-Modul. Die Daten des Server-Sockets werden an die Variablen `host` und `port` zugewiesen. Der Name „localhost" stellt den Rechner selbst dar und ist immer verfügbar, wenn er für die Teilnahme an IP-Netzwerken konfiguriert wurde[3]. Client und Server müssen bei dieser Konfiguration auf demselben Rechner laufen.

Die Variable `buf` in Zeile 5 erhält einen Wert für die Anzahl der maximal zu lesenden Bytes.

Zeile 7 erzeugt den Socket mit einem Aufruf der Funktion `socket()`. Die Konstanten `AF_INET` und `SOCK_DGRAM` kommen aus dem `socket`-Modul und definieren den Socket-Typ (Adress-Format) und das verwendete Protokoll (Datagram-Socket).

Die Funktion `bind()` in Zeile 8 verbindet den Socket mit den Daten für die IP-Adresse und den Port. Damit ist der Socket erstellt und empfangsbereit.

Für Datagram-Sockets startet die Funktion `recvfrom()` den Empfang. Das Programm blockiert an dieser Stelle, bis Daten eingehen, die Verbindung ohne empfangene Daten von der Gegenseite beendet wird oder `Ctrl+C` gedrückt wird.

Als Rückgabe erhält das Programm die empfangenen Daten und Informationen über den Sender (ein Tupel mit IP-Adresse und Port).

### 18.1.2 Ein Socket-Client mit UDP

Für den einfachen Server gibt es ein ebenso einfaches Client-Programm. Ein Socket wird mit den bekannten Serverdaten erstellt und Daten darüber gesendet. Danach wird der Socket geschlossen.

Der Client codiert die in Unicode vorliegenden Daten vor dem Versand in einen Byte-String mit der Codierung ASCII.

```
1 import socket
2
3 host = 'localhost'
4 port = 4665
5
6 data = '1' * 18
```

---

[3] Für die Beispiele reicht diese, ausschließlich auf dem Rechner selbst erreichbare, Adresse. Dieser Name wird zur IPv4-Adresse 127.0.0.1 oder IPv6-Adresse ::1 aufgelöst. Ein Leerstring an dieser Stelle macht den Server auf allen Netzwerkschnittstellen verfügbar.

```
7 | s = socket.socket(socket.AF_INET, socket.SOCK_DGRAM)
8 | s.sendto(data.encode('ascii'), (host, int(port)))
9 | s.close()
```

**Listing 18.2.** Minimaler UDP-Client

Listing 18.2 zeigt den nötigen Code, um eine Nachricht über einen UDP-Socket zu versenden. Bis Zeile 7 werden die nötigen Daten definiert und der Socket erzeugt. Der Client ist dann bereit und kann mit der Methode `sendto()` Daten senden.

Die Methode `sendto()` liefert die Anzahl der tatsächlich gesendeten Bytes. Diesen Wert sollte man mit der Menge der zu sendenden Bytes vergleichen und ggf. in einer Schleife weitere Versuche machen, den Rest zu senden, bis dieser übertragen ist.

### 18.1.3 UDP-Client und Server bei der Arbeit

Wie sieht das Ergebnis aus, wenn man die Programme in getrennten Interpretern startet? Der Server muss natürlich zuerst gestartet werden. Das Programm läuft bis zum `recvfrom()` und blockiert dann. (Der Interpreter stellt keinen weiteren Prompt >>> dar.)

Nun kann der Client gestartet werden. Dieser arbeitet alle Anweisungen ab und liefert nach dem `sendto()` den Wert 18.

Die Ausgabe im Interpreter für das Server-Programm sieht wie folgt aus: (Die Portnummer wird vermutlich eine andere sein da sie für den Client zufällig ausgewählt wird.)

```
Daten 111111111111111111 von 127.0.0.1 44036
```

Die erhaltenen Daten kann man noch weiter untersuchen:

```
>>> data
b'111111111111111111'
>>> type(data)
<class 'bytes'>
>>> addr
('127.0.0.1', 44036)
```

Der Socket liefert wie erwartet einen Byte-String. Das „b" vor dem Wert der Variablen `data` weist auf den Typ Bytes hin[4]. Dies muss bei der Weiterverarbeitung der empfangenen Daten berücksichtigt werden.

---

4 Client und Server müssen sich einig darüber sein, wie die empfangenen Daten zu interpretieren sind.

### 18.1.4 Ein Socket-Server mit TCP

Ein TCP-Server-Socket erfordert etwas mehr Aufwand bei der Erzeugung als ein UDP-Server-Socket. Die Änderungen betreffen nicht nur das verwendete Protokoll beim Aufruf von `socket()`.

```python
1  import socket
2  s = socket.socket(socket.AF_INET, socket.SOCK_STREAM)
3  s.setsockopt(socket.SOL_SOCKET, socket.SO_REUSEADDR, 1)
4  host = "localhost"
5  port = 4665
6  s.bind((host, port))
7  s.listen(1)
8  con, addr = s.accept()
9  data = con.recv(4)
10 con.close()
11 s.close()
```

**Listing 18.3.** Minimaler TCP-Server

Listing 18.3 erzeugt in Zeile 2 durch Angabe des Protokolls `SOCK_STREAM` beim Aufruf von `socket()` einen Stream-Socket (TCP-Socket). Der Aufruf von `setsockopt()` ist optional. Durch das Setzen der Socket-Option `SO_REUSEADDR` werden evtl. noch vorhandene Daten eines alten Sockets auf dem gleichen Port ignoriert statt einen Fehler auszulösen[5].

Stream-Sockets werden ebenfalls mit `bind()` mit den Daten für Adresse und Port verbunden (Zeile 6).

Dann folgt ein Aufruf von `listen()` (Zeile 7). Dies setzt den sogenannten „Backlog", die maximale Anzahl der noch nicht angenommenen Verbindungen zu diesem Socket. Gleichzeitige Verbindungsversuche über diese Zahl hinaus werden vom Betriebssystem abgelehnt.

Danach wird der Server mit der Methode `accept()` in den Empfangsmodus versetzt. Auch diese Funktion blockiert, bis eine Verbindung eingeht oder ein Fehler auftritt.

Die Methode liefert ein Verbindungs-Objekt und die Daten der Gegenstelle in einem Tupel. Die Methode `recv()` des Verbindungs-Objekts ermöglicht es, Daten zu lesen. Die Methode benötigt die Anzahl zu lesender Bytes als Parameter.

Abschließend wird die Verbindung und der Socket durch den Aufruf von `close()` geschlossen (Zeilen 10 und 11).

---

[5] Das Betriebssystem löscht einen Socket nicht sofort, wenn dieser mit `close()` geschlossen wird. Während der Wartezeit kann ohne diese Socket-Option kein neuer Socket auf dem gleichen Port erzeugt werden.

### 18.1.5 Ein Socket-Client mit TCP

Der Wechsel von UDP zu TCP bringt für das Client-Programm einige Änderungen. Es beginnt mit der Erzeugung des Sockets. Statt des Typs SOCK_DGRAM kommt jetzt wie beim Server SOCK_STREAM zum Einsatz (Zeile 2 in Listing 18.4).

Ebenfalls neu ist die explizite Verbindung zur Gegenstelle mit der Methode connect() in Zeile 5.

Die Methode zum Senden von Daten ist bei TCP-Sockets send() (Zeile 6).

```
1  import socket
2  s = socket.socket(socket.AF_INET, socket.SOCK_STREAM)
3  host = "localhost"
4  port = 4665
5  s.connect((host, port))
6  s.send("huhu".encode('iso-8859-1'))
7  s.close()
```

**Listing 18.4.** Minimaler TCP-Client

Listing 18.4 zeigt den Code, um die Nachricht „huhu" über einen TCP-Socket zu versenden.

### 18.1.6 TCP-Client und Server bei der Arbeit

Auch für die Verbindung über TCP noch eine kurze Beschreibung der Ausgaben von Client (Listing 18.4) und Server (Listing 18.3). Der Client gibt nur die Anzahl gesendeter Bytes aus (4).

Der Server macht keine Ausgaben. Im Interpreter kann man sich aber die empfangenen Daten und das Verbindungsobjekt con ansehen:

```
>>> data
b'huhu'
>>> con
<socket.socket [closed] fd=-1, family=AddressFamily.AF_INET,
type=SocketType.SOCK_STREAM, proto=0>
```

Der File-Deskriptor hat einen Wert von -1, der Socket hat den Status [closed].

## 18.2 UNIX-Sockets

Ein UNIX-Socket ist ein nur lokal erreichbarer Socket, der über einen Pfad im Dateisystem statt über eine IP-Adresse und einen Port angesprochen wird. Um einen UNIX-

Socket zu erstellen, gibt man bei der Erzeugung mit `socket()` den Typ `AF_UNIX` und beim Verbinden den Pfad des Sockets an.

In der Nutzung unterscheidet sich ein UNIX-Socket nicht von einem Socket in der Internet-Domäne. Lediglich nach dem Schließen des Sockets muss sich der Anwender eines UNIX-Sockets selbst um das Löschen der Socket-Datei kümmern.

### 18.2.1 TCP UNIX-Socket

Für die Kommunikation über einen UNIX-Socket kann TCP genutzt werden.

```
1  import socket
2  socket_pfad = '/tmp/unixsocket'
3
4  server = socket.socket(socket.AF_UNIX, socket.SOCK_STREAM)
5  server.bind(socket_pfad)
6  server.listen(1)
7  con, client_addr = server.accept()
```

**Listing 18.5.** Stream-UNIX-Socket-Server

Für einen Server ist die Reihenfolge der Aufrufe wie bei einem Internet-Socket. Listing 18.5 zeigt die nötigen Schritte bis zur Empfangsbereitschaft. Der Konstruktor wird mit der Adressfamilie `AF_UNIX` aufgerufen. Das Binden erfolgt dann allerdings mit dem Pfad statt mit einem Tupel von IP und Port. Mit dem Aufruf von `listen()` wird schließlich der Empfang von Daten vorbereitet. Das anschließende `accept()` blockiert, bis eine Verbindung von einem Client aufgebaut wird.

An dieser Stelle kann der Socket im Dateisystem mit `ls` angezeigt werden und ist durch ein `s` zu Beginn der Zeile gekennzeichnet:

```
$ ls -l /tmp/unixsocket
srwxrwxr-x  1 user user    0 Jun 14 12:53 unixsocket
```

Normale Dateien haben unter UNIX an dieser Stelle z.B. ein „-", Verzeichnisse ein „d".

Der Client für einen Stream-UNIX-Socket kann schnell in einer anderen Interpreter-Session realisiert werden:

```
>>> import socket
>>> socket_pfad = '/tmp/unixsocket'
>>> client = socket.socket(socket.AF_UNIX, socket.SOCK_STREAM)
>>> client.connect(socket_pfad)
>>> client.send(b'hello world')
11
```

Ein neues Socket-Objekt wird erzeugt und durch den Aufruf der Methode `connect()` mit der Gegenstelle verbunden. Anschließend können Daten versendet oder empfangen werden. In diesem Fall wird der Byte-String „hello world" versendet.

Auf der Gegenseite kehrt der Server-Socket von dem `accept()`-Aufruf zurück, sobald der Client erfolgreich die `connect()`-Methode ausgeführt hat. Das Ergebnis ist ein Tupel mit dem verbundenen Socket und der Adresse der Gegenseite, die gerade die Verbindung aufgebaut hat. Für einen Unix-Socket liefert Python hier einen leeren Byte-String:

```
>>> con, client_addr
(<socket.socket fd=4, family=AddressFamily.AF_UNIX,
type=SocketType.SOCK_STREAM, proto=0, laddr=/tmp/unixsocket>, b'')
>>> data = con.recv(11)
>>> data
b'hello world'
```

Wenn die Verbindung nicht mehr benötigt wird, sollten beide Seiten die Methode `close()` auf ihrem Socket-Objekt aufrufen:

```
>>> con.close()
```

Das Server-Programm muss nach dem Socket für die Verbindung auch noch den Server-Socket schließen und die Socket-Datei aus dem Filesystem entfernen:

```
>>> server.close()
>>> import os
>>> os.unlink(socket_pfad)
```

**Echo-Server mit UNIX-Socket**
Das folgende Listing 18.6 zeigt ein vollständiges Programm für einen Echo-Server mit einem UNIX-Socket.

Das Programm nimmt drei Verbindungen entgegen, bevor es sich selbst beendet und den Socket entfernt. Die empfangenen Daten werden mit einem regulären Ausdruck durchsucht, der Buchstabe `i` wird durch `o` ersetzt und an den Sender zurückgeschickt. Das Programm dokumentiert den Ablauf durch Ausgaben.

```
1  import re
2  import socket
3  socket_pfad = '/tmp/unixsocket'
4
5  server = socket.socket(socket.AF_UNIX, socket.SOCK_STREAM)
6  server.bind(socket_pfad)
```

```
 7
 8  server.listen(1)
 9  count = 3
10  while count:
11      print('warte')
12      con, client_addr = server.accept()
13      print('verbunden')
14      try:
15          data = con.recv(32)
16          print("daten: '%s'" % data.decode('utf-8'))
17          if data:
18              reply = re.sub('i', 'o', data.decode('utf-8'))
19              print("sende: '%s'" % reply)
20              con.sendall(reply.encode('ascii'))
21      finally:
22          con.close()
23      count -= 1
24
25  server.close()
26  import os
27  os.unlink(socket_pfad)
```

**Listing 18.6.** Vollständiger UNIX-Socket-Echo-Server

Das Client-Programm ist nur minimal gewachsen (Listing 18.7). Es liest jetzt nach dem Versand der Daten noch die Antwort von dem Socket ein.

```
1  import socket
2  socket_pfad = '/tmp/unixsocket'
3  client = socket.socket(socket.AF_UNIX, socket.SOCK_STREAM)
4  client.connect(socket_pfad)
5  sent = client.send(b'ping')
6  data = client.recv(32)
7  print("daten: '%s'" % data.decode('utf-8'))
8  client.close()
```

**Listing 18.7.** Client für den UNIX-Socket-Echo-Server

Hier noch die Ausgaben des Servers bei drei Ausführungen des Client-Programms. Zweimal wird der Code in der `while`-Schleife komplett ausgeführt. Nach dem dritten Durchlauf wird die Schleife beendet und der Socket durch den Aufruf von `close()` geschlossen:

```
warte
verbunden
daten: 'ping'
sende: 'pong'
warte
```

```
verbunden
daten: 'ping'
sende: 'pong'
warte
verbunden
daten: 'ping'
sende: 'pong'
```

## 18.2.2 UDP UNIX-Socket

Natürlich lässt sich ein UNIX-Socket auch mit UDP als Protokoll verwenden. Die Änderungen gegenüber dem TCP UNIX-Socket sind minimal. Das Protokoll wird im Konstruktor auf `SOCK_DGRAM` geändert, statt `listen()` und `accept()` wird nur `recvfrom()` aufgerufen, um den Socket empfangsbereit zu machen.

```python
1  import socket
2  socket_pfad = '/tmp/unixsocket'
3
4  server = socket.socket(socket.AF_UNIX, socket.SOCK_DGRAM)
5  server.bind(socket_pfad)
6  data, addr = server.recvfrom(1024)
7  server.close()
8
9  import os
10 os.unlink(socket_pfad)
```

**Listing 18.8.** Server mit UDP UNIX-Socket

Listing 18.8 zeigt einen minimalen Server mit einem UDP UNIX-Socket.

Der Client nutzt die Methode `sendto()` mit dem Pfad an Stelle des Tupel (Adresse, Port), um die Daten auf die Reise zu schicken (Listing 18.9).

```python
1  import socket
2  socket_pfad = '/tmp/unixsocket'
3  client = socket.socket(socket.AF_UNIX, socket.SOCK_DGRAM)
4  client.sendto(b"hello world", socket_pfad)
```

**Listing 18.9.** Client für den UDP UNIX-Socket

### 18.2.3 Client und Server mit UDP UNIX-Socket bei der Arbeit

Der Server aus Listing 18.8 wird zuerst gestartet und blockiert mit dem Aufruf von `recvfrom()` in Zeile 5, bis Daten eintreffen.

Die Ausgaben auf der Client-Seite sind wenig überraschend. Die Funktion `sendto()` liefert die Zahl der gesendeten Bytes:

```
>>> client.sendto(b"hello world", socket_pfad)
11
```

Der Server kehrt, nachdem eine Verbindung zustande kam, zurück und das Programm kann die Daten weiterverarbeiten:

```
>>> data, addr = server.recvfrom(1024)
>>> data, addr
(b'hello world', None)
```

Der Socket sollte wieder gelöscht werden, wenn er nicht mehr benötigt wird.

## 18.3 Mehrere Verbindungen über einen Socket

Über einen Socket kann mehr als nur eine Verbindung gleichzeitig hergestellt werden. Das Betriebssystem kann sie aufgrund der unterschiedlichen Absender-IP und -Port auseinanderhalten. Das Programm sollte darauf vorbereitet sein und alle weiteren Tätigkeiten nach der Annahme der Verbindung in einen eigenen Thread oder sogar einen eigenen Prozess auslagern. Mehr zu diesen Möglichkeiten im Kapitel 23 Multitasking ab Seite 290.

Die Vorgänge auf mehreren Verbindungen können mit den Funktionen der Module `select` und `selectors` gleichzeitig beobachtet werden.

Eine alternative Strategie ist, Anfragen mit asynchronem I/O zu bearbeiten. Die Bearbeitung aller Anfragen erfolgt dabei in einem Thread/Programm. Jede Anfrage wird nur solange bearbeitet, bis ein ein Systemaufruf blockieren würde. An dieser Stelle wird zur nächsten Operation gewechselt, die ausgeführt werden kann. Python unterstützt dies mit dem Modul `asyncio`.

# 19 Automatisches Testen mit `doctest`

Wer kennt sie nicht, die berühmten letzten Worte eines Programmierers: „Ich ändere noch schnell etwas vor dem Wochenende!".

Manchmal wird durch eine winzige Änderung im Quelltext eine andere Funktion eines Programms beschädigt, die sich auf eine bestimmte Eigenschaft einer anderen verlassen hat. Nun kann man bei größeren Projekten nicht von Hand jede Funktion eines Programms prüfen, dies ist zu aufwendig.

Python verfügt über die Möglichkeit, Tests in das Programm, genauer gesagt in den Docstring von Modulen, Klassen und Funktionen, einzufügen. Das Modul dafür trägt deswegen auch den Namen `doctest`.

Die Tests für dieses Modul können durch einen gesonderten Aufruf des Interpreters ausgeführt werden. Dabei vergleicht der Interpreter das erhaltene Ergebnis mit dem beim Test hinterlegten und zeigt dann ggf. die fehlerhafte Stelle im Programm an.

Die Standardlibrary enthält ein weiteres Modul zum Testen von Programmen: `unittest`. Auf dieses Modul wird hier nicht weiter eingegangen.

## 19.1 Doctest anwenden

Die Ausführung der Tests wird zuerst erklärt, damit die folgenden Beispiele gleich ausgeführt werden können. Um den Doctest in einem eigenen Programm zu nutzen, muss das Modul geladen werden:

```
import doctest
```

Alternativ kann man dem Interpreter beim Start das Modul mitgeben:

```
python -m doctest <programmname>
```

Dieser Aufruf von Python lädt das Modul `doctest` und führt das Programm `programmname` aus. Dabei wird für den Doctest nur etwas ausgeben, wenn ein Fehler auftritt.

Wer Python bei der Ausführung der einzelnen Tests zusehen möchte, kann dies durch den Parameter `-v` erreichen:

```
python -m doctest <programmname> -v
```

Wichtig ist, den Parameter `-v` hinter dem Programmnamen zu platzieren. Wenn er davor auftaucht, dokumentiert der Python-Interpreter, welche Module er lädt und entlädt. Die Ausgabe des Doctests ist eventuell schwer in der Ausgabe zu finden.

## 19.2 Doctest in ein Programm einfügen

Zunächst ein einfaches Beispiel für den Einsatz von `doctest`.

```
 1  """
 2  >>> testfunc(1, 2)
 3  3
 4  """
 5
 6  def testfunc(a, b):
 7      """
 8      Diese Funktion addiert die beiden uebergebenen Argumente.
 9      """
10      return a + b
11
12  if __name__ == '__main__':
13      import doctest
14      doctest.testmod()
```

**Listing 19.1.** Beispiel für den Einbau von `doctest`-Tests in ein Programm (`dt1.py`)

Im Listing 19.1 ist in den Zeilen 1–4 auf der Modulebene die Ein- und Ausgabe einer interaktiven Python-Sitzung in einem Kommentar eingefügt. Das Modul `doctest` wird nur geladen und ausgeführt, wenn das Programm ausgeführt wird (Zeilen 12–14), nicht wenn es als Modul importiert wird.

Vorausgesetzt, das Programm wurde als `dt1.py` gespeichert, gibt es nun zwei Wege, die Tests auszuführen, ohne und mit dem Parameter `-v`. Die Ausgabe in der Shell sollte wie folgt aussehen:

```
$ python3 dt1.py
```

Ohne den Parameter läuft das Programm ohne Ausgaben. Das gilt natürlich nur für den Fall, dass die Tests alle erfolgreich verlaufen. Mit dem Kommandozeilen-Parameter `-v` erhöht sich die Gesprächigkeit des Programmlaufs:

```
$ python3 dt1.py -v
Trying:
    testfunc(1, 2)
Expecting:
    3
ok
1 items had no tests:
    __main__.testfunc
1 items passed all tests:
    1 tests in __main__
```

```
1 tests in 2 items.
1 passed and 0 failed.
Test passed.
```

Mit dem Parameter `-v` gibt Python aus, welchen Test es ausführt (`Trying`), welches Ergebnis es erwartet (`Expecting`) und ob der Test bestanden ist (in diesem Fall `ok`).

Am Schluss befindet sich eine Zusammenfassung, wie viele Tests mit welchem Ergebnis ausgeführt wurden.

Interessant ist die Ausgabe „`1 items had no tests:`". Um den Code vollständig abzudecken, sollte keine Funktion ohne einen Test sein. In diesem Beispiel ist die Funktion `testfunc` ohne einen Test. Hier könnte man im Docstring der Funktion einen weiteren Test ergänzen, z. B.:

```
>>> testfunc('a', 'b')
'ab'
```

Die „vollständige" Testabdeckung[1] erfordert den Einbau des Beispielcodes in den Docstring der Funktion `testfunc()`.

```
1   """
2   >>> testfunc(1, 2)
3   3
4   """
5
6   def testfunc(a, b):
7       """
8   Diese Funktion addiert die beiden uebergebenen Argumente.
9
10  >>> testfunc('a', 'b')
11  'ab'
12      """
13      return a + b
14
15  if __name__ == '__main__':
16      import doctest
17      doctest.testmod()
```

**Listing 19.2.** Programm mit vollständiger Testabdeckung

---

[1] Vollständig ist sie nur, weil die Meldung von `doctest` nicht mehr auftaucht. Für den Nachweis der Funktion sollte man noch andere Tests einfügen.

## 19.3 Umgang mit variablen Ausgaben

Der Doctest stellt die Daten einer interaktiven Sitzung dar. Nun kann es Funktionen geben, die immer unterschiedliche Ergebnisse liefern, z. B. eine Uhrzeit. Der Doctest in der bisher genutzten Form würde mit einem statischen Wert einen Fehler melden. Der variable Text aus der Sitzung kann durch drei Punkte „..." ersetzt werden.

Als Beispiel wird die vorgestellte Funktion `testfunc()` mit unzulässigen Werten aufgerufen, sodass sie eine Exception auslöst:

```
>>> testfunc('', 1)
Traceback (most recent call last):
  File "<stdin>", line 1, in <module>
  File "<stdin>", line 5, in testfunc
TypeError: Can't convert 'int' object to str implicitly
```

Die Zeilenangaben sind eine mögliche Fehlerquelle, da die Position der Funktion in der interaktiven Sitzung von der in der Datei abweichen kann. Diese beiden Zeilen kann man durch die Auslassungspunkte ersetzen:

```
>>> testfunc('', 1)
Traceback (most recent call last):
...
TypeError: Can't convert 'int' object to str implicitly
```

Diese vier Zeilen können als weiterer Test in das Programm auf Modulebene, d. h. als Docstring zu Beginn des Programms, eingefügt werden.

```
 1  """
 2  >>> testfunc(1, 2)
 3  3
 4  >>> testfunc('', 1)
 5  Traceback (most recent call last):
 6  ...
 7  TypeError: Can't convert 'int' object to str implicitly
 8  """
 9
10  def testfunc(a, b):
11      """
12      Diese Funktion addiert die beiden uebergebenen Argumente.
13
14      >>> testfunc('a', 'b')
15      'ab'
16      """
17      return a + b
18
```

```
19  if __name__ == '__main__':
20      import doctest
21      doctest.testmod()
```

**Listing 19.3.** Doctest mit variablem Ergebnis (dt2.py)

In Zeile 4 steht der Funktionsaufruf, der einen Fehler auslöst. In den folgenden Zeilen ist das erwartete Ergebnis mit der Auslassung beschrieben. Eine erneute Ausführung mit:

```
python3 dt1.py -v
```

liefert die ausgeführten Tests. Auch wenn der neu eingefügte Test eigentlich einen Fehler darstellt, auch dies kann mit doctest geprüft werden.

## 19.4 Auslagern des Tests in eine Datei

Die Ausführung der Doctests kann in einer gesonderten Datei zusammengefasst werden. In der Datei können einfach nur die Anweisungen, wie bei einem Doctest, aufgeführt und auch erklärender Text ergänzt werden.

Der Vorteil dieser Testdatei: Es können mehrere Programme mit dem Aufruf einer Datei getestet werden. Dies ist sehr hilfreich, wenn man eine Library mit vielen einzelnen Programmdateien hat. Statt alle einzeln Testen zu müssen, ist dies so in einem Durchlauf möglich.

Der Name der Datei kann beliebig gewählt werden. Das gilt auch für die Extension, falls überhaupt eine genutzt wird. Für das folgende Listing wird der Name dttest.txt gewählt und in den folgenden Beispielen genutzt.

```
1   Test fuer dt*-Programme
2   =======================
3
4   Modul dt1 laden
5   ---------------
6
7       >>> from dt1 import testfunc
8
9   Funktion testfunc mit Zeichenketten aufrufen
10
11      >>> testfunc('a', 'b')
12      'ab'
13
14  Modul dt2 laden und ausfuehren
15  ------------------------------
16
17      >>> from dt2 import testfunc
```

```
18 │   >>> testfunc('a', 1)
19 │   Traceback (most recent call last):
20 │   ...
21 │   TypeError: Can't convert 'int' object to str implicitly
```

**Listing 19.4.** Doctests in einer Datei sammeln (`dttest.txt`)

Das Listing 19.4 zeigt eine Testdatei für zwei der zuletzt vorgestellten Programme. Die Dokumentation kann beliebig mit Beispielen für `doctest` gemischt werden. Die Tests können in der ersten Spalte beginnen oder beliebig eingerückt sein, solange alle Zeilen eines Tests die gleiche Einrückung aufweisen.

### Ausführen der Testdatei im Python-Interpreter

Ausgeführt wird der Test in der Python-Shell wie folgt (Listing 19.4 als `dttest.txt` gespeichert):

```
>>> import doctest
>>> doctest.testfile('dttest.txt')
TestResults(failed=0, attempted=4)
```

Solange kein Fehler auftritt, besteht die Ausgabe nur aus einer kurzen Zusammenfassung.

Fehler werden ausführlich mit Zeilennummer und Beispiel dargestellt. Um einen Fehler zu provozieren, wird die erwartete Ausgabe von `'ab'` durch `'a'` ersetzt. Ein erneuter Test liefert folgende Ausgabe:

```
>>> doctest.testfile('dttest.txt')
**********************************************************************
File "./dttest.txt", line 11, in dttest.txt
Failed example:
    testfunc('a', 'b')
Expected:
    'a'
Got:
    'ab'
**********************************************************************
1 items had failures:
   1 of   4 in dttest.txt
***Test Failed*** 1 failures.
TestResults(failed=1, attempted=4)
```

**Ausführen der Testdatei in einer Linux-Shell**

Die Ausführung des Tests in einer Linux-Shell ist als kurze, stille Version oder mit ausführlichen Ausgaben möglich. Zunächst die kurze Fassung:

```
$ python3 -m doctest dttest.txt
```

In der stillen Ausführung läuft das Programm ohne besondere Ausgaben, es werden nur Fehler dargestellt.

Der ausführliche Lauf gibt alle durchgeführten Tests aus und sollte wie folgt aussehen:

```
$ python3 -m doctest -v dttest.txt
Trying:
    from dt1 import testfunc
Expecting nothing
ok
Trying:
    testfunc('a', 'b')
Expecting:
    'ab'
ok
Trying:
    from dt2 import testfunc
Expecting nothing
ok
Trying:
    testfunc('a', 1)
Expecting:
    Traceback (most recent call last):
    ...
    TypeError: Can't convert 'int' object to str implicitly
ok
1 items passed all tests:
   4 tests in dttest.txt
4 tests in 1 items.
4 passed and 0 failed.
Test passed.
```

# 20 Iteratoren und funktionale Programmierung

Wie schon im Kapitel 8 Funktionales erwähnt, gibt es in Python Elemente der funktionalen Programmierung. Die meisten davon sind im Sprachkern enthalten. Darüber hinaus sind noch weitere zur Erzeugung von Iteratoren und Funktionen in den beiden Modulen `itertools` und `functools` enthalten.

## 20.1 Erzeugung von Iteratoren mit `itertools`

Das Modul `itertools` liefert verschiedene Funktionen, um effizient Schleifen zu realisieren. Der Rückgabewert dieser Funktionen ist ein Objekt oder Iterator, der in einer Schleife genutzt, oder, z.B. mit der eingebauten Funktion `list()`, in eine Sequenz ausgegeben werden kann.

### 20.1.1 Endlosschleifen

Den Anfang machen Funktionen, mit denen man Endlosschleifen erzeugen kann. Mit der eingebauten Funktion `range()` ist das nicht möglich und könnte nur mit einem `while True` emuliert werden. Das Modul definiert die folgenden Funktionen.

**Tab. 20.1.** Endlosschleifen im Modul `itertools`

| Funktion | Beschreibung |
|---|---|
| `count([start, step])` | Unendlicher Zähler mit einem optionalen Start- und Schrittwert. |
| `cycle(s)` | Wiederholt die einzelnen Elemente der Sequenz s unendlich. |
| `repeat(e [, n])` | Wiederholt e unendlich oder n-mal. e kann ein beliebiges Python-Objekt sein. |

Da endlose Schleifen sich im Rahmen eines Textes nicht gut darstellen lassen, hier nur ein Beispiel für `repeat()`, das den optionalen Wert für Durchläufe nutzt und die Schleife nach drei Durchläufen abbricht:

```
>>> import itertools
>>> for n in itertools.repeat('abc', 3):
...     print(n)
...
abc
abc
abc
```

Für die Endlosschleifen kann das Listing 20.1 zum Selbstversuch verwendet werden. Dieses Programm nutzt die Funktion `count()` und muss mit `Ctrl+C` abgebrochen werden. Bis dahin gibt es den aktuellen Zählerstand nach je einer Million Durchläufen aus.

```
1  import itertools
2  counter = itertools.count()
3  for n in counter:
4      if n % 1000000 == 0:
5          print(n)
```

**Listing 20.1.** Endlosschleife mit `count()`

### 20.1.2 Sequenzfilter

Die nächsten Funktionen iterieren über eine oder mehrere Sequenzen und können dabei die zurückgelieferten Werte anhand einer mitgegebenen Funktion auf verschiedene Arten und Weisen beeinflussen.

**Tab. 20.2.** Sequenzfilter in `itertools`

| Funktion | Beschreibung |
| --- | --- |
| `accumulate(s[, func])` | Addiert die Elemente der Sequenz bis zur aktuellen Position. |
| `chain(s[, s1...])` | Durchläuft die gegebenen Sequenzen nacheinander. |
| `compress(s, fs)` | Filtert Elemente aus einer Sequenz s, solange das korrespondierende Element aus fs als True bewertet wird. |
| `dropwhile(bed, s)` | Filtert, solange eine Bedingung erfüllt ist. |
| `filterfalse(bed, s)` | Wählt Elemente aus, bei denen die Bedingung bed mit False bewertet wird. |
| `groupby(i[, kf])` | Gruppiert die Werte einer Sequenz anhand des durch die Key-Funktion erzeugten Wertes. |
| `islice(s, [start,] stop [, step])` | Wählt Elemente der Sequenz in einem Bereich und anhand der Schrittweite. Dies ist dem Slicing von Sequenzen ähnlich. |
| `starmap(func, s)` | Führt die Funktion mit den Werten der Sequenz aus. Die einzelnen Werte der Sequenz werden der Funktion als einzelne Parameter übergeben (mit * dereferenziert). |
| `takewhile(bed, s)` | Entnimmt der Sequenz Elemente solange bed True liefert. |
| `tee(it, n)` | Liefert n Iteratoren über die Sequenz. Standardwert für n ist 2. |
| `zip_longest(s[, s1...])` | Verknüpft die Elemente der Sequenzen. |

Durch ein paar Beispiele sollte der Nutzen der einzelnen Funktionen aus Tabelle 20.2 besser verständlich sein.

**accumulate()**

Die Funktion liefert die Summe der Werte bis zur aktuellen Position:

```
>>> import itertools
>>> for n in itertools.accumulate([1, 2, 3, 4]):
...     print(n, end=' ')
...
1 3 6 10 >>>
```

Die Ausgabe zeigt die Ergebnisse der Additionen 1, 1 + 2, 1 + 2 + 3 und 1 + 2 + 3 + 4.

Als zweiten Parameter kann die Funktion eine Funktion erhalten, die auf die Elemente der Sequenz angewendet werden soll. Die Standardfunktion zur Aufsummierung der Elemente kann wie folgt implementiert werden.

```
1  def func(*args):
2      if len(args) == 1:
3          return args
4      return sum(list(args))
```

**Listing 20.2.** Funktion zum Aufsummieren einer Liste

Die Funktion `func()` in Listing 20.2 wendet die Funktion `sum()` auf eine Liste der variablen Argumente in `args` an.

Der geänderte Aufruf der `accumulate()`-Funktion mit dem zusätzlichen Parameter liefert das gleiche Ergebnis wie der Aufruf zuvor:

```
>>> for n in itertools.accumulate([1, 2, 3, 4], func):
...     print(n, end=' ')
...
1 3 6 10 >>>
```

**chain()**

Die Funktion fügt mehrere Sequenzen für den Schleifendurchlauf aneinander, als ob es eine Sequenz wäre:

```
>>> for n in itertools.chain([1, 2, 3], ('a', 'b'), [42, 43, 44]):
...     print(n)
...
1
2
3
a
b
```

```
42
43
44
```

## compress()

Eine Auswahl aus einer Sequenz anhand einer True/False-Bewertung ist mit dieser Funktion möglich. Sie erhält eine Sequenz als ersten Parameter und eine weitere als sogenannten Selektor. Der Iterator erhält die Werte aus der ersten Sequenz, deren korrespondierender Selektor-Wert mit True bewertet wird:

```
>>> for n in itertools.compress([1, 2, 3], [1, 0, 1]):
...     print(n)
...
1
3
```

An Stelle von 0 und 1 können auch andere Objekte in der Selektorliste enthalten sein. Sie müssen nur als True oder False interpretierbar sein. Hier ein Beispiel mit Listen und Zeichenketten als Selektoren:

```
>>> for n in itertools.compress([1, 2, 3], [[42], '', 'a']):
...     print(n)
...
1
3
```

## dropwhile()

Die Elemente einer Sequenz werden ignoriert, solange die Bedingung erfüllt ist. Ab der Position, an der die Funktion zum ersten Mal False liefert, werden alle weiteren Werte zurückgegeben. Die Parameter für diese Funktion sind eine Bewertungsfunktion und die Sequenz:

```
>>> for n in itertools.dropwhile(lambda v: v ** 2 < 9, [2, 3, 4, 2]):
...     print(n)
...
3
4
2
```

### filterfalse()

Wenn Werte aus einer Sequenz gefiltert werden sollen, für die eine Bedingung nicht zutrifft, bietet sich `filterfalse()` an:

```
>>> for n in itertools.filterfalse(lambda v: v**2 < 10, [5,1,4,3,2]):
...     print(n)
...
5
4
```

Wird statt einer Funktion `None` als Parameter übergeben, werden die Werte zurück-gegeben, die `False` darstellen:

```
>>> list(itertools.filterfalse(None, ([], 1, 0, '', 42, 'huhu')))
[[], 0, '']
```

### groupby()

Die Funktion ermöglicht die Zusammenfassung von Werten einer Sequenz in einen neuen Iterator anhand des Funktionsergebnisses. Das klingt zunächst etwas kryp-tisch, wird aber gleich an einem Beispiel deutlich. Die Funktion erhält eine Sequenz und eine Funktion als Parameter.

Für ein Beispiel wird zunächst die Key-Funktion definiert. Um Daten auf eine Menge von Schlüsseln abzubilden, bietet sich die Modulo-Operation an.

```
1  def func(v):
2    if v % 2 == 0:
3        return 2
4    return 1
```

**Listing 20.3.** Key-Funktion für gerade und ungerade Zahlen

Die Funktion `func()` aus Listing 20.3 liefert bei geraden Zahlen 2 zurück, sonst 1. Damit können beliebige Zahlen aus einer Sequenz auf diese zwei Schüssel abgebildet wer-den. Mit der Funktion `map()` kann dies sofort überprüft werden:

```
>>> data = [1, 2, 3, 4, 5, 6]
>>> list(map(func, data))
[1, 2, 1, 2, 1, 2]
```

Die Funktion `groupby()` wendet, ähnlich wie `map()`, eine Funktion auf eine Sequenz an. Der Rückgabewert besteht aber aus dem von der Funktion erzeugten Key und einem `Group`-Objekt. Das `Group`-Objekt wird jedes Mal neu erzeugt, wenn der Rückgabewert der Funktion wechselt. Daher sollten die Daten vor der Anwendung von `groupby()` mit der Funktion sortiert werden:

```
>>> data = sorted(data, key=func)
>>> data
[1, 3, 5, 2, 4, 6]
```

Die Liste enthält jetzt die Werte sortiert nach dem Rückgabewert der Funktion `func()`. Die so erhaltene Sequenz wird im folgenden Programm (Listing 20.4) verwendet.

Das `Group`-Objekt ist selbst ein Iterator. Dadurch ändert sich bei jedem Durchlauf der Wert des Objekts und muss, falls er noch benötigt wird, gespeichert werden.

```
1  groups = []
2  keys = []
3
4  for k, g in itertools.groupby(data, func):
5      gl = list(g)
6      print("k: '{}' g: '{}'".format(k, gl))
7      groups.append(gl)
8      keys.append(k)
```

**Listing 20.4.** Gruppieren mit `groupby()`

Die Ausführung von Listing 20.4 liefert folgende Ausgabe:

```
k: '1' g: '[1, 3, 5]'
k: '2' g: '[2, 4, 6]'
```

Die Variablen `groups` und `keys` enthalten danach:

```
>>> groups
[[1, 3, 5], [2, 4, 6]]
>>> keys
[1, 2]
```

### islice()
Die Slicing-Funktion kann mit unterschiedlichen Parametern genutzt werden. In der Minimalform muss eine Sequenz und der Stopp-Index angegeben werden. Das Ergebnis sind die Werte bis zu der Position vor dem gegebenen Stopp-Index:

```
>>> list(itertools.islice([0, 1, 2, 3 ,4], 3))
[0, 1, 2]
```

Um einen Bereich der Sequenz zu erhalten, kann man Start- und Stopp-Wert an die Funktion übergeben. Wie beim Slicing ist der Startwert inklusive, der Stopp-Wert nicht:

```
>>> list(itertools.islice([0, 1, 2, 3 ,4], 1, 3))
[1, 2]
```

Mit der Schrittweite kann man wie bei einer for-Schleife arbeiten:

```
>>> list(itertools.islice([0, 1, 2, 3 ,4], 0, 4, 2 ))
[0, 2]
```

### starmap()

Die Sequenzen einer Sequenz werden als einzelne Parameter an eine Funktion übergeben. Die Funktion muss natürlich entsprechend viele Parameter verarbeiten können bzw. flexibel auf die Anzahl der Parameter reagieren können:

```
>>> for n in itertools.starmap(pow, [(2, 2), (2, 3), (2, 4)]):
...     n
...
4
8
16
>>> def add(a, b):
...    return a + b
...
>>> for n in itertools.starmap(add, [(2, 2), (2, 3), (2, 4)]):
...     n
...
4
5
6
```

### tee()

Die Funktion vervielfältigt einen Iterator über die Sequenz:

```
>>> for n in itertools.tee([1, 2]):
...     n
...
<itertools._tee object at 0x7f89f0540848>
```

```
<itertools._tee object at 0x7f89f0540948>
>>> for n in itertools.tee([1, 2]):
...     for m in n:
...         m
...
1
2
1
2
```

### zip_longest()

Die Funktion fügt Werte aus mehreren Sequenzen in ein Tupel zusammen, bis die längste durchlaufen ist. Nicht mehr besetzte Elemente aus den kürzeren Sequenzen werden dabei mit dem optionalen Füllwert belegt.

Mit nur einer Sequenz als Parameter liefert die Funktion jeden Wert als einziges Element eines Tupels zurück:

```
>>> list(itertools.zip_longest('abcdef'))
[('a',), ('b',), ('c',), ('d',), ('e',), ('f',)]
```

Zwei Sequenzen und ein Füllwert als Parameter für die Funktion:

```
>>> list(itertools.zip_longest('abcdef', 'xyz', fillvalue='-'))
[('a', 'x'), ('b', 'y'), ('c', 'z'), ('d', '-'), ('e', '-'),
 ('f', '-')]
```

Da die Elemente zu einem Tupel zusammengefasst werden, können auch unterschiedliche Datentypen gemischt werden:

```
>>> list(itertools.zip_longest('abc', 'xyz', [1, 2, 3]))
[('a', 'x', 1), ('b', 'y', 2), ('c', 'z', 3)]
```

### 20.1.3 Permutationen

Auch für die Permutation, die Anordnung von Elementen mit und ohne Wiederholung, gibt es einige Funktionen in dem Modul.

**Tab. 20.3.** Permutations-Funktionen

| Funktion | Beschreibung |
|---|---|
| product(p, q, [...]) | Bildet das kartesische Produkt der übergebenen Sequenzen. |
| permutations(p[, r]) | Alle möglichen Vertauschungen der Elemente aus der Sequenz p als Tupel. Die Länge des Tupels kann mit dem Parameter r beschränkt werden. |
| combinations(p, r) | Bildet wiederholungsfreie Kombinationen aus den Elementen der Menge p in Tupel der Länge r. |
| combinations_with_replacement(p, r) | Wie combinations, nur mit Wiederholungen. |

Das kartesische Produkt von zwei Sequenzen kann mit product() durchlaufen werden:

```
>>> import itertools
>>> list(itertools.product([1, 2], [3, 4, 5]))
[(1, 3), (1, 4), (1, 5), (2, 3), (2, 4), (2, 5)]
```

Die Funktion nimmt auch mehr als zwei Parameter entgegen:

```
>>> list(itertools.product([1, 2], [3, 4], [5, 6]))
[(1, 3, 5), (1, 3, 6), (1, 4, 5), (1, 4, 6),
 (2, 3, 5), (2, 3, 6), (2, 4, 5), (2, 4, 6)]
```

Alle möglichen Kombinationen einer Menge kann mit der Funktion permutations() in ein Tupel ausgegeben werden:

```
>>> list(itertools.permutations('abc'))
[('a', 'b', 'c'), ('a', 'c', 'b'), ('b', 'a', 'c'), ('b', 'c', 'a'),
 ('c', 'a', 'b'), ('c', 'b', 'a')]
```

Optional kann der Funktion die maximale Länge des erzeugten Tupels beschränkt werden. Wird der Parameter größer als die Anzahl der verfügbaren Elemente gewählt, liefert die Funktion kein Ergebnis.

```
>>> list(itertools.permutations('abc', 2))
[('a', 'b'), ('a', 'c'), ('b', 'a'), ('b', 'c'), ('c', 'a'),
 ('c', 'b')]
```

Die möglichen Kombinationen mit einer gegebenen Länge aus einer Menge ermittelt die Funktion combinations(). Die Längenangabe ist hier zwingend erforderlich. Werte, die die Länge der Eingabemenge überschreiten, führen zu einem leeren Ergebnis:

```
>>> list(itertools.combinations('abc', 2))
[('a', 'b'), ('a', 'c'), ('b', 'c')]
>>> list(itertools.combinations('abc', 3))
[('a', 'b', 'c')]
>>> list(itertools.combinations([1, 2, 3], 2))
[(1, 2), (1, 3), (2, 3)]
>>> list(itertools.combinations([1,2,3], 3))
[(1, 2, 3)]
>>> list(itertools.combinations([1,2,3], 4))
[]
```

## 20.2  Tools für Funktionen functools

In dem Modul functools sind Funktionen und Dekoratoren versammelt, die auf oder
mit Funktionen arbeiten bzw. als Ergebnis liefern. In der Tabelle 20.4 sind nicht alle
im Modul verfügbaren Dekoratoren und Funktionen aufgeführt.

**Tab. 20.4.** Dekoratoren und Funktionen in functools

| Dekorator | Beschreibung |
|---|---|
| lru_cache(maxsize=128, typed=False) | Stattet die dekorierte Funktion mit einem Ergebnisspeicher der Größe maxsize aus. Der Parameter typed erlaubt die Unterscheidung von Parametertypen, z.B. Integer und Float. |
| total_ordering | Ermöglicht eine Klasse mit Vergleichsoperationen auszustatten, auch wenn diese nicht alle implementiert sind. |
| singledispatch | Mit diesem Dekorator kann eine generische Funktion erzeugt werden. Unterschiedliche Implementierungen werden anhand des Typs des ersten Parameters ausgeführt. |
| **Funktion** | |
| partial(func, *args, **keywords) | Erzeugt ein Objekt, das als Funktion mit vorgegebenen Parametern genutzt werden kann. |
| partialmethod(func, *args, **keywords) | Erzeugt eine Funktion mit Default-Parametern. |
| update_wrapper(wrapper, wrapped, assigned=WRAPPER_ASSIGNMENTS, updated=WRAPPER_UPDATES) | Verändert eine Wrapper-Funktion so, dass sie wie die enthaltene Funktion aussieht. Die Daten der enthaltenen Funktion können über das Attribut __wrapped__ erfragt werden. |

**Tab. 20.4.** fortgesetzt

| Funktion | Beschreibung |
| --- | --- |
| reduce(func, iterable[, initializer]) | Wendet die Funktion `func` auf die ersten beiden Elemente von `iterable` an, bis nur ein Wert übrig ist. |

### reduce()

Die Funktion `reduce()` ist vermutlich die bekannteste in Tabelle 20.4. Sie übergibt immer zwei Werte aus einer Liste von Elementen an eine Funktion, bis nur noch ein Wert übrig ist. Das Beispiel subtrahiert alle Werte der Sequenz vom ersten Element:

```
>>> import functools
>>> functools.reduce(lambda a, b: a - b, [45, 1, 1, 1])
42
```

Die übergebene Funktion muss zwei Parameter verarbeiten. Für eine Addition der Werte könnte dies so aussehen:

```
>>> def add(a, b):
...     return a + b
...
>>> functools.reduce(add, [45, 1, 1, 1])
48
```

### lru_cache

Der Dekorator `lru_cache` kann genutzt werden, um die Ergebnisse einer Funktion für wiederholte Aufrufe zu speichern. Mit dem Parameter `maxsize` definiert man die Anzahl der gespeicherten Funktionsergebnisse. Dies kann für eine aufwendige, sprich rechenintensive, Funktion sehr hilfreich sein. Um das Prinzip zu verdeutlichen, kommt nur eine einfache Additionsfunktion zum Einsatz.

```
1  from functools import lru_cache
2  @lru_cache(maxsize=10)
3  def calc(a, b):
4      print(a, b)
5      return a + b
```

**Listing 20.5.** Beispielfunktion für den Dekorator `lru_cache`

Die Funktion in Listing 20.5 speichert durch den Dekorator die letzten zehn Aufrufe. Der Aufruf der Funktion erfolgt wie gehabt:

```
>>> functools.reduce(calc, [45, 1, 1, 1])
45 1
46 1
47 1
48
```

Interessant sind jetzt die Daten des Cache:

```
>>> calc.cache_info()
CacheInfo(hits=0, misses=3, maxsize=10, currsize=3)
```

Ein erneuter Aufruf der Funktion zeigt den Erfolg des Cache:

```
>>> functools.reduce(calc, [45, 1, 1, 1])
48
>>> calc.cache_info()
CacheInfo(hits=3, misses=3, maxsize=10, currsize=3)
```

**total_ordering**

Eine Klasse kann Vergleichsoperatoren durch Überschreiben der Hooks `__lt__()`, `__le__()`, `__gt__()` oder `__ge__()` implementieren. Die Methoden müssen nicht alle implementiert werden, einige können durch diesen Dekorator bereitgestellt werden. Die Klasse sollte die Methode `__eq__()` implementieren.

```
1   from functools import total_ordering
2
3   @total_ordering
4   class DZ:
5       def __init__(self, a, b):
6           self.a = a
7           self.b = b
8       def __eq__(self, other):
9           return self.a == other.a and self.b == other.b
10      def __gt__(self, other):
11          return self.a > other.a and self.b > other.b
```

**Listing 20.6.** Beispielklasse für den Dekorator `total_ordering`

Die Klasse DZ im Listing 20.6 übernimmt im Konstruktor zwei Werte in ein Objekt auf. Im Listing sind die Methoden `__eq__()` und `__gt__()` definiert und die Klasse mit dem Dekorator ausgezeichnet.

Zwei Objekte können erzeugt und mit allen Vergleichsoperatoren verglichen werden, obwohl nicht alle Methoden implementiert wurden:

```
>>> dz1 = DZ(1, 1)
>>> dz2 = DZ(2, 2)
>>> dz1 == dz2
False
>>> dz1 < dz2
True
>>> dz1 > dz2
False
>>> dz1 <= dz2
True
```

Wenn man die Klasse ohne den Dokorator definiert und die Vergleiche `__le__()` und `__ge__()` ausführt, erhält man einen `TypeError` mit der Meldung „unorderable types".

### singledispatch

Der Dekorator `singledispatch` wird auf eine Funktion angewendet, um weitere Funktionen zu definieren, die für unterschiedliche Argumenttypen unter gleichem Namen ausgeführt werden.

```
1  from functools import singledispatch
2
3  @singledispatch
4  def func(v):
5      print(type(v), v)
6
7  @func.register(int)
8  def func_int(v):
9      print('int', v)
```

Listing 20.7. Beispiel für den Dekorator `singledispatch`

Die Funktion `func()` in Listing 20.7 ist mit dem Dekorator `singledispatch` ausgezeichnet (Zeile 3). Anschließend wird mit dem Funktionsnamen und der Methode `register()` ein Dekorator für diese Funktion mit bestimmten Parametertypen angegeben (Zeile 7).

Die Funktionen geben nur den Typ und den Wert der Variable aus. In einer interaktiven Sitzung mit jeweils 42 als Zeichenkette und Zahl als Parameter für die Funktion `func()` sieht das dann wie folgt aus:

```
>>> func('42')
<class 'str'> 42
>>> func(42)
int 42
```

Die Zeichenkette geht an die allgemeine Funktion, da keine Funktion speziell für Zeichenketten definiert wurde. Die Zahl wird an die Funktion mit dem als `int` definierten Parameter übergeben.

Eine weitere Funktion kann auch durch den Aufruf einer Funktion hinzugefügt werden. Die `register()`-Funktion erhält dann den Typ und den Funktionsnamen als Parameter.

### update_wrapper

Diese Funktion kommt bei Dekoratoren zum Einsatz. Sie überschreibt die Daten der Wrapper-Funktion mit denen der umhüllten Funktion. Im Modul sind dafür zwei Tupel mit den zu überschreibenden Namen definiert:

```
>>> functools.WRAPPER_ASSIGNMENTS
('__module__', '__name__', '__qualname__', '__doc__',
 '__annotations__')
>>> functools.WRAPPER_UPDATES
('__dict__',)
```

Ein Beispiel für den Einsatz der Funktion wurde schon im Listing 11.22 auf Seite 131 gegeben.

### partial()

Ein Aufruf dieser Funktion liefert ein Objekt der Klasse `partial`. Dieses Objekt verhält sich beim Aufruf wie der Funktionsaufruf mit den bereits bei dem Funktionsaufruf von `partial` definierten und den tatsächlich gegebenen Parametern.

```
1  from functools import partial
2
3  def func(a, b):
4      return a + b
5
6  p = partial(func)
```

**Listing 20.8.** Erstes Beispiel für `partial()`

Der Aufruf des mit `partial()` in Listing 20.8 erstellten Objekts als Funktion kann wie folgt aussehen:

```
>>> p(34, 8)
42
```

Dieses Beispiel entspricht einem normalen Aufruf der Funktion `func()` und ist noch nichts Besonderes. Man kann aber beim Aufruf von `partial()` positionsabhängige- und Keyword-Parameter in beliebiger Kombination angeben. Eine Funktion kann so dynamisch mit Default-Parametern versehen werden:

```
>>> p = partial(func, 22, 20)
>>> p()
42
>>> p = partial(func, 15, b=27)
>>> p()
42
>>> p = partial(func, a=15, b=27)
>>> p()
42
>>> p(b=28)
43
```

Durch die Definition einer `partial`-Funktion mit Parametern kann man Defaultwerte für den Aufruf vorgeben und erhält einen vereinfachten Funktionsaufruf.

Die Signatur der `parital()`-Funktion ist wie folgt:

```
partial(func, *args, **keywords)
```

Die Parameter sind in der folgenden Tabelle erläutert.

**Tab. 20.5.** Attribute von `partial`-Objekten

| Attribut | Beschreibung |
| --- | --- |
| func | Die Funktion, die aufgerufen wird. |
| args | Die positionsabhängigen Parameter, die beim Aufruf des Objekts übergeben werden. |
| keywords | Die Keyword-Parameter für den Objekt-Aufruf. |

Für die letzte gezeigte interaktive Sitzung mit Listing 20.8 sieht das z.B. wie folgt aus:

```
>>> func
<function func at 0x7f3811a65b70>
>>> p.func
<function func at 0x7f3811a65b70> # zeigt auf func()
>>> p.args                        # keine positionsabhängigen Param.
()
>>> p.keywords                    # aber Keyword-Parameter
{'b': 27, 'a': 15}
```

**partialmethod()**

Diese Funktion liefert ein partial-Objekt, das als Methode in einem Objekt verwendet werden kann.

```
1  from functools import partialmethod
2
3  class PM():
4      def __init__(self, v=-1):
5          self.value = v
6      def set_value(self, v):
7          self.value = v
8      set_null = partialmethod(set_value, 0)
9      set_42 = partialmethod(set_value, 42)
```

**Listing 20.9.** Beispiel für partialmethod()

Listing 20.9 definiert die Klasse PM. Der Konstruktor initialisiert das Attribut value mit einem Defaultwert von -1 (Zeilen 4–5).

Mit der Methode set_value() kann dem Attribut ein beliebiger Wert zugewiesen werden. Als weitere Methoden sind set_null() und set42() durch den Aufruf von partialmethod() mit den entsprechenden Werten verfügbar (Zeilen 8–9).

In der Anwendung sieht diese Klasse wie folgt aus:

```
>>> pm = PM()
>>> pm.value
-1
>>> pm.set_null()
>>> pm.value
0
>>> pm.set_42()
>>> pm.value
42
```

Ein frisch initialisiertes Objekt hat den Wert `-1` im Attribut `value`. Die Methoden `set_null()` und `set42()` rufen ebenfalls `set_value()` auf. Allerdings muss kein Wert mehr übergeben werden, da dieser bereits beim Aufruf von `partialmethod()` angegeben wurde.

# 21 Binärdaten und Codierungen

In Python muss man sich im Normalfall nicht mit dem Aufbau einer Datenstruktur im Rechner auseinandersetzen. Wenn man z.B. eine Datei mit Binärdaten einliest, wird dies aber doch nötig. Darin können Zahlen und Text in einer fixen Struktur abgelegt sein. Im Vergleich zu Textdateien ist hier etwas mehr Aufwand beim Einlesen nötig.

Jede CPU-Architektur ist frei in der Interpretation des Inhalts des Speichers. Welchem Bit eines Speicherbereichs die Bedeutung des höchsten und des niedrigsten Bit zukommt, lässt sich auf zwei Arten interpretieren. Je nachdem welche Wertigkeit zuerst (an der kleineren Speicheradresse) steht, werden sie als „Little-Endian" und „Big-Endian" bezeichnet[1]. Die Intel x86- und x86_64-Architektur sind Little-Endian, M68k und PowerPC sind Big-Endian.

Für die Übertragung von Daten über IP ist die Darstellung Big-Endian als Standard festgelegt worden.

## 21.1 Binärstrukturen bearbeiten mit `struct`

Das Modul `struct` bietet dem Programmierer die nötigen Funktionen, um Datenstrukturen zu definieren und mit Daten zu füllen oder aus diesen zu lesen. Unterschiede in den Prozessorarchitekturen können dabei berücksichtigt werden.

Eine Struktur wird in Python mit einem Formatstring, ähnlich denen für eine Ausgabe in eine Zeichenkette[2], beschrieben. Beim Lesen und Schreiben einer solchen Struktur findet dann eine entsprechende Codierung statt.

**Tab. 21.1.** Funktionen des Modul `struct`

| Funktion | Beschreibung |
|---|---|
| `pack(format, v...)` | Packt die übergebenen Werte `v` in eine Byte-Struktur mit dem gegebenen Format `format`. |
| `pack_into(format, buf, offset, v...)` | Fügt die Werte `v` ab dem Offset entsprechend dem Format in den Puffer ein. |
| `unpack(format, buf)` | Das Gegenstück zu `pack()`. |
| `unpack_from(format, buf, offset)` | Das Gegenstück zu `pack_into()`. |
| `iter_unpack(format, buf)` | Liefert einen Iterator, der jeweils ein Element wie mit `format` beschrieben zurückgibt. |
| `calcsize(format)` | Liefert die Länge der Struktur `format` in Bytes. |

---

1 Andere Namen dafür sind Byte-Order und Endianness
2 Kapitel 4.2.2 Formatierung mit Formatstrings (Old String Formatting) auf Seite 53.

Tabelle 21.1 listet die Funktionen des Moduls `struct`, um Daten in eine Struktur zu schreiben oder aus ihr zu lesen.

Für die Datenstruktur kann die zuvor erwähnte Byte-Order zu Beginn des Formatstrings durch eines der folgenden Zeichen festgelegt werden.

**Tab. 21.2.** Festlegung der Byte-Order im `struct`-Formatstring

| Platzhalter | Beschreibung |
|---|---|
| @ | plattformspezifisch, evtl. mit Ausrichtung |
| = | plattformspezifisch, ohne Ausrichtung |
| < | little-endian |
| > | big-endian |
| ! | Netzwerk (big-endian) |

Wird keines dieser Zeichen aus Tabelle 21.2 zu Beginn des Formatstrings angegeben, wird die erste Form angenommen (@). Des Weiteren definiert das Format auch die Menge der Byte die zu einem Datum gehören.

**Tab. 21.3.** Platzhalter in `struct`-Formatstrings

| Platzhalter | Bytes | C-Typ |
|---|---|---|
| x | | Füllbyte |
| c | 1 | char |
| b | 1 | signed char |
| B | 1 | char |
| h | 2 | short |
| H | 2 | unsigned short |
| i | 4 | int |
| I | 4 | unsigned int |
| l | 4 | long |
| L | 4 | unsigned long |
| q | 8 | long long |
| Q | 8 | unsigned long long |
| n | | ssize_t |
| N | | size_t |
| f | 4 | float |
| d | 8 | double |
| s | | char[], eine Zeichenkette, aufgefüllt mit Nullbytes. `unpack()` liefert immer eine Zeichenkette mit der gegebenen Länge. |

**Tab. 21.3.** fortgesetzt

| Platzhalter | Bytes | C-Typ |
|---|---|---|
| p | | char[], ein Pascal-String. Hier wird zu Beginn in einem Byte die Länge codiert. |
| P | | void * |

Eine Datenstruktur wird mit den in Tabelle 21.3 vorgestellten Platzhaltern definiert.

Einige Platzhalter sind von der Plattform abhängig (z.B. q und Q) oder nur verfügbar, wenn die plattformspezifische Codierung (n, N, P) gewählt ist.

Nun einige Beispiele für die vorgestellten Formatangaben und Funktionen. Speichern einer Zahl unter Anwendung der plattformspezifischen Order (in diesem Fall x86_64) und der Netzwerk-Byte-Order:

```
>>> import struct
>>> struct.pack('i', 0x0a0b0c0d)
b'\r\x0c\x0b\n'
>>> struct.pack('!i', 0x0a0b0c0d)
b'\n\x0b\x0c\r'
```

Python ersetzt in der Darstellung des Interpreters die Bytes im Puffer durch ihre Steuerzeichen (0xa = Newline, 0xd = Return).

Die Wiederholung eines Typs kann sowohl durch mehrfache Angabe erfolgen, als auch durch Voranstellen einer Wiederholungszahl. Die beiden folgenden Anweisungen sind also gleichwertig:

```
>>> struct.pack('hh', 0x0a0b, 0x0c0d)
b'\x0b\n\r\x0c'
>>> struct.pack('2h', 0x0a0b, 0x0c0d)
b'\x0b\n\r\x0c'
```

Zeichenketten können als nullterminierte Byte-Folgen, mit und ohne Angabe der Länge (Pascal-String), gespeichert werden:

```
>>> import struct
>>> struct.pack('10s', 'Hallo'.encode('ascii'))
b'Hallo\x00\x00\x00\x00\x00'
>>> struct.pack('10p', 'Hallo'.encode('ascii'))
b'\x05Hallo\x00\x00\x00\x00'
```

Beim zweiten Beispiel ist die vorangestellte Längenangabe gut zu erkennen. Die Gesamtlänge der Zeichenkette ist dadurch aber nicht verändert.

```
1   import struct
2
3   _struct = 'if20s'
4   structsize = struct.calcsize(_struct)
5
6   data = struct.pack(_struct, 0xaaaa, 3.141, 'Hallo Welt!'.encode('ascii'))
7
8   with open('datafile', 'wb') as fh:
9       bw = fh.write(data)
10
11  if bw != structsize:
12      '{} bytes written, structsize {}'.format(bw, structsize)
```

**Listing 21.1.** Schreiben einer Binärstruktur in eine Datei

Listing 21.1 zeigt das Vorgehen zum Schreiben einer Datenstruktur in eine Datei.

### Struct-Objekte

Neben den Methoden des Moduls struct kann man auch das dort definierte Objekt Struct nutzen, um mit Datenstrukturen zu arbeiten. Dieses Objekt wird mit einem Formatstring initialisiert. Es bietet bei wiederholtem Zugriff eine höhere Geschwindigkeit als die Methoden des struct-Moduls, da das Objekt nur einmal mit dem Formatstring initialisiert wird:

```
>>> import struct
>>> so = struct.Struct('i')
>>> so
<Struct object at 0x7f937ddfcdf8>
>>> so.pack(42)
b'*\x00\x00\x00'
```

Die Objekte verfügen über die folgenden Methoden.

**Tab. 21.4.** Methoden von Struct-Objekten

| Methode | Beschreibung |
| --- | --- |
| pack(v1[, v2...]) | Packt die Werte v1... in die hinterlegte Struktur. |
| pack_into(buf, offset, v1[, v2...]) | Packt die Daten in den Puffer ab Position offset. |
| unpack(buf) | Entpackt gemäß der gegebenen Struktur. |

**Tab. 21.4.** fortgesetzt

| Methode | Beschreibung |
| --- | --- |
| unpack_from(buf, ofset=0) | Entpackt ab der gegebenen Position. |
| iter_unpack(buf) | Liefert einen Iterator, der immer ein Element entsprechend des gegebenen Formats zurückgibt. |
| format | Der Formatstring mit dem das Objekt initialisiert wurde. |
| size | Die Länge der Struktur in Bytes. |

Die Anwendung sieht wie folgt aus:

```
>>> import struct
>>> so = struct.Struct('if')
>>> bo = so.pack(42, 3.141)
>>> bo
b'*\x00\x00\x00%\x06I@'
>>> so.format
b'if'
>>> so.size
8
```

Für ein weiteres Beispiel wird eine Struktur, die ein Vielfaches von „if" enthält, definiert und belegt:

```
>>> so2 = struct.Struct('ififif')
>>> bo2 = so2.pack(1, 42, 2, 3.141, 3, 0.0)
```

Das Entpacken mit dem struct-Objekt so und der Methode iter_unpack() liefert eine Folge von kleinen Teilen der Gesamtstruktur:

```
>>> for bs in so.iter_unpack(bo2):
...     print(bs)
...
(1, 42.0)
(2, 3.1410000324249268)
(3, 0.0)
```

## 21.2 Transportcodierung mit `base64`

Ein altes Codierungsverfahren, das bei E-Mails zum Einsatz kommt, ist „Base64". Es handelt sich dabei um eine Abbildung von einer Zeichenmenge auf eine kleinere Zeichenmenge[3]. Um z.B. ein Bild oder ein Programm als Anhang einer E-Mail zu versenden, werden die Bytes in 7-Bit umcodiert. Damit sind alle Werte als ASCII-Zeichen darstellbar. Die Datei wird dadurch zwar größer, kann aber gefahrlos per E-Mail versendet werden.

Das Modul liefert Funktionen zur De-/Codierung von Dateien oder Byte-Strings. Hier ein Beispiel für einen Byte-String:

```
>>> import base64
>>> base64.b64encode(b'ABC')
b'QUJD'
```

Die so erhaltene Byte-Folge kann dann mit der entsprechenden Decode-Funktion wieder entschlüsselt werden:

```
>>> base64.b64decode(b'QUJD')
b'ABC'
```

Das Ergebnis des Encoders kann auch einem Byte-Puffer zugewiesen werden, wenn für die Weiterverarbeitung ein File-Objekt benötigt wird:

```
>>> import io
>>> of = io.BytesIO(base64.b64encode(b'ABC'))
>>> of.getvalue()
b'QUJD'
```

Aus diesen Objekten kann auch wieder gelesen werden:

```
>>> base64.b64decode(of.getvalue())
b'ABC'
```

Im Modul sind einige Codierungsverfahren enthalten. Interessant könnten die De-/Encode-Funktionen `urlsafe_b64decode()` und `urlsafe_b64encode()` sein. Sie beachten die Zeichen mit besonderer Bedeutung in einem URL beim Codieren und sparen diese aus. Das Ergebnis kann dann problemlos als Parameter in einer URL genutzt werden. Allerdings existiert im Modul für Webzugriffe eine eigene Codierungsfunktion für diesen Zweck.

---

**3** 8-Bit-Zeichen werden auf 7-Bit-Zeichen abgebildet.

**Decodieren einer base64-codierten Datei**

Eine Datei mit codiertem Inhalt, z.B. ein Mail-Attachment, kann man mit der Funktion `decode()` bequem entschlüsseln. Als Parameter erhält sie die Dateiobjekte der Quell- und Zieldaten. Bei beiden muss es sich um Binärstreams handeln.

```
base64.decode(open('mail_attachment.txt'), open('bild.jpg', 'wb+'))
```

Dieser Einzeiler schreibt die decodierten Daten aus der Datei `mail_attachment.txt` in die Datei `bild.jpg`.

## 21.3 Objekte Serialisieren

In Python können beliebige Objekte in eine Byte-Folge gespeichert werden und daraus wieder hergestellt werden. Diese Codierung eignet sich zum Schreiben in eine Datei oder zur Übertragung über das Netzwerk. Auf der Empfängerseite kann das Objekt wieder hergestellt werden. Das Speichern in eine Byte-Folge wird als „Pickeling" bezeichnet, die Wiederherstellung als „Unpickeling". Andere Namen für diesen Vorgang sind „Serialisierung" (Serialization), „Marshalling" oder „Flattening".

Zur Übertragung von allgemeinen Daten über das Netzwerk hat sich JSON etabliert, auch dafür bietet Python ein Modul, siehe Kapitel 21.3.2 Daten serialisieren mit `json` auf Seite 247.

Python in Version 3 benutzt für die Serialisierung in der Standardeinstellung ein neues Datenformat, das mit denen der Vorgänger nicht kompatibel ist. Python 3 kann die Daten der alten Versionen aber erzeugen und verarbeiten.

### 21.3.1 Python-Objekte serialisieren mit `pickle`

Welche Datentypen können auf diesem Weg gespeichert werden?
- Zahlen (`int`, `float`, `complex`)
- Zeichenketten (`str`, `bytes`, `bytearray`)
- Container-Typen (`list`, `tuple`, `dict`, `set`), wenn sie nur Typen enthalten, die selbst für die „Pickle"-Operation in Frage kommen.
- Funktionen, die mit `def` auf Modulebene erstellt wurden (keine geschachtelten Funktionen oder Funktionen in `__main__`).
- Eingebaute Funktionen, die auf oberster Modulebene definiert wurden.
- Klassen, die auf oberster Modulebene definiert wurden.
- Objekte von Klassen, deren `__dict__` oder die Rückgabe von `__getstate__()` verarbeitet werden kann.
- `None`, `True` und `False`

Im Modul `pickle` sind folgende Funktionen zum Schreiben und Einlesen von Daten definiert.

**Tab. 21.5.** Funktionen im Modul `pickle`

| Funktion | Beschreibung |
|---|---|
| `dump(obj, file, protocol=None,`<br>`*, fix_imports=True)` | Speichert `obj` in der bereits geöffneten Datei `file`. `protocol` kann Werte von 0 bis `HIGHEST_PROTOCOL` annehmen. Der Defaultwert `None` ist etwas unglücklich, da dann tatsächlich `HIGHEST_PROTOCOL` zum Einsatz kommt.<br>`fix_imports` sorgt für eine Konvertierung von Namen aus Python 3, sodass sie mit Python 2 verarbeitet werden können. |
| `dumps(obj, protocol=None, *,`<br>`fix_imports=True)` | Schreibt das Objekt in ein `bytes`-Objekt statt in eine Datei. |
| `load(file, *, fix_imports=True,`<br>`encoding='ASCII',`<br>`errors='strict')` | Liest die Datenstruktur aus dem Datei-Objekt und liefert das Objekt zurück.<br><br>Wie beim Speichern eines Objekts kann die Zusammenarbeit mit Python 2 mit dem Parameter `fix_imports` hergestellt werden.<br>Die Parameter `encoding` und `errors` beeinflussen die Interpretation der Daten. `encoding` kann auch `bytes` übergeben bekommen. |
| `loads(bytes_object,`<br>`*, fix_imports=True,`<br>`encoding='ASCII',`<br>`errors='strict')` | Liest ein Objekt aus einem `bytes`-Objekt. |

### Ausnahmen beim Pickeln

Das Modul definiert drei Ausnahmen, die von den Funktionen des Moduls ausgelöst werden können.

**Tab. 21.6.** Exceptions im Modul `pickle`

| Exception | Beschreibung |
|---|---|
| `PickleError` | Basisklasse für die Ausnahmen des Moduls. |
| `PicklingError` | Wird ausgelöst, wenn versucht wird, ein nicht zulässiges Objekt zu verarbeiten. |
| `UnpicklingError` | Tritt während des Einlesens eines Objekts auf. Außerdem können hier natürlich I/O-, Konvertierungs- und andere Fehler auftreten. |

**Beispiele**

Nun ein paar Beispiele zur Anwendung des Moduls. Zunächst ein einfaches Objekt, eine Zahl:

```
>>> import pickle
>>> z = 42
>>> pickle.dumps(z)
b'\x80\x03K*.'
```

Hier ist der bytes-String ausgegeben. Zur Weiterverarbeitung ist die Speicherung in einer Variablen zu empfehlen:

```
>>> bs = pickle.dumps(z)
>>> z2 = pickle.loads(bs)
>>> z2
42
```

Ein Container mit unterschiedlichen Elementen kann ebenfalls problemlos bearbeitet werden:

```
>>> d = {'a': 42, 'b': 42.0, 'c': [1, 2]}
>>> db = pickle.dumps(d)
>>> b = pickle.loads(db)
>>> b['c']
[1, 2]
```

Funktionen und Klassen müssen in einem Namensraum definiert sein, um für pickle in Frage zu kommen. Daher wird zunächst eine Klasse in einer eigenen Datei erzeugt.

```
1  class P:
2      def __init__(self, v):
3          self.value = v
```

**Listing 21.2.** Modul foo mit Klasse P zum Serialisieren (foo.py)

Die Klasse P aus Listing 21.2 wird in foo.py gespeichert. Ein Objekt der Klasse kann nach dem Import erzeugt und in eine Datei gespeichert werden:

```
>>> from foo import P
>>> p = P(42)
>>> import pickle
>>> with open('pickle.dump', 'wb') as fh:
...     pickle.dump(p, fh)
...
```

Das Objekt kann aus der Datei wiederhergestellt werden. Um jeglichen „Betrug"
auszuschließen, kann an dieser Stelle der Interpreter neu gestartet werden:

```
>>> import pickle
>>> with open('pickle.dump', 'rb') as fh:
...     p = pickle.load(fh)
...
>>> p
<foo.P object at 0x7f14880cdac8>
>>> p.value
42
```

Für den Dump und Load-Zyklus der `pickle/unpickle`-Funktionen ist es egal, ob die
Klasse mit einem `import` oder `from ... import` eingebunden wird.

Ein eigenes Objekt kann natürlich auch in einem Container-Typ enthalten sein
und darin gespeichert werden:

```
>>> from foo import P
>>> p = P(42)
>>> d = {'a': 42, 'p': p, 's': 'Hallo Welt'}
>>> import pickle
>>> with open('pickle.dump', 'wb') as fh:
...     pickle.dump(d, fh)
...
```

Das Einlesen erfolgt wie zuvor, die Daten stehen danach wieder zur Verfügung:

```
>>> import pickle
>>> with open('pickle.dump', 'rb') as fh:
...     d = pickle.load(fh)
...
>>> d['s']
'Hallo Welt'
>>> d['p']
<foo.P object at 0x7fc32e916fd0>
>>> d['p'].value
42
```

**Pickler-Objekte**

Das Modul definiert zwei Klassen zum Schreiben und Lesen von serialisierten Objekten: `Pickler` und `Unpickler`.

**Tab. 21.7.** Klassen im Modul `pickle`

| Klasse | Beschreibung |
|---|---|
| `Pickler(file, protocol=None, *,` `fix_imports=True)` | Schreibt die serialisierten Daten in die Binärdatei `file`. |
| `Unpickler(file, *, fix_imports=True,` `encoding='ASCII', errors='strict')` | Liest Daten aus der Datei `file`. |

Die Konstruktoren ähneln den bereits vorgestellten Funktion und erwarten mindestens ein Datei-Objekt. In dieses File-Objekt werden die Daten geschrieben bzw. aus ihm gelesen. Dafür verfügen sie über die Methoden `dump()` bzw. `load()`. Die weiteren Parameter beeinflussen die Verarbeitung der Objekte und wurden in Tabelle 21.5 auf Seite 244 erläutert.

```
1  import pickle
2  d = {'a': 42, 'l': [1, 2, 3], 's': 'Hallo Welt'}
3  with open('pickle.dump', 'wb') as fh:
4      p = pickle.Pickler(fh)
5      p.dump(d)                        # Schreiben
6
7  with open('pickle.dump', 'rb') as fh:
8      up = pickle.Unpickler(fh)
9      d = up.load()                    # Lesen
```

**Listing 21.3.** Anwendung von `Pickler`- und `Unpickler`-Objekten

In Listing 21.3 wird ein Dictionary durch ein `Pickler`-Objekt in eine Datei geschrieben und anschließend durch ein `Unpickler`-Objekt eingelesen.

### 21.3.2 Daten serialisieren mit `json`

JSON ist die Abkürzung für „JavaScript Object Notation". Es handelt sich dabei um ein Format zum Datenaustausch, das auf der Notation von Daten in JavaScript basiert. Die Darstellung von Python-Dictionarys ist dieser Notation sehr ähnlich. Mit JSON können nur grundlegende Datentypen serialisiert werden!

Das API des Moduls ähnelt dem vom Modul `pickle` (Kapitel 21.3.1).

**Tab. 21.8.** Methoden im Modul `json`

| Methode | Beschreibung |
|---------|--------------|
| `dump(o, fp)` | Serialisiert das Objekt `o` in das Datei-Objekt `fp`. Das Datei-Objekt muss eine `write()`-Methode haben. |
| `dumps(o)` | Serialisiert das Objekt `o` in einen String. |
| `load(fp)` | Liest JSON-Daten aus einem Datei-Objekt. Das Datei-Objekt muss über eine `read()`-Methode verfügen. |
| `loads(s)` | Liest JSON-Daten aus einem String. |

Ausgeben von Daten im JSON-Format in einen String:

```
>>> import json
>>> json.dumps('Hallo Welt!')
'"Hallo Welt!"'
>>> json.dumps((1, 2, 3))
'[1, 2, 3]'
```

Decodieren von JSON-Daten aus einer Zeichenkette:

```
>>> nd = json.loads('{"b": "huhu", "a": 42}')
>>> nd
{'b': 'huhu', 'a': 42}
```

Die Konvertierung der einzelnen Typen zwischen JSON- und Python-Datentypen erfolgt nach der folgenden Tabelle.

**Tab. 21.9.** Typ-Konvertierung beim Einsatz von JSON

| Datentyp JSON | Python-Typ |
|---------------|------------|
| `object` | `dict` |
| `array` | `list` |
| `string` | `str` |
| `int` | `int` |
| `real` | `float` |
| `true` | `True` |
| `false` | `False` |
| `null` | `None` |

**Die Details der Methoden zum Schreiben und Lesen**

Die Schnittstellen der einzelnen Methoden sind in Tabelle 21.8 nur mit den positions-abhängigen Parametern angegeben. Die vollständigen Signaturen werden im Folgen-den dargestellt und die Parameter tabellarisch erläutert.

```
dump(obj, fp, skipkeys=False, ensure_ascii=True, check_circular=True,
allow_nan=True, cls=None, indent=None, separators=None, default=None,
sort_keys=False, **kw)
```

```
dumps(obj, skipkeys=False, ensure_ascii=True, check_circular=True,
allow_nan=True, cls=None, indent=None, separators=None, default=None,
sort_keys=False, **kw)
```

**Tab. 21.10.** Keyword-Parameter von `json.dump()` und `json.dumps()`

| Parameter | Beschreibung |
|---|---|
| `skipkey` | Wenn dieser Parameter `True` ist, werden Dictionary-Schlüssel, die keine einfachen Typen sind (`str`, `int`, `float`, `bool`, `None`), ignoriert. Sonst lösen sie einen `TypeError` aus. |
| `ensure_ascii` | Stellt sicher, dass alle Nicht-ASCII-Zeichen entsprechend codiert sind. |
| `check_circular` | Prüft, ob Container-Typen zirkuläre Referenzen aufweisen. |
| `allow_nan` | Fließkommazahlen außerhalb des zulässigen Wertebereichs können verarbeitet werden (NAN – Not A Number). |
| `cls` | Mit diesem Parameter kann ein alternativer Encoder angegeben werden. Standard-Encoder ist die Klasse `JSONEncoder`. |
| `indent` | Eine positive ganze Zahl kann die Einrücktiefe für Arrays und Objekte bei der Ausgabe festlegen.<br>Null, negative Werte oder ein Leerstring sorgen dafür, dass nur Zeilenumbrüche ausgegeben werden. |
| `separators` | Dieser Parameter erwartet ein Tupel, das die Trennzeichen zwischen Elementen definiert. Beim Defaultwert `None` ist dies (' , ', ': ') wenn `indent` ebenfalls `None` ist.<br>Wenn man Whitespace reduzieren möchte, sollte (',', ':') übergeben werden. |
| `default` | Eine Funktion die `obj` serialisiert oder einen `TypeError` auslöst. |
| `sort_keys` | Wenn hier `True` übergeben wird, werden die Schlüssel von Dictionarys bei der Ausgabe sortiert. |

Die Funktionen zum Laden von JSON-Daten aus einer Datei oder einem String haben die folgenden Signaturen:

```
load(fp, cls=None, object_hook=None, parse_float=None, parse_int=None,
parse_constant=None, object_pairs_hook=None, **kw)
```

```
loads(s, encoding=None, cls=None, object_hook=None, parse_float=None,
parse_int=None, parse_constant=None, object_pairs_hook=None, **kw)
```

**Tab. 21.11.** Keyword-Parameter von `json.load()` bzw. `json.loads()`

| Keyword-Parameter | Beschreibung |
| --- | --- |
| encoding | Dieser Parameter wird nicht benutzt. |
| cls | Spezifiziert eine Klasse zum Decodieren der Daten. Standardwert ist die Klasse JSONDecoder. Weitere Keyword-Parameter werden an diese Klasse übergeben. |
| object_hook | Eine Funktion, die jedes decodierte Objekt erhält. Der Rückgabewert der Funktion wird statt des Objekts verwendet. |
| parse_float | Eine Funktion, die für jeden Fließkommawert in der JSON-Darstellung aufgerufen wird. |
| parse_int | Eine Funktion, die für jede Ganzzahl aufgerufen wird. |
| parse_constant | Eine Funktion, die die Zahlenkonstanten für Unendlichkeit und NaN behandelt. |
| object_pairs_hook | Wie object_hook. Diese Funktion erhält eine sortierte Liste von Paaren. |

# 22 Internetprotokolle

Die in Kapitel 18 vorgestellten Sockets bilden die Basis für die Kommunikation über das Internet und in lokalen Netzen. An einer Kommunikation sind immer zwei Parteien beteiligt: Server und Client. Der Server erzeugt einen Socket und wartet auf eingehende Verbindungen. Ein Client-Programm stellt eine Verbindung zu dem Server her und kann nun Daten senden und empfangen.

Wer dann was und wann sendet, ist in einem Protokoll festgelegt, sonst könnten Client und Server sich nicht verstehen. Der Alltag ist voll von Protokollen. Bevor man z. B. ein Zimmer auf einem Amt betritt, klopft man an und wartet auf ein „Herein!". Nach dem Eintreten begrüßt man sich und beginnt dann das eigentliche Gespräch.

Python bringt in seiner Library eine Menge Protokolle für die Internetkommunikation mit: HTTP, FTP, SMTP[1], um nur ein paar Beispiele zu nennen. In den folgenden Abschnitten werden einige Module und deren Anwendung vorgestellt.

## 22.1 Ein Webserver in Python

Das Modul `http` bietet, wie der Name schon vermuten lässt, einen umfassenden und detaillierten Zugriff auf das WWW-Protokoll HTTP. Es ist in vier Module gegliedert: `server`, `client`, `cookie` und `cookiejar`.

Mit dem Modul `http.server` kann man mit ein paar Zeilen Python-Code einen Webserver erstellen. Dies wird auch gleich für die weiteren Beispiele zum Thema HTTP gemacht. So können die Beispiele auf dem lokalen Rechner ausprobiert werden, und man braucht keinen Server im Internet zum Ausprobieren der Library mit Anfragen nerven.

### 22.1.1 Webserver für statische Seiten

Der Webserver basiert auf der Klasse `HTTPServer` im Modul `http.server`. Diese ist von der Klasse `TCPServer` aus dem Modul `socketserver` abgeleitet.

```
1  import http.server
2  handler = http.server.SimpleHTTPRequestHandler
3  httpd = http.server.HTTPServer(('', 8888), handler)
4  httpd.serve_forever()
```

**Listing 22.1.** Ein einfacher Webserver für statische Inhalte

---

1 HyperText Transfer Protocol: Die Basis des World Wide Web. File Transfer Protocol: Dient der Übertragung von Dateien zwischen Rechnern. Simple Mail Transfer Protocol: Für den Versand von Emails

Um den `HTTPServer` zu erzeugen, werden wie bei einem Socket Daten über das zu nutzende Interface und den Port an den Konstruktor übergeben. Als weiterer Parameter wird ein von `RequestHandler` abgeleitetes Objekt benötigt (Listing 22.1, Zeile 3).

Die vier Zeilen Code im Listing 22.1 sind noch nicht die kürzestmögliche Form, einen Webserver in Python zu starten:

```
$ python3 -m http.server 8000
```

startet den Python-Interpreter in der Shell als Webserver auf Port 8000.

Der Server in diesem Beispiel (Zeile 4 Listing 22.1) soll auf allen Interfaces den Port 8888 nutzen. Um den Server auf lokalen Zugriff zu beschränken, kann man `'127.0.0.1'` statt der leeren Zeichenkette in das Adress-Tupel für den Socket übergeben. Der Aufruf von `serve_forever()` in Zeile 5 startet den Server.

Das Objekt `handler` der Klasse `SimpleHTTPRequestHandler` kann Dateien aus dem aktuellen oder darunterliegenden Verzeichnissen ausliefern[2]. Eine Verbindung mit einem Webbrowser zu `localhost:8888` zeigt den Inhalt des Verzeichnisses, in dem der Python-Interpreter gestartet wurde. Das Abrufen einer URL wird auch als „Request" bezeichnet.

Im Interpreter wird jede Anfrage an den Server mit einer Log-Zeile quittiert, z. B.:

```
127.0.0.1 - - [21/Mar/2015 15:35:13] "GET / HTTP/1.1" 200 -
```

Das Verzeichnislisting ist eine Standardausgabe für den Fall, dass keine Datei mit dem Namen `index.html` oder `index.htm` gefunden wird. In dem Verzeichnis wird eine minimale HTML-Seite (Listing 22.2) mit diesem Namen abgelegt. Sie wird per Konvention von Webservern ausgeliefert, wenn sie vorhanden ist und keine spezielle Datei im Pfad der URL angefordert wird.

```
1  <!doctype html>
2  <html>
3    <head>
4      <title>Titel</title>
5    </head>
6    <body>
7      <h1>Hallo Welt!</h1>
8    </body>
9  </html>
```

**Listing 22.2.** Minimale HTML-Seite (`index.html`)

---

2 Das oberste Verzeichnis, aus dem ein Webserver Daten liefert, wird in der Konfiguration von Webservern allgemein als „Document Root" bezeichnet. Da der Webserver nur vorhandene Dateien ausliefert, wird das als „statische Website" bezeichnet.

Wenn nun im Browser der URL `http://localhost:8888` neu geladen wird, erscheint statt der Dateiliste jetzt ein freundliches „Hallo Welt!".

Die Methode `serve_forever()` des `SimpleHTTPRequestHandler`-Objekts startet eine sogenannte Event-Loop. Diese läuft, wie der Name schon andeutet, unendlich. Sie kann durch Drücken von `Ctrl+C` beendet werden. Dadurch wird der Socket des Objekts aber nicht geschlossen. Dieser muss durch die folgende Anweisung wieder freigegeben werden (oder der Python-Interpreter müsste beendet werden):

```
httpd.socket.close()
```

Falls man dies nicht macht, erzeugt der nächste Versuch, einen Socket auf diesem Port anzulegen, einen `OSError` mit der Meldung „Address already in use".

Für den Test im Python-Interpreter bietet es sich an, den Tastatur-Interrupt, der durch `Ctrl+C` ausgelöst wird, abzufangen und im `except`-Zweig den Socket zu schließen, z. B.:

```
1  try:
2      httpd.serve_forever()
3  except KeyboardInterrupt:
4      httpd.socket.close()
```

**Listing 22.3.** Webserver-Socket schließen bei `Ctrl+C`

## 22.1.2 Server für dynamische Seiten

Webseiten werden für den Anwender erst durch Möglichkeiten zur Interaktion richtig interessant. Die Elemente zur Interaktion bezeichnet man als Formulare. Hier kann man Daten eingeben, die dann auf dem Webserver verarbeitet und mit einer entsprechenden Ausgabe beantwortet werden. In der einfachsten Form geschieht die Verarbeitung der Formulardaten über sogenannte CGI-Scripte[3] (oft nur kurz als CGI bezeichnet). Dies sind ausführbare Programme, z. B. in Python, die ihre Ausgabe auf den Standardausgabekanal machen. Diese wird vom Webserver zum Client-Programm umgeleitet.

Um den Testserver für die Ausführung von Programmen nutzen zu können, muss als Handlerklasse des Webservers die Klasse `CGIHTTPRequestHandler` verwendet werden. Diese kann neben Dateien auch die Ausgaben von CGI-Scripten liefern. Listing 22.4 zeigt das Programm, um einen CGI-fähigen Webserver in Python starten zu können.

---

[3] Common Gateway Interface – Eine Schnittstelle zwischen Webserver und Programmen zur Erzeugung von Inhalten, wenn ein Request eintrifft.

```
1  import http.server
2  handler = http.server.CGIHTTPRequestHandler
3  handler.cgi_directories = ['/cgi']
4  httpd = http.server.HTTPServer(("", 8888), handler)
5  httpd.serve_forever()
```

**Listing 22.4.** Ein einfacher CGI-Webserver

Als weitere Vorarbeit ist ein Verzeichnis anzulegen, aus dem die auszuführenden Programme kommen. Die Klasse `CGIHTTPRequestHandler` hat zwei Pfade im Attribut `cgi_directories` voreingestellt, in denen sie nach Programmen sucht:

```
/cgi-bin
/htbin
```

Der Slash zu Beginn der Pfade weist darauf hin, dass diese im Wurzelverzeichnis (Document Root) des Webservers beginnen. Eigene Pfade können dem Attribut hinzugefügt werden oder die Voreinstellung ersetzen. In Zeile 4 im Listing 22.4 wird das Verzeichnis `/cgi` als einziges Scriptverzeichnis gesetzt.

Ein CGI-Script ist ein ausführbares Programm, das seine Ausgaben auf den Standardausgabekanal macht. Das einfachste CGI-Script kann also aus ein paar einfachen Ausgaben bestehen (Listing 22.5).

```
1  #!/bin/env python3
2  print("contet-type: text/html\n")
3  print("Hallo Welt!")
```

**Listing 22.5.** Einfachstes CGI (`basecgi.cgi`)

Der Name der Programmdatei, genauer gesagt die Dateiendung, kann evtl. dazu führen, dass der Webserver das Programm dem Browser zum Download anbietet. Die Endung `cgi` sollte dazu führen, dass der Webserver das Programm wie gewünscht ausführt.

In Zeile 1 des Listings 22.5 wird, wie bei Linux üblich, das Programm für die Ausführung des Scripts spezifiziert (hier der Python-Interpreter)[4]. Zeile 2 gibt aus, wie die folgenden Daten zu interpretieren sind, und eine Leerzeile als Trennzeichen (`print()` gibt bereits einen Zeilenumbruch aus). Diese Zeile erfüllt eine Vorgabe des Webprotokolls und muss als erste Ausgabe des Scripts erfolgen. Ab der dritten Zeile werden die eigentlichen Daten ausgegeben.

Diese drei Zeilen müssen in einem Script-Verzeichnis des Webservers abgelegt werden, z. B. als `basecgi.cgi`, und die Datei muss ausführbar sein (`chmod 755`).

---

[4] Dieser Pfad kann je nach Linux-Distribution unterschiedlich sein. Der Pfad kann in einer Shell durch die Ausführung von `which python3` überprüft werden.

Das Script kann dann mit dem Pfad für das CGI-Verzeichnis, in dem die Datei gespeichert wurde, und dem eigentlichen Dateinamen aufgerufen werden:

```
http://localhost:8888/cgi/basecgi.cgi
```

Das Ergebnis ist, wie schon bei der statischen Webseite, ein „Hallo Welt!".

### 22.1.3 Daten auf dem Webserver empfangen und verarbeiten

CGIs können mit dem Aufruf übermittelte Daten verarbeiten. Das Modul für die Verarbeitung der erhaltenen Daten heißt wenig überraschend `cgi`.

Für die Entwicklungsphase gibt es noch das Modul `cgitb`. Dieses stellt Fehler ausführlich im Browser dar. Vor der Nutzung muss dieses Feature aktiviert werden.

```
1  import cgitb
2  cgitb.enable()
```

**Listing 22.6.** Aktivierung von `cgitb`

Die Ausgabe kann auch in Dateien umgelenkt werden.

```
1  import cgitb
2  cgitb.enable(display=0, logdir="/pfad/der/logdatei")
```

**Listing 22.7.** Ausgabe von `cgitb` in eine Datei

#### Formular für Eingaben in einer Webseite

Für die weiteren Beispiele wird eine Webseite mit einem Formular benötigt. Das folgende Listing wird unter dem Dateinamen `form.html` im Document Root des Webservers gespeichert. Der Name wird in der exakten Schreibweise für den Aufruf im Browser benötigt.

```
1  <!doctype html>
2  <html>
3    <head>
4      <meta charset="utf-8">
5      <title>Formular</title>
6    </head>
7    <body>
8      <h1>Formular:</h1>
9      <p>Bitte geben Sie einen Namen ein:</p>
10     <form action="/cgi/form.cgi" method="post">
11       <input type="text" name="username" />
```

```
12      <input type="submit" value="Absenden" />
13      </form>
14    </body>
15  </html>
```

**Listing 22.8.** HTML-Seite mit einem einfachen Webformular (`form.html`)

Listing 22.8 enthält ein Formular mit einem Eingabefeld (Zeile 11). Dieses Feld erhält den Namen `username`, ein Datum ist unter diesem Namen im CGI-Script verfügbar. Wie kommt das Programm an die Daten?

Im Attribut `action` (Zeile 10) wird das Ziel des Formulars spezifiziert, hier das Script `form.cgi` im CGI-Verzeichnis. Wenn der Anwender den Absenden-Button betätigt, wird dieses Script durch den Browser aufgerufen und erhält die Formularfelder und deren Inhalte.

**Formulardaten verarbeiten**

Daten aus einem Formular werden in ein Objekt der Klasse `FieldStorage` aus dem Modul `cgi` übergeben. Das Objekt verhält sich wie ein Dictionary. Mit **in** kann getestet werden, ob ein Name enthalten ist und es unterstützt die Methoden `keys()` und `len()`.

In Listing 22.9 ist ein CGI-Script zur Verarbeitung der Daten zu sehen. Das Script ist im Vergleich zu Listing 22.5 auf Seite 254 deutlich umfangreicher. Der HTTP-Header wird vor der Seite ausgegeben. Darauf folgt die eigentliche Seite, ähnlich wie in Listing 22.2 auf Seite 252. Der Unterschied besteht in der Auswertung, ob Daten übergeben wurden. Anhand des Ergebnisses passt das Programm die Ausgabe, also den Inhalt der Seite, entsprechend an.

```
 1  #!/bin/env python3
 2  import cgi
 3  print("content-type: text/html\n")
 4
 5  print("""<!doctype html>
 6  <html>
 7    <head>
 8      <meta charset="utf-8">
 9      <title>Formulardaten</title>
10    </head>
11    <body>
12  <p>""")
13
14  form = cgi.FieldStorage()
15  if "username" not in form:
16      print("Hallo Welt!")
17  else:
18      print("Hallo", form['username'].value)
19
```

```
20 | print("""</p>
21 |   </body>
22 | </html>""")
```

**Listing 22.9.** CGI zum Empfangen von Formulardaten (`form.cgi`)

Listing 22.9: Nach dem Import des CGI-Moduls wird der nötige Content-Typ ausgegeben (Zeilen 2–3).

Anschließend wird der Anfang einer HTML-Seite ausgegeben (Zeilen 5–12).
Die Verarbeitung der Formulardaten findet in den Zeilen 14–18 statt. Das Objekt der Klasse `FieldStorage` wird erzeugt, und es wird geprüft, ob es ein Element mit dem Namen `username` enthält. Das Element wird, falls vorhanden, ausgelesen und zu einer Ausgabe zusammengebaut. Falls es nicht vorhanden ist, wird eine Standardausgabe gemacht.

Nach der Verarbeitung wird der Rest der HTML-Seite ausgegeben (Zeilen 20–22).

### Sicherheitshinweise

Ein CGI-Script erhält alle Daten als Strings. Die empfangenen Daten sind möglicherweise codiert oder enthalten Zeichen, die in anderen Programmen, z. B. einer SQL-Datenbank, eine besondere Bedeutung haben.

Vor einer Weiterverarbeitung müssen die Daten ggf. decodiert werden, und der Inhalt der Daten sollte, z. B. mit einem regulären Ausdruck, geprüft werden. Außerdem muss ggf. der Typ eines Datums zur weiteren Verarbeitung konvertiert, z. B. Zahlen mit `int()` oder `float()` in den benötigten Typ umgewandelt, werden.

Auch Zeichenketten sollten nicht einfach ungeprüft gespeichert werden.
Bei der Ausgabe sollten die Daten behandelt werden. Einige Zeichen in HTML haben eine besondere Bedeutung. Damit kann der Inhalt und damit das Verhalten der Webseite im Browser beeinflusst werden. Dies sind die Zeichen `<`, `>` und `&`. Um die Daten sicher auszugeben, sollte die Funktion `html.escape()` genutzt werden. Die Zeichen werden in ihre Langschreibweise überführt und so ihrer Bedeutung beraubt. Außerdem werden die einfachen und doppelten Anführungszeichen umgewandelt.

```
>>> import html
>>> html.escape("""<>&"'""")
'&lt;&gt;&amp;&quot;&#x27;'
```

Bei dem Beispiel beweisen die dreifachen Anführungszeichen von Python ihren Nutzwert. Auf diese Weise kann man auf ein Escapen der Anführungszeichen innerhalb der Zeichenkette verzichten.

## 22.2 Webseiten mit einem Programm holen

Das Modul `urllib` stellt für die Arbeit mit einer URL[5] weitere Module mit zahlreichen Klassen und Funktionen bereit. Das Modul enthält vier Abschnitte:
- `request` enthält Funktionen, um Daten über eine URL zu lesen.
- `error` enthält die Fehler, die von `urllib.request` ausgelöst werden können.
- `parse` für die Verarbeitung von URLs.
- `robotparser` für die Verarbeitung einer `robots.txt`.

Das Modul `urllib.request` stellt die folgenden Funktionen und Klassen bereit.

**Tab. 22.1.** Methoden im Modul `urllib.request`

| Methode | Beschreibung |
| --- | --- |
| `urlopen(url)` | Öffnet die in einem String oder `Request`-Objekt gegebene URL. |
| `pathname2url(p)` | Konvertiert einen Pfad in die für eine URL erforderliche Form. Dabei werden Zeichen ggf. durch einen Aufruf von `quote()` konvertiert. |
| `url2pathname(p)` | Konvertiert den Pfadteil einer URL in die lokale Darstellung durch einen Aufruf von `unquote()`. |
| `getproxies()` | Sucht das Environment nach Proxy-Einstellungen (z. B. HTTP_Proxy) ab und liefert ein Dictionary mit den Daten. |

**Tab. 22.2.** Klassen im Modul `urllib.request`

| Klasse | Beschreibung |
| --- | --- |
| `Request(url)` | Die Klasse kapselt den Abruf einer URL. |
| `HTTPHandler()` | Eine Klasse für den Umgang mit einer HTTP-URL. |
| `HTTPSHandler()` | Diese Klasse kann mit einer URL mit HTTPS arbeiten. |
| `FileHandler()` | Für die Arbeit mit einer URL mit lokalen Dateien. |
| `FTPHandler()` | Eine Klasse für den Umgang mit einer FTP-URL. |

Es existieren noch mehr Funktionen und Klassen in dem Modul. Für den grundlegenden Gebrauch sind diese nicht nötig, eher für die individuelle Bearbeitung von Anfragen. Es gibt Funktionen, um die Verarbeitung von URLs an eigene Klassen weiterzuleiten und Klassen z. B. für Cookies, Authentifikation und Passwörter, für Redirects usw.

---

5 Uniform Resource Locator: Diese beschreiben die Adresse und die Zugriffsmethode für etwas.

### 22.2.1 Eine Webseite holen mit `urlopen()`

Da das Modul `urllib.request` eine Vielzahl von Funktionen und Klassen enthält, ist der Einstieg über ein Beispiel am einfachsten.

```
1  import urllib.request
2  f = urllib.request.urlopen('http://www.example.org/')
3  print(f.read(16))
```

**Listing 22.10.** Anfordern einer URL mit `urllib.request()`

Die Funktion `urlopen()` liefert ein Objekt, das sich wie eine Datei verhält, die nur lesbar ist. Die Methode `read()` kann, wie bei einer Datei, darauf angewendet werden. Wenn das Listing 22.10 in einem Interpreter ausgeführt wird, sollte folgendes Ergebnis ausgegeben werden:

```
b'<!doctype html>\n'
```

Das Ergebnis ist wie bei einer Datei ein Byte-String und enthält den Anfang der Webseite.

Das von `urlopen()` zurückgelieferte Objekt beherrscht das Context-Manager-Protokoll und kann mit dem `with`-Statement genutzt werden. Das folgende Beispiel liefert ein identisches Ergebnis:

```
>>> import urllib.request
>>> with urllib.request.urlopen('http://www.python.org/') as f:
...     print(f.read(16))
...
b'<!doctype html>\n'
```

Der Statuscode der Abfrage wird im Attribut `code` gespeichert und kann direkt oder über die Methode `getcode()` ermittelt werden:

```
>>> f.getcode()
200
>>> f.code
200
```

Das Attribut `msg` enthält die Beschreibung zum Statuscode:

```
>>> f.msg
'OK'
```

Die Header der Seite werden im Attribut headers gespeichert. Dieses Objekt, ein Objekt der Klasse HTTPMessage, verhält sich wie ein Dictionary:

```
>>> f.headers['content-type']
'text/html; charset=utf-8'
```

Die Keys sind unabhängig von Groß-/Kleinschreibung. Anstelle des Dictionary-Zugriffs können Header auch mit der Methode getheader() erfragt werden. Als Parameter erwartet die Methode den Header-Namen. Nicht vorhandene Werte liefern None zurück:

```
>>> f.getheader('content-type')
'text/html; charset=utf-8'
```

Die Methode getheaders() liefert alle Header als eine Liste. Die einzelnen Elemente sind ein Tupel, bestehend aus dem Header-Namen und dem zugehörigen Wert:

```
>>> f.getheaders()
[('Accept-Ranges', 'bytes'), ('Cache-Control', 'max-age=604800'),
 ('Content-Type', 'text/html'),
...
 ('Connection', 'close')]
```

Um den von urlopen() erhaltenen Byte-String in einen Python-String zu konvertieren, muss das Programm zunächst den Typ der Daten bestimmen. Anschließend kann mit decode() eine Umwandlung in einen String vorgenommen werden:

```
>>> page = f.read()
>>> type(page)
<class 'bytes'>
>>> charset = f.headers.get_param('charset')
>>> s = page.decode(charset)
>>> type(s)
<class 'str'>
```

Der Parameter charset muss nicht vom Webserver geliefert werden. Das Programm sollte dies entsprechend berücksichtigen.

### 22.2.2 Die Klasse Request

Das Modul `urllib.request` enthält die Klasse `Request` für den bequemen, objektorientierten Umgang mit URL-Abfragen. Der Konstruktor hat die folgende Signatur:

```
Request(url, data=None, headers={}, origin_req_host=None,
        unverifiable=False, method=None)
```

Der Konstruktor für ein `Request`-Objekt erwartet mindestens eine URL als Parameter. Alle weiteren Werte sind als benannte Parameter optional.

**Tab. 22.3.** Parameter für den Konstruktor eines `Request`-Objekts

| Parameter | Beschreibung |
| --- | --- |
| url | Eine Zeichenkette, die eine gültige URL darstellt. |
| data | Dies sind Daten, die mit dem Request an den Server übergeben werden sollen. Sobald Daten übergeben werden, ändert sich der Request-Typ zu POST. Die Daten sollten in einem URL-Encoded-Format als Byte-String vorliegen. Der Default-Wert ist None. |
| headers | Ein Dictionary mit Werten, die beim Aufruf an den Server übergeben werden. Hier können Werte wie Content-Type oder User-Agent übermittelt werden. Einzelne Werte können auch mit add_header() hinzugefügt werden. Default ist ein leeres Dictionary. |
| origin_req_host | Enthält die IP oder den Namen des Hosts, an den die ursprüngliche Anfrage gestellt wurde. Dies wird z. B. genutzt, wenn Inhalte von Webseiten angefordert werden, die nicht auf dem gleichen Host liegen. Default ist None. |
| unverifiable | Ein Flag, das angibt, ob ein Anwender diesem Request zugestimmt hat. In eine HTML-Seite eingebettete Verweise werden z. B. von einem Browser von alleine abgerufen. Der Default-Wert ist False. |
| method | Eine Zeichenkette, die die Art des Requests angibt, z. B. HEAD, PUT... Der Default ist None. |

Wenn man die weiteren Parameter zunächst ignoriert, sieht die Anwendung eines `Request`-Objekts wie folgt aus. Das Objekt wird mit einer URL erzeugt und an die Funktion `urlopen()` übergeben. Die folgende Interpretersitzung zeigt den Zugriff auf die Website von `example.org`, ähnlich dem vorangegangenen Beispiel:

```
>>> import urllib.request
>>> req = urllib.request.Request(url='https://www.example.org')
>>> f = urllib.request.urlopen(req)
>>> print(f.read(16))
b'<!doctype html>\n'
```

Ein Request-Objekt verfügt über die folgenden Attribute und Methoden.

**Tab. 22.4.** Attribute und Methoden von Request-Objekten

| Attribut | Beschreibung |
| --- | --- |
| full_url | Die ursprüngliche URL. |
| type | Das Schema der URL. |
| host | Der Host-Teil der URL, evtl. ist eine Portangabe enthalten. |
| origin_req_host | Der Host-Teil ohne Port. |
| selector | Der Pfad-Teil der URL. |
| data | Die Daten, die bei dem Request übergeben werden. |
| unverifiable | Boolescher Wert, ob der Request von einem User angefordert wurde. |
| **Methode** | |
| get_method() | Liefert einen String der Request-Methode, z. B. GET, POST... |
| add_header(k, v) | Fügt dem Objekt den Header h mit dem Wert v hinzu. |
| add_unredirected_header(k, v) | Fügt einen Header in das Objekt, wenn es kein Redirect-Request ist. |
| has_header(h) | Prüft, ob der Header h im Objekt vorhanden ist. |
| remove_header(h) | Löscht den Header h aus dem Objekt. |
| get_full_url() | Liefert die an den Konstruktor übergebene URL. |
| set_proxy(host, typ) | Stellt einen Proxy für den Zugriff im Objekt ein. |
| get_header(h, default=None) | Liefert den Wert von Header h. Falls es den Header nicht gibt, wird der Defaultwert zurückgegeben. |
| header_items() | Liefert eine Liste von Header-Value-Tupeln des Request-Objekts. |

Am Beispiel eines Request-Objekts mit der URL zur example.org-Website zeigen die einzelnen Attribute folgende Werte:

```
>>> import urllib.request
>>> req = urllib.request.Request(url='https://www.example.org')
>>> req.type
'https'
>>> req.host
'www.example.org'
>>> req.origin_req_host
'www.example.org'
>>> req.selector
''
>>> req.data                    # leer, keine Daten uebergeben
>>> req.unverifiable
False
```

Die Attribute `host` und `origin_req_host` sind in diesem Fall gleich, da kein Port angegeben wurde. Das Attribut `data` ist leer, da hier ebenfalls nichts angegeben wurde.

## 22.3 Bearbeiten von URLs

Eine URL besteht aus einem sogenannten Schema und dem schemaspezifischen Teil. Diese werden durch einen Doppelpunkt getrennt:

```
Schema
|
http://www.example.org/index?par=test#pos1
    |  |Host           |Pfad |Query   |Fragment
    |
    Schema-spezifischer Teil
```

Der schemaspezifische Teil besteht im Falle einer HTTP-URL im Beispiel aus einem Host, Pfad, Query-Teil und Fragment.

Host und Pfad werden durch den Slash (/) getrennt. Darauf folgt nach einem Fragezeichen (?) die Query. Als letztes Trennzeichen dient das Doppelkreuz (#), nach dem ein Fragment folgen kann.

Das Modul `urllib.parse` dient der Verarbeitung einer URL. Daten können damit zu einer URL zusammengefügt und die notwendigen Codierungen vorgenommen werden. Eine vorhandene URL kann decodiert und in ihre Bestandteile zerlegt werden.

### 22.3.1 Aufbauen einer URL

Eine URL kann mit der Funktion `urlunsplit()` aus dem Modul `urllib.parse` aufgebaut werden. Ein Tupel mit den Parametern `scheme`, `netloc`, `path`, `query` und `fragment` werden dazu übergeben. Ein Beispiel:

```
>>> from urllib.parse import urlunsplit
>>> urlunsplit(('http', 'www.example.com', '/test/path', '', ''))
'http://www.example.com/test/path'
>>> urlunsplit(('http', 'www.example.com', '/test/path', 'q=1',
 'frag'))
'http://www.example.com/test/path?q=1#frag'
```

Den String für den Parameter `query` sollte man mit der dafür vorgesehenen Methoden `urlencode()` aufbauen. Die Schlüssel-Werte-Paare können als Dictionary oder als Sequenz von Tupeln übergeben werden:

```
>>> from urllib.parse import urlencode
>>> urlencode({'q': 'w1'})
'q=w1'
>>> urlencode( [ ('q','w1') ] )
'q=w1'
```

Die Funktion `urlencode()` übernimmt auch gleich die Codierung von Sonderzeichen:

```
>>> data = {'slash': '/', 'fragez': '?', 'gleich': '=', 'uml': 'äöü',
'amp': '&'}
>>> urlencode(data)
'slash=%2F&uml=%C3%A4%C3%B6%C3%BC&amp=%26&fragez=%3F&gleich=%3D'
```

### 22.3.2 Zerlegen einer URL

Eine gegebene URL kann mit der Funktion `urlparse()` in ein Objekt des Typs `ParseResult` zerlegt werden:

```
>>> s = """http://www.example.com/index?par=test"""
>>> from urllib.parse import urlparse
>>> urlparse(s)
ParseResult(scheme='http', netloc='www.example.com', path='/index',
params='', query='par=test', fragment='')
```

Die einzelnen Elemente können als Attribut angesprochen werden:

```
>>> url = urlparse(s)
>>> url.scheme
'http'
>>> url.path
'/index'
```

Alternativ kann mit der Funktion `vars()` eine Liste von Tupeln erzeugt werden. Diese kann wiederum mit der Funktion `dict()` in ein Dictionary umgewandelt werden:

```
>>> vars(url)
OrderedDict([('scheme', 'http'), ('netloc', 'www.example.com'),
('path', '/index'), ('params', ''), ('query', 'par=test'),
('fragment', '')])
>>> dict(vars(url))
{'fragment': '', 'scheme': 'http', 'query': 'par=test',
'netloc': 'www.example.com', 'params': '', 'path': '/index'}
```

Eine URL kann codiert werden, damit Sonderzeichen sicher übertragen werden. Diese Codierung kann mit der Funktion `unquote()` umgekehrt werden:

```
>>> s='slash=%2F&uml=%C3%A4%C3%B6%C3%BC&amp=%26&fragez=%3F&gleich=%3D'
>>> from urllib.parse import unquote
>>> unquote(s)
'slash=/&uml=äöü&amp=&&fragez=?&gleich=='
```

Die codierte Zeichenkette aus dem letzten Beispiel von Abschnitt 22.3.1 wird wieder in den ursprünglichen Zustand versetzt.

## 22.4  E-Mail senden mit `smtplib`

Beim Versand einer E-Mail kommt das Protokoll SMTP (Simple Mail Transfer Protocol) oder ESMTP (Extended SMTP) zum Einsatz. Python enthält in der Standarddistribution dafür das Modul `smtplib` mit drei Klassen.

**Tab. 22.5.** Klassen im Modul `smtplib`

| Klasse | Beschreibung |
|---|---|
| SMTP | Diese Objekte unterstützen die Protokolle SMTP und ESMTP. Dies wird im Normalfall das Objekt der Wahl sein, um eine Mail zu versenden. |
| SMTP_SSL | Dieses Objekt ermöglicht die Nutzung von SSL beim Mailversand und verhält sich wie Objekte der Klasse SMTP. |
| LMTP | Das Local Mail Transport Protocol. Hier kann ein UNIX-Domain-Socket verwendet werden. Dieser ist dann als absoluter Pfad im Parameter `host` des Konstruktors anzugeben. |

Neben den Exceptions, die durch den Aufbau einer Netzwerkverbindung und während der Kommunikation entstehen können, gibt es eine Menge Ausnahmen, die während des Einsatzes von SMTP auftreten können.

**Tab. 22.6.** Exceptions im Modul `smtplib`

| Exception | Beschreibung |
|---|---|
| SMTPException | Basisklasse für alle Exceptions des Moduls. |
| SMTPServerDisconnected | Wird ausgelöst, wenn ein Objekt Aktionen ausführen möchte, aber noch nicht mit einem Server verbunden ist, oder wenn der Server die Verbindung unerwartet beendet hat. |

**Tab. 22.6.** fortgesetzt

| Exception | Beschreibung |
| --- | --- |
| SMTPResponseException | Basisklasse für alle Ausnahmen, die einen SMTP-Errorcode enthalten. Der Fehlercode wird im Attribut smtp_code gespeichert. |
| SMTPSenderRefused | Die Absende-Adresse wurde vom Server abgelehnt. Das Attribut sender enthält danach die abgelehnte Adresse. |
| SMTPRecipientsRefused | Alle Empfängeradressen wurden abgelehnt. Im Attribut recipients werden die einzelnen Fehler für die Adressen in einem Dictionary abgelegt. |
| SMTPDataError | Der Text der Nachricht wurde abgelehnt. |
| SMTPConnectError | Während des Verbindungsaufbaus mit dem Server trat ein Fehler auf. |
| SMTPHeloError | Der Server hat das HELO abgelehnt. |
| SMTPAuthenticationError | Die Authentifizierung ist fehlgeschlagen. |

## 22.4.1 Versenden einer Mail

Ein Objekt der Klasse SMTP wird im Normalfall für den Versand einer Nachricht ausreichen. In der folgenden Tabelle werden der Konstruktor und die Methoden dieses Objekts erläutert. Die Klasse unterstützt den SMTP-Dialog sehr detailliert. Um eine einfache Mail zu versenden, benötigt man zunächst nur sehr wenige der Methoden.

**Tab. 22.7.** Methoden der Klasse SMTP (I)

| Methode | Beschreibung |
| --- | --- |
| SMTP(host='', port=0, local_hostname=None, [timeout, ] source_address=None) | Der Konstruktor. Wenn die Parameter host und port angegeben werden, wird bei der Initialisierung des Objekts die Methode connect() mit diesen Werten aufgerufen. Falls local_hostname übergeben wird, kommt dieser Wert als FQDN (Fully Qualified Domain Name – ein vollständiger Name im DNS) beim HELO/EHLO zum Einsatz. Mit dem Parameter source_address kann, falls vorhanden, eine von mehreren Source-Adressen gewählt werden (ein Tupel (Host, Port)). SMTP-Objekte können mit dem with-Statement eingesetzt werden und beenden dadurch beim Verlassen des Blocks die Verbindung zum Server. |

**Tab. 22.7.** fortgesetzt

| Methode | Beschreibung |
|---|---|
| `connect(host='localhost', port=0)` | Baut die Verbindung zu dem gegebenen Host und Port auf. Das Ergebnis ist ein Tupel mit einem Zahlencode und der vom Server gesendeten Nachricht. |
| `sendmail(from_addr, to_addrs, msg, mail_options=[], rcpt_options=[])` | Sendet eine Nachricht. Die Absende-Adresse in `from_addr` muss als Zeichenkette übergeben werden. Als Empfänger kann in `to_addrs` eine Zeichenkette oder eine Liste von diesen übergeben werden. Die Nachricht in `msg` ist eine Zeichenkette, die nur ASCII-Zeichen enthält oder einen Byte-String. Die Methode kehrt fehlerfrei zurück, wenn die Nachricht an mindestens einen Empfänger zugestellt werden konnte. |
| `send_message(msg, from_addr=None, to_addrs=None, mail_options=[], rcpt_options=[])` | Hier wird die Nachricht als Objekt der Klasse `Message` aus dem Modul `email.message` übergeben. Aus diesem Objekt kann auch der Absender und Empfänger gelesen werden. |
| `quit()` | Beendet den SMTP-Dialog und baut die Verbindung zum Server ab. |

Um die folgenden Listings ausprobieren zu können, sind gültige Zugangsdaten zu einem Mailserver nötig. Die Beispiele verwenden Adressen nach RFC 2606[6], diese sind extra für Beispiele in Dokumentationen definiert und nicht erreichbar. Diese sind also durch eigene Daten zu ersetzen.

Wie kann nun mit der `smtplib` und dem SMTP-Objekt eine Mail versandt werden?

```
1  import smtplib
2  smtp = smtplib.SMTP('mail.example.org')
3  smtp.sendmail('user1@example.org', 'user2@example.org', "Text der Nachricht")
4  smtp.quit()
```

**Listing 22.11.** Versenden einer Mail mit `smtplib`

Listing 22.11 zeigt alles Nötige um eine Nachricht zu versenden. Nach dem Import des Moduls wird ein Objekt der Klasse SMTP erstellt (Zeile 2). Beim Aufruf der Methode `sendmail()` werden der Absender, der Empfänger und der Text der Nachricht übergeben. Abschließend wird die Verbindung zum Server beendet.

---

**6** Die Domains `example.org`, `example.com` und `example.net` sind eingerichtet und betreiben zwar einen Web-, aber keinen Mailserver.

In ein `with`-Statement eingebettet, sieht der Mailversand wie folgt aus.

```
1   from smtplib import SMTP
2   with SMTP('mail.example.org') as smtp:
3       smtp.sendmail('user1@example.org', 'user2@example.org',
4                     "Text der Nachricht")
```

**Listing 22.12.** SMTP-Objekt mit `with`-Statement nutzen

Dies entspricht dem Vorgehen zum Mailversand in Listing 22.11.

Alternativ könnte man beim Aufruf des Konstruktors auf die Übergabe des Mail-Hosts verzichten und anschließend die Methode `connect()` mit dem Hostnamen aufrufen.

```
1   import smtplib
2   smtp = smtplib.SMTP()
3   smtp.connect('mail.example.org')
4   smtp.sendmail('user1@example.org', 'user2@example.org', "Text der Nachricht")
5   smtp.quit()
```

**Listing 22.13.** Verbindungsaufbau zum SMTP-Server in mehreren Schritten

### Konstruktoren von SMTP_SSL und LMTP

Der Vollständigkeit halber hier noch die Konstruktoren der beiden anderen Klassen im Modul `smtp`, auf die im Folgenden nicht weiter eingegangen wird.

**Tab. 22.8.** Konstruktoren der Klassen SMTP_SSL und LMTP

| Konstruktor | Beschreibung |
|---|---|
| `SMTP_SSL(host='', port=0, local_hostname=None, keyfile=None, certfile=None, [timeout, ]context=None, source_address=None)` | |
| | Dieses Objekt ermöglicht die Nutzung von SSL beim Mailversand und verhält sich wie Objekte der Klasse SMTP. |
| `LMTP(host='', port=LMTP_PORT, local_hostname=None, source_address=None)` | |
| | Das Local Mail Transport Protocol. Hier kann ein UNIX-Domain-Socket verwendet werden. Dieser ist dann als absoluter Pfad im Parameter `host` anzugeben. |

### 22.4.2 Header zu einer Nachricht hinzufügen

Die bisher versendete Nachricht ist für den Empfänger nicht besonders schön, da sie nicht über die üblichen Header wie z. B. `Subject` verfügt. Dieser Header und andere sind für den Versand nicht erforderlich.

Da es sich bei den Headern nur um Text handelt, können weitere Header, z. B. `Subject:`, `From:` oder `To:`, einer Nachricht einfach hinzugefügt werden.

Eine Nachricht, wie sie an die Methode `sendmail` übergeben wird, besteht aus den beiden Teilen „Header" und „Body". Die Header sind Textzeilen, in denen ein Name und ein Wert durch einen Doppelpunkt getrennt sind. Der Header wird durch eine Leerzeile vom Body getrennt.

```
1  from smtplib import SMTP
2  header = "From: user1@example.org\nTo: user2@example.org\n"
3  header += "Subject: Titelzeile der Nachricht\n"
4  header += "\n"
5  body = "Text der Nachricht"
6  msg = header + body
7  with SMTP('mail.example.org') as smtp:
8      smtp.sendmail('user1@example.org', 'user2@example.org', msg)
```

**Listing 22.14.** Mail-Header von Hand aufbauen

Listing 22.14 zeigt den manuellen Aufbau einer Nachricht mit den Headern `From`, `To` und `Subject`. Diese werden jeweils in einer eigenen Zeile, als Teil einer Zeichenkette, dem Nachrichten-Body vorangestellt (Zeilen 2–4).

### 22.4.3 Verschlüsselter Mailversand

Die Übertragung von Nachrichten zum Mailserver erfolgt unverschlüsselt. Um die Verbindung zum Mailserver zu verschlüsseln, ist zwischen dem Verbindungsaufbau und dem Versand noch etwas Interaktion mit dem Mailserver erforderlich. Dafür benötigt man die folgenden Methoden des SMTP-Objekts:

**Tab. 22.9.** Methoden der Klasse SMTP (II)

| Methode | Beschreibung |
|---|---|
| `helo(name='')` | Sendet den eigenen Rechnernamen an den SMTP-Server. Das Ergebnis wird im Attribut `helo_resp` gespeichert. |
| `ehlo(name='')` | Identifikation gegenüber einem ESMTP-Server. Das Ergebnis wird im Attribut `ehlo_resp` abgelegt. |

**Tab. 22.9.** fortgesetzt

| Methode | Beschreibung |
| --- | --- |
| ehlo_or_helo_if_needed() | Führt eine der beiden zuvor beschriebenen Funktionen aus, wenn dies während der aktuellen Sitzung noch nicht erfolgt ist. Zuerst wird EHLO gesendet. |
| has_extn(name) | Liefert True, wenn der Server die genannte Erweiterung unterstützt. Groß-/Kleinschreibung wird beim Namen nicht beachtet. |
| starttls(keyfile=None, certfile=None, context=None) | Wechselt die Verbindung in den verschlüsselten Modus. Danach muss erneut ehlo() aufgerufen werden. |

Der Verbindungsaufbau erfolgt wieder durch die Erzeugung eines SMTP-Objekts. Der Client führt dann die Methode ehlo() aus und erhält dadurch vom Mailserver eine Liste der unterstützten Erweiterungen:

```
>>> smtp = smtplib.SMTP('mail.example.org')
>>> smtp.ehlo()
(250, b'mail.example.org Hello localhost.localdomain [10.1.1.1]\n
SIZE 52428800\n8BITMIME\nPIPELINING\nSTARTTLS\nHELP')
```

Der Byte-String des Rückgabewerts von ehlo() wird im Attribut ehlo_resp abgelegt (helo_resp für helo()). Es kann aber auch einfach der Rückgabewert der Funktion gespeichert und verarbeitet werden:

```
>>> smtp.ehlo_resp
b'mail.example.org Hello localhost.localdomain [10.1.1.1]\n
SIZE 52428800\n8BITMIME\nPIPELINING\nSTARTTLS\nHELP'
```

Wenn STARTTLS in der Liste enthalten ist, kann die Verhandlung über die Verschlüsselung durch den Aufruf der Methode starttls() angestoßen werden. Das Protokoll verlangt nach dem Zustandekommen der verschlüsselten Verbindung ein erneutes Senden von EHLO, damit die verfügbaren Erweiterungen zu der abgesicherten Verbindung passen. In der Kurzform kann das wie folgt aussehen.

```
1  import smtplib
2
3  smtp = smtplib.SMTP()
4  smtp.connect('mail.example.org')
5  smtp.ehlo_or_helo_if_needed()
6
7  extn = smtp.ehlo_resp.decode('utf-8')
8
9  if 'STARTTLS' in extn:
10     smtp.starttls()
```

```
11    smtp.ehlo()
12    smtp.sendmail('user1@example.org', 'user2@example.org',
13                  'Text der Nachricht')
14
15  smtp.quit()
```

**Listing 22.15.** Einsatz von STARTTLS beim Mailversand

Listing 22.15 zeigt die erforderlichen Kommandos, um den Übertragungskanal nach dem Verbindungsaufbau und vor dem Mailversand zu verschlüsseln.

Die Prüfung der SMTP-Erweiterungen kann man aber eleganter mit der Funktion `has_extn()` erledigen. Dieser übergibt man eine Zeichenkette mit dem Namen der gesuchten Erweiterung und erhält einen booleschen Wert zurück:

```
>>> smtp = smtplib.SMTP('mail.example.org)
>>> smtp.ehlo_or_helo_if_needed()
>>> smtp.has_extn('starttls')
True
```

Die gesuchte Zeichenkette kann ohne Rücksicht auf Groß-/Kleinschreibung angegeben werden.

In der folgenden Tabelle sind die restlichen Methoden der Klasse SMTP aufgeführt. Mit diesen Funktionen lassen sich bei Bedarf einzelne Schritte im SMTP-Dialog ausführen.

**Tab. 22.10.** Methoden der Klasse SMTP (III)

| Methode | Beschreibung |
| --- | --- |
| `login(user, password)` | Authentifikation mit Name und Passwort gegenüber einem SMTP-Server. |
| `docmd(cmd, args=")` | Sendet das Kommando `cmd` an den SMTP-Server. Das Ergebnis ist ein Tupel, bestehend aus einem Zahlencode und der Antwort des Servers. |
| `data(msg)` | Sendet die Daten der Nachricht an den Server. |
| `noop()` | No Operation – Nichts tun. |
| `expn(address)` | Erweitert eine Mailingliste. |
| `rcpt(recp, options=[])` | Setzt einen Empfänger für die Nachricht. |
| `rset()` | Setzt die Session zurück. |
| `set_debuglevel(level)` | Setzt das Debug-Level für alle Aktionen eines SMTP-Objekts. |
| `verify(address)` | Prüft eine E-Mail-Adresse bei einem Server. |

## 22.5 E-Mail erstellen mit dem Modul `email`

Die einzelnen Bestandteile einer E-Mail als Text zu bearbeiten und zusammenzusetzen, ist nicht besonders komfortabel und außerdem fehleranfällig. Python bietet für einen leichteren Umgang mit Mails das Modul `email`. Darin sind Klassen für das Erstellen von Hand (`message`) und zum Einlesen aus einer Datei (`parser`) enthalten.

Das Objekt `email.message` ist grundlegend für die Erstellung und die Bearbeitung von Nachrichten. Zunächst der Konstruktor der Klasse und die Methoden, um eine einfache Nachricht zu erstellen.

**Tab. 22.11.** Methoden der Klasse `email.message` (I)

| Methode | Beschreibung |
| --- | --- |
| `Message(policy=compat32)` | Der Konstruktor für ein `message`-Objekt. Der Parameter `policy` legt fest, welchen Standards (RFC) das Objekt folgt. |
| `add_header(_name, _value, **_params)` | Ermöglicht das Setzen von Headern mit zusätzlichen Werten in Form von Keyword-Parametern. `_name` ist der Header-Name, `_value` der eigentliche Wert. Die Werte des Dictionarys `_params` werden in der Form key="value" angehängt. |
| `set_payload(payload, charset=None)` | Setzt die Nachricht mit dem Wert von `payload` und berücksichtigt dabei das evtl. gegebene `charset`. |
| `as_string(unixfrom=False, maxheaderlen=0, policy=None)` | Liefert das Objekt, also die gesamte Nachricht, als Zeichenkette. Wenn der Parameter `unixfrom` auf `True` gesetzt wird, wird der „unixfrom" eingefügt. Mit `policy` kann die Ausgabe der Nachricht beeinflusst werden. |

Durch den Einsatz der Klasse `message` und ihrer Methoden aus Tabelle 22.11 gewinnt man erheblichen Komfort bei der Erstellung einer Nachricht.

```
1  from email import message
2  msg = message.Message()
3  msg.add_header('from', 'user1@example.org')
4  msg.add_header('to', 'user2@example.org')
5  msg.add_header('subject', 'Testnachricht')
6  msg.set_payload('Text der Nachricht')
```

**Listing 22.16.** Erstellen einer Mail mit email.message

Das `Message`-Objekt aus Listing 22.16 sieht als Zeichenkette wie folgt aus:

```
>>> msg.as_string()
'from: user1@example.org\nto: user2@example.org\nsubject: \
Testnachricht\n\nText der Nachricht'
```

Dieses Objekt könnte jetzt an die Methode `send_message()` aus dem Modul `smtp` zum Versand übergeben werden.

### 22.5.1 Header zu einer Nachricht hinzufügen

Die Methode `add_header()` bedarf noch einer ausführlichen Erläuterung. Die einfachste Form des Aufrufs erstellt wie im Listing 22.16 eine Header-Zeile aus dem gegebenen Namen und Wert.

Der Keyword-Parameter der Methode nimmt weitere Werte entgegen, die, durch Semikolon getrennt, an die Header-Zeile angehängt werden. Das Keyword und der Wert eines benannten Parameters werden dabei durch ein Gleichheitszeichen (=) getrennt:

```
>>> from email import message
>>> msg = message.Message()
>>> msg.add_header('X-test', 'header_param', next_param='wert')
>>> msg.as_string()
'X-test: header_param; next-param="wert"\n\n'
```

Der Wert eines Parameters kann auch ein Tupel sein. Das Format des Tupels ist (CHARSET, LANGUAGE, VALUE). Damit kann eine Zeichenkette codiert werden, die andere Werte als ASCII enthält:

```
>>> from email import message
>>> msg = message.Message()
>>> msg.add_header('X-test', 'header_param', next_par=('iso-8859-15',
'', 'immer öfter'))
>>> msg.as_string()
'X-test: header_param; next-par*=iso-8859-15\'\'immer%20%F6fter\n\n'
```

### 22.5.2 Charset des Nachrichtentextes

Die Methode `set_payload()` erlaubt das Setzen eines Charsets. Dies beschreibt die verwendete Zeichenmenge des Nachrichten-Bodys und sorgt ggf. für eine entsprechende Codierung, damit die Nachricht korrekt übertragen wird. Falls der Body Zeichen außerhalb des ASCII-Standards enthält, wird dies wichtig. Zunächst ein Beispiel mit deutschen Umlauten in der Codierung `iso-8859-15`:

```
>>> msg.set_payload('Text der Nachricht äöü', 'iso-8859-15')
>>> msg.as_string()
'from: user1@example.org\nto: user2@example.org\nsubject: \
Testnachricht\nMIME-Version: 1.0\nContent-Type: text/plain; \
charset="iso-8859-15"\nContent-Transfer-Encoding: \
quoted-printable\n\nText der Nachricht =E4=F6=FC'
```

Für eine Codierung in `utf-8` sieht die Nachricht wie folgt aus:

```
>>> msg.set_payload('Text der Nachricht äöü', 'utf-8')
>>> msg.as_string()
'from: user1@example.org\nto: user2@example.org\nsubject: \
Testnachricht\nMIME-Version: 1.0\nContent-Transfer-Encoding: \
base64\nContent-Type: text/plain; charset="utf-8"\n\n\
VGV4dCBkZXIgTmFjaHJpY2h0IMOkw7bDvA==\n'
```

Das Objekt fügt einen Header `Content-Typ` und `MIME-Version` mit entsprechenden Werten ein, und der Text ist mit dem in `Content-Transfer-Encoding` angegebenen Verfahren codiert. Der Empfänger wertet diese Header aus, decodiert ggf. den Inhalt der Nachricht, und stellt den Text korrekt dar.

### 22.5.3 Abfragen von Nachrichten-Headern

Die Klasse `message` bietet natürlich auch Methoden, um die Header oder die Nachricht eines Objekts abzufragen: Die folgende Tabelle führt weitere Funktionen zur Manipulation der Nachrichten-Header auf. Außerdem gibt es noch eine Funktion zur Ausgabe einer Nachricht als Byte-String.

**Tab. 22.12.** Methoden der Klasse `email.message` (II) – Abfrage und Manipulation von Mail-Headern

| Methode | Beschreibung |
| --- | --- |
| `get_payload(i=None, decode=False)` | Liefert eine Liste der einzelnen Nachrichtenbestandteile. Mit dem Parameter `i` kann gezielt ein Teil ausgewählt werden. Das `decode`-Flag gibt an, ob der Teil der Nachricht entsprechend decodiert werden soll. Die Decodierung hängt davon ab, ob in den Headern eine Codierung angegeben ist, und ob es sich um eine Multipart-Message handelt. Die Python-Dokumentation beschreibt die Möglichkeiten umfassend. |
| `get(name, failobj=None)` | Liefert den Wert des gegebenen Headers oder das optionale `failobj`. |
| `keys()` | Liefert eine Liste der Feldnamen des Headers. |
| `values()` | Liefert die Daten der Header. |
| `items()` | Liefert eine Liste von Tupeln der Header-Felder und -Daten. |
| `get_all(name, failobj=None)` | Liefert alle Werte für das in `name` übergebene Feld oder `failobj`. |
| `replace_header(_name, _value)` | Ersetzt das erste Auftreten des Headers `_name`. Löst einen `KeyError` aus, wenn der Header nicht gefunden wird. |
| `as_bytes(unixfrom=False, policy=None)` | Liefert die Nachricht als Byte-String. |

Die Funktionen aus Tabelle 22.12 werden auf die im letzten Beispiel genutzte Nachricht angewendet. Hier zur Erinnerung noch mal die String-Darstellung der Nachricht wie von `as_string()` geliefert:

```
>>> msg.as_string()
'from: user1@example.org\nto: user2@example.org\nsubject: \
Testnachricht\nMIME-Version: 1.0\nContent-Transfer-Encoding: \
base64\nContent-Type: text/plain; charset="utf-8"\n\n\
VGV4dCBkZXIgTmFjaHJpY2h0IMOkw7bDvA==\n'
```

**get_payload()**
Den Body (Nachrichtentext) erhält man durch den Aufruf von `get_payload()`, hier ohne das Flag `decode` auf `True` zu setzen:

```
>>> msg.get_payload()
'Text der Nachricht äöü'
```

`keys()`, `values()`, `get()` **und** `items()`
Die Header und ihre Werte können wie bei einem Dictionary abgefragt werden. Die
Methode `keys()` liefert zunächst alle Header in einer Liste, `values()` die Werte:

```
>>> msg.keys()
['from', 'to', 'subject', 'MIME-Version', 'Content-Transfer-Encoding',
 'Content-Type']
>>> msg.values()
['user1@example.org', 'user2@example.org', 'Testnachricht', '1.0',
 'quoted-printable', 'text/plain; charset="utf-8"']
```

Einzelne Werte können über einen Key abgefragt werden:

```
>>> msg.get('to')
'user2@example.org'
```

Eine Liste mit Wertepaaren liefert die Methode `items()`:

```
>>> msg.items()
[('from', 'user1@example.org'), ('to', 'user2@example.org'),
 ('subject', 'Testnachricht'), ('MIME-Version', '1.0'),
 ('Content-Transfer-Encoding', 'quoted-printable'),
 ('Content-Type', 'text/plain; charset="utf-8"')]
```

Die Objekte verhalten sich wie Dictionarys und unterstützen den Key-Zugriff auf die
Header. Der Key ist unabhängig von der Groß-/Kleinschreibung:

```
>>> msg['to']
'user4@example.org'
>>> msg['To']
'user4@example.org'
```

`get_all()`
Mehrere Empfänger muss man zu einer Nachricht einzeln als Header hinzufügen:

```
>>> msg.add_header('to', 'user3@example.org')
```

Wenn ein Header mehrfach auftreten kann, erhält man mit `get()` nur einen Wert. Um
alle zu erhalten, gibt es die Methode `get_all()`:

```
>>> msg.get('to')
'user2@example.org'
```

```
>>> msg.get_all('to')
['user2@example.org', 'user3@example.org']
```

**replace_header()**

Das Ersetzen eines Headers ist nicht für mehrfach vorhandene Namen ausgelegt:

```
>>> msg.replace_header('to', 'user4@example.org')
>>> msg.get_all('to')
['user4@example.org', 'user3@example.org']
>>> msg.items()
[('from', 'user1@example.org'), ('to', 'user4@example.org'),
 ('subject', 'Testnachricht'), ('to', 'user3@example.org')]
```

**as_bytes()**

Neben der Ausgabe als Zeichenkette existiert noch die Methode `as_bytes()`, die die Nachricht als Byte-String ausgibt:

```
>>> msg.as_bytes()
b'from: user1@example.org\nto: user2@example.org\nsubject: \
Testnachricht\nMIME-Version: 1.0\nContent-Transfer-Encoding: \
quoted-printable\nContent-Type: text/plain; charset="utf-8"\n\n\
Text der Nachricht \xc3\xa4\xc3\xb6\xc3\xbc'
```

### 22.5.4 Weitere Methoden für `email.message`

Für eine Nachricht können zahlreiche Einstellungen gemacht und auch abgefragt werden. Die folgende Tabelle listet einige Funktionen, mit denen ein `message`-Objekt untersucht werden kann.

**Tab. 22.13.** Methoden der Klasse `email.message` (III)

| Methode | Beschreibung |
| --- | --- |
| `is_multipart()` | Wenn die Nachricht aus mehreren Teilen besteht, liefert diese Funktion `True`. Wenn sie `False` liefert, sollte der Nachrichtentext eine Zeichenkette sein. |
| `set_unixfrom(unixfrom)` | Setzt den „unixfrom"-Header in der Nachricht. |
| `get_unixfrom()` | Liefert, falls gesetzt, den „unixfrom"-Header der Nachricht. |

**Tab. 22.13.** fortgesetzt

| Methode | Beschreibung |
| --- | --- |
| attach(payload) | Fügt der Nachricht einen weiteren Teil hinzu. Der übergebene Wert muss ein message-Objekt sein. Die Nachricht besteht dann aus einer Liste von message-Objekten. Um die Nachricht aus skalaren Objekten aufzubauen (z. B. String), wird die Methode set_payload() verwendet. |
| set_charset(charset) | Setzt das Charset der Nachricht. Der übergebene Wert kann ein Objekt der Klasse email.charset, ein String mit dem Namen des Charsets oder None sein. |
| get_charset() | Liefert das Charset der Nachricht. |
| get_content_type() | Liefert den Content-Typ der Nachricht. Der String hat die Form maintype/subtype. |
| get_content_maintype() | Liefert den Haupt-Content-Typ der Nachricht. |
| get_content_subtype() | Liefert den Unter-Content-Typ der Nachricht. |
| get_default_type() | Liefert die Zeichenkette des Standard Content-Typs. |
| get_params(failobj=None, header='content-type', unquote=True) | Liefert eine Liste der Parameter zum Header „Content-Type". Die Liste besteht aus Tupeln mit Namen und Wert der einzelnen Parameter. |
| get_param(param, failobj=None, header='content-type', unquote=True) | Liefert den Wert eines Parameters des Headers „Content-Type". |
| set_param(param, value, header='Content-Type', requote=True, charset=None, language='', replace=False) | Setzt einen Wert für einen Parameter im „Content-Type"-Header. Das Replace-Flag steuert, ob ein neuer Wert hinzugefügt oder der Originalheader verändert wird. |
| del_param(param, header='content-type', requote=True) | Entfernt den Parameter aus dem „Content-Type"-Header. |
| set_type(type, header='Content-Type', requote=True) | Setzt einen neuen Wert für den Header Content-Type. |
| get_filename(failobj=None) | Liefert den Wert des Parameters filename des Headers Content-Disposition oder failobj. |
| get_boundary(failobj=None) | Liefert den Wert des Parameters boundary des Headers Content-Type oder failobj. |
| set_boundary(boundary) | Setzt den Parameter boundary des Headers Content-Type. Löst HeaderParseError aus, wenn kein Content-Type-Header existiert. |
| get_content_charset( failobj=None) | Liefert den Wert des Parameters charset des Headers Content-Type oder failobj, wenn der Header nicht existiert oder der Parameter nicht vorhanden ist. |

**Tab. 22.13.** fortgesetzt

| Methode | Beschreibung |
|---|---|
| `get_charsets(failobj=None)` | Liefert eine Liste von Charsets für alle Teile einer (Multipart-)Nachricht. Die Liste hat mindestens ein Element. |
| `walk()` | Diese Methode ermöglicht ein Durchlaufen aller Teile einer Nachricht. Die Suche geht erst in die Tiefe. |

Auch einige dieser Funktionen werden auf die zuvor erstellte Nachricht angewendet:

```
>>> msg.is_multipart()
False
>>> msg.get_charset()
utf-8
>>> msg.get_content_type()
'text/plain'
```

Der Content-Typ und das Charset der Nachricht können auch über die Parameter des Objekts bestimmt werden:

```
>>> msg.get_params()
[('text/plain', ''), ('charset', 'utf-8')]
>>> msg.get_param('charset')
'utf-8'
```

### 22.5.5 Aufbau einer Multipart-Message

Einige Funktionen liefern Werte für Multipart-Nachrichten. Diese bestehen aus mehreren `message`-Objekten, die mittels `attach()` an ein `message`-Objekt gehängt wurden.

```
1  from email import message
2  msg1 = message.Message()
3  msg2 = message.Message()
4  msg3 = message.Message()
5  msg2.set_payload('payload 1')
6  msg3.set_payload('payload 2 äöü')
7  msg1.attach(msg2)
8  msg1.attach(msg3)
```

**Listing 22.17.** Aufbau einer Multipart-Nachricht mit `email.message`

Wenn man die Nachricht, wie sie in Listing 22.17 aufgebaut wurde, untersucht, erhält man folgende Ausgaben:

```
>>> msg1.is_multipart()
True
>>> msg1.get_payload()
[<email.message.Message object at 0x7fc0e672f588>,
 <email.message.Message object at 0x7fc0dc1542b0>]
```

Der Aufbau von Multipart-Nachrichten auf diese Art und Weise ist sehr umständlich. Python bietet einen bequemeren Weg, der im folgenden Abschnitt beschrieben wird.

## 22.6 Multipart-Nachrichten mit `email.mime`

Einfache Textnachrichten sind schön und gut, aber eine angehängte Datei oder Umlaute im Text sind nette Features von E-Mails. Um z. B. eine Nachricht mit einem oder mehreren Anhängen zu erstellen, gibt es das Modul `email.mime`.

MIME[7] definiert das Format von E-Mails. Es erlaubt die Zusammenstellung von verschiedenen Objekten zu einer Nachricht. Die Daten werden für den Versand entsprechend codiert und sind als einzelne Abschnitte der Nachricht gekennzeichnet.

**Tab. 22.14.** Klassen in `email.mime` und deren Main- und Subtype

| Klasse | Content-Typ (Main-/Subtype) |
|---|---|
| `mime.MIMEMultipart` | `multipart/mixed` |
| `application.MIMEApplication` | `application/octet-stream` |
| `audio.MIMEAudio` | `audio` |
| `image.MIMEImage` | `image` |
| `message.MIMEMessage` | `message/rfc822` |
| `text.MIMEText` | `text/plain` |

Eine einfache Textnachricht lässt sich mit einem Objekt der Klasse `MIMEText` schnell erstellen.

```
1  from email.mime.text import MIMEText
2  msg = MIMEText("Hallo Welt")
```

**Listing 22.18.** Minimale Textnachricht mit `MIMEText`

---

7 MIME – Multipurpose Internet Mail Extensions

Dies ist eine möglichst einfache Text-Nachricht:

```
>>> msg.as_string()
'Content-Type: text/plain; charset="us-ascii"\nMIME-Version: 1.0\n\
Content-Transfer-Encoding: 7bit\n\nHallo Welt'
```

Dem Objekt können die Sender- und Empfängeradressen und andere Header wie bei einem Dictionary gesetzt werden:

```
>>> msg['To'] = 'user1@example.org'
>>> msg['From'] = 'user2@example.org'
>>> msg['Subject'] = 'Gruss'
```

Das Objekt kann an die Methode `send_message()` eines SMTP-Objekts zum Versand übergeben werden. Die Methode verwendet, wenn nichts anderes angegeben ist, die Adressen aus den Headern:

```
>>> import smtplib
>>> smtp = smtplib.SMTP('mail.example.org')
>>> smtp.send_message(msg)
>>> smtp.quit()
```

Dies war zunächst nur ein Beispiel, wie einfach eine Text-E-Mail mit Python erstellt werden kann. Das Erzeugen von echten Multipart-Nachrichten mit beliebigen Anhängen ist von hier aus nicht schwer. Basis ist ein Objekt der Klasse `MIMEMultipart`.

```
1  from email.mime.text import MIMEText
2  from email.mime.multipart import MIMEMultipart
3  from email.mime.image import MIMEImage
4
5  mp = MIMEMultipart()
6  mp.attach(MIMEText('Hallo Welt'))
7  img = open('8Bild.jpg', 'rb').read()
8  mp.attach(MIMEImage(img))
```

**Listing 22.19.** Multipart-Nachricht aufbauen mit `MIMEMultipart`

Listing 22.19 zeigt den Aufbau einer Mulitpart-Nachricht mit einem Text und einem Bild als Anhang. Die Objekte werden jeweils mit `attach()` (Zeilen 6 und 8) an das `MIMEMultipart`-Objekt angehängt.

Der Versand erfolgt wieder, wie in den vorherigen Beispielen, mit einem SMTP-Objekt und `send_message()`.

### MIME-Typen

Im Modul `email.mime` sind für die einzelnen Typen von Attachments Klassen definiert. Mit diesen Klassen können einige Standard-Attachments erstellt werden, bei denen der Content-Type und die Codierung ohne weiteren Aufwand korrekt gesetzt sind.

**Tab. 22.15.** Konstruktoren der MIME-Typen in `email.mime`

| Konstruktor | Beschreibung |
|---|---|
| `base.MIMEBase(_maintype, _subtype, **_params)` | Die Basisklasse für alle folgenden Klassen. Die Parameter `_maintype` und `_subtype` werden in den Content-Type der Nachricht übernommen. Das Dictionary in `_params` wird in die Header der Nachricht übernommen. Normalerweise wird man diese Klasse nicht benötigen. |
| `nonmultipart.MIMENonMultipart` | Diese Klasse dient zur Erzeugung von Nachrichten ohne Attachments. Der Aufruf von `attach()` löst eine Exception aus (`MultipartConversionError`). |
| `message.MIMEMessage(_msg, _subtype='rfc822')` | Die Klasse ist von `MIMENonMultipart` abgeleitet. Der Konstruktor erwartet als Parameter `_msg` ein Objekt der Klasse `email.message.Message`. |
| `multipart.MIMEMultipart( _subtype='mixed', boundary=None, _subparts=None, **_params)` | Mit dem Parameter `boundary` kann die Zeichenkette zur Trennung der einzelnen Teile angegeben werden. `None` setzt bei Bedarf automatisch einen Wert. In `_subparts` können schon Anhänge für die Nachricht übergeben werden. Dieser Parameter muss sich zu einer Liste konvertieren lassen. |
| `text.MIMEText(_text, _subtype='plain', _charset=None)` | Ein Text-Attachment. Dieses Attachment hat immer einen Content-Type und Content-Transfer-Encoding-Header. Der Default für den Content-Type ist `us-ascii`. Wenn der Text codiert ist, kann er nicht einfach durch ein `set_payload()` ersetzt werden. Neuer Text wird nicht automatisch codiert. |
| `image.MIMEImage(_imagedata, _subtype=None, _encoder=email.encoders.encode_base64, **_params)` | Erstellt einen Nachrichtenteil für eine Bilddatei. Dieser Konstruktor erwartet die Bilddaten in einem Byte-String in `_imagedata`. |

**Tab. 22.15.** fortgesetzt

| Konstruktor | Beschreibung |
|---|---|
| `application.MIMEApplication(_data, _subtype='octet-stream', _encoder=email.encoders.encode_base64, **_params)` | Ein Nachrichtenteil für allgemeine Binärdaten von Programmen. Die zu übertragenden Daten werden im Parameter `_data` als Byte-String übergeben. |
| `audio.MIMEAudio(_audiodata, _subtype=None, _encoder=email.encoders.encode_base64, **_params)` | Ein Nachrichtenteil für Audio-Dateien. Die Daten werden in einem Byte-String im Parameter `_audiodata` übergeben. |

## 22.7 E-Mail aus einer Datei lesen

Im Modul `email.parser` sind zwei Parser für E-Mails enthalten. Die Klasse `Parser` liest vollständig vorliegende Daten, z. B. aus einer Datei oder einer Zeichenkette. Die Klasse `FeedParser` ist in der Lage, Daten aus einer möglicherweise blockierenden Quelle, zum Beispiel einem Socket, zu lesen. Die Konstruktoren der Objekte haben folgende Signaturen.

**Tab. 22.16.** Konstruktoren der E-Mail-Parser in `email.parser`

| Konstruktor |
|---|
| `Parser(_class=email.message.Message, *, policy=policy.compat32)` |
| `BytesParser(_class=email.message.Message, *, policy=policy.compat32)` |
| `FeedParser(_factory=email.message.Message, *, policy=policy.compat32)` |
| `BytesFeedParser(_factory=email.message.Message)` |

Der Parameter `_class` erwartet eine Funktion oder ein Objekt, das ein neues Teilobjekt für eine Nachricht erstellen kann. Der Defaultwert ist `email.message.Message`.

Die Klassen mit `Bytes` im Namen unterscheiden sich von den anderen Klassen nur dadurch, dass sie einen Byte-String statt eines normalen Strings verarbeiten. Mehr dazu gleich bei den Funktionen der einzelnen Klassen.

Die Klassen bieten nur Funktionen zum Einlesen von Daten.

**Tab. 22.17.** Methoden der Parser-Klassen im Modul `email.parser`

| Methode | Beschreibung |
| --- | --- |
| Klasse `Parser` | |
| `parse(fp, headersonly=False)` | Liest alle verfügbaren Daten aus dem Datei-Objekt `fp` und liefert ein Nachrichten-Objekt.<br>`fp` muss die Methoden `readline()` und `read()` unterstützen.<br>Das Flag `headersonly` entscheidet, ob das Einlesen nach den Header-Zeilen beendet wird oder nicht. |
| `parsestr(text, headersonly=False)` | Liest die Daten aus einem String-Objekt. |
| Klasse `ByteParser` | |
| `parse(fp, headersonly=False)` | Liest Byte-Daten aus dem Datei-Objekt `fp`. |
| `parsebytes(bytes, headersonly=False)` | Wie die Funktion `parse()`, allerdings mit Byte-Strings. |
| Klasse `FeedParser/BytesFeedParser` | |
| `feed(data)` | Füttert den Parser mit der Zeichenkette `data`. |
| `close()` | Beendet das Einlesen von Daten und liefert das oberste Nachrichten-Objekt. |

Im Folgenden wird die Verarbeitung einer E-Mail aus einer Datei beschrieben.

E-Mail-Programme, die das Maildir-Format verwenden, speichern eine Nachricht als eigenständige Textdatei. Für eigene Experimente reicht es dann aus, eine solche Datei in das Arbeitsverzeichnis zu kopieren oder die Datei entsprechend zum Lesen zu öffnen.

```
import email.parser
mp = email.parser.Parser()
fp = open('email')
mail = mp.parse(fp)
fp.close()
```

**Listing 22.20.** Einlesen einer E-Mail aus einer Datei mit `email.parser.Parser`

Der Inhalt des `Message`-Objekts in der Variablen `mail` im Listing 22.20 könnte wie folgt aussehen:

```
>>> mail
<email.message.Message object at 0x7f54f30abb38>
>>> mail.get_payload()
[<email.message.Message object at 0x7f54f0e7fef0>,
 <email.message.Message object at 0x7f54f30ab908>,
...
 <email.message.Message object at 0x7f54f0725780>]
```

Dieses `Message`-Objekt besteht aus mehreren Teilen. Mit der Methode `walk()` des `Message`-Objekts kann man die einzelnen Teile einer Nachricht durchlaufen (Listing 22.21).

```
1  for part in mail.walk():
2      print(len(part))
```

**Listing 22.21.** Multipart-Nachricht mit `walk()` abarbeiten

Natürlich kann man die einzelnen `Message`-Objekte in der von `get_payload()` gelieferten Liste auch von Hand bearbeiten:

```
>>> mps = mail.get_payload()
>>> last = mps[-1]
>>> last.items()
[('Content-Transfer-Encoding', '7bit'), ('Content-Type',
  'text/plain;\n\tcharset=us-ascii')]
```

Der Inhalt dieses Teils kann mit `get_payload()` abgefragt und mit allen dem `Message`-Objekt zur Verfügung stehenden Methoden manipuliert werden.

### Funktionen zum Einlesen von E-Mails

Im Modul `email` sind noch vier Funktionen für das schnelle Einlesen von E-Mails definiert. Die Parameter `_class` und `policy` werden wie beim Konstruktor der Objekte verwendet (Tabelle 22.16 auf Seite 283).

**Tab. 22.18.** Funktionen zum Einlesen von E-Mails im Modul `email`

| Funktion | Beschreibung |
|---|---|
| `message_from_string(s, _class=email.message.Message, *, policy=policy.compat32)` | Entspricht `Parser().parsestr(s)` |
| `message_from_bytes(s, _class=email.message.Message, *, policy=policy.compat32)` | Entspricht `BytesParser().parsebytes(s)` |
| `message_from_file(fp, _class=email.message.Message, *, policy=policy.compat32)` | Entspricht `Parser().parse(fp)` |
| `message_from_binary_file(fp, _class=email.message.Message, *, policy=policy.compat32)` | Entspricht `BytesParser().parse(fp)` |

## 22.8 E-Mail empfangen mit `poplib`

POP3[8] ist ein Klartextprotokoll zum Abholen von E-Mail von einem Mailserver. Der Client sendet dem Server Kommandos zur Ausführung, die an die englische Sprache angelehnt sind, z. B. „list" oder „dele".

Das Modul `poplib` enthält die Klasse `POP3` für die Kommunikation mit einem Mailserver.

### 22.8.1 Die Klasse `POP3`

Ein Objekt der Klasse `POP3` benötigt zur Initialisierung nur einen Parameter: den Hostnamen des Rechners, auf dem der Server läuft.

**Tab. 22.19.** Konstruktoren der POP3-Objekte in `poplib`

| Konstruktor |
| --- |
| `POP3(host, port=POP3_PORT[, timeout])` |
| `POP3_SSL(host, port=POP3_SSL_PORT, keyfile=None, certfile=None, timeout=None, context=None)` |

Falls der Server nicht auf Port 110 läuft, kann dies im Parameter `port` angegeben werden. Der Parameter `timeout` setzt die Wartezeit für den Verbindungsaufbau in Sekunden.

Die Klasse `POP3_SSL` stellt die Verbindung zum Server über einen SSL-Socket her. Der Default-Port ist hier 995.

Das Modul implementiert nur eine Exception: `poplib.error_proto`. Diese Ausnahme wird für alle Fehler während der Nutzung ausgelöst. Netzwerkfehler (Sockets) werden nicht abgefangen.

Die Objekte implementieren die Kommandos des POP3 als Methoden.

**Tab. 22.20.** Methoden der Klasse POP3

| Methode | Beschreibung |
| --- | --- |
| `user(username)` | Sendet einen Usernamen an den Server. |
| `pass_(password)` | Sendet ein Passwort an den Server. Als Antwort erhält man die Anzahl verfügbarer Nachrichten und die Größe der Mailbox. |
| `stat()` | Fragt die Anzahl der verfügbaren Nachrichten und deren Größe ab. |
| `list([which])` | Fordert eine Liste der Nachrichten vom Server. Falls `which` angegeben ist, wird nur diese Nachricht ausgegeben. |

---

**8** POP3 – Post Office Protocol, Version 3

**Tab. 22.20.** fortgesetzt

| Methode | Beschreibung |
|---|---|
| `top(which, howmuch)` | Gibt die Nachrichten-Header und `howmuch`-Zeilen des Bodys aus. |
| `retr(which)` | Fragt eine Nachricht ab und setzt das Gelesen-Flag. |
| `dele(which)` | Setzt das Lösch-Flag bei einer Nachricht. |
| `rset()` | Entfernt alle Löschmarkierungen in der Mailbox. |
| `quit()` | Beendet die Verbindung zum Server. |
| `noop()` | No Operation. |
| `utf8` | Versucht die Verbindung in den UTF-8-Modus zu wechseln. Im Fehlerfall wird die Exception `error_proto` ausgelöst. |
| `uidl(which=None)` | Liefert eine Liste von UIDs für alle oder eine Nachricht. |
| `stls(context=None)` | Startet eine TLS-Session. Dieses Kommando muss vor der Authentifizierung an den Server gesendet werden. |
| `apop(user, secret)` | Verwendet APOP zur Anmeldung an den Server. |
| `rpop(user)` | Verwendet RPOP zur Authentifizierung beim Server. |
| `capa()` | Dient zur Ermittlung der Fähigkeiten des Servers. |
| `getwelcome()` | Liefert die Welcome-Message des Servers. |
| `set_debuglevel(level)` | Stellt die Menge der Ausgaben zum Debuggen ein. Der Standardwert 0 erzeugt keine Ausgaben. Ein Wert von 1 erzeugt eine geringe Menge an Ausgaben. Werte größer gleich 2 liefern die maximale Menge an Ausgaben. |

In den folgenden Beispiele sind zum Ausprobieren die Servernamen von „example.org" wieder durch echte Zugangsdaten zu ersetzen.

Zunächst wird ein POP3-Objekt erzeugt:

```
>>> pop3 = poplib.POP3('mail.example.org')
```

Wenn die Verbindung zum Server aufgebaut wurde, stehen ein paar Informationen über den Server und seine Fähigkeiten bzgl. POP3 zur Verfügung:

```
>>> pop3.getwelcome()
b'+OK mail.example.org Cyrus POP3 v2.4.17-Invoca-RPM-2.4.17-7.el6
server ready <9122375480709119139.1436687877@mail.example.org>'
>>> pop3.capa()
{'IMPLEMENTATION': ['Cyrus', 'POP3', 'v2.4.17-Invoca-RPM-2.4.17.el6'],
 'EXPIRE': ['NEVER'], 'LOGIN-DELAY': ['0'], 'RESP-CODES': [],
 'PIPELINING': [], 'UIDL': [], 'AUTH-RESP-CODE': [], 'TOP': []}
```

Vor dem Abruf von Daten muss ein Postfach ausgewählt werden:

```
>>> pop3.user('user@example.org')
b'+OK Name is a valid mailbox'
>>> pop3.pass_('geheim')
b'+OK Mailbox locked and ready
SESSIONID=<mail.example.org-3680-1436687877-1>'
```

Was befindet sich im Postfach? Die Methoden `list()` und `uidl()` geben Auskunft. Der Anfang einer Nachricht wird mit `top()` ausgegeben:

```
>>> pop3.list()
(b'+OK scan listing follows', [b'1 936'], 7)
>>> pop3.uidl()
(b'+OK unique-id listing follows', [b'1 1314511128.115'], 18)
>>> pop3.top(1, 3)
(b'+OK Message follows', [b'Return-Path: ...,
 b'', b'Test1', b'Test2', b'Test3'], 908)
```

Für die spätere Verwendung wird die Nachricht in einer Variablen gesichert:

```
>>> msg = pop3.retr(1)
>>> msg
(b'+OK Message follows', [b'Return-Path: ...
 b'', b'Test1', b'Test2', b'Test3', b'Test4', b'Test5', b'Test6',
 b'Test7'], 936)
```

Nach dem Abruf kann die Sitzung beendet werden:

```
>>> pop3.quit()
b'+OK'
```

POP3 löscht eine Nachricht nicht automatisch vom Server. Das Abholen mit `retr()` setzt nur ein Gelesen-Flag. Wenn eine Nachricht beim Sitzungsende entfernt werden soll, muss die Methode `dele()` für sie aufgerufen werden.

### 22.8.2 Weiterverarbeitung empfangener Nachrichten

Die erhaltene Nachricht ist ein Tupel mit drei Werten:
- Die Statusmeldung des Servers.
- Einer Liste von Byte-Strings mit der Nachricht.
- Die Länge der Nachricht in Bytes.

Zur Weiterverarbeitung kann die Nachricht in eine Datei geschrieben werden.

```
1  with open('email.txt', 'wb') as fh:
2      for line in msg[1]:
3          fh.write(line + b'\n')
```

**Listing 22.22.** Speichern einer E-Mail in einer Datei

Beim Speichern muss ein Zeilenwechsel an jede Zeile angehängt werden (Zeile 3 in Listing 22.22).

Statt einer Datei kann auch ein Byte-String zum Zusammensetzen der Nachricht im Speicher des Rechners verwendet werden (Listing 22.23).

```
1  import io
2  f = io.BytesIO()
3  for line in msg[1]:
4      f.write(line + b'\n')
```

**Listing 22.23.** Speichern einer E-Mail in einen String

Der Byte-String kann mit der Klasse `BytesFeedParser` aus dem Modul `email.parser` eingelesen werden (Listing 22.24).

```
1  import email.parser
2  mp = email.parser.BytesFeedParser()
3  mp.feed(f.getvalue())
4  mail = mp.close()
```

**Listing 22.24.** Parsen einer E-Mail aus einem Byte-String

Die Nachricht steht jetzt wieder als `Message`-Objekt zur Verfügung und kann mit dessen Methoden bearbeitet werden:

```
>>> mail.items()
[('From', 'user1@example.org>'), ('To', 'user2@example.org'),
 ('Subject', 'test'),
 ...
 ('Mime-Version', '1.0'), ('Content-Transfer-Encoding', '7bit'),
 ('Content-Type', 'text/plain; charset=US-ASCII')]
>>> mail.get_payload()
'Test1\nTest2\nTest3\nTest4\nTest5\nTest6\nTest7\n'
```

Die Parser-Objekte sind in Tabelle 22.16 auf Seite 283 ff. erläutert.

# 23 Multitasking

Die sequentielle Ausführung eines Programms ist in manchen Fällen nicht genug, das Programm muss scheinbar mehrere Dinge gleichzeitig tun. Interaktive Systeme müssen jederzeit Eingaben entgegennehmen können, unabhängig davon, ob gerade eine komplexe Berechnung läuft oder Daten über ein Netzwerk übertragen werden. Zur Lösung dieses Problems kann ein Programm ein oder mehrere Exemplare von sich für eine spezielle Aufgabe starten – dies wird als „Forken" bezeichnet – oder für jede Aufgabe einen eigenen Thread (Faden) in dem Prozess ausführen. Dies wird als „Multithreading" bezeichnet.

Bei der gleichzeitigen Ausführung von mehreren Exemplaren eines Programms ist die Kommunikation und Synchronisation untereinander sehr aufwendig. Auch das Starten eines neuen Prozesses durch das Betriebssystem mit allen nötigen Ressourcen ist ein nicht zu unterschätzender Faktor, wenn dies häufig erfolgt. Der große Vorteil ist die Unabhängigkeit der Prozesse voneinander. Sollte ein Programm durch einen Fehler beendet werden, laufen die anderen Programme weiter. Auch die Manipulation der Daten der anderen Programme ist ausgeschlossen.

Threads sind dagegen schnell erstellt und können leicht mit den anderen Programmabläufen im selben Prozess kommunizieren. Im Folgenden soll es um die Thread-Unterstützung von Python gehen. Das Modul `threading` existiert schon länger und implementiert Threads in einem Python-Interpreter. Im Standard-Python (C-Python) läuft immer nur ein Thread zurzeit, auch wenn das Programm mehrere Threads startet[1].

Das neuere Modul `multiprocessing` verwendet „Subprocesses"[2] und kann dadurch Prozessoren mit mehreren Kernen oder Multiprozessorsysteme besser ausnutzen.

Die Programmierung mit mehreren Threads oder Programmen ist bei unabhängigen Programmen kein Problem. Sobald aber Daten zwischen Programmen ausgetauscht oder Rechnerressourcen geteilt werden müssen, wird es interessant. Um diese Herausforderungen zu lösen, gibt es eine Menge Verfahren, die den Zugriff synchronisieren, und mit denen Nachrichten und Daten zwischen Prozessen ausgetauscht werden können. Die Python-Standardlibrary stellt verschiedene Locking-Mechanismen bereit. Auch diese werden im Folgenden behandelt.

---

1 Im Python-Interpreter synchronisiert das „Global Interpreter Lock" (GIL) den Zugriff auf gewisse Ressourcen und stellt seit langem den limitierenden Faktor bei den Thread-Operationen dar.
2 Die Originaldokumentation verwendet diesen Begriff. Für jedes Programm kann ein eigener Python-Interpreter ausgeführt werden.

# 23.1 Das Modul threading

Das Modul definiert einige Funktionen, um Informationen über die laufenden Threads[3] und einige Parameter des Moduls zu liefern.

**Tab. 23.1.** Methoden im Modul threading

| Methode | Beschreibung |
|---|---|
| active_count() | Liefert die Anzahl der aktiven Threads. |
| current_thread() | Liefert das aktuelle Thread-Objekt. |
| get_ident() | Liefert den „Thread-Identifikator". Es handelt sich dabei um eine Zahl größer null. Diese Zahl kann nach dem Ende eines Threads erneut vergeben werden, wenn ein neuer Thread erzeugt wird. |
| enumerate() | Liefert eine Liste aller Threads, unabhängig von deren aktuellen Zuständen. |
| main_thread() | Liefert das Basis-Thread-Objekt. Dies ist normalerweise der Python-Interpreter. |
| settrace(func) | Setzt eine Trace-Funktion für alle Threads. |
| setprofile(func) | Setzt eine Profiling-Funktion für alle Threads. |
| stack_size([size]) | Diese Funktion liefert die Größe des Stacks für einen Thread. Optional kann ein Wert übergeben werden. Null setzt den Standardwert des Systems. Der zu setzende Wert muss mindestens 32769 sein (32 KiB). Die Funktion löst einen RuntimeError aus, wenn die Operation nicht unterstützt wird oder einen ValueError, wenn der Wert ungültig ist. |

In einem frisch gestarteten Python-Interpreter liefern die Abfragefunktionen die folgenden Ergebnisse:

```
>>> import threading
>>> threading.active_count()
1
>>> threading.current_thread()
<_MainThread(MainThread, started 140313579894528)>
```

Es läuft nur ein Thread, der „MainThread" des Python-Interpreters. Die weiteren Funktionen liefern in diesem Zustand keine überraschenden Ergebnisse:

```
>>> threading.get_ident()
140313579894528
>>> threading.enumerate()
[<_MainThread(MainThread, started 140313579894528)>]
```

---

**3** Die Python-Dokumentation sagt, dass die Funktionen Daten von Threads liefern, die „alive" sind.

```
>>> threading.main_thread()
<_MainThread(MainThread, started 140313579894528)>
>>> threading.stack_size()
0
```

Der laufende Python-Interpreter ist selbst ein Thread und wird als einziger in der Liste aller Threads aufgeführt. Der Identifier ist eine Zahl ohne tiefere Bedeutung.

Das Modul definiert auch eine Konstante: TIMEOUT_MAX. Dies ist der maximale Timeout-Wert für blockierende Operationen des Moduls:

```
>>> threading.TIMEOUT_MAX
9223372036854.0
>>> threading.TIMEOUT_MAX / (3600 * 24 * 365)
292.47120867751143
```

Der Wert ist mit 292 Jahren ziemlich großzügig gewählt. Wenn den Funktionen ein Timeout-Wert übergeben wird, der größer ist als diese Konstante, löst dies einen OverflowError aus.

### 23.1.1 Die Klasse Thread

Die Klasse Thread ist die Basis für Programme, die mehrere Programmpfade parallel ausführen wollen. Ein neuer Thread kann auf zwei Arten erzeugt werden: Als von Thread abgeleitete Klasse oder einem Thread-Objekt wird ein Objekt zur Ausführung übergeben.

**Tab. 23.2.** Attribute und Methoden der Klasse Thread

| Attribut | Beschreibung |
| --- | --- |
| name | Eine beliebige Zeichenkette. Ein Default-Wert wird vom Konstruktor gesetzt, wenn kein Wert angegeben wird. |
| ident | Eine Zahl größer null, wenn der Thread aktiv ist, None vor dem Aufruf von start(). Die Zahl ist auch nach dem Ende des Threads vorhanden und kann dann erneut vergeben werden. |
| daemon | True, wenn es sich um einen Daemon-Thread handelt, sonst False. Dieser Wert muss gesetzt werden, bevor die Methode start() aufgerufen wird. |
| Thread(group=None, target=None, name=None, args=(), kwargs=, *, daemon=None) | target definiert die auszuführende Funktion des Threads. args und kwargs erhalten Parameter, die an die Funktion übergeben werden. Mit name kann dem Thread ein individueller Bezeichner gegeben werden. Das daemon-Flag kann hier oder später gesetzt werden. Der Parameter group ist noch ohne Funktion. |

**Tab. 23.2.** fortgesetzt

| Methoden | Beschreibung |
|---|---|
| start() | Führt den Thread aus (siehe Methode run()). Diese Methode darf für einen Thread nur einmal ausgeführt werden! |
| run() | Diese Methode stellt die Funktion des Threads dar. |
| join(timeout=None) | Wartet auf das Ende des Threads. Der Prozess blockiert, bis der Thread normal oder durch eine Exception beendet wird. Falls ein Timeout gesetzt wird, ist dies ebenfalls eine Möglichkeit, die Blockade zu lösen. Die Funktion liefert immer None. Ob der Thread beendet wurde oder der Timeout eingetreten ist, kann nur durch einen Aufruf von is_alive() bestimmt werden. |
| is_alive() | Liefert True, solange die Methode run() ausgeführt wird. |

Mit der Funktion current_thread() kann man das Thread-Objekt des „MainThread" des Python-Interpreters erhalten. Die in Tabelle 23.2 vorgestellten Attribute haben dann z. B. die folgenden Werte:

```
>>> ct = threading.current_thread()
>>> ct.name
'MainThread'
>>> ct.ident
140313579894528
>>> ct.daemon
False
```

### 23.1.2 Threads als Objekt erzeugen

Bei dieser Form der Thread-Erzeugung wird ein Objekt an ein Thread-Objekt zur Ausführung übergeben. Das übergebene Objekt wird als target-Objekt bezeichnet.

Um als target-Objekt geeignet zu sein, muss ein Objekt „callable" sein. Es kommen also Objekte, die die Methode __call__() implementieren, infrage.

```
import time
class Do():
    def __call__(self):
        print('schlafe')
        time.sleep(5)
        print('fertig')
```

**Listing 23.1.** Beispiel-Klasse für ein Worker-Objekt

Listing 23.1 definiert ein einfaches Objekt. In der Methode __call__() wird die Aktion implementiert (hier nur zwei Ausgaben und dazwischen ein sleep()).

Ein Objekt der Klasse Do wird an den Konstruktor der Klasse Thread übergeben. Die Ausführung des Threads erfolgt dann über den Aufruf von start() des Thread-Objekts.

```
1   import threading
2   do = Do()
3   t = threading.Thread(target=do)
4   t.start()
```

**Listing 23.2.** Erzeugung eines Threads mit einem target-Objekt

Listing 23.2 zeigt die nötigen Anweisungen, um ein Objekt der Klasse Do als Thread auszuführen. Nach der Erzeugung des Thread-Objekts (Zeile 3) wird der Thread durch den Aufruf von start() ausgeführt (Zeile 4). Während der Thread schläft, könnten im Interpreter weitere Anweisungen ausgeführt werden:

```
schlafe
>>> fertig
```

Die Ausgabe von fertig sieht aus, als ob sie eine Eingabe im Interpreter ist. Das scheint nur so aus, weil der Interpreter nach dem Start des Threads wieder Eingaben entgegennimmt. Dass dem wirklich so ist, kann einfach durch eine Eingabe an dieser Stelle ausprobiert werden.

Hier noch einmal der Hinweis: Die Methode start() darf für einen Thread nur einmal ausgeführt werden. Jeder weitere Versuch endet mit einem RuntimeError.

Parameter für die Funktion können einfach, wie bei jeder anderen Funktion, in die Signatur der __call__()-Methode eingefügt werden.

```
1   class Do():
2       def __call__(self, v, **kwargs):
3           print('v', v)
4           for k, val in kwargs.items():
5               print('{}={}'.format(k, val))
```

**Listing 23.3.** Parameterübergabe an eine Callable-Klasse

Die Signatur der Methode __call__() in Listing 23.3 erwartet einen Parameter und kann beliebige benannte Parameter verarbeiten. Die Werte werden vom Konstruktor des Thread-Objekts an die Methode übergeben:

```
>>> import threading
>>> do = Do()
>>> t = threading.Thread(target=do, args=(42,), kwargs={'Antwort':42})
>>> t.start()
v 42
Antwort=42
```

### 23.1.3 Threads identifizieren

Zur Laufzeit des Programms können einige Informationen über einen Thread durch das Modul `threading` abgefragt werden. Als Beispiel dafür eine neue Implementierung der Klasse `Do`.

```
 1  import time
 2  class Do():
 3      def __call__(self):
 4          print('active : ' + str(threading.active_count()))
 5          print('ident   : ' + str(threading.get_ident()))
 6          print('current: ' + str(threading.current_thread()))
 7          print('schlafe')
 8          time.sleep(5)
 9          print('fertig')
```

**Listing 23.4.** Erweiterte Worker-Klasse mit Ausgabe von Thread-Daten

Die Ausführung eines Objekts aus Listing 23.4 als Thread ist in dem folgenden Auszug einer Interpreter-Sitzung dargestellt:

```
>>> import threading
>>> do = Do()
>>> t = threading.Thread(target=do)
>>> t.start()
active : 2
ident   : 140302177920768
current: <Thread(do-thread, started 140302177920768)>
>>> schlafe
fertig
```

Das Objekt gibt die Anzahl der gerade laufenden Threads, seine Thread-ID und das gerade laufende Thread-Objekt auf den Bildschirm aus.

### 23.1.4 Threads als abgeleitete Klasse

Die Klasse `Thread` kann natürlich auch als Parentklasse genutzt werden. Statt in der Methode `__call__()` muss die Aktion des Threads dann in der Methode `run()` implementiert werden.

Eine abgeleitete Klasse muss in seinem Konstruktor den Parent-Konstruktor ausführen, bevor eine `Thread`-Methode ausgeführt wird.

```
1   import time
2   import threading
3   class Do(threading.Thread):
4       def __init__(self, *args, **kwargs):
5           super(Do, self).__init__(*args, **kwargs)
6           # alternativ kann der Parent auch so initialisiert werden
7           # threading.Thread.__init__(self, *args, **kwargs)
8       def run(self):
9           print('name    : ' + self.name)
10          print('active : ' + str(threading.active_count()))
11          print('ident   : ' + str(threading.get_ident()))
12          print('current: ' + str(threading.current_thread()))
13          print('schlafe')
14          time.sleep(5)
15          print('fertig')
```

**Listing 23.5.** Von Thread abgeleitete Worker-Klasse

Listing 23.5 implementiert die gleiche Funktionalität wie das Objekt in Listing 23.4. Der Aufruf reduziert sich um die Initialisierung eines Thread-Objekts und sollte der folgenden Beispielsitzung ähneln:

```
>>> do = Do(name='do-thread')
>>> do.start()
name    : do-thread
active : 2
ident   : 140302177920768
>>> current: <Do(do-thread, started 140302177920768)>
schlafe
fertig
```

Die Übergabe von Parametern an einen Thread ändert sich bei der Nutzung der Vererbung. Der Konstruktor der eigenen Klasse erhält jetzt die args und kwargs und muss die Werte an den Konstruktor der Superklasse weitergeben. Da aber jetzt args ein benannter Parameter ist, landet dieser in kwargs!

```
1   import threading
2   class Do(threading.Thread):
3       def __init__(self, *args, **kwargs):
4           # Der Konstruktor von Thread benoetigt nur die benannten Parameter
5           super(Do, self).__init__(*args, **kwargs)
6           self.args = kwargs['args']
7           self.kwargs = kwargs
8       def run(self):
9           print('name    : ' + self.name)
10          print('active : ' + str(threading.active_count()))
11          print('ident   : ' + str(threading.get_ident()))
12          print('current: ' + str(threading.current_thread()))
13          print('args', self.args)
14          for k, v in self.kwargs.items():
15              print('{}={}'.format(k, v))
```

**Listing 23.6.** Parameterübergabe an eine von Thread abgeleitete Klasse

Initialisierung und Aufruf der Klasse Do aus Listing 23.6 sieht dann ungefähr so aus:

```
>>> threading.current_thread()
<_MainThread(MainThread, started 140265586968320)>
>>> do = Do(name='do-thread', args=(42,), kwargs={'Antwort': 42})
>>> do.start()
name    : do-thread
active : 2
ident   : 140265454507776
>>> current: <Do(do-thread, started 140265454507776)>
args (42,)
args=(42,)
name=do-thread
kwargs={'Antwort': 42}
```

Die Implementierung sollte sich nicht darauf verlassen, dass der Parameter args übergeben wird (Zeile 6 in Listing 23.6), sondern prüfen, ob der Key vorhanden ist.

## 23.2 Größere Mengen von Threads

Der Parent sollte die erzeugten Thread-Objekte in einem Container verwalten, wenn mehrere Threads erzeugt werden. Die Erzeugung einer größeren Anzahl von Threads kann z. B. in einer Schleife stattfinden:

```
>>> [Do(name=str(n), args=(42,), kwargs={'A': 42}) for n in range(3)]
[<Do(0, initial)>, <Do(1, initial)>, <Do(2, initial)>]
```

Über einen solchen Container kann dann die Methode start() und join() aller Objekte aufgerufen werden:

```
>>> tl = [Do(name=str(n), args=(42,), kwargs={'A': 42}) for n in
 range(3)]
>>> void = [t.start() for t in tl]
>>> void = [t.join() for t in tl]
```

Mit der Methode is_alive() eines Thread-Objekts kann man feststellen, ob die run()-Methode noch ausgeführt wird:

```
>>> [t.is_alive() for t in tl]
[False, False, False]
```

In diesem Fall sind natürlich schon alle Threads beendet.

## 23.3 Synchronisation von Threads

Um den Zugriff auf begrenzte Ressourcen zwischen Threads zu synchronisieren, gibt es im Modul threading verschiedene Klassen für diese Aufgabe:
- Lock – Der einfachste Locking-Mechanismus im Modul.
- RLock – Ein Lock, das mehrfach angefordert werden kann. Dies muss dann auch entsprechend freigegeben werden.
- Condition – Diese Klasse enthält eines der zuvor genannten Locks und unterstützt das Context-Manager-Protokoll.
- Semaphore – Ein einfacher Zähler, der einen Zugriff synchronisiert.
- Event – Ein wartender Thread setzt sein Programm fort, wenn ein Signal eintrifft.
- Timer – Setzt ein Programm nach Ablauf einer gegebenen Zeit fort.
- Barrier – Wartet, bis eine gegebene Anzahl an Threads zur Verfügung steht.

Diese Klassen werden in den folgenden Abschnitten vorgestellt.

**23.3.1** Lock

Der Zugriff auf gemeinsame Variablen muss beim gleichzeitigen Einsatz von zwei oder mehreren Threads koordiniert werden. Dafür gibt es die Klasse Lock (Sperre).

Ein Lock stellt die einfachste Methode dar, Prozesse zu synchronisieren. Die Sperre kennt zwei Zustände: „unlocked" (nicht gesperrt) und „locked" (gesperrt). Objekte diesen Typs verfügen über zwei Methoden: acquire(), um das Lock zu erhalten, und release(), um es freizugeben.

Beim Aufruf von acquire() blockiert das ausführende Programm, bis es das Lock erhält. Um dies zu vermeiden, kann man den benannten Parameter blocking mit dem Wert False übergeben. Die Funktion liefert dann sofort den Wert False zurück, wenn das Lock nicht erhalten werden kann.

Alternativ zum Parameter blocking kann timeout mit einem Fließkommawert übergeben werden. Dies stellt eine Wartezeit in Sekunden dar, die auf die Verfügbarkeit des Locks gewartet werden soll. Auch diese Funktion liefert True, wenn das Lock erhalten wurde, sonst False.

Die Funktion release() kann von jedem Thread ausgeführt werden, auch wenn er nicht im Besitz des Locks ist. Die Funktion liefert kein Ergebnis. Wird sie auf ein nicht gesetztes Lock aufgerufen, wird ein RuntimeError ausgelöst.

**Tab. 23.3.** Methoden von Lock-Objekten

| Methode | Beschreibung |
|---|---|
| acquire(blocking=True, timeout=-1) | Anfordern eines Locks. |
| release() | Freigeben eines Locks. |

Zunächst ein Beispiel in der Python-Shell mit nur einem Thread:

```
>>> from threading import Lock
>>> mylock = Lock()
>>> mylock.acquire()
True
```

Nach dem Import wird ein Lock-Objekt erzeugt und die Methode acquire() aufgerufen. Der Rückgabewert True signalisiert, dass das Lock erhalten wurde.

Der nächste Aufruf von acquire() erfolgt mit dem Parameter blocking=False. Ohne diesen Parameter würde die Shell an dieser Stelle blockieren:

```
>>> mylock.acquire(blocking=False)
False
```

Der Rückgabewert ist wie erwartet `False`, da das Lock bereits vergeben ist. Nun folgt ein Aufruf von `acquire()` mit dem Parameter `timeout=1`. Das Programm soll maximal eine Sekunde auf die Zuteilung des Locks warten:

```
>>> mylock.acquire(timeout=1)
False
```

Bevor die erwartete Antwort `False` in der Shell ausgegeben wird, ist sie für eine Sekunde blockiert.

Für weitere Experimente in der Python-Shell folgt nun eine Worker-Klasse, die ein Lock anfordert und freigibt. Zwischen den Aktionen legt sich der Thread für eine festgelegte Zeit schlafen.

```
1   from threading import Lock, Thread
2   import time
3
4   class Worker(Thread):
5       def __init__(self, lock, sleep=5):
6           super(Worker, self).__init__()
7           self.lock = lock
8           self.sleep = sleep
9           self.go = 1
10      def run(self):
11          while self.go:
12              print('warte')
13              r = self.lock.acquire()
14              print('starte')
15              time.sleep(self.sleep)
16              print('fertig')
17              try:
18                  self.lock.release()
19              except RuntimeError:
20                  print('Fehler bei release()')
21              print('schlafe')
22              time.sleep(self.sleep)
23          print('ende')
```

**Listing 23.7.** Worker-Objekt zum Testen von `Lock`

Die Klasse `Worker` in Listing 23.7 erwartet für den Konstruktor-Aufruf zwei Parameter: Ein Lock-Objekt und die Zeitangabe für den `sleep()`-Aufruf. Diese Werte werden im Objekt gespeichert. Außerdem wird im Konstruktor noch die Variable `go` definiert (Zeile 9). Diese Variable stellt das Flag dar, mit dem die Endlosschleife in der Methode `run()` (Zeile 11) gesteuert wird.

Um nun mit dem Thread zu experimentieren, muss ein `Lock`-Objekt erzeugt und an das `Worker`-Objekt übergeben werden. Der Thread wird dann mit `start()` ausgeführt:

```
>>> lock = Lock()
>>> w = Worker(lock)
>>> w.start()
```

Zwischen die Ausgaben in die Python-Shell kann man nun folgende Anweisungen eingeben und beobachten, was geschieht:

```
lock.acquire()
lock.release()
w.go = 0
```

Der Worker-Thread blockiert beim nächsten Erreichen von „warte", wenn das Lock von der Interpreter-Session angefordert wurde.

Nach der Freigabe durch `lock.release()` setzt der Thread seinen Ablauf fort.

### 23.3.2 RLock

Die Klasse `RLock` implementiert ebenfalls einen Sperrmechanismus. Ein `RLock` kann wiederholt von einem Prozess angefordert werden. Allerdings muss es ebenso oft freigegeben werden. Eine Freigabe durch andere Prozesse ist nicht möglich.

Die Objekte dieser Klasse verfügen über die gleichen Methoden und Parameter wie die der Klasse `Lock` in Abschnitt 23.3.1.

### 23.3.3 Condition

Ein `Condition`-Objekt dient zur Synchronisation von Threads. Dafür enthält es ein Lock-Objekt. Dies wird automatisch erzeugt oder kann bei der Erzeugung des `Condition`-Objekts als ein `Lock`- oder `Rlock`-Objekt übergeben werden. Ohne Parameter wird vom Konstruktor ein `Rlock`-Objekt verwendet.

In der Anwendung ist ein `Condition`-Objekt den Lock-Objekten ähnlich. Hier können ein oder mehrere Threads auf die Benachrichtigung durch einen anderen Thread warten. Dies geschieht mit der `wait()`-Methode.

Wenn die Bedingung erfüllt ist, wird die `notify()`-Methode des Objekts aufgerufen, um den wartenden Prozessen das Eintreten der Bedingung zu signalisieren. Dann kann der Prozess seine Aufgabe ausführen.

Die `Condition`-Objekte verfügen über die folgenden Methoden. Da ein Lock zum Einsatz kommt, verfügen die Condition-Objekte auch über die Methoden `acquire()` und `release()`. Damit kann direkt auf das enthaltene Lock zugegriffen werden.

**Tab. 23.4.** Methoden von `Condition`-Objekten

| Methode | Beschreibung |
|---|---|
| `Condition(lock=None)` | Konstruktor. Optional kann ein eigenes Lock-Objekt übergeben werden. |
| `acquire()` | Methode des verwendeten Lock-Typs. |
| `release()` | Ebenfalls eine Methode vom verwendeten Lock-Objekt. |
| `wait(timeout=None)` | Auf Benachrichtigung oder Timeout warten. Der Aufruf gibt die Sperre frei und wartet auf ein Notify. Der Thread muss also im Besitz der Sperre sein. |
| `wait_for(p, timeout=None)` | p ist ein `callable`. Dieses muss einen Wert liefern, der als `True` ausgewertet werden kann. Es gelten die gleichen Bedingungen für das Lock wie bei `wait`. |
| `notify(n=1)` | Der Thread muss im Besitz des Locks sein, bevor er diese Methode aufrufen kann. Falls dies nicht zutrifft, wird ein `RuntimeError` ausgelöst. Es werden n wartende Threads aufgeweckt. |
| `notify_all()` | Benachrichtigt alle wartenden Prozesse. |

Zunächst ein Beispiel, das die Zuteilung und Freigabe des `Condition`-Objekts mit den Methoden des Locks realisiert. Die Klasse `Worker` im Listing 23.8 hat die Klasse `Thread` als Parent und kann damit im Hintergrund laufen.

```python
import threading
import time

class TS:
    def __str__(self):
        return time.strftime("%H:%M:%S")

class Worker(threading.Thread):
    def __init__(self, cond):
        super(Worker, self).__init__()
        self.lock = cond
    def run(self):
        print(TS(), 'w warte', str(threading.current_thread()))
        wr = self.lock.acquire()
        print(TS(), 'w starte', wr, str(threading.current_thread()))
        time.sleep(5)
        print(TS(), 'w sende', str(threading.current_thread()))
        self.lock.notify()
        self.lock.release()
        print(TS(), 'w fertig', str(threading.current_thread()))
```

**Listing 23.8.** Worker-Klasse für die Arbeit mit `Condition`-Objekten

In der `run()`-Methode sind Ausgaben eingebaut, um den Ablauf besser darzustellen. Die eigentliche Tätigkeit besteht im Anfordern des Locks durch `acquire()` (Zeile 14), gefolgt von einer kurzen Pause (Zeile 16), der Benachrichtigung anderer wartender Prozesse (Zeile 18) und dem abschließenden Freigeben des Locks (Zeile 19).

Für die Arbeit mit diesem `Worker`-Objekt muss zunächst ein Condition-Objekt erzeugt werden. In der Interpreter-Session wird für den Haupt-Thread das Lock angefordert, bevor der Thread gestartet wird:

```
>>> c = threading.Condition()
>>> ar = c.acquire()
```

Nun kann ein `Worker`-Objekt erzeugt werden. Dies erhält die Condition-Variable und der Thread wird gleich gestartet (Zeile1). Der Haupt-Thread wartet zunächst drei Sekunden (Zeile 3), sendet dann das Notify (Zeile 5) und gibt dann drei Sekunden später das Lock frei (Zeile 8). Der Ablauf des Programms wird wie immer durch `print`-Anweisungen dokumentiert.

```
1  Worker(c).start()
2  print(TS(), 'acquire',ar)
3  time.sleep(3)
4  print(TS(), 'notify')
5  c.notify()
6  time.sleep(3)
7  print(TS(), 'release')
8  rv = c.release()
9  print(TS(), 'released', rv)
```

**Listing 23.9.** Testprogramm für Worker-Thread aus Listing 23.8

Die Reihenfolge beim Zugriff auf das Lock, das Senden der Benachrichtigung sowie die Freigabe ist wichtig. Das Notify muss gesendet werden, bevor das Lock freigegeben wird. Die Ausgabe des Programms sollte so ähnlich aussehen:

```
14:09:06 w warte <Worker(Thread-2, started 140210324637440)>
14:09:06 acquire True
14:09:09 notify
14:09:12 release
14:09:12 w starte True <Worker(Thread-2, started 140210324637440)>
14:09:12 released None
14:09:17 w sende <Worker(Thread-2, started 140210324637440)>
14:09:17 w fertig <Worker(Thread-2, started 140210324637440)>
```

Das `Condition`-Objekt erfüllt das Context-Manager-Protokoll im Zusammenhang mit `with`. Es kümmert sich automatisch um das Holen und Freigeben der Sperre. Das folgende Listing zeigt die nötigen Änderungen gegenüber Listing 23.8.

```
1  import threading
2  import time
3
4  class TS:
5      def __str__(self):
6          return time.strftime('%H:%M:%S')
7
8  class Worker(threading.Thread):
9      def __init__(self, cond):
10         super(Worker, self).__init__()
11         self.lock = cond
12     def run(self):
13         print(TS(), 'w warte', str(threading.current_thread()))
14         with self.lock:
15             wv = self.lock.wait()
16             print(TS(), 'w starte', wv, str(threading.current_thread()))
17             time.sleep(5)
18             print(TS(), 'w fertig', str(threading.current_thread()))
19             self.lock.notify()
```

**Listing 23.10.** Worker-Thread mit Condition und with

Der Aufruf von wait() in der run-Methode (Zeile 15) gibt das Lock frei und wartet dann auf eine Benachrichtigung durch einen anderen Thread. Dadurch kann der Worker sofort nach der Erzeugung mit dem Condition-Objekt gestartet werden:

```
>>> c = threading.Condition()
>>> Worker(c).start()
```

Das Testprogramm (Listing 23.11) arbeitet nun ebenfalls mit dem with-Statement. Nachdem das Condition-Objekt bereits erzeugt und an den Worker-Thread übergeben wurde, führt es nach dem notify() (Zeile 3) ein wait() aus (Zeile 5).

```
1  with c:
2      print(TS(), 'notify')
3      c.notify()
4      # time.sleep(2)
5      wr = c.wait()
6      print(TS(), 'wakeup', wr)
```

**Listing 23.11.** Testprogramm für Worker-Thread aus Listing 23.10

Der Ablauf des Programms im Interpreter sieht wie folgt aus:

```
14:21:30 w warte <Worker(Thread-3, started 140210324637440)>
14:22:53 notify
14:22:53 w starte True <Worker(Thread-3, started 140210324637440)>
14:22:58 w fertig <Worker(Thread-3, started 140210324637440)>
14:22:58 wakeup True
```

Wenn man zwischen den beiden Anweisungen `notify()` und `wait()` ein `sleep()` platziert (Zeile 4 in Listing 23.11), sieht man deutlich, wann das Lock freigegeben wird. Hier die Ausgaben des Programms nach dieser Änderung:

```
14:28:39 w warte <Worker(Thread-5, started 140210324637440)>
14:28:43 notify
14:28:45 w starte True <Worker(Thread-5, started 140210324637440)>
14:28:50 w fertig <Worker(Thread-5, started 140210324637440)>
14:28:50 wakeup True
```

Um mit mehreren wartenden Threads zu experimentieren, muss die `Worker`-Klasse aus Listing 23.10 modifiziert werden. Zeile 19 muss entfernt werden. Die Threads kann man dann in einer Schleife erzeugen, z. B.:

```
c = threading.Condition()
for n in range(3):
    Worker(c).start()
```

Anschließend kann man dann entweder die Threads einzeln starten (die folgenden Zeilen müssen für jeden wartenden Thread ausgeführt werden, hier dreimal):

```
with c:
    print(TS(), 'notify')
    c.notify()
    time.sleep(1)
    print(TS(), 'release')
```

oder durch `notify_all()` alle Threads aufwecken. Die wartenden Threads werden dann nacheinander mit Erhalt des Locks ausgeführt:

```
with c:
    print(TS(), 'notify')
    c.notify_all()
    time.sleep(1)
    print(TS(), 'release')
```

### 23.3.4 Semaphore

Semaphore sind Zähler, die in einer nicht unterbrechbaren Aktion verändert werden. Auch hier gibt es die Methoden `acquire()` und `release()`. Bei einem Zählerstand von null blockiert der Versuch, darauf zuzugreifen. Wenn ein anderer Prozess
den Semaphor freigibt, wird der Zähler um eins erhöht und einem anderen Prozess
zugeteilt, damit dieser weiterlaufen kann.

**Tab. 23.5.** Methoden von `Semaphore`-Objekten

| Methode | Beschreibung |
| --- | --- |
| Semaphore(value=1) | Konstruktor mit einem Default-Zählerstand von eins. |
| acquire(blocking=True, timeout=None) | Anfordern des Semaphor. Wenn das Blocking ausgeschaltet wird gibt die Methode `False` zurück wenn der Semaphor nicht verfüg-bar ist. |
| release() | Freigeben |

Die Nutzung von Semaphoren ist sehr einfach:

```
>>> import threading
>>> s = threading.Semaphore()
>>> s.acquire()
True
>>> s.acquire(blocking=False)
False
>>> s.release()
>>> s.acquire(blocking=False)
True
```

Semaphore sind ein Mechanismus, um den Zugriff auf begrenzte Ressourcen zu
beschränken. Wenn man dem Konstruktor einen höheren Wert als eins mitgibt, kann
man die entsprechende Anzahl Zugriffe auf den Semaphor machen, bevor ein Thread
blockiert.

Neben der Klasse `Semaphore` gibt es noch die Klasse `BoundedSemaphore`. Hier wird der
Zähler überwacht. Ein `ValueError` wird ausgelöst, wenn der ursprüngliche Zählerstand
überschritten wird.

### 23.3.5 Event

Das `Event`-Objekt erlaubt das Warten von Threads auf ein bestimmtes Ereignis. Alle wartenden Threads werden durch das Event aufgeweckt und setzen ihr Programm fort.

**Tab. 23.6.** Methoden von `Event`-Objekten

| Methode | Beschreibung |
|---|---|
| `clear()` | Löscht das Flag. |
| `set()` | Setzt das Flag. Threads, die mit `wait()` auf das Event warten, werden benachrichtigt. |
| `wait(timeout=None)` | Liefert `True`, wenn das Flag in dem Objekt gesetzt ist oder blockiert, bis dies der Fall ist. Mit dem Parameter `timeout` kann man eine Wartezeit in Sekunden als Fließkommazahl spezifizieren. |
| `is_set()` | Liefert `True`, wenn das Flag gesetzt ist. |

Zur Demonstration wie immer eine `Worker`-Klasse, die auf Threads basiert (Zeilen 4–13 in Listing 23.12). Die `run()`-Methode des Threads gibt eine Meldung aus und wartet dann auf das Event (Zeile 10). Die folgenden Statements (Zeilen 11–13) werden erst nach der Rückkehr der `wait()`-Funktion ausgeführt.

```
1   import threading
2   import time
3
4   class Worker(threading.Thread):
5       def __init__(self, e):
6           super(Worker, self).__init__()
7           self.event = e
8       def run(self):
9           print('w warte', str(threading.current_thread()))
10          self.event.wait()
11          print('w los', str(threading.current_thread()))
12          time.sleep(3)
13          print('w fertig', str(threading.current_thread()))
```

**Listing 23.12.** Threads mit `Event` synchronisieren

Zum Ausprobieren dieser Klasse genügt es, im Interpreter ein `Event`-Objekt und ein paar Threads zu erzeugen, z. B. mit den folgenden Anweisungen:

```
event = threading.Event()
for w in range(3): Worker(event).start()
```

Die Threads werden dann die erste Nachricht ausgeben und der Interpreter kehrt zum Eingabe-Prompt zurück. Nun kann das Event an die Threads gesendet werden:

```
event.set()
```

Im Gegensatz zu einem Lock oder Semaphore werden nach dem Senden des Events alle wartenden Threads ausgeführt!

### 23.3.6 Timer

Das Timer-Objekt erlaubt die Ausführung einer Funktion nach einer bestimmten Zeit. Der Konstruktor ist wie folgt definiert.

```
Timer(interval, function, args=None, kwargs=None)
```

Als Parameter sind mindestens das zu wartende Intervall als Fließkommazahl und die auszuführende Funktion zu übergeben. Optional können noch weitere Parameter beim Aufruf angegeben werden. Diese werden dann an die aufzurufende Funktion übergeben.

Im einfachsten Fall kann dies wie folgt aussehen.

```
1  import threading
2  import time
3
4  f = lambda: print(time.time())
5
6  timer = threading.Timer(5, f)
7  print(time.time())
8  timer.start()
```

**Listing 23.13.** Funktionsausführung nach einem Intervall mit einem Timer-Objekt

Listing 23.13 erzeugt ein Timer-Objekt, das fünf Sekunden nach dem Aufruf von start() die Funktion f ausführt.

Solange der Timer noch nicht abgelaufen ist, kann die Methode cancel() auf dem Objekt aufgerufen werden, um die Ausführung der Funktion zu verhindern.

**Tab. 23.7.** Methoden und Attribute von `Timer`-Objekten

| Methode | Beschreibung |
|---------|--------------|
| `start()` | Startet den Timer. Da `Timer` von `Thread` abgeleitet ist, kann die Methode nur einmal aufgerufen werden. |
| `cancel()` | Beendet den Timer, falls er noch nicht abgelaufen ist. |
| `isAlive()`/`is_alive()` | Liefert `True`, wenn der Timer gestartet wurde, aber noch nicht abgelaufen ist. |
| `setName(s)` | Setzt den Namen `s` für den Timer. |
| `getName()` | Fragt den Namen eines Timers ab. |
| `setDaemon(b)` | Setzt das Daemon-Flag in dem Timer-Thread. |
| `isDaemon()` | Fragt das Daemon-Flag ab. |
| **Attribut** | |
| `interval` | Die eingestellte Zeit für den Timer. |
| `name` | Der Name des Timers. |
| `daemon` | Boolescher Wert, ob dieser Timer als Daemon läuft. Muss vor dem Aufruf von `start()` gesetzt werden. |
| `finished` | Ein Event, das beim Ende des Timers gesetzt wird. |

**Funktion zu einer bestimmten Uhrzeit starten**

Wenn man eine Funktion zu einer bestimmten Uhrzeit ausgeführt haben möchte, kann man ein `Timer`-Objekt aus dem Modul `threading` verwenden. Da der Konstruktor einen Sekundenwert erwartet, ist etwas Zeitrechnerei erforderlich. Wie viele Sekunden ist der Zeitpunkt entfernt? Diese lässt sich mit dem Modul `datetime` einfach umsetzen. Im folgenden Listing wird die Klasse `At` definiert. Diese erwartet im Konstruktor eine Uhrzeit als Zeichenkette (nur Stunde und Minuten) und die auszuführende Funktion.

```python
1  import threading
2  import datetime
3  import re
4  import time
5
6  func = lambda: print('at ausgefuehrt', datetime.datetime.now().time())
7
8  class At(threading.Timer):
9      def __init__(self, at, func):
10         if type(at) != type(''):
11             raise ValueError('Zeit muss Zeichenkette sein')
12         m = re.match('^(\d{2}):(\d{2})$', at)
13         if m:
14             stunde, minute = map(int, m.groups())
15         else:
16             raise ValueError("ungueltige Zeitangabe '%s'" % at)
```

```
17          now = datetime.datetime.now()
18          runtime = now.replace(hour=stunde, minute=minute, \
19                  second=0, microsecond=0)
20          deltasecs = (runtime - now).total_seconds()
21          # Ist deltasecs neagtiv? Dann einen Tag aufaddieren
22          super(At, self).__init__(deltasecs, func)
23          super(At, self).start()
24
25  at = At('17:00', func)
```

**Listing 23.14.** Klasse At: Funktion zu einer Uhrzeit ausführen

Im Konstruktor wird der übergebene Zeitpunkt geprüft (Zeilen 10–16). Die Zeichenkette muss das Format „HH:MM" haben. Dann werden zwei `datetime`-Objekte erstellt: Eins mit der aktuellen Zeit und ein weiteres, bei dem die Zeit auf den gegebenen Werte gestellt wird. Sekunden und Mikrosekunden werden dabei auf null gesetzt. Die aktuelle Zeit wird dann vom gewünschten Zeitpunkt abgezogen. Das Ergebnis in Sekunden stellt den Startwert für den Timer dar.

Als Verbesserung könnte man noch prüfen, ob der Wert negativ ist, also in der Vergangenheit liegt. Man könnte dann die Uhrzeit am nächsten Tag als gewünschten Zielpunkt berechnen.

### 23.3.7 Barrier

Ein `Barrier`-Objekt stellt quasi eine Startlinie für eine Menge von Threads dar. Jeder Thread ruft dafür die `wait()`-Funktion auf und blockiert dann, bis die vorher festgelegte Zahl von Threads dies getan haben.

`Barrier`-Objekte verfügen über die folgenden Methoden und Attribute.

**Tab. 23.8.** Methoden und Attribute von `Barrier`-Objekten

| Methode | Beschreibung |
|---|---|
| `Barrier(n, action=None, timeout=None)` | Der Konstruktor benötigt die Zahl der Threads, die einen `wait()`-Aufruf ausführen müssen, um die Sperre zu lösen. |
| `wait(timeout=None)` | Mit dieser Methode wartet der Thread auf die Freigabe durch die Sperre. Falls eine Timeout-Zeit angegeben wird, überschreibt sie den Wert des Konstruktors. Der Timeout wartet auf das Erreichen des Schwellwertes. Wird dieser nicht in der vorgegebenen Zeit erreicht, wird `BrokenBarrierError` ausgelöst. Jeder weitere Zugriff auf das `Barrier`-Objekt wird dann mit dieser Ausnahme quittiert. |

**Tab. 23.8.** fortgesetzt

| Methode | Beschreibung |
|---|---|
| reset() | Setzt das Objekt in seinen Ursprungszustand. Wartende Threads erhalten die BrokenBarrierError-Exception. |
| abort() | Setzt das Objekt in den „broken"-Status. Jeder Aufruf von wait() führt dann zu einer Exception. |
| **Attribute** | |
| parties | Die Zahl der Threads, die wait() aufrufen müssen, um die Barriere zu überwinden. |
| n_waiting | Die Anzahl der wartenden Threads. |
| broken | True, wenn die Sperre im Zustand „defekt" ist. |

```
1  import datetime
2  import random
3  import threading
4  import time
5
6  class Worker(threading.Thread):
7      def __init__(self, barrier):
8          super(Worker, self).__init__()
9          self.barrier = barrier
10     def run(self):
11         tid = str(threading.current_thread())
12         wait = random.randint(1, 6)
13         ts = lambda: str(datetime.datetime.now().time())[:8]
14         print(tid, ts(), 'schlafe', wait, 's')
15         time.sleep(wait)
16         print(tid, ts(), 'wait()')
17         self.barrier.wait()
18         print(tid, ts(), 'run')
```

**Listing 23.15.** Startzeitpunkt für Threads synchronisieren mit Barrier

Die Klasse Worker aus Listing 23.15 erhält das Barrier-Objekt über den Konstruktor. Dieser speichert es für die Thread-Funktion. Die eigentliche Arbeit findet erst in der Methode run() statt. Bevor der Thread die wait()-Funktion aufruft, legt er eine Pause von ein paar Sekunden ein. Der Ablauf wird wie üblich mit Ausgaben dokumentiert und sollte im Interpreter wie folgt aussehen:

```
>>> b = threading.Barrier(2)
>>> for t in range(2):
...     Worker(b).start()
...
<Worker(Thread-21, started 140033459717888)> 14:46:34 schlafe 5 s
```

```
<Worker(Thread-22, started 140033382151936)> 14:46:34 schlafe 6 s
>>> <Worker(Thread-21, started 140033459717888)> 14:46:39 wait()
<Worker(Thread-22, started 140033382151936)> 14:46:40 wait()
<Worker(Thread-22, started 140033382151936)> 14:46:40 run
<Worker(Thread-21, started 140033459717888)> 14:46:40 run
```

Die Threads werden erzeugt, gestartet und wählen einen zufälligen Zeitraum zum Schlafen. Nachdem die Zeit verstrichen ist, rufen sie die `wait()`-Methode auf. Sobald das gesetzte Limit erreicht ist, werden alle Threads weitergeführt.

Das folgende Listing enthält eine modifizierte `Worker`-Klasse. Der mögliche Fehler beim Aufruf von `wait()` wird abgefangen.

```
1  import datetime
2  import random
3  import threading
4  import time
5
6  class Worker(threading.Thread):
7      def __init__(self, barrier):
8          super(Worker, self).__init__()
9          self.barrier = barrier
10     def run(self):
11         wait = random.randint(2, 6)
12         ts = lambda: str(datetime.datetime.now().time())[:8]
13         tid = str(threading.current_thread())
14         print(tid, ts(), 'schlafe', wait, 's')
15         time.sleep(wait)
16         print(tid, ts(), 'wait()')
17         try:
18             self.barrier.wait()
19         except threading.BrokenBarrierError:
20             print(tid, ts(), 'error')
21         else:
22             print(tid, ts(), 'run')
```

**Listing 23.16.** `Barrier`-Objekt mit Timeout

Diesmal wird das `Barrier`-Objekt mit einem sehr kurzen Timeout erzeugt, um den Fehler zu provozieren. Der Ablauf im Interpreter sollte ungefähr so aussehen:

```
>>> b = threading.Barrier(2, timeout=1)
>>> for t in range(2):
...     Worker(b).start()
...
<Worker(Thread-19, started 140033459717888)> 14:25:50 schlafe 5 s
<Worker(Thread-20, started 140033382151936)> 14:25:50 schlafe 2 s
```

```
>>> <Worker(Thread-20, started 140033382151936)> 14:25:52 wait()
<Worker(Thread-20, started 140033382151936)> 14:25:52 error
<Worker(Thread-19, started 140033459717888)> 14:25:55 wait()
<Worker(Thread-19, started 140033459717888)> 14:25:55 error
```

Die Worker-Objekte können den Timeout-Wert von einer Sekunde gar nicht erreichen, da sie mindestens zwei Sekunden schlafen. Daher liefern beide Threads ein „Error" in ihrer Ausgabe.

## 23.4 Datenaustausch zwischen Threads

Auch wenn Threads durch die gerade vorgestellten Locking-Mechanismen sicher auf gemeinsame Daten zugreifen können, werden doch komfortablere Verfahren zur Übermittlung und Verteilung von Daten benötigt.

### Queue

Das Modul `queue` stellt verschiedene Warteschlangen zur Verfügung. Damit lässt sich der Datenaustausch zwischen mehreren Threads ohne viel Aufwand sicher implementieren. Dieses Modul arbeitet mit dem Modul `threading` zusammen, d.h. alle beteiligten Prozesse laufen im selben Python-Interpreter.

In eine Queue schreibende Prozesse werden als „Producer", lesende als „Consumer" bezeichnet.

Es gibt drei unterschiedliche Warteschlangen, die sich durch die Reihenfolge in der Datenausgabe unterscheiden. Die Konstruktoren für die einzelnen Klassen sehen wie folgt aus.

**Tab. 23.9.** Konstruktoren für `Queue`-Objekte

| Konstruktor | Beschreibung |
|---|---|
| `Queue(maxsize=0)` | FIFO-Queue (First In First Out) – Die Werte werden in der Schreibreihenfolge ausgegeben. |
| `LifoQueue(maxsize=0)` | LIFO-Queue (Last In First Out) – Der zuletzt geschriebene Wert wird als erster ausgegeben. Dieser Typ wird auch als „Stack" bezeichnet. |
| `PriorityQueue(maxsize=0)` | Prioritäts-Warteschlange – Die Werte werden sortiert ausgegeben. Dies erlaubt eine Priorisierung der Daten in der Queue. |

Beim Erzeugen eines Queue-Objekts kann die Länge der Warteschlange über den Parameter maxsize angegeben werden. Wenn die Anzahl erreicht wird, blockiert ein weiterer Versuch, Daten zu schreiben, bis ein Lesezugriff stattgefunden hat. Der Standard-Wert von null setzt eine unbegrenzte Länge.

**Tab. 23.10.** Methoden von Queue-Objekten

| Methode | Beschreibung |
| --- | --- |
| empty() | Liefert True, wenn die Schlange leer ist. |
| full() | Liefert True, wenn Daten verfügbar sind. |
| qsize() | Liefert die Größe der Warteschlange. |
| | Die drei bisher genannten Funktionen können nicht verhindern, dass eine folgende Lese-/Schreiboperation blockiert, weil die Queue inzwischen leer oder voll ist. |
| get(block=True, timeout=None) | Liest das nächste verfügbare Datum aus der Warteschlange. Diese Funktion blockiert, wenn keine Daten zum Lesen bereitstehen. timeout definiert eine Wartezeit in Sekunden. None lässt die Funktion unbegrenzt warten. |
| get_nowait() | Entspricht dem Aufruf von get(False). |
| put(item, block=True, timeout=None) | Schreibt item in die Queue. Der Aufruf blockiert, wenn die Queue die Maximallänge erreicht hat. |
| put_nowait() | Entspricht put(item, False). |
| task_done() | Schließt einen vorherigen get()-Aufruf ab und signalisiert einem wartenden Prozess das Ende der Verarbeitung. |
| join() | Wartet auf die Quittung für eingestellte Daten. |

Zunächst ein simples Beispiel, das im Python-Interpreter ausgeführt werden kann, wie Daten in eine Queue geschrieben werden.

```
import queue
data = (42, '42', [0, 1, 2, 3], {'key': 'value'})
q = queue.Queue()
for d in data: q.put(d)
```

**Listing 23.17.** Schreiben von Daten in eine Queue

Listing 23.17 zeigt, wie einfach die unterschiedlichsten Datentypen in eine Queue geschrieben werden können. In Zeile 2 wird ein Tupel definiert, dessen Elemente anschließend in eine FIFO-Queue geschrieben werden.

Das Lesen aus der Queue ist genauso unkompliziert:

```
>>> while not q.empty(): print(q.get())
...
42
42
```

```
[0, 1, 2, 3]
{'key': 'value'}
```

In eine LIFO-Queue geschrieben, sieht das Ergebnis wie folgt aus:

```
>>> data = (42, '42', [0, 1, 2, 3], {'key': 'value'})
>>> q = queue.LifoQueue()
>>> for d in data: q.put(d)
...
>>> while not q.empty(): print(q.get())
...
{'key': 'value'}
[0, 1, 2, 3]
42
42
```

Für eine Priority-Warteschlange müssen die eingestellten Daten vom gleichen Typ und sortierbar sein. Dies kann man zum Beispiel durch einen zusammengesetzten Datentyp wie ein Tupel erreichen.

```
1  data = ((1, 'aaaa'), (1, 'A'), (2, 'aaaa'), (1, 'aaab'), (100, ''),
2    (1, 'z'))
3  q = queue.PriorityQueue()
4  for d in data: q.put(d)
```

**Listing 23.18.** Schreiben in eine `PriorityQueue`

Die Tupel in der Variablen `data` bestehen in Listing 23.18 aus einer Zahl für die Priorität und einer Zeichenkette als Datum. Bei Bedarf kann eine eigene Klasse mit definierter `__cmp__()`-Methode eingesetzt werden, in der nur ein bestimmtes Attribut der Klasse verglichen wird:

```
>>> while not q.empty(): print(q.get())
...
(1, 'A')
(1, 'aaaa')
(1, 'aaab')
(1, 'z')
(2, 'aaaa')
(100, '')
```

Nun noch ein Beispiel, bei dem Threads zum Einsatz kommen. Mehrere Threads lesen aus einer Queue, die vom Hauptprogramm befüllt wird. Sobald ein Thread ein Datum gelesen hat, wartet er einen zufällig gewählten Zeitraum, bevor er die Verarbeitung signalisiert und versucht, den nächsten Wert zu lesen.

```
 1  import queue
 2  import random
 3  import threading
 4  import time
 5
 6  def worker(q, n, t):
 7      print('%s: gestartet' % n)
 8      while True:
 9          print('%s: %4d warte auf Daten' % (n, time.time() - t))
10          data = q.get()
11          print('%s: %4d Daten %s' % (n, time.time() - t, data))
12          st = random.randrange(3, 6)
13          print('%s: %4d schlafe %s s' % (n, time.time() - t, st))
14          time.sleep(st)
15          print('%s: %4d fertig' % (n, time.time() - t))
16          q.task_done()
17
18  q = queue.Queue()
19  t = time.time()
20
21  # Drei Threads erzeugen und starten
22  for n in range(3):
23    w = threading.Thread(target=worker, args=(q, n, t))
24    w.setDaemon(True)
25    w.start()
26
27  # Daten in die Queue geben
28  for n in range(6):
29      wert = random.randint(1, 100)
30      print('M: schreibe %4d. Wert in die Queue: %s' % (n, wert))
31      q.put(wert)
32
33  q.join()
34  print('fertig')
```

**Listing 23.19.** Mehrere Threads lesen aus einer Queue

Listing 23.19 führt man am besten als Datei aus. Im Interpreter kann die Eingabe des Programms durch die Ausgaben der ersten Anweisungen unterbrochen werden. Folgendes sollte ungefähr zu sehen sein (die Ausgaben sind hier gekürzt):

```
0: gestartet
0:     0 warte auf Daten
1: gestartet
1:     0 warte auf Daten
2: gestartet
M:     0 schreibe 0. Wert in die Queue: 78
2:     0 warte auf Daten
M:     0 schreibe 1. Wert in die Queue: 38
2:     0 Daten 78
M:     0 schreibe 2. Wert in die Queue: 90
1:     0 Daten 38
2:     0 schlafe 5 s
M:     0 schreibe 3. Wert in die Queue: 71
1:     0 schlafe 5 s
0:     0 Daten 90
M:     0 schreibe 4. Wert in die Queue: 19
0:     0 schlafe 4 s
M:     0 schreibe 5. Wert in die Queue: 99
```

In Sekunde null geschieht am meisten. Die Threads werden gestartet und der Haupt-prozess schreibt in die Queue. Welcher Thread zuerst Daten erhält, ist nicht festgelegt (hier Thread 2). Durch ein `sleep()` vor dem Schreiben durch den Hauptprozess könnte man die Initialisierung der Threads besser von den restlichen Ausgaben trennen (vor Zeile 28).

Der Rest der Ausgaben sind nur noch die wechselnden Ausgaben der drei Threads. Zum Schluss erscheint die Meldung vom Hauptprozess:

```
...
2:     5 schlafe 5 s
1:     5 fertig
1:     5 warte auf Daten
1:     5 Daten 99
1:     5 schlafe 5 s
0:     7 fertig
0:     7 warte auf Daten
2:    10 fertig
2:    10 warte auf Daten
1:    10 fertig
1:    10 warte auf Daten
fertig
```

## 23.5 Das Modul `multiprocessing`

Dieses Modul realisiert die Aufteilung von Rechenaufgaben in mehrere unabhängige Prozesse auf UNIX und Windows. Dadurch können aktuelle Multicore-Prozessoren besser ausgenutzt werden.

In dem Modul sind, wie im Modul `threading`, ein paar Funktionen definiert, um Informationen über das System und laufende Prozesse einzuholen.

**Tab. 23.11.** Methoden im Modul `multiprocessing`

| Methode | Beschreibung |
| --- | --- |
| `active_children()` | Liefert eine Liste der aktiven Kind-Prozesse des Programms. |
| `cpu_count()` | Ermittelt die Anzahl der CPUs im System. |
| `current_process()` | Liefert das aktuelle `Process`-Objekt. |
| `freeze_support()` | Ein Programm kann damit als Windows-Programm ausgegeben werden. |
| `get_start_method(allow_none=False)` | Liefert den Namen der Methode, die zum Starten eines neuen Prozesses genutzt wird. |
| `get_all_start_methods()` | Liefert alle möglichen Startmethoden als Liste. |
| `get_context(method=None)` | Liefert ein Context-Objekt mit den gleichen Attributen wie das Modul `multiprocessing`. Ohne Parameter liefert die Funktion den Default-Context. Als Parameter kann `fork`, `spawn` oder `forkserver` angegeben werden. Falls eine Methode auf der Plattform nicht verfügbar ist, wird ein `ValueError` ausgelöst. |
| `set_executable(path)` | Legt den zu startenden Python-Interpreter fest. |
| `set_start_method(method)` | Stellt die Methode zum Start eines neuen Prozesses ein. |

Einige Funktionen liefern Werte, die vom zugrunde liegenden Betriebssystem und der Hardware abhängig sind:

```
>>> import multiprocessing
>>> multiprocessing.current_process()
<_MainProcess(MainProcess, started)>
>>> multiprocessing.get_start_method()
'fork'
>>> multiprocessing.get_all_start_methods()
['fork', 'spawn', 'forkserver']
>>> multiprocessing.cpu_count()
4
```

Das Ergebnis von `cpu_count()` hängt natürlich von dem Rechner ab, auf dem das Programm ausgeführt wird.

Die weiteren Funktionen werden erst in den folgenden Beispielen genutzt, wenn tatsächlich mehrere Prozesse ausgeführt werden.

## Exceptions

Die Aktionen im Modul multiprocessing können Exceptions auslösen. Folgende Ausnahmen sind im Modul definiert.

**Tab. 23.12.** Exceptions im Modul multiprocessing

| Exception | Beschreibung |
| --- | --- |
| ProcessError | Basisklasse aller Exceptions im Modul. |
| BufferTooShort | Der Puffer ist zu klein zum Lesen einer Nachricht. |
| AuthenticationError | Wird ausgelöst, wenn es ein Problem bei der Authentifizierung gibt. |
| TimeoutError | Ausgelöst durch Methoden, die einen Timeout verwenden. |

## Die Klasse Process

Ein unabhängiger Programmpfad wird durch ein Process-Objekt erzeugt und ausgeführt. Objekte der Klasse Process ähneln den bereits vorgestellten Threads (siehe Kapitel 23.1.1 auf Seite 292). Allerdings wird jedes Programm in einem unabhängigen Prozess ausgeführt. Die Objekte verfügen über die folgenden Attribute und Methoden.

**Tab. 23.13.** Attribute und Methoden von Process-Objekten

| Attribut | Beschreibung |
| --- | --- |
| name | Der Name des Prozesses. Kann mit dem Aufruf des Konstruktors gesetzt werden. |
| daemon | Flag, ob der Prozess als Daemon läuft. Muss vor dem Aufruf von start() gesetzt werden. |
| pid | Die Prozess-ID. |
| exitcode | Der Rückgabewert des Prozesses. None, solange der Prozess läuft. Ein negativer Wert beschreibt das Signal, durch das der Prozess beendet wurde. |

**Tab. 23.13.** fortgesetzt

| Attribut | Beschreibung |
|---|---|
| `authkey` | Ein String zur Authentifikation zwischen den erzeugten Prozessen. |
| `sentinel` | Das Handle eines Objekts, das bei Prozessende aktiviert wird. |
| **Methode** | |
| `Process(group=None,` `target=None, name=None,` `args=(), kwargs={}, *,` `daemon=None)` | Der Konstruktor der Klasse. Der Parameter `target` erhält eine auszuführende Funktion. Parameter für die Funktion werden über `args` und `kwargs` übergeben. |
| `run()` | Diese Methode kann überschrieben werden und stellt die auszuführende Aktion dar. |
| `start()` | Der Aufruf dieser Methode startet die in `run()` definierte Aufgabe. |
| `join([timeout])` | Blockiert bis die aufgerufene Methode beendet wird. |
| `is_alive()` | Liefert einen booleschen Wert, ob der Prozess läuft. |
| `terminate()` | Versucht den Prozess zu beenden. |

Für den Python-Interpreter liefert eine Abfrage der Attribute Folgendes:

```
>>> import multiprocessing
>>> p = multiprocessing.current_process()
>>> p.name
'MainProcess'
>>> p.daemon
False
>>> p.pid
9471
>>> p.authkey
b'PE,\x9f\xec\xf5\xf1\xc3B{\xc8\x92\xa3\x95...
```

**Ausführen einer Funktion in einem eigenen Prozess**

Zunächst ein einfaches Beispiel, wie man einen separaten Prozess erzeugen kann. Der Konstruktor ist mit Keyword-Parametern ausgestattet, die alle einen Defaultwert haben. Selbst die auszuführende Funktion (`target`) muss nicht übergeben werden. Das ist natürlich nicht besonders sinnvoll, da der Prozess so keine Funktion hat und sofort zurückkehrt.

```
1   import time
2   from multiprocessing import Process, active_children, current_process
3
4   parent = current_process()
5
6   def func():
7       p = current_process()
8       print('Start', p.pid, time.strftime('%H:%M:%S'))
9       time.sleep(3)
10      print('Fertig', p.pid, time.strftime('%H:%M:%S'))
11
12  p = Process(target=func)
13  p.start()
14  print('Start', parent.pid)
15  print('Childs', active_children())
16  p.join()
17  print('Fertig', parent.pid)
```

**Listing 23.20.** Programmausführung in einem separaten Prozess

Im Listing 23.20 wird eine Funktion `func()` definiert (Zeile 6) und an den Konstruktor des `Process`-Objekts übergeben (Zeile 12). Anschließend wird dessen Methode `start()` aufgerufen, wodurch die Funktion ausgeführt wird (Zeile 13).

Die Ausgabe des Programms aus Listing 23.20 sollte ungefähr wie folgt aussehen:

```
Start 2415
Childs [<Process(Process-3, started)>]
Start 2429 18:17:48
Fertig 2429 18:17:51
Fertig 2415
```

Als Erstes wird die PID des Parents und die Liste seiner Child-Prozesse ausgegeben (hier ein Prozess). Der Start des Python-Interpreters benötigt etwas Zeit, daher kommen diese Ausgaben vor denen des Child-Prozesses. Dann folgen die Zeitangaben des Child-Prozesses und das finale „Fertig" des Parents.

Dem Konstruktor können auch Daten für den Prozess als positionsabhängige Werte oder Keyword-Parameter übergeben werden. Die ausgeführte Funktion muss dann Parameter entgegennehmen können.

```
1  def func(*args, **kwargs):
2      p = current_process()
3      print('pid', p.pid, '\nargs', args, '\nkwargs', kwargs)
4      for n, v in enumerate(args):
5          print("{}. '{}'".format(n, v))
6      for k, v in kwargs.items():
7          print('{}={}'.format(k, v))
```

**Listing 23.21.** Funktion zur Parameterausgabe

Listing 23.21 definiert eine Funktion, mit der die erhaltenen Parameter ausgegeben werden. Die erste `print`-Anweisung (Zeile 3) liefert die PID des Child-Prozesses sowie die Parameter in `args` und `kwargs`. Anschließend werden die Werte in `args` in einer nummerierten Liste ausgegeben (Zeilen 4 und 5). Die Schlüssel- und Werte-Paare des Dictionarys `kwargs` werden mit einem Gleichheitszeichen als Trennzeichen ausgegeben (Zeilen 6 und 7).

Der Aufruf des Konstruktors des `Process`-Objekts erfolgt dann mit den Keyword-Parametern `args` und `kwargs` und entsprechenden Werten (Listing 23.22 Zeile 3).

```
1  from multiprocessing import Process, current_process
2
3  p = Process(target=func, args=(42, 'Hallo Welt'), kwargs={'Antwort':42})
4  p.start()
5  p.join()
```

**Listing 23.22.** Parameterübergabe an einen Prozess

Die Ausführung der Programme aus den Listings 23.21 und 23.22 liefert folgende Ausgaben:

```
pid 12663
args (42, 'Hallo Welt')
kwargs {'Antwort': 42}
0. '42'
1. 'Hallo Welt'
Antwort=42
```

Auf diese Art können nur Daten vom Parent an den Child-Prozess übergeben werden. Kommunikation in beide Richtungen wird mit den in den folgenden Abschnitten beschriebenen Objekten für Interprozesskommunikation möglich.

# 23.6 Datenaustausch zwischen Prozessen

Der Datentransfer in eine Richtung beim Start eines Prozesses ist selten ausreichend. Der Austausch von Daten über Dateien ist möglich, aber wenig komfortabel. Für die „Inter Process Communication" (IPC) haben sich andere Mechanismen etabliert. Für den Datenaustausch zwischen Prozessen gibt es im Modul `multiprocessing` die Klasse `Queue`, um Nachrichten zwischen mehreren Prozessen auszutauschen, und `Pipe` für die Kommunikation zwischen zwei Prozessen.

### 23.6.1 Die Klasse `multiprocessing.Pipe`

Die Pipe (engl. Röhre) ist ein Kommunikationskanal zwischen zwei Prozessen. Dieses Objekt liefert bei der Erzeugung zwei Objekte, die jeweils ein Ende der Verbindung darstellen. Es handelt sich dabei um `Connection`-Objekte. Diese Objekte sind in der Lage, beliebige Python-Objekte korrekt zu übertragen.

Die beiden Objekte werden auf die zwei beteiligten Prozesse verteilt und jeder Prozess nutzt nur sein Ende zum Schreiben und Lesen.

Die folgende Tabelle enthält die Beschreibung des Konstruktors und der Methoden von `Pipe`-Objekten zum Schreiben und Lesen.

**Tab. 23.14.** Methoden von `Pipe`-Objekten

| Methode | Beschreibung |
| --- | --- |
| `Pipe([duplex])` | Konstruktor für Pipe-Objekte. Optional kann als Parameter `False` übergeben werden, die Pipe kann dann nur in eine Richtung beschrieben werden. |
| `send()` | Schreibt die übergebenen Daten in die Pipe. Dabei kann es sich um ein beliebiges Objekt handeln. |
| `recv()` | Liest ein Objekt aus der Pipe. |
| `send_bytes(buf[, offset[, size]])` | Sendet die Daten aus dem Byte-Puffer `buf`. Mit `offset` kann der Startpunkt im Puffer angegeben werden. `size` kann die Anzahl der gesendeten Bytes bestimmen. |
| `recv_bytes([max])` | Versucht, eine Byte-Nachricht zu lesen und blockiert ggf. |
| `fileno()` | Liefert den File-Descriptor der Verbindung. |
| `close()` | Schließt die Verbindung. |
| `poll([timeout])` | Ermittelt, ob Daten zum Lesen bereitstehen. Ohne Timeout kehrt die Funktion sofort zurück. Ein Wert von `None` stellt einen unbegrenzten Timeout dar. |

Eine Pipe kann im Interpreter erzeugt werden und zum Senden/Empfangen von Python-Objekten innerhalb eines Prozesses genutzt werden:

```
>>> from multiprocessing import Pipe
>>> parent_pipe, child_pipe = Pipe()
>>> parent_pipe.send(('Hallo Welt', 42))
>>> child_pipe.recv()
('Hallo Welt', 42)
```

Auch Binärdaten, die z. B. mit dem Modul struct erstellt wurden, können übertragen werden:

```
>>> import struct
>>> bs = struct.pack('i', 0x11aa55bb)
>>> child_pipe.send_bytes(bs)
>>> parent_pipe.recv_bytes()
b'xbbU\xaa\x11'
```

Nun zur Kommunikation von zwei Prozessen über eine Pipe. Dafür muss ein Ende der zuvor erzeugten Verbindung als Parameter an den Konstruktor der Klasse Process übergeben werden.

Das folgende Listing zeigt den Datenaustausch zwischen zwei Prozessen anhand einer Funktion, die in einem eigenen Prozess ausgeführt wird (Funktion func() in Listing 23.23). Die Funktion erhält die Pipe zur Kommunikation als Parameter. Sie macht wie üblich Ausgaben über ihren aktuellen Status. Anschließend liest sie Daten aus der Pipe und gibt sie auf den Bildschirm aus. Nach einer kurzen Pause schreibt sie Daten in die Pipe.

```
1   import time
2   from multiprocessing import Process, Pipe, current_process
3
4   def func(pipe):
5       prc = current_process()
6       print(prc.name, p.pid, 'Start')
7       data = pipe.recv()
8       print(prc.name, prc.pid, "Data: '{}'".format(data))
9       time.sleep(3)
10      pipe.send('Hallo!')
11      print(prc.name, prc.pid, 'Ende')
12
13  prc = current_process()
14  parent_pipe, child_pipe = Pipe()
15  print(prc.name, prc.pid, 'Start')
16  p = Process(target=func, args=(child_pipe,))
17  p.start()
```

```
18 | time.sleep(3)
19 | parent_pipe.send('Hallo mein Kind')
20 | data = parent_pipe.recv()
21 | print(prc.name, prc.pid, data)
22 | p.join()
```

**Listing 23.23.** Kommunikation zwischen zwei Prozessen über eine Pipe

Im Parent-Prozess sind nach der Erzeugung der Pipe (Listing 23.23, Zeile 14) beide Enden bekannt. Welches Ende an den Child-Prozess übergeben wird, ist letztlich egal. Die Übergabe an den neuen Prozess erfolgt als Parameter über den Konstruktor an die auszuführende Funktion (Zeile 16 und 4).

Die Ausführung von Listing 23.23 sollte ungefähr folgende Ausgaben liefern:

```
MainProcess 7075 Start
Process-4 9005 Start
Process-4 9005 Data: 'Hallo mein Kind'
Process-4 9005 Ende
MainProcess 7075 Hallo!
```

### 23.6.2 Die Klasse multiprocessing.Queue

Die Klasse Queue im Modul multiprocessing verhält sich wie die Klasse für Threads aus Kapitel 23.4. Neben der Klasse Queue sind noch die Klassen SimpleQueue und JoinableQueue verfügbar.

Objekte der Klasse Queue verfügen über die folgenden Methoden.

**Tab. 23.15.** Methoden von Queue-Objekten im Modul multiprocessing

| Methode | Beschreibung |
| --- | --- |
| qsize() | Liefert die ungefähre Größe der Queue. |
| empty() | Liefert True, wenn die Queue leer ist, sonst False. |
| full() | Liefert True, wenn die Queue voll ist, sonst False. |
| put(o[, block [, timeout]]) | Schreibt das Objekt o in die Queue. Wenn block=True und timeout=None sind (Standardeinstellung), blockiert der Aufruf, bis der Schreibvorgang abgeschlossen werden kann. Mit block=False oder timeout >= 0 wird eine Exception ausgelöst, wenn das Datum nicht geschrieben werden kann. |
| put_nowait(o) | Entspricht put(o, False). |
| get([block [, timeout]]) | Liest ein Element aus der Queue. Die Parameter block und timeout verhalten sich wie bei put(). |

**Tab. 23.15.** fortgesetzt

| Methode | Beschreibung |
|---|---|
| `get_nowait()` | Entspricht einem Aufruf von `get(False)`. |
| `close()` | Schließt die Queue zum Schreiben. |

Der Rückgabewert der Methoden `qsize()`, `empty()` und `full()` ist mit Vorsicht zu genießen, da sich die Werte in einer Umgebung mit vielen aktiven Prozessen schnell ändern können.

Ein Beispiel für die Kommunikation von zwei Prozessen über eine `Queue`.

```
 1  import time
 2  from multiprocessing import Process, Queue, current_process
 3
 4  def func(q):
 5      p = current_process()
 6      print(p.name, p.pid, 'Start')
 7      data = q.get()
 8      print(p.name, p.pid, "Data: '{}'".format(data))
 9      time.sleep(2)
10      q.put('Hallo Welt!')
11      print(p.name, p.pid, 'Ende')
12
13  q = Queue()
14  pr = current_process()
15  print(pr.name, pr.pid, 'Start')
16  p = Process(target=func, args=(q,))
17  p.start()
18  time.sleep(3)
19  q.put({'Antwort': 42})
20  print(pr.name, pr.pid, q.get())
21  p.join()
```

**Listing 23.24.** Kommunikation von Prozessen über eine `Queue`

In Listing 23.24 wird in Zeile 4 die auszuführende Funktion `func()` definiert. Sie erhält als Parameter die Queue für die Kommunikation. Sie gibt den Namen und die PID des Prozesses aus und liest dann ein Datum von der Queue. Die erhaltenen Daten werden ebenfalls ausgegeben. Die Funktion legt eine kleine Pause ein, bevor ein Datum in die Queue zurückgeschrieben wird und sie sich dann nach einer weiteren Ausgabe beendet.

Das Ergebnis des Programmlaufs sollte ungefähr wie folgt aussehen (die PIDs werden natürlich abweichen):

```
MainProcess 2222 Start
Process-1 2223 Start
```

```
Process-1 2223 Data: '{'Antwort': 42}'
Process-1 2223 Ende
MainProcess 2222 Hallo Welt!
```

Die `sleep()`-Statements dienen nur der besseren Verfolgbarkeit des Programmlaufs zwischen den einzelnen Sendeaktionen. Was man natürlich hier nicht sieht, ist das Warten des Parents auf den Child mit `join()`.

**Synchronisation von `Queue`-Objekten**
Da jeder Prozess in die Queue schreiben und von ihr lesen kann, ist hier evtl. eine Synchronisation erforderlich. Das Modul `multiprocessing` bietet die gleichen Objekte zur Synchronisation wie das Modul `threading`:
- Lock
- RLock
- Semaphore
- BoundedSemaphore
- Condition
- Event
- Barrier

## 23.6.3 Shared Memory

Datenaustausch zwischen Prozessen ist über verschiedene Mechanismen möglich. In einem gemeinsamen Speicherbereich (engl. „Shared Memory") können Daten unter Prozessen zugänglich gemacht werden. Im Modul `multiprocessing` sind die Klassen `Value` für eine einzelne Variable und `Array` für eine Liste von Werten definiert. Diese werden als „Shared Objects", also „geteilte Objekte", bezeichnet.

**Tab. 23.16.** Konstruktoren von Shared Objects

| Konstruktor | Beschreibung |
| --- | --- |
| Value(typecode_or_type, *args, lock=True) | Eine einzelne Variable vom angegebenen Typ. Der Parameter *args wird an den Konstruktor des Typs weitergegeben. Der Parameter lock kann die Werte True, False oder ein Objekt der Klassen Lock oder RLock enthalten. Damit wird die Verwendung eines neu erzeugten Locks, ohne Lock oder eines eigenen Locks für den Zugriff festgelegt. |

**Tab. 23.16.** fortgesetzt

| Konstruktor | Beschreibung |
|---|---|
| `Array(typecode_or_type, size_or_initializer, *, lock=True)` | Erzeugt ein Array von Variablen des Typs `typecode_or_type` im Shared Memory.<br>`typecode_or_type` ist entweder ein „ctypes" oder ein Zeichencode aus „array". Die Typen werden in den Tabellen 23.18 und 23.17 erläutert.<br>`size_or_initalizer` ist entweder eine Zahl, die die Länge des Array vorgibt oder eine Sequenz, mit der das Array vorbelegt wird. |

Der Speicher für eine Variable im Shared Memory muss mit einem Typcode aus dem Modul `array` oder einem Datentyp aus dem Modul `ctypes` angelegt werden. Diese Typen werden in den beiden folgenden Tabellen vorgestellt.

### Typecodes aus dem Modul `ctypes`

Die verschiedenen Datentypen der Programmiersprache C haben einen Bezeichner in dem Modul `ctypes`. Da Python keine unterschiedlichen Zahlendarstellungen kennt, sind die Zuordnungen recht einfach.

**Tab. 23.17.** Datentypen des Moduls `ctypes` und deren C- und Python-Entsprechungen

| ctypes | C-Typ | Python-Typ |
|---|---|---|
| `c_bool` | _Bool | bool |
| `c_char` | char | Ein-Zeichen-Byte-Objekt |
| `c_wchar` | wchar_t | Ein-Zeichen-String |
| `c_byte` | char | Integer |
| `c_ubyte` | unsigned char | Integer |
| `c_short` | short | Integer |
| `c_ushort` | unsigned short | Integer |
| `c_int` | int | Integer |
| `c_uint` | unsigned int | Integer |
| `c_long` | long | Integer |
| `c_ulong` | unsigned long | Integer |
| `c_longlong` | __int64 oder long long | Integer |
| `c_ulonglong` | unsigned __int64 oder long long | Integer |
| `c_float` | float | Float |
| `c_double` | double | Float |

**Tab. 23.17.** fortgesetzt

| ctypes | C-Typ | Python-Typ |
|---|---|---|
| c_longdouble | long double | Float |
| c_char_p | char * | bytes-Objekt oder None |
| c_wchar_p | wchar_t * | String oder None |
| c_void_p | void * | Integer oder None |

Variablen dieser Typen können wie alle Objekte über einen Konstruktor erzeugt werden. Der eigentliche Wert wird im Attribut value gespeichert und kann darüber geändert werden:

```
>>> import ctypes
>>> s = ctypes.c_wchar_p("Die Antwort ist...")
>>> s
c_wchar_p('Die Antwort ist...')
>>> s.value
'Die Antwort ist...'
>>> s.value = '42'
>>> s
c_wchar_p('42')
>>> s.value
'42'
```

**Typecodes aus dem Modul array**
Im Modul array sind Platzhalter für die verschiedenen Datentypen definiert.

**Tab. 23.18.** Typcodes des Modul array

| Platzhalter | C-Typ | Python-Typ und Mindestlänge in Bytes |
|---|---|---|
| b | signed char | int, 1 |
| B | unsigned char | int, 1 |
| u | Py_UNICODE | Unicode character, 2 |
| h | signed short | int, 2 |
| H | unsigned short | int, 2 |
| i | signed int | int, 2 |
| I | unsigned int | int, 2 |
| l | signed long | int, 4 |
| L | unsigned long | int, 4 |

**Tab. 23.18.** fortgesetzt

| Platzhalter | C-Typ | Python-Typ und Mindestlänge in Bytes |
|---|---|---|
| q | signed long long | int, 8 |
| Q | unsigned long long | int, 8 |
| f | float | float, 4 |
| d | double | float, 8 |

Die Tabelle 23.18 enthält die Typcodes, den C-Datentyp sowie den Typ und die Mindestgröße in Bytes. Die „long long"-Typen sind nur vorhanden, wenn es sich um ein C-Python handelt und die Plattform diesen Typ unterstützt.

Ein Array kann mit einer Größe, die Werte werden dann auf null initialisiert, oder mit einer Sequenz mit den enthaltenen Werten definiert werden:

```
>>> from multiprocessing import Array
>>> a = Array('I', 10)
>>> a[:]
[0, 0, 0, 0, 0, 0, 0, 0, 0, 0]
>>> a = Array('I', [42, 43, 44])
>>> a[:]
[42, 43, 44]
```

**Datenaustausch über Shared Memory**
Ein kurzes Beispielprogramm zur Nutzung von Shared Memory (Listing 23.25).

```
1  import time
2  from multiprocessing import Process, Value, current_process
3
4  def func(n):
5      p = current_process()
6      print(p.name, p.pid, 'Start', n.value)
7      n.value += 1
8      print(p.name, p.pid, 'sleep', n.value)
9      time.sleep(1)
10     n.value += 1
11     print(p.name, p.pid, 'Fertig', n.value)
12
13 v = Value('L', 0)
14
15 pr = current_process()
16 print(pr.name, pr.pid, 'Start')
17 p = Process(target=func, args=(v,))
18 p.start()
19
```

```
20  for n in range(3):
21      print(pr.name, pr.pid, 'sleep', v.value)
22      time.sleep(1)
23
24  print(pr.name, pr.pid, 'Fertig', v.value)
```

**Listing 23.25.** Integer-Variable im Shared Memory

Die Funktion `func()` soll in einem anderen Prozess ausgeführt werden (Zeilen 4–11). Die Integer-Variable `v` wird von Hauptprozess initialisiert (Zeile 13) und als Argument an den Child-Prozess übergeben (Zeile 17). Der Zugriff auf den Variableninhalt erfolgt in der Funktion über das Attribut `value` des Objekts (Zeilen 7 und 10).

Der Hauptprozess wiederholt in einer Schleife den Zugriff auf die Variable, die von der Funktion des anderen Prozesses verändert wird (Zeilen 20–22).

Hier eine beispielhafte Ausgabe des Programms:

```
MainProcess 16739 Start
MainProcess 16739 sleep 0
Process-1 16740 Start 0
Process-1 16740 sleep 1
MainProcess 16739 sleep 1
Process-1 16740 Fertig 2
MainProcess 16739 sleep 2
MainProcess 16739 Fertig 2
```

### 23.6.4 Die Funktion `Manager`

Mit dem Aufruf von `Manager()` erhält man ein `SyncManager`-Objekt, mit dem man Python-Objekte (`list` und `dict`), Shared Memory (`Value`, `Array`), Lock-Objekte (`Lock`, `RLock`, `Event`, `Condition`, `Barrier`, `Semaphore`) und Queue-Objekte erzeugen und zwischen Prozessen teilen kann. Im Folgenden wird universell der Begriff `Manager`-Objekt verwendet, soweit nicht auf spezielle Eigenschaften einer Klasse eingegangen wird.

Mit den `Manager`-Objekten ist es möglich, die genannten Objekte nicht nur lokal, sondern auch über das Netzwerk zu nutzen.

Das Modul definiert zwei Klassen und eine Funktion. In der folgenden Tabelle sind die Konstruktoren dieser Klassen beschrieben.

**Tab. 23.19.** Konstruktoren von `Manager`-Objekten

| Konstruktor | Beschreibung |
|---|---|
| `BaseManager([address[, authkey]])` | Die Basisklasse für Manager-Objekte. |
| `SyncManager()` | Abgeleitet von `BaseManager`. Diese Klasse verfügt über Mittel zur Synchronisation der Zugriffe auf geteilte Daten. |
| `Manager()` | Die Funktion liefert ein gestartetes `SyncManager`-Objekt für die Kommunikation zwischen Prozessen. |

Die Funktion `Manager` ist ein Wrapper für die Klasse `SyncManager`. Diese Funktion sorgt dafür, dass ein Objekt der Klasse `SyncManager` erzeugt und gestartet wird. Die Rückgabe ist ein `SyncManager`-Objekt.

Objekte der Klasse `BaseManager` verfügen über die folgenden Methoden.

**Tab. 23.20.** Methoden von `BaseManager`-Objekten

| Methode | Beschreibung |
|---|---|
| `start([initializer[, initargs]])` | Startet einen Prozess für das Objekt. Mit `initializer` kann eine auszuführende Funktion und mit `initargs` Startparameter dafür übergeben werden. |
| `get_server()` | Liefert das Server-Objekt für diesen Manager. |
| `connect()` | Verbindet einen Manager mit dem eines anderen Prozesses. Dem Konstruktor müssen dafür die Argumente `address` und `authkey` übergeben werden. |
| `shutdown()` | Stoppt den vom Manager verwendeten Prozess. |
| `register(typeid[, callable[, proxytype[, exposed[, method_to_typeid[, create_method]]]]])` | Mit dieser Methode kann ein Typ oder Callable bei einem Manager registriert werden. Diese Methode wird z. B. bei über Rechnergrenzen verteilten Objekten benötigt. `typeid` ist eine Zeichenkette, mit der ein Typ identifiziert wird. |
| | `callable` ist eine Funktion (callable), die das mit `typeid` bezeichnete Objekt erstellen kann. |
| | Falls ein Manager per `connect()` mit einem anderen verbunden wird oder falls `create_method` `False` ist, kann dieser Parameter `None` bleiben. |
| | `proxytype` ist eine von `BaseProxy` abgeleitete Klasse, die ein Proxy-Objekt für diesen Typ erzeugen kann. Ohne diesen Parameter wird ein Standard-Objekt verwendet. |
| | `exposed` enthält eine Liste der öffentlichen Methoden dieses Objekts. |
| | Als Defaultwert kommt `proxytype._exposed_` zum Einsatz. Wenn auch dieser Wert leer ist, kann auf alle öffentlichen Methoden des Objekts zugegriffen werden. |

**Tab. 23.20.** fortgesetzt

| Methode | Beschreibung |
| --- | --- |
| | `method_to_typeid` ist ein Mapping (Name auf Typ-String), welches Objekt die Methoden zurück liefern. Wird der Parameter nicht definiert, verwendet der Proxy `proxytype._method_to_typeid_`, falls vorhanden. Falls der Name nicht im Mapping enthalten oder kein Rückgabetyp angegeben ist, wird das Objekt „copied by value" zurückgegeben. `create_method` ist ein boolescher Wert (Default: `True`), mit dem festgelegt wird, ob eine Methode mit dem Namen `typeid` angelegt wird, durch deren Aufruf ein neues Objekt erzeugt werden kann. |

Ein Objekt des Typs `BaseManager` sollte nach der Initialisierung entweder mit dem Methodenaufruf `start()` oder `get_server().serve_forever()` in einen aktiven Zustand versetzt werden.

Auf einem `BaseManager`-Objekt kann das Attribut `address` abgefragt werden. Dies ist die vom Objekt zur Kommunikation genutzte Adresse.

Objekte der Klasse `SyncManager` sind von der Klasse `BaseManager` abgeleitet und können verschiedene Lock-, Shared Memory- und Python-Objekte durch die folgenden Methoden erzeugen:

**Tab. 23.21.** Methoden zur Erzeugung von Objekten durch `SyncManager`-Objekte

| Methode |
| --- |
| `Barrier(parties[, action[, timeout]])` |
| `Condition([lock])` |
| `Event()` |
| `Lock()` |
| `RLock()` |
| `Namespace()` |
| `Queue([maxsize])` |
| `Semaphore([value])` |
| `BoundedSemaphore([value])` |
| `Array(typecode, sequence)` |
| `Value(typecode, value)` |
| `dict()` |
| `dict(mapping)` |

**Tab. 23.21.** fortgesetzt

| Methode |
| --- |
| `dict(sequenz)` |
| `list()` |
| `list(sequenz)` |

Die einzelnen Namen sollten aus dem Abschnitt 23.3 Synchronisation von Threads bekannt sein, das Verhalten dieser Objekte wird dort erläutert und mit Beispielen vorgestellt. Die Methoden liefern jeweils ein Proxy-Objekt für den Zugriff auf das jeweilige Datum.

### 23.6.5 `Manager`-Objekte erstellen und manipulieren

Die Funktion `Manager()` nimmt dem Anwender viele Aufgaben beim Aufbau von gemeinsamen Datenstrukturen ab. Daher wird sie hier zuerst vorgestellt. Die Details der Klasse `BaseManager` folgen später.

```
1  from multiprocessing import Manager
2  manager = Manager()
3  l1 = manager.list([0] * 10)
4  l2 = manager.list()
5  l2.append(42)
6  d1 = manager.dict({i : str(i) for i in range(4)})
```

**Listing 23.26.** Erstellen und Initialisieren eines `Manager`-Objekts

Mit dem Programm in Listing 23.26 wird ein `Manager`-Objekt erstellt und damit drei Datenobjekte: zwei Listen und ein Dictionary (Zeilen 3–6).

Um den Inhalt der Objekte auszugeben, muss die `str()`- oder `print()`-Funktion darauf angewendet werden:

```
>>> str(l1)
'[0, 0, 0, 0, 0, 0, 0, 0, 0, 0]'
>>> print(l2)
[42]
>>> print(d1)
{0: '0', 1: '1', 2: '2', 3: '3'}
```

Auf die Objekte können auch die üblichen Zugriffsmethoden (zum Beispiel der Index-Operator auf Listen, die Methoden `items()` und `keys()` auf Dictionarys) angewendet werden:

```
>>> l1[2]
0
>>> l2[0]
42
>>> d1[1]
'1'
>>> d1.keys()
[0, 1, 2, 3]
>>> d1.items()
[(0, '0'), (1, '1'), (2, '2'), (3, '3')]
```

Natürlich können auch beliebige andere Objekte in den Listen oder Dictionarys enthalten sein. Eine Veränderung dieser Typen wird aber nicht wie bei Referenzen üblich durchgereicht, es muss eine explizite Zuweisung stattfinden. Als Beispiel wird eine Liste an l2 angehängt:

```
>>> l2.append([])
>>> print(l2)
[42, []]
>>> l2[1].append(3.14)      # kein Fehler aber auch keine Zuweisung!
>>> print(l2)
[42, []]
>>> l3 = l2[1]              # Liste holen
>>> l3.append(3.14)         # modifizieren
>>> print(l2)
[42, []]
>>> l2[1] = l3             # und speichern
>>> print(l2)
[42, [3.14]]
```

Dem Dictionary können einfache Objekte hinzugefügt und entfernt werden. Für Containertypen gilt dabei das Gleiche wie für List-Objekte, Änderungen müssen den Umweg über eine lokale Variable machen:

```
>>> d1['42'] = "zweiundvierzig"
>>> del d1[2]                   # Löschen eines Keys
>>> print(d1)
{0: '0', 1: '1', 3: '3', '42': 'zweiundvierzig'}
>>> d1['list'] = []            # Container hinzufügen
>>> print(d1)
{0: '0', 1: '1', 3: '3', 'list': [], '42': 'zweiundvierzig'}
>>> d1['list'].append(1)   # Container verändern
```

```
>>> print(d1)
{0: '0', 1: '1', 3: '3', 'list': [], '42': 'zweiundvierzig'}
>>> l = d1['list']              # erst Liste holen
>>> l.append(1)                 # dann verändern
>>> print(d1)
{0: '0', 1: '1', 3: '3', 'list': [], '42': 'zweiundvierzig'}
>>> d1['list'] = l              # und wieder zuweisen
>>> print(d1)
{0: '0', 1: '1', 3: '3', 'list': [1], '42': 'zweiundvierzig'}
```

### 23.6.6 `Manager`-Objekte zwischen lokalen Prozessen teilen

Mit dem `Manager`-Objekt erstellte Datenstrukturen können wie jedes andere Python-Objekt als Parameter übergeben werden, natürlich auch an den Konstruktor eines `Prozess`-Objekts.

```
1   from multiprocessing import Manager, Process, current_process
2   import time
3
4   class Worker(Process):
5     def __init__(self, shared_list):
6         self.sl = shared_list
7         super(Worker, self).__init__()
8     def run(self):
9         pid = current_process().pid
10        print('PID', pid, str(self.sl), len(self.sl))
11        time.sleep(1)
12        for n in self.sl:
13            print(n, end=' ')
14        for n, v in enumerate(self.sl):
15            self.sl[n] = float(v)
16        print('\nfertig')
17
18  manager = Manager()
19  l = manager.list(range(10))
20  w = Worker(l)
21  w.start()
22  w.join()
23
24  for n in l:
25    print(n, end=' ')
```

**Listing 23.27.** Eine Liste über einen `Manager` zwischen Prozessen austauschen

Listing 23.27 zeigt, wie der Datenaustausch funktionieren kann. Das `Manager`-Objekt erstellt eine Liste (Zeile 20) und übergibt sie an das `Worker`-Objekt (Zeile 21).

Die Klasse `Worker` speichert die dem Konstruktor übergebenen Daten in einem Attribut, damit das auszuführende Programm später darauf Zugriff hat (Zeile 6).

Wenn das Programm gestartet wird, kommt die Methode `run()` zur Ausführung. Diese gibt die PID und die erhaltenen Daten aus, wartet eine Sekunde und wandelt dann die Daten in Fließkommazahlen um (Zeilen 10–16).

Der Main-Thread gibt nach dem Ende des zweiten Prozesses die Daten zur Kontrolle aus. Die Ausgaben während des Programmlaufs sollten ungefähr so aussehen:

```
PID 2727 [0, 1, 2, 3, 4, 5, 6, 7, 8, 9] 10
0 1 2 3 4 5 6 7 8 9
fertig
0.0 1.0 2.0 3.0 4.0 5.0 6.0 7.0 8.0 9.0
```

Die im Server definierten Daten stehen allen erzeugten Prozessen über das `Manager`-Objekt zur Verfügung.

Bevor nun der Zugriff auf Daten über Rechnergrenzen hinweg vorgestellt wird, muss das grundlegende Objekt `BaseManager` etwas näher erläutert werden.

### 23.6.7 `BaseManager`-Objekte

Die Klasse `BaseManager` ist die Basisklasse für `SyncManager`. Sie definiert die Grundlagen für die Kommunikation zwischen den Prozessen.

Manager-Objekte nutzen einen Socket zur Kommunikation. Dessen Adresse kann man bei einem `BaseManager`-Objekt über das Attribut `address` erfragen:

```
>>> from multiprocessing.managers import BaseManager
>>> manager = BaseManager()
>>> manager.start()
>>> manager.address
'/tmp/pymp-ulcqvosl/listener-d5sw_o25'
```

Dies ist ein UNIX-Socket, der nach dem Aufruf von `start()` zur Verfügung steht und im Dateisystem `/tmp` liegt. Die Methode `start()` darf auf dem Objekt nur einmal aufgerufen werden.

Solange der Manager nicht mit `shutdown()` beendet wurde, kann man in der Prozessliste den neuen Python-Prozess als Kind des Interpreters sehen:

```
user   6536 4249  0 18:06 pts/40   00:00:00 python3
user   6658 6536  0 18:29 pts/40   00:00:00 python3
```

Um den Manager netzwerkfähig zu machen, kann man ein Tupel (Adresse, Port) an den Konstruktor übergeben, z. B. (", 48484) oder für den „localhost" ('127.0.0.1', 48484).

Wenn ein detaillierter Zugriff auf den Manager und die verwendete Kommunikation erforderlich ist, kann das zugrunde liegende Server-Objekt erfragt werden:

```
>>> from multiprocessing.managers import BaseManager
>>> manager = BaseManager()
>>> server = manager.get_server()
>>> server
<multiprocessing.managers.Server object at 0x7fcb1661c9e8>
>>> server.address
'/tmp/pymp-j68ndysc/listener-8zfsbsx0'
```

Der Socket ist nach dem Aufruf von `get_server()` verfügbar. Wenn diese Methode aufgerufen wurde, muss der Server mit `server_forever()` gestartet werden, ein Aufruf von `start()` führt zu einem Fehler.

### 23.6.8 Zugriff von `Manager`-Objekten über das Netzwerk

Mit `Manager`-Objekten können Daten auch an Prozesse über das Netzwerk verteilt werden. Den Klassen `BaseManager` und `SyncManager` können bei der Initialisierung die Parameter `address` und `authkey` mitgegeben werden. Mit der Adresse kann ein TCP-Socket erzeugt werden, der die Kommunikation über Rechnergrenzen hinweg ermöglicht.

Zunächst der Quelltext für den Server-Prozess. Das Listing ist zur Ausführung im Python-Interpreter ausgelegt. Das Client-Programm kann in einer anderen Sitzung gestartet und mit diesem Prozess verbunden werden.

```
1   from multiprocessing import Event
2   from multiprocessing.managers import SyncManager
3   ev = Event()
4   l1 = list()
5   d1 = dict()
6   class MManager(SyncManager): pass
7
8   MManager.register('get_event', callable=lambda: ev)
9   MManager.register('get_list', callable=lambda: l1)
10  MManager.register('get_dict', callable=lambda: d1)
11  manager = MManager(address=('', 4848), authkey=b'meinauthkey')
12  manager.start()
13  ml = manager.get_list()
14  md = manager.get_dict()
```

**Listing 23.28.** Server-Prozess zur Datenverteilung mit Manager-Objekt

Das Programm in Listing 23.28 definiert drei Variablen: Ein `Event`, eine Liste und ein Dictionary (Zeilen 3–5).

Anschließend wird eine Klasse `MManager` ohne eigenen Code definiert. Sie dient als Schutz der Klasse `SyncManager`, um Veränderungen durch die Methode `register()` zu verhindern. Die drei Variablen werden bei der Klasse `MManager` mit einem Namen und einer Methode angemeldet (Zeilen 8–12).

Nun wird ein Objekt der Klasse `MManager` erzeugt und dessen `start()`-Methode aufgerufen (Zeilen 11–12). Die Kommunikation des Manager-Objekts läuft über Port 4848 auf allen Interfaces des Rechners.

Die Liste und das Dictionary werden mit den registrierten Methoden an zwei neue Variablen zugewiesen. Dadurch erhält das Programm Zugriff auf die geteilten Daten.

Der Server dient zur Bereitstellung der Datenobjekte und der Kommunikation. Wenn das Programm in einem Python-Interpreter ausgeführt wird, können sich nun Clients verbinden.

```
 1  from multiprocessing.managers import SyncManager
 2  class MManager(SyncManager): pass
 3
 4  MManager.register('get_event')
 5  MManager.register('get_list')
 6  MManager.register('get_dict')
 7  manager = MManager(address=('', 4848), authkey=b'meinauthkey')
 8  manager.connect()
 9  ev = manager.get_event()
10  l2 = manager.get_list()
11  d2 = manager.get_dict()
```

**Listing 23.29.** Client-Programm für verteilte Datenverarbeitung

Der Client in Listing 23.29 definiert keine Variablen. Die Registrierung der verschiedenen Objekttypen erfolgt nur mit einem Namen (Zeilen 4–6). Dieser muss mit dem auf der Serverseite identisch sein.

Dies gilt natürlich auch für die Daten für die Netzwerkkommunikation `address` und `authkey`.

Nachdem die Methode `connect()` aufgerufen wurde, können die Methoden ausgeführt werden und das Programm erhält die Proxy-Objekte für den Datenzugriff. Damit die Änderungen an den Objekten von den Proxy-Objekten wahrgenommen werden, müssen diese über die Methoden der Objekte erfolgen.

Das `Event`-Objekt demonstriert sehr schön die Kommunikation. Ein oder mehrere Client-Programme oder auch der Server können mit der Methode `wait()` auf das Eintreffen eines Signals warten. Im Python-Interpreter kann man nach Ausführung des Client-Programms einfach Folgendes eingeben:

```
>>> ev.wait()
```

Der Prozess blockiert, damit bis er ein entsprechendes Signal empfängt.

In einer anderen Sitzung kann der folgende Methodenaufruf ein entsprechendes Event auslösen:

```
>>> ev.set()
```

Für weitere Experimente muss das Signal dann wieder gelöscht werden:

```
>>> ev.clear()
```

Die Programme enthalten keine Fehlerbehandlung. Bei der Kommunikation über das Netzwerk können die unterschiedlichsten Fehler auftreten:

- Der Zielrechner ist nicht erreichbar.
- Der Port für die Verbindung ist falsch.
- Der `authkey` ist falsch.
- Der Server-Prozess ist beendet worden. Die nächste Netzwerkoperation schlägt dann fehl.

# 24 Logging

Mit „Logging" bezeichnet man Ausgaben eines Programms, die Ereignisse dokumentieren. Das reicht von einfachen Debug-Ausgaben (z. B. Variableninhalte) bis zur Meldung eines kritischen Fehlers, der zum Ende des Programms führt. Zum Debuggen werden häufig Ausgaben mit der eingebauten `print()`-Funktion auf die Konsole gemacht. Diese Ausgaben sind allerdings vergänglich. Von Vorteil ist die Speicherung in einer Datei, dies macht die Information permanent verfügbar.

Neben der permanenten Speicherung ist das sogenannte Log-Level ein interessantes Feature beim Logging. Jeder Meldung wird ein „Level" mitgegeben, dies beschreibt die Dringlichkeit der Nachricht und erleichtert das Suchen bzw. Filtern der Nachrichten.

Ein möglicher Nachteil des Loggings ist die Systembelastung durch viele Ausgaben. Moderne Logger können dies erkennen und reduzieren dann die Ausgaben, was allerdings zu einem Informationsverlust führt.

Python stellt mit dem Modul `logging` einen objektorientierten, plattformunabhängigen Zugang zu einem Logging-System in seiner Standardlibrary zur Verfügung. Der in der UNIX-Welt genutzte Syslog kann über das gleichnamige Modul genutzt werden.

## 24.1 Das Modul `logging`

In dem Modul sind Funktionen zur Ausgabe von Meldungen definiert. Die Namen der Funktionen leiten sich aus der Schwere/Dringlichkeit des jeweiligen Ereignisses ab und sollte entsprechend gewählt werden, um das Filtern der Ausgaben korrekt zu ermöglichen. Die folgende Tabelle listet die Funktionen in aufsteigender Gewichtung.

**Tab. 24.1.** Methoden zum Ausgeben von Meldungen im Modul `logging`

| Methode | Beschreibung |
|---|---|
| `debug()` | Für Informationen zu Debug-Zwecken. |
| `info()` | Allgemeine Statusinformationen. |
| `warning()` | Hinweis auf Dinge, die das Programm zu einer alternativen Vorgehensweise gezwungen haben oder demnächst den Programmablauf betreffen werden. |
| `error()` | Eine Aktion konnte nicht ausgeführt werden. |
| `critical()` | Ein Fehler, der die Fortsetzung des Programms gefährdet oder ausschließt. |

Die Funktionen aus Tabelle 24.1 können direkt, ohne weitere Konfiguration, für eine Ausgabe auf die Konsole genutzt werden (ähnlich der `print()`-Funktion). Python verwendet dann gewisse Standardeinstellungen für die Ausgabe:

```
>>> import logging
>>> logging.info('Hallo Welt!')
>>> logging.warning('Hallo Welt!')
WARNING:root:Hallo Welt!
```

In der Standardeinstellung werden Nachrichten mit einem Level unter „Warning"
nicht ausgegeben (also „Debug" und „Info"). Vor der eigentlichen Nachricht wird
das Level und „Root" ausgegeben. Letzteres ist der Name des Loggers, in diesem Fall
der sogenannte „Root Logger". Wenn man die Ausgabe selbst definieren möchte,
muss man dies tun, bevor die erste Ausgabe gemacht, also die Standardeinstellungen genutzt wurden! Die Einstellungen können für diesen Logger dann nicht mehr
geändert werden.

### 24.1.1 Formatieren einer Logzeile

Der Aufbau einer Zeile kann mit einem Formatstring individuell festgelegt werden.
Dafür enthält das Modul die Funktion `basicConfig()`. Mit dem Parameter `format` kann
ein Template für die Zeile übergeben werden. Das Template kann einen oder mehrere
der Namen aus der folgenden Tabelle in der Form `%(<Name>)<Format>` enthalten, z. B.
`%(asctime)s`.

**Tab. 24.2.** Keywords und Typen für Platzhalter zur Logging-Formatierung

| Name | Format | Beschreibung |
| --- | --- | --- |
| asctime | s | Datum und Zeit in einer lesbaren Form. Das Standardformat ist ein Datum mit Zeit, inklusive Millisekunden: YYYY-MM-DD HH:mm:ss,xxx |
| created | f | Die aktuelle Zeit als UNIX-Timestamp wie von `time.time()` geliefert, z. B. 1442040083.698659 |
| filename | s | Der vollständige Dateiname aus `pathname`. |
| funcName | s | Name der Funktion, die den Aufruf gemacht hat. |
| levelname | s | Der Log-Level als Klartext. |
| levelno | s | Log-Level als Zahl. |
| lineno | d | Die Zeilennummer, in der die Ausgabe gemacht wurde, falls verfügbar. |
| module | s | Der Dateiname ohne Extension aus `filename`. |
| msecs | d | Die Millisekunden zum Zeitpunkt des Logaufrufs. |
| message | s | Die ausgegebene Nachricht. Sie wird aus `msg % args` berechnet. |
| name | s | Der Name des verwendeten Loggers. |
| pathname | s | Der vollständige Pfadname der Quelltextdatei, in der dieser Logaufruf gemacht wurde, falls verfügbar. |

**Tab. 24.2.** fortgesetzt

| Name | Format | Beschreibung |
| --- | --- | --- |
| process | d | Die PID, falls verfügbar. |
| processName | s | Name des Prozesses, falls verfügbar. |
| relativeCreated | d | Die Zeit zwischen Laden des `logging`-Moduls und Erzeugen des Log-Records in Millisekunden. |
| thread | d | Die Thread-ID, falls verfügbar. |
| threadName | s | Der Thread-Name, falls verfügbar. |

Für die Anwendung der Felder aus Tabelle 24.2 folgen jetzt einige Beispiele. Das Ausgabeformat wird mit dem Parameter `format` beim Aufruf von `basicConfig()` definiert.

**Datum vor der Nachricht ausgeben**

Im folgenden Beispiel wird neben der Nachricht eine Zeitinformation mit in die Zeile ausgegeben:

```
>>> import logging
>>> logging.basicConfig(format='%(asctime)s %(message)s')
>>> logging.warning('Hallo Welt!')
2015-11-07 16:27:55,837 Hallo Welt!
```

**Datum individuell formatieren**

Das Datum kann mit den Platzhaltern aus dem Modul `datetime` individuell formatiert werden (Tabelle 14.2 auf Seite 156). Das folgende Beispiel definiert das gleiche Zeilenformat wie zuvor. Die Formatierung der Zeitangabe wird mit dem Parameter `datefmt` beim Aufruf von `basicConfig()` vorgegeben:

```
>>> import logging
>>> FORMAT = '%(asctime)s %(message)s'
>>> logging.basicConfig(format=FORMAT, datefmt='%Y-%m-%d')
>>> logging.warning('Hallo Welt!')
2015-11-07 Hallo Welt!
```

Die ausgegebene Zeile besteht aus dem Datum ohne Uhrzeit und der Nachricht.

**Informationen über den Aufrufort**

Nun ein Beispiel für die verschiedenen Parameter, die Informationen zu der Quelldatei der Nachricht liefern (Dateiname, Funktionsname, Zeilennummer usw.). Die Log-Ausgabe wird deshalb in einer Funktion gemacht.

```python
1  import logging
2
3  FORMAT='%(filename)s %(funcName)s %(levelname)s %(message)s %(lineno)d'
4  logging.basicConfig(format=FORMAT)
5
6  def lf():
7      logging.warning('Log aus Funktion')
8
9  lf()
```

**Listing 24.1.** Informationen über den Aufrufort ausgeben (`log1.py`)

Das Programm aus Listing 24.1 definiert ein Logformat mit dem Dateinamen, dem Funktionsnamen, dem Log-Level, der Nachricht und der Zeilennummer des Aufrufs. Der Start des Programms mit `python3 log1.py` liefert die folgende Ausgabe:

```
log1.py lf WARNING Log aus Funktion 6
```

Ein weiteres Beispielprogramm mit anderen Parametern im Logformat. Als Felder werden der Modul- und Dateiname sowie der Name des Loggers in dem Format-Template verwendet.

```python
1  import logging
2
3  FORMAT='%(module)s %(pathname)s %(name)s %(message)s'
4
5  logging.basicConfig(format=FORMAT)
6  logging.warning('Ausgabe ins Log')
```

**Listing 24.2.** Modul- und Dateinamen ausgeben (`log2.py`)

Die Ausgabe des Programms aus Listing 24.2 sieht wie folgt aus (ausgeführt in der Shell mit `python3 log2.py`):

```
log2 log2.py root Ausgabe ins Log
```

Und noch ein drittes Beispiel für die Format-Templates. Diesmal eine Zeitdifferenz, der Name des laufenden Prozesses sowie dessen ID.

```
1  import logging
2  import time
3
4  FORMAT='%(relativeCreated)d %(message)s %(processName)s %(process)d'
5
6  time.sleep(3)
7  logging.basicConfig(format=FORMAT)
8  logging.warning('Logausgabe')
```

**Listing 24.3.** Prozessinformationen in das Log schreiben (log3.py)

Das Programm in Listing 24.3 macht nach dem Laden des logging-Moduls eine kleine Pause. Die Ausführung von python3 log3.py in der Shell liefert nach drei Sekunden:

```
3004 Logausgabe MainProcess 6947
```

Die Zeitdifferenz hängt natürlich von der Leistung des verwendeten Rechners ab und die Prozess-ID wird vermutlich eine andere sein.

### 24.1.2 Konfigurieren des Loggings mit basicConfig()

Die Funktion basicConfig() ermöglicht die Konfiguration eines Loggers. Diese Funktion wird für den „Root Logger" implizit aufgerufen, wenn vor der ersten Ausgabe noch kein Handler definiert wurde.

Alle Parameter sind als benannte Werte definiert. Die Parameter format für die Zeilen- und datefmt für die Datumsformatierung wurden bereits in den Beispielen vorgestellt. Die folgende Tabelle führt die möglichen Keyword-Parameter der Funktion und deren Bedeutung auf.

**Tab. 24.3.** Keywords für basicConfig()

| Keyword | Beschreibung |
| --- | --- |
| filename | Legt die Ausgabedatei für das Logging fest. |
| filemode | Legt fest, wie die Datei geöffnet wird. Standardwert ist a (Daten werden angehängt). |
| format | Gibt einen Formatstring für den Aufbau der Logzeile vor. |
| datefmt | Definiert die Formatierung von Datum und Uhrzeit. |
| style | Beschreibt mit einem Zeichen das in format genutzte Verfahren für Platzhalter: % (alte Stringformatierung, Standard), { (neue Stringformatierung) oder $ (Template). |

**Tab. 24.3.** fortgesetzt

| Keyword | Beschreibung |
|---------|--------------|
| level | Stellt das Log-Level für den Logger ein. |
| stream | Nutzt den gegebenen StreamHandler statt einer Datei. Es dürfen nicht beide Werte angegeben werden. |
| handlers | Fügt dem root Logger weitere Handler hinzu. Darf nicht in Verbindung mit filename oder stream angegeben werden. |

Mit dem Parameter `filename` kann ein Dateiname für Log-Ausgaben eingestellt werden. Um die Log-Ausgaben in eine Datei mit dem Namen `logfile.log` in das aktuelle Arbeitsverzeichnis zu machen, kann man wie folgt vorgehen:

```
>>> import logging
>>> logging.basicConfig(filename='logfile.log')
>>> logging.warning('Hallo Welt!')
```

In der Datei steht jetzt die Zeile „`WARNING:root:Hallo Welt!`".

Die Zeichenkette kann C-Formatstrings enthalten. Werte und Variablen können als weitere Parameter an die Ausgabefunktion übergeben werden:

```
>>> logging.warning('Die %s ist %d', 'Antwort', 42)
```

Das Beispiel liefert die folgende Zeichenkette in die Log-Datei:

```
WARNING:root:Die Antwort ist 42
```

Die C-Formatstrings sind der voreingestellte Template-Mechanismus im Modul `logging`. Alternativ kann die neue String-Formatierung oder Templates aus dem Modul `string` aktiviert werden.

### 24.1.3 Eigene Log-Level definieren

Mit den Funktionen `addLevelName()` und `log()` können eigene Log-Level definiert und genutzt werden. Diese Möglichkeit sollte allerdings nicht leichtfertig eingesetzt werden. Gerade wenn ein Programmteil mit anderen Programmen genutzt werden soll, die dies ebenfalls gemacht haben, steigt die Chance auf Kollisionen in den selbstdefinierten Log-Leveln. Die Level im Modul `logging` sind wie folgt definiert.

**Tab. 24.4.** Vordefinierte Log-Level im Modul `logging`

| Name | Wert |
| --- | --- |
| CRITICAL | 50 |
| ERROR | 40 |
| WARNING | 30 |
| INFO | 20 |
| DEBUG | 10 |
| NOTSET | 0 |

Das folgende Beispiel fragt den Namen für den numerischen Log-Level 30 ab und gibt dann mit der Funktion `log()` eine Meldung aus. Anschließend wird ein Level zwischen ERROR und WARNING mit dem numerischen Wert 35 und dem Namen „MEINE WARNUNG" definiert. Eine Ausgabe mit dem Log-Level 35 bildet den Abschluss:

```
>>> import logging
>>> logging.getLevelName(30)
'WARNING'
>>> logging.log(30, 'Numerische Warnung')
WARNING:root:Numerische Warnung
>>> logging.addLevelName(35, 'MEINE WARNUNG')
>>> logging.getLevelName(35)
'MEINE WARNUNG'
>>> logging.log(35, 'Text der Warnung')
MEINE WARNUNG:root:Text der Warnung
```

### 24.1.4 Unterdrücken eines Log-Levels

Ein Beispiel für die Unterdrückung eines bestimmten Log-Levels mit der Funktion `disable()` und die erneute Freigabe. Zunächst die Ausgabe einer Meldung mit der Funktion `warning()`:

```
>>> import logging
>>> logging.warning("Achtung!")
WARNING:root:Achtung!
```

Die Ausgabe erscheint wie erwartet auf der Konsole. Nun wird das Level WARNING deaktiviert. Ausgaben mit einem anderen Level sind noch immer möglich:

```
>>> logging.disable(logging.WARNING)
>>> logging.warning("Nochmal Achtung!")
```

```
>>> logging.error("Fehler!")
ERROR:root:Fehler!
```

Die Funktion `disable()` mit dem Parameter `NOTSET` gibt deaktivierte Level wieder frei. Nach einem Aufruf sind Ausgaben mit dem Level `WARNING` wieder möglich:

```
>>> logging.disable(logging.NOTSET)
>>> logging.warning("Erneut Achtung!")
WARNING:root:Erneut Achtung!
```

### 24.1.5 Funktionen im Modul `logging`

In Tabelle 24.1 auf Seite 341 sind bereits die Funktionen des Moduls `logging` zum Ausgeben von Events aufgeführt. Darüber hinaus gibt es folgende Funktionen, um weitere Einstellungen vornehmen zu können.

**Tab. 24.5.** Funktionen des Moduls `logging`

| Funktion | Beschreibung |
| --- | --- |
| getLogger(name=None) | Liefert den mit `name` bezeichneten Logger oder den obersten Logger. |
| getLoggerClass() | Liefert die Standard Logger-Klasse oder die mit `setLoggerClass()` gesetzte. |
| getLogRecordFactory() | Liefert ein `callable`, mit dem ein LogRecord erzeugt wird. |
| exception(msg, *args, **kwargs) | Ausgabe von `msg` mit dem Level ERROR. Der Nachricht werden Informationen über eine Exception hinzugefügt. Diese Funktion sollte nur in einem Exception-Handler aufgerufen werden. |
| log(level, msg, *args, **kwargs) | Ausgabe von `msg` mit dem in `level` angegebenen Level. |
| disable(level) | Schaltet das Logging-Level `level` für einen Logger aus. Dies kann hilfreich sein, wenn man die Ausgaben des Programms vorübergehend senken will. |
| addLevelName(level, levelName) | Definiert einen neuen Namen für ein Log-Level. |
| getLevelName(lvl) | Liefert den Namen für ein Log-Level. |
| makeLogRecord(attrdict) | Erzeugt aus den Werten in `attrdict` ein LogRecord. |
| basicConfig(**kwargs) | Stellt verschiedene Dinge für den `root` Logger ein. Die möglichen Keywords werden in Tabelle 24.3 auf Seite 345 vorgestellt. |

**Tab. 24.5.** fortgesetzt

| Funktion | Beschreibung |
|---|---|
| `shutdown()` | Beim Programmende sollte das Logging ordentlich beendet werden. Nach diesem Funktionsaufruf sollten keine Ausgaben mehr über das Logging erfolgen. |
| `setLoggerClass(klass)` | Stellt eine neue Klasse für die Erzeugung von Loggern ein. |
| `setLogRecordFactory(factory)` | Stellt ein neues `callable` für die Erzeugung von `LogRecord` ein. |

Änderungen an den Einstellungen für das Logging sollten nur zu Beginn eines Programms, vor den ersten Ausgaben, gemacht werden. In einer Interpreter-Sitzung können mehrere aufeinander folgende Änderungen für eine Vervielfachung der Ausgaben sorgen. Hier muss ggf. der Interpreter neu gestartet werden.

## 24.2 Objektorientiertes Logging mit `logging`

Wie schon erwähnt, können Log-Ausgaben auch in einer objektorientierten Art und Weise gemacht werden. Das Modul `logging` definiert vier Klassen:
-   `Logger` – Diese Objekte können durch ein Programm zur Ausgabe von Nachrichten genutzt werden.
-   `Formatter` – Legen das Aussehen der Nachricht fest.
-   `Handler` – Sorgen für die Ausgabe von Nachrichten auf dem richtigen Kanal.
-   `Filter` – Beeinflussen, ob eine Nachricht ausgegeben wird oder nicht.

### 24.2.1 Logger-Objekte

Ein Objekt der Klasse `Logger` kann mit seinen Methoden anstelle des Moduls `logging` mit seinen Funktionen zum Aufzeichnen von Nachrichten verwendet werden.

Logger-Objekte werden nicht wie andere Objekte direkt erzeugt. Sie werden durch einen Aufruf der Funktion `logging.getLogger(name)` zurückgegeben. Der Parameter `name` ist optional. Ohne diese Angabe wird der sogenannte „Root Logger" zurückgegeben:

```
>>> import logging
>>> root = logging.getLogger()
>>> root
<logging.RootLogger object at 0x7fa47a50c358>
```

Die `Logger`-Objekte verfügen über die folgenden Attribute und Methoden.

**Tab. 24.6.** Attribute und Methoden von `Logger`-Objekten

| Attribut | Beschreibung |
|---|---|
| propagate | Boolescher Wert. `True` liefert die Nachricht auch an alle Handler von übergeordneten Loggern (Defaultwert `True`). |
| **Methode** | |
| setLevel(lvl) | Setzt `lvl` als Schwellwert für Ausgaben über diesen Logger. Der Wert kann eine Konstante oder ein Bezeichner aus Tabelle 24.4 auf Seite 347 sein. Nachrichten mit einer niedrigeren Priorität werden unterdrückt. |
| isEnabledFor(lvl) | Liefert `True` oder `False`, wenn der Logger für das gegebene Level Nachrichten ausgibt. |
| getEffectiveLevel() | Liefert den aktuell aktiven Schwellwert für den Logger, ein Wert aus Tabelle 24.4 auf Seite 347. |
| getChild(suffix) | Liefert einen Logger, der in der Hierarchie unter dem Logger-Objekt steht und zusätzlich mit `suffix` benannt ist. |
| addFilter(filt) | Fügt einen Filter zu dem Logger hinzu. |
| removeFilter(filt) | Entfernt einen Filter. |
| filter(record) | Wendet die Filter des Loggers auf die Nachricht `record` an und liefert `true`, wenn sie ausgegeben wird. |
| addHandler(hdlr) | Fügt den Handler `hdln` zu dem Logger hinzu. |
| removeHandler(hdlr) | Entfernt den Handler `hdlr`. |
| findCaller(stack_info=False) | Liefert den Namen der Quelltextdatei, die Zeilennummer, den Funktionsnamen und den Stack, der für diesen Aufruf verantwortlich ist. Der Stack ist nur enthalten, wenn `stack_info` als `True` übergeben wird. |
| handle(record) | Übergibt einen Record an alle Handler. Diese Methode wird für Nachrichten verwendet, die z. B. über das Netzwerk empfangen oder selbst erstellt wurden. |
| makeRecord(name, lvl, fn, lno, msg, args, exc_info, func=None, extra=None, sinfo=None) | Eine Factory-Methode, die von Subklassen definiert werden kann, um einen Log-Record zu erstellen. |
| hasHandlers() | Liefert `True`, wenn für den Logger Handler konfiguriert wurden, sonst `False`. |

Das folgende Beispiel testet, ab welchem Level der „Root Logger" Meldungen ausgibt. Dafür werden der Funktion `isEnabledFor()` die definierten Zahlen für Log-Level übergeben:

```
>>> import logging
>>> root = logging.getLogger()
>>> [(lvl, root.isEnabledFor(lvl)) for lvl in range(0, 60, 10)]
[(0, False), (10, False), (20, False), (30, True), (40, True),
 (50, True)]
```

Der aktuelle Schwellwert kann auch mit der Funktion `getEffectiveLevel()` ermittelt werden:

```
>>> root.getEffectiveLevel()
30
```

Ein Beispiel zur Funktion `getChild()`. Ein Logger mit dem Namen `foo` fordert ein Kind mit dem Namen `bar` an. Dies ist identisch mit einem Logger des Namens `foo.bar`:

```
>>> import logging
>>> foo = logging.getLogger('foo')
>>> foobar = foo.getChild('bar')
>>> foobar
<logging.Logger object at 0x7fdb40cc5278>
>>> logging.getLogger('foo.bar')
<logging.Logger object at 0x7fdb40cc5278>
```

### Meldungen über ein Logger-Objekt ausgeben

Die Logger-Objekte verfügen zur Ausgabe von Nachrichten über Methoden mit den bereits vorgestellten Log-Level-Namen sowie die Methoden `log()` und `exception()` (Tabelle 24.7). Die Anwendung ist die gleiche wie bei den Funktionen des Moduls `logging`.

**Tab. 24.7.** Log-Methoden von `Logger`-Objekten

| Methode |
| --- |
| debug(msg, *args, **kwargs) |
| info(msg, *args, **kwargs) |
| warning(msg, *args, **kwargs) |
| error(msg, *args, **kwargs) |

**Tab. 24.7.** fortgesetzt

| Methode |
| --- |
| `critical(msg, *args, **kwargs)` |
| `log(lvl, msg, *args, **kwargs)` |
| `exception(msg, *args, **kwargs)` |

Die Ausgabe einer Meldung mit einem `Logger`-Objekt kann wie folgt aussehen:

```
>>> import logging
>>> root = logging.getLogger()
>>> root.warning('Achtung!')
Achtung!
```

**Logger benennen**

Damit sich unterschiedliche Module nicht bei der Konfiguration des „Root Loggers"
in die Quere kommen, ist es hilfreich, einen Logger mit einem eigenen Namen zu
nutzen. Dies geschieht durch die Angabe einer beliebigen Zeichenkette beim Aufruf
von `getLogger()`. Ein wiederholter Aufruf von `getLogger()` mit demselben Namen liefert
immer eine Referenz auf das gleiche Objekt:

```
>>> import logging
>>> l1 = logging.getLogger('foo')
>>> l2 = logging.getLogger('foo')
>>> l1
<logging.Logger object at 0x7fbaf4c02a58>
>>> l2
<logging.Logger object at 0x7fbaf4c02a58>
```

Mit dem Namen kann eine Hierarchie, ähnlich der der Python-Module, aufgebaut werden. Die Namen können dafür den Punkt enthalten:

```
>>> l3 = logging.getLogger('foo.neu')
>>> l3
<logging.Logger object at 0x7fbaec9b2e10>
```

Für den Parameter `name` beim Aufruf von `getLogger()` wird die Verwendung der Variablen `__name__` empfohlen. Dann entspricht der Logger-Name dem Modulnamen, und
man erhält so eine eindeutige Benennung und Hierarchie.

### 24.2.2 Die Klasse `Handler`

Ein `Handler` sorgt für die Formatierung und Ausgabe einer Nachricht. Dabei nutzt er Objekte der Klassen `Formatter` und `Filter`, um dies zu realisieren.

Die Klasse `Handler` dient ausschließlich als Basis für abgeleitete Klassen. Die Methoden dieser Klasse sollen aber nicht unerwähnt bleiben, da sie in jeder Kind-Klasse zur Verfügung stehen bzw. von diesen implementiert werden müssen.

**Tab. 24.8.** Methoden der Klasse `Handler`

| Methode | Beschreibung |
| --- | --- |
| `createLock()` | Erzeugt ein Lock zur Synchronisation der Ausgaben zwischen Threads. |
| `acquire()` | Fordert das mit `createLock()` erzeugte Lock an. |
| `release()` | Gibt das mit `acquire()` erhaltene Lock frei. |
| `setLevel(lvl)` | Setzt den Schwellwert für auszugebende Nachrichten. |
| `setFormatter(form)` | Setzt den Formatter für diesen Handler. |
| `addFilter(filt)` | Fügt den Filter `filt` zum Handler hinzu. |
| `removeFilter(filt)` | Entfernt den Filter `filt`. |
| `flush()` | Schreiben aller Nachrichten. Diese Methode muss von Subklassen implementiert werden. |
| `close()` | Freigabe von Ressourcen, wenn die Modulfunktion `shutdown()` aufgerufen wird. Abgeleitete Klassen sollten auch immer die übergeordnete Methode aufrufen. |
| `handle(record)` | Gibt die Nachricht unter Berücksichtigung der eingestellten Filter aus. |
| `handleError(record)` | Diese Methode sollte bei einem Fehler während der Ausführung von `emit()` aufgerufen werden. Wenn das Modul-Attribut `raiseExceptions` den Wert `False` hat, werden Ausnahmen stillschweigend ignoriert. |
| `format(record)` | Formatiert `record`. |
| `emit(record)` | Schreibt den `record`. Diese Methode muss von einer Subklasse implementiert werden. |

### Vordefinierte Handler-Klassen

Das Modul `logging.handlers` definiert von `Handler` abgeleitete Klassen, die Log-Ausgaben auf verschiedenen Wegen vornehmen können. Diese werden in den folgenden drei Tabellen kurz vorgestellt. Sie unterscheiden sich in ihren Ausgabekanälen:

- Lokale Ausgaben in eine Datei oder auf eine Konsole.
- Übertragung der Daten über das Netzwerk zu einem anderen Rechner.
- Pufferspeicher mit verschiedenen Charakteristiken.

### Handler für lokale Ausgabe

Diese Handler machen Ausgaben auf eine Konsole oder in eine Datei.

**Tab. 24.9.** Verfügbare `Handler`-Klassen für lokale Ausgabe

| Handler | Beschreibung |
| --- | --- |
| StreamHandler(stream=None) | Sendet Ausgaben auf Kanäle, die `write()` implementieren, z. B. `sys.stdout`, `sys.stderr` oder eine Datei. |
| FileHandler(filename, mode='a', encoding=None, delay=False) | Diese Klasse sendet die Ausgaben in die Datei `filename`. |
| NullHandler() | Eine Dummy-Ausgabe. |
| WatchedFileHandler(filename[, mode[, encoding[, delay]]]) | Diese Klasse prüft, ob sich die Datei seit der letzten Ausgabe verändert hat. Die Veränderung bezieht sich auf ein Schließen/Öffnen durch ein Rotieren des Logfiles (der Inode im Filesystem wird dabei geändert). Die neue Datei wird dann geöffnet und die Ausgaben werden dort gemacht. Dieser Handler ist nur unter Linux/UNIX sinnvoll. |
| RotatingFileHandler(filename, mode='a', maxBytes=0, backupCount=0, encoding=None, delay=0) | Erzeugt beim Erreichen der Dateigröße von `maxBytes` eine neue Datei und hält `backupCount`-Dateien vor. |
| TimedRotatingFileHandler( filename, when='h', interval=1, backupCount=0, encoding=None, delay=False, utc=False, atTime=None) | Erzeugt eine neue Logdatei nach einer festgelegten Zeit oder zu einem bestimmten Zeitpunkt. |

### StreamHandler: Logging in eine Zeichenkette

Im folgenden Beispiel wird ein Objekt der Klasse `StringIO` als Ausgabestream für einen Handler genutzt. Dieser wird einem Logger zugewiesen und die Ausgabe anschließend dargestellt:

```
>>> import io
>>> sio = io.StringIO()
>>> sh = logging.StreamHandler(sio)
>>> logger = logging.getLogger('str')
>>> logger.addHandler(sh)
>>> logger.warning('Achtung!')
>>> sio.getvalue()
'Achtung!\n'
```

### RotatingFileHandler: Rotierende Log-Files

Mit der Klasse `RotatingFileHandler` kann ein automatischer Wechsel der Logdatei beim Erreichen einer festgelegten Größe ausgeführt werden:

```
>>> import logging.handlers
>>> rfh = logging.handlers.RotatingFileHandler('out.log',
maxBytes=20, backupCount=1)
```

Das erste Logfile wird angelegt, wenn man das Handler-Objekt erzeugt. Dies könnte man bis zum Zeitpunkt der ersten Ausgabe verzögern, wenn man dem Konstruktor den Parameter `delay=True` übergibt.

Der `RotatingFileHandler` wird einem Logger zugewiesen und mit der Methode `warning()` wird eine Ausgabe gemacht:

```
>>> lf = logging.getLogger('rotatefile')
>>> lf.addHandler(rfh)
>>> lf.warning('01234567890123456789')
```

Das angehängte Newline sorgt dafür, dass 21 Bytes in das Log geschrieben werden und eine neue Datei angelegt wird: `out.log.1`.

Da `backupCount=1` übergeben wurde, werden nur zwei Dateien angelegt, die ältesten Ausgaben stehen in `out.log.1`.

Ausgaben werden nicht abgeschnitten, um die Maximalgröße der Datei einzuhalten. Eine Log-Zeile wird immer komplett in eine Datei geschrieben.

### TimedRotatingFileHandler: Zeitgesteuerte Rotation

Die Klasse `TimedRotatingFileHandler` ermöglicht ein zeitgesteuertes Rotieren der Logdatei. Alte Logfiles erhalten eine Erweiterung in der Form `%Y-%m-%d_%H-%M-%S`.

Die Signatur des Konstruktors ist in Tabelle 24.9 auf Seite 354 aufgeführt.

Die Parameter `when` und `interval` steuern den Zeitpunkt der Rotation. Für `when` kann einer der folgenden Werte angegeben werden.

**Tab. 24.10.** Mögliche Werte für `when` beim Konstruktor der Klasse `TimedRotatingFileHandler`

| Parameter `when` | Beschreibung |
| --- | --- |
| S | Sekunden |
| M | Minuten |
| H | Stunden |
| D | Tage |

**Tab. 24.10.** fortgesetzt

| Parameter when | Beschreibung |
| --- | --- |
| W0-W6 | Wochentag (Montag=W0, Sonntag=W6) |
| midnight | Rotation um Mitternacht |

Das Intervall wird nicht genutzt, wenn der Wechsel mit einem Wochentag angegeben wird.

In dem Parameter `atTime` kann eine Uhrzeit als ein Objekt der Klasse `datetime.time` für den Zeitpunkt des Wechsels angegeben werden.

Ein Wechsel der Logdatei nach einer Minute mit zwei Backup-Dateien kann z. B. wie folgt aussehen:

```
import logging
from logging.handlers import TimedRotatingFileHandler
trfh = TimedRotatingFileHandler('out.log', when='M', interval=1, \
backupCount=2)
logger = logging.getLogger('trfh')
logger.addHandler(trfh)
logger.warning('Achtung!')
```

Dieser Wechselmechanismus ist für lang laufende Programme gedacht. Mit einer Ausgabe durch das Programm wird geprüft, ob ein Wechsel erforderlich ist. Die Ausgabe muss also mehrmals erfolgen, also auch nach dem Intervall, damit ein Wechsel ausgeführt wird.

### Handler zur Übertragung der Nachrichten über ein Netzwerk

Diese Handler ermöglichen die Übermittlung der Nachrichten über das Netzwerk an einen anderen Rechner.

**Tab. 24.11.** Handler-Klassen zum Versand über das Netzwerk

| Klasse | Beschreibung |
| --- | --- |
| SocketHandler(host, port) | Sendet die Ausgaben über einen TCP-Socket. |
| DatagramHandler(host, port) | Sendet die Ausgaben über einen UDP-Socket. |
| SysLogHandler(address=( 'localhost', SYSLOG_UDP_PORT), facility=LOG_USER, socktype=socket.SOCK_DGRAM) | Sendet die Nachrichten an einen Syslog-Daemon. |

**Tab. 24.11.** fortgesetzt

| | |
|---|---|
| `SMTPHandler(mailhost,`<br>`fromaddr, toaddrs, subject,`<br>`credentials=None, secure=None,`<br>`timeout=1.0)` | Versendet die Nachrichten per E-Mail. Der Konstruktor muss mit gültigen Zugangsdaten für einen E-Mail-Account versorgt werden. |
| `HTTPHandler(host, url,`<br>`method='GET', secure=False,`<br>`credentials=None, context=None)` | Überträgt die Nachricht an einen Webserver. |

### Handler mit Puffer-Eigenschaften

Diese Handler geben die Nachrichten erst aus, wenn eine gewisse Datenmenge erreicht ist.

**Tab. 24.12.** Handler-Klassen mit Puffer

| Klasse | Beschreibung |
|---|---|
| `MemoryHandler(capacity,`<br>`flushLevel=ERROR, target=None)` | Stellt einen Puffer der Größe `capacity` zur Verfügung. Wenn der Puffer voll ist, wird `flush()` aufgerufen. |
| `QueueHandler(queue)` | Erstellt ein Objekt mit einer Queue zum Versand der Nachrichten. |
| `QueueListener(queue, *handlers)` | Liest Nachrichten aus einer Queue. |

Ein Beispiel zur Nutzung der Klasse `MemoryHandler`.

```
 1  import logging
 2  import logging.handlers
 3  root = logging.getLogger()
 4  mh = logging.handlers.MemoryHandler(10, target=root)
 5
 6  logger = logging.getLogger('mem')
 7  logger.addHandler(mh)
 8
 9  for n in range(12):
10      logger.warning(str(n))
11      print("n", n)
```

**Listing 24.4.** Nutzung der Klasse `MemoryHandler`

Listing 24.4 definiert einen `MemoryHandler` mit einer Kapazität für zehn Einträge. In einer Schleife werden Zahlen in das Log und auf den Bildschirm geschrieben. Nach Erreichen der Kapazität werden die bisherigen Log-Einträge ausgegeben.

### 24.2.3 `Formatter`-Objekte

`Handler`-Objekte können mit der Methode `setFormatter()` ein Objekt zur Formatierung der Ausgabe zugewiesen bekommen. Diese `Formatter`-Objekte speichern eine Format-Anweisung, wie sie für `basicConfig()` in den Parametern `format`, `datefmt` und `style` definiert wird. Der Konstruktor hat folgende Schnittstelle:

```
Formatter(fmt=None, datefmt=None, style='%')
```

Als Format sollte die gesamte Zeile definiert werden, wie sie im Log auftauchen soll. Wird für `fmt` nichts übergeben, wird als Default `'%(message)s'` verwendet. (Für den Aufbau der Zeile siehe Tabelle 24.2 auf Seite 342.)

Als Beispiel werden ein Formatter für den C-Style und das Python-Format definiert und einem Handler zugewiesen. Zunächst der Formatter mit dem C-Style-Formatstring. In diesem Beispiel wird neben dem Zeilenformat auch das Datumsformat an den Konstruktor übergeben:

```
>>> import logging
>>> root = logging.getLogger()
>>> fmt = '%(asctime)s %(name)s %(levelname)s %(message)s'
>>> cformat = logging.Formatter(fmt, datefmt='%Y-%m-%d')
>>> handler = logging.StreamHandler()
>>> handler.setFormatter(cformat)
>>> root.addHandler(handler)
>>> root.warning('Achtung!')
2015-11-07 root WARNING Achtung!
```

Der Formatstring ändert sich bei der Nutzung des Python-Formats nur minimal: Die Platzhalter stehen jetzt in geschweiften Klammern. In den Feldern könnten noch Format-Anweisungen bzgl. der Länge eines Feldes platziert werden:

```
>>> import logging
>>> root = logging.getLogger()
>>> fmt = '{asctime} {name} {levelname} {message}'
>>> pformat = logging.Formatter(fmt, style='{')
>>> handler = logging.StreamHandler()
>>> handler.setFormatter(pformat)
>>> root.addHandler(handler)
```

```
>>> root.warning('Achtung!')
2015-11-07 16:56:51,298 root WARNING Achtung!
```

Für die einzelnen Felder des Formatstrings können die in Tabelle 24.2 auf Seite 342 vorgestellten Namen verwendet werden.

### 24.2.4 Filter-**Objekte**

Mit `Filter`-Objekten können `Logger`- und `Handler`-Objekte Nachrichten vor der Ausgabe manipulieren oder die Ausgabe ganz unterdrücken.

Jede Nachricht wird an die Filter eines Loggers übergeben. Eine von `Filter` abgeleitete Klasse muss dafür die Methode `filter` mit einem Parameter implementieren. Der Rückgabewert dieser Funktion entscheidet, ob die Nachricht ausgegeben wird: `True` – die Nachricht wird ausgegeben, `False` – die Nachricht wird unterdrückt.

```
 1  import logging
 2  import time
 3
 4  class MF(logging.Filter):
 5      def filter(self, record):
 6          record.value = int(time.time())
 7          return True
 8
 9  logging.basicConfig(format='%(value)d %(message)s')
10  root = logging.getLogger()
11  f = MF()
12  root.addFilter(f)
13  root.warning('Achtung!')
```

**Listing 24.5.** Manipulation einer Logzeile durch einen Filter

Listing 24.5 definiert die Klasse `MF` mit der Methode `filter`. In der Methode wird der übergebenen Logzeile der Wert `value` hinzugefügt. An dieser Stelle kann auch auf die anderen Werte des Records zugegriffen werden.

Der Filter wird mit der Methode `addFilter()` zu einem Logger hinzugefügt. Der unbekannte Name `value` in dem Format-Template wird beim Aufruf durch den Filter bereitgestellt.

Fehler in den verwendeten Namen in dem Template der Logzeile und der `filter`-Methode führen zu einem `KeyError`.

### 24.2.5 Ausgabe auf mehrere Kanäle gleichzeitig

Eine Meldung kann gleichzeitig auf mehrere Kanäle ausgegeben werden. Einem `Logger`-Objekt kann ohne Probleme mehrere `Handler` mit `addHandler()` zugewiesen werden.

```
1  import logging
2  snflog = logging.getLogger('snf')
3  snflog.setLevel(logging.DEBUG)
4
5  formatter = logging.Formatter('%(asctime)s %(levelname)s: %(message)s')
6
7  fileh = logging.FileHandler('logfile.log')
8  fileh.setLevel(logging.DEBUG)
9  fileh.setFormatter(formatter)
10 snflog.addHandler(fileh)
11
12 screenh = logging.StreamHandler()
13 screenh.setLevel(logging.DEBUG)
14 screenh.setFormatter(formatter)
15 snflog.addHandler(screenh)
16
17 snflog.debug('Dies wird auf zwei Kanälen ausgegeben.')
```

**Listing 24.6.** Ausgabe einer Nachricht auf mehrere Kanäle

In Listing 24.6 werden zwei `Handler`-Objekte definiert: Das Objekt in `fileh` schreibt in eine Datei (Zeile 7–9), `screenh` schreibt auf die Konsole (Zeile 12–14). Beide Objekte werden dem Logger `snflog` hinzugefügt (Zeile 10 und 15).

### 24.2.6 Konfigurationsmöglichkeiten für das Logging

Die Konfiguration des Loggers kann zentralisiert werden, und z. B. in eine Konfigurationsdatei oder in Form eines Dictionarys in ein eigenes Modul ausgelagert werden. Im Modul `logging.config` gibt es verschiedene Klassen, die das Lesen aus unterschiedlichen Formaten ermöglichen.

**Tab. 24.13.** Konfigurationstypen für Logging

| Klasse | Beschreibung |
| --- | --- |
| dictConfig(config) | Liest die Logging-Konfiguration aus einem Dictionary. |
| fileConfig(fname, defaults=None, disable_existing_loggers=True) | Konfiguration aus einer Datei im Format der Klasse ConfigParser aus dem Modul configparser. |

**Tab. 24.13.** fortgesetzt

| Klasse | Beschreibung |
| --- | --- |
| `listen(port=`<br>`DEFAULT_LOGGING_CONFIG_PORT,`<br>`verify=None)`<br>`stopListening()` | Erwartet eine Konfiguration über einen Socket. |

**Konfigurationsdateien für Logger**

Eine Konfigurationsdatei für die Funktion `fileConfig()` besteht aus Abschnitten (Sections), die durch Namen in eckigen Klammern eingeleitet werden. Die Datei muss die Abschnitte `loggers`, `handlers` und `formatters` enthalten. In diesen Abschnitten werden zunächst die Namen der einzelnen Elemente mit dem Schlüsselwort `keys` und einer Zuweisung durch ein Gleichheitszeichen definiert.

```
1  [loggers]
2  keys=root
3
4  [handlers]
5  keys=consoleHandler
6
7  [formatters]
8  keys=simpleFormatter
```

**Listing 24.7.** Notwendige Abschnitte einer Logging-Konfiguration I

Für jeden Key können mehrere Werte angegeben werden. Diese müssen dann durch ein Komma getrennt werden.

Für jedes in den Keys enthaltene Element muss es nun einen weiteren Abschnitt geben. Der Name des Abschnitts setzt sich aus dem Singular des Abschnitt-Namens des Keys, einem Unterstrich und dem in `keys` angegebenen Namen zusammen.

Aus dem Abschnitt `loggers` mit dem Key `root` (Zeile 1–2 in Listing 24.7) wird eine weitere Section mit dem Namen `logger_root`. Mit den drei weiteren Abschnitten sieht die Datei wie folgt aus.

```
 1   [loggers]
 2   keys=root
 3
 4   [handlers]
 5   keys=consoleHandler
 6
 7   [formatters]
 8   keys=simpleFormatter
 9   [logger_root]
10
11   [handler_consoleHandler]
12
13   [formatter_simpleFormatter]
```

**Listing 24.8.** Notwendige Abschnitte einer Logging-Konfiguration II

Listing 24.8 stellt den vollständigen Rahmen für die Konfiguration dar.

Die neuen Abschnitte werden nun mit der Konfiguration für die einzelnen Klassen (Logger, Handler und Formatter) gefüllt. Die zulässigen Namen leiten sich aus den Klassen- und Parameternamen ab, die zur Konfiguration genutzt werden.

**Tab. 24.14.** Keywords in Logger-Abschnitten

| Keyword | Beschreibung |
| --- | --- |
| handler | Ein oder mehrere Handler aus der handlers-Sektion. Mehrere Handler werden durch Komma getrennt. |
| level | Ein Log-Level: DEBUG, INFO, WARNING, ERROR, CRITICAL oder NOTSET. Letzteres gibt beim „Root Logger" alle Level frei. |
| propagate | Ein Wert von 1 sorgt dafür, dass Nachrichten an übergeordnete Handler weitergegeben werden. 0 verhindert dies. |
| qualname | Der Name des Loggers, wie er bei getLogger() verwendet werden kann. |

Der „Root Logger" hat an dieser Stelle noch eine Besonderheit. Hier machen nur die Felder level und handler Sinn. Der Abschnitt logger_root könnte also wie folgt aussehen:

```
[logger_root]
level=WARNING
handlers=consoleHandler
```

In Handler-Abschnitten können die folgenden Werte definiert werden.

**Tab. 24.15.** Keywords in Handler-Abschnitten

| Keyword | Beschreibung |
| --- | --- |
| class | Die Klasse des Handlers. |
| level | Das Level, ab dem Nachrichten ausgegeben werden sollen. NOTSET gibt alle Level frei. |
| formatter | Der Name eines Formatters für diesen Handler wie in key des Abschnitts formatters definiert. Der Wert ist optional. |
| args | Argumente, die an den Konstruktor des Handlers weitergegeben werden. Wenn hier keine Parameter übergeben werden sollen muss hier ein leeres Tupel angegeben werden. |

Der Eintrag für den Handler in der Konfiguration kann wie folgt aussehen:

```
[handler_consoleHandler]
class=StreamHandler
level=DEBUG
formatter=simpleFormatter
args=(sys.stdout,)
```

Die eingesetzte Klasse ist StreamHandler, die als Parameter für den Konstruktor sys.stdout übergeben bekommt. Der Parameter ist eigentlich überflüssig, dient hier aber als Beispiel für die Parameterübergabe.

Schließlich die Werte für einen Formatter-Abschnitt in der Log-Konfiguration.

**Tab. 24.16.** Keywords in Formatter-Abschnitten

| Keyword | Beschreibung |
| --- | --- |
| format | Der Formatstring für die Zeile. |
| datefmt | Ein Formatstring, wie er bei der Funktion strftime() genutzt wird. Dieser Parameter ist optional. |
| class | Ein optionaler Klassenname für den zu nutzenden Formatter. |

Die Konfiguration für einen Formatter ist kurz und bündig. Es reicht, mit format das Aussehen der Zeile zu definieren:

```
[formatter_simpleFormatter]
format=%(asctime)s - %(name)s - %(levelname)s - %(message)s
```

Hier die vollständige Konfigurationsdatei für das Logging:

```
1   [loggers]
2   keys=root
3
4   [handlers]
5   keys=consoleHandler
6   [formatters]
7   keys=simpleFormatter
8   [logger_root]
9   level=WARNING
10  handlers=consoleHandler
11
12  [handler_consoleHandler]
13  class=StreamHandler
14  level=DEBUG
15  formatter=simpleFormatter
16  args=(sys.stdout,)
17
18  [formatter_simpleFormatter]
19  format=%(asctime)s %(name)s %(levelname)s: %(message)s
```

**Listing 24.9.** Konfigurationsdatei `log.conf`

Jetzt fehlen nur noch ein paar Zeilen, die die Konfiguration einlesen.

```
1   import logging
2   import logging.config
3
4   logging.config.fileConfig('log.conf')
5   logging.info('Eine INFO-Meldung.')
6   logging.warning('Eine WARNING-Meldung.')
```

**Listing 24.10.** Einlesen einer Logging-Konfiguration aus einer Datei

Listing 24.10 liest die Konfiguration aus Listing 24.9 ein. Damit werden die Logger automatisch initialisiert und stehen zur Verfügung. Zur Demonstration der Log-Level werden zwei Meldungen an das Logging geschickt (Zeilen 5 und 6).

### Konfiguration in einem Dictionary

Die Konfiguration für das Logging kann in einem Dictionary hinterlegt werden. Dieses wird an die Funktion `dictConfig()` zur Erzeugung eines Loggers übergeben.

Das Dictionary darf die folgenden Schlüssel enthalten.

**Tab. 24.17.** Mögliche Keywords in einem Dictionary zur Konfiguration des Loggings

| Keyword | Beschreibung |
|---|---|
| formatters | Ein Dictionary. Die Schlüssel sind die Namen der `formatter`, die Werte sind Dictionarys mit deren Konfiguration. |
| filters | Ein Dictionary. Die Schlüssel sind die Namen der `filter`, die Werte sind Dictionarys mit deren Konfiguration. |
| handlers | Ein Dictionary. Die Schlüssel sind die Namen der `handler`, die Werte sind Dictionarys mit deren Konfiguration. |
| loggers | Ein Dictionary. Die Schlüssel sind die Namen der `logger`, die Werte sind Dictionarys mit deren Konfiguration. |
| root | Die Konfiguration für den „Root Logger". |
| incremental | Bestimmt, ob diese Konfiguration als Ergänzung zu einer bestehenden Konfiguration betrachtet werden soll. Defaultwert ist `False`. |
| disable_existing_loggers | Legt fest, ob bereits existierende Logger deaktiviert werden. Falls der Wert nicht angegeben wird, ist der Defaultwert `True`. Falls `incremental` den Wert `True` hat, wird dieser Wert ignoriert. |
| version | Ein Ganzzahl zur Versionierung der Konfiguration. Momentan ist nur der Wert 1 zulässig. |

Die Beschreibung der einzelnen Dictionary-Bestandteile liest sich schlimmer als es ist. Ausgehend von einem minimalen Dictionary wird jetzt die Logging-Konfiguration aus dem vorangegangenen Abschnitt aufgebaut (siehe Listing 24.9 auf Seite 364). Zunächst ein minimales Dictionary ohne Funktion.

```
 1  logconfd = {
 2      'loggers' : {},
 3      'handlers' : {},
 4      'formatters' : {},
 5      'filters' : {},
 6      'root' : {},
 7      'incremental' : False,
 8      'disable_existing_loggers' : True,
 9      'version' : 1,
10  }
```

**Listing 24.11.** Minimales Konfigurations-Dictionary für Logging

In diesem Dictionary wird jetzt der „Root Logger" konfiguriert. Dafür wird unter dem Key `root` ein Dictionary mit dem Schlüssel `handlers` hinzugefügt. Als Wert muss ein Sequenz-Typ mit einem frei gewählten Namen für den Handler eingetragen werden.

```
1  'root' : {
2    'handlers' : ['rh'],
3  },
```

**Listing 24.12.** Konfigurations-Dictionary für den `root`-Logger

Der Handler muss nun in dem Dictionary mit dem Key `handlers` definiert werden. Als Schlüssel kommt der gerade gewählte Name `rh` zum Einsatz, die Konfiguration ist ebenfalls ein Dictionary.

```
1  'handlers' : {
2    'rh' : {
3      'class' : 'logging.StreamHandler',
4      'level' : 'WARNING',
5      'formatter': 'rf',
6      'stream' : 'ext://sys.stdout',
7    }
8  },
```

**Listing 24.13.** Konfigurations-Dictionary für das Schlüsselwort `handlers`

Fehlt nur noch der `Formatter`. Dieser ist im Handler mit dem Namen `rf` angegeben. Dies wird also der Schlüssel im Dictionary `formatters`. Die Konfiguration ist ein Dictionary mit dem Key `format` und dem Formatstring als Wert.

```
1  'formatters' : {
2    'rf' : {
3      'format' : '%(asctime)s %(name)s:%(levelname)s:%(message)s',
4    }
5  },
```

**Listing 24.14.** Konfigurations-Dictionary für das Schlüsselwort `formatters`

Diese einzelnen Konfigurationen ergeben zusammengesetzt die Konfiguration für den
`root`-**Logger.**

```
 1  logconfd = {
 2    'loggers' : {},
 3    'handlers' : {
 4      'rh' : {
 5        'class' : 'logging.StreamHandler',
 6        'level' : 'WARNING',
 7        'formatter': 'rf',
 8        'stream' : 'ext://sys.stdout',
 9      }
10    },
11    'formatters' : {
12      'rf' : {
13        'format' : '%(asctime)s %(name)s:%(levelname)s:%(message)s',
14      }
15    },
16    'filters' : {},
17    'root' : {
18      'handlers' : ['rh'],
19    },
20    'incremental' : False,
21    'disable_existing_loggers' : True,
22    'version' : 1,
23  }
```

**Listing 24.15.** Vollständiges Konfigurations-Dictionary

Zur Nutzung wird das Konfigurations-Dictionary an die Funktion `dictConfig()` übergeben. Danach sind die Logger konfiguriert:

```
>>> import logging
>>> import logging.config
>>> logging.config.dictConfig(logconfd)
>>> logging.info('Eine INFO-Meldung.')
>>> logging.warning('Eine WARNING-Meldung.')
2015-11-07 17:01:35,493 root:WARNING:Eine WARNING-Meldung.
```

Von den zwei Meldungen wird nur die mit dem Level `WARNING` ausgegeben, da der Logger ein entsprechendes Level konfiguriert hat.

## 24.3 Logging mit `syslog`

Auf UNIX-Systemen existiert mit `syslog` ein Logging-System, das sowohl lokal als auch zentral im Netzwerk Event-Nachrichten entgegennehmen kann. In der Python Standardlibrary existiert mit dem Modul `syslog` eine Implementierung für diese Schnittstelle. Es enthält die folgenden Funktionen.

**Tab. 24.18.** Funktionen im Modul `syslog`

| Funktion | Beschreibung |
| --- | --- |
| `syslog(msg)` | Schreibt die Nachricht `msg` über den Syslog. Ein Newline wird bei Bedarf automatisch angehängt. |
| | Jede Nachricht wird mit einem Level (Default ist `LOG_INFO`) auf einem bestimmten Kanal (Facility) ausgegeben. |
| `syslog(priority, msg)` | In `priority` kann das Level der Nachricht und der Kanal durch eine Oder-Verknüpfung angegeben werden. |
| | Ist hier kein Kanal angegeben, wird die Einstellung aus `openlog()` verwendet. |
| | Falls `openlog()` nicht vor dem ersten Aufruf von `syslog()` aufgerufen wurde, wird dies implizit ohne Parameter getan. |
| `openlog([ident[,` `logoption[, facility]]])` | Mit dieser Funktion werden Einstellungen für die Ausgabe über Syslog getroffen. `ident` ist die Bezeichnung des Programms, das die Ausgaben macht (Default ist `sys.argv[0]` ohne Pfad). |
| | Der Parameter `logoption` wird aus den Werten in Tabelle 24.21 (Seite 370) gebildet (Default ist 0). |
| | Der Ausgabekanal wird mit `facility` festgelegt (Default ist `LOG_USER`). |
| `closelog()` | Setzt die Einstellungen für das Modul zurück und schließt geöffnete Verbindungen. Erneute Aufrufe des Moduls werden danach mit den Default-Einstellungen gemacht. |
| `setlogmask(maskpri)` | Stellt mit einer Bitmaske ein, welche Log-Level in das Syslog geschrieben werden. Level, die nicht in der Maske enthalten sind, werden unterdrückt. Die Default-Einstellung enthält alle Log-Level. |
| | Die Funktion liefert den zuvor eingestellten Wert. |
| | Eine neue Bitmaske kann mit den Funktionen `LOG_MASK(lvl)` und `LOG_UPTO(lvl)` berechnet werden. |

Nach dem Import des Moduls kann mit der Funktion `syslog()` sofort Nachrichten ausgegeben werden. Der Aufruf von `openlog()` erfolgt implizit mit Default-Parametern. Das System ist also ohne viel Aufwand nutzbar.

### 24.3.1 Log-Level im Modul syslog

Folgende Log-Level zur Unterscheidung der Dringlichkeit sind im Modul als Konstanten definiert.

**Tab. 24.19.** Log-Level im Modul syslog

| Log-Level | Wert |
|---|---|
| LOG_DEBUG | 7 |
| LOG_INFO | 6 |
| LOG_NOTICE | 5 |
| LOG_WARNING | 4 |
| LOG_ERR | 3 |
| LOG_CRIT | 2 |
| LOG_ALERT | 1 |
| LOG_EMERG | 0 |

### 24.3.2 Berechnung der Bitmaske für setlogmask()

Für die Berechnung der Bitmaske der Funktion setlogmask() aus Tabelle 24.18 gibt es die Funktionen LOG_MASK und LOG_UPTO. LOG_MASK liefert die Bitmaske für ein Log-Level. Mit LOG_UPTO erhält man die Bitmaske vom niedrigsten Level bis einschließlich des gegebenen:

```
>>> import syslog
>>> syslog.LOG_INFO
6
>>> syslog.LOG_MASK(syslog.LOG_INFO)
64
>>> syslog.LOG_UPTO(syslog.LOG_INFO)
127
```

Der Log-Level LOG_INFO ist Bit Nummer sechs in der Bitmaske. Dies entspricht einem Wert von 64. Eine Bitmaske inklusive LOG_INFO entspricht dann einem Wert von 127.

### 24.3.3 Log-Kanäle

Die möglichen Ziele für Log-Ausgaben (Kanäle/Facility) in dem Modul sind wie folgt benannt.

**Tab. 24.20.** Ausgabekanäle im Modul `syslog`

| Kanal-Name |
| --- |
| LOG_LOCAL0 - LOG_LOCAL7 |
| LOG_SYSLOG |
| LOG_CRON |
| LOG_UUCP |
| LOG_NEWS |
| LOG_LPR |
| LOG_AUTH |
| LOG_DAEMON |
| LOG_MAIL |
| LOG_USER |
| LOG_KERN |

Die Bezeichner in Tabelle 24.20 entsprechen den Zielen in der Konfiguration des Syslogs. Dort finden sich die Namen in Kleinbuchstaben ohne das führende `LOG_` wieder. Hier lässt sich die tatsächliche Zuordnung zu einer Datei oder einem Ausgabedevice ablesen.

### 24.3.4 Weitere Parameter für `openlog()`

Die Funktion `openlog()` aus Tabelle 24.18 hat als zweiten Parameter den Wert `logoption`. Damit kann der Zeitpunkt des Verbindungsaufbaus und noch die zusätzliche Ausgabe von Nachrichten festgelegt werden. Außerdem kann mit der Nachricht noch die PID des schreibenden Prozesses ausgegeben werden. Die Konstanten in der folgenden Tabelle können als Parameter `logoption` angegeben werden. Mehrere Werte können durch die Oder-Funktion verknüpft werden.

**Tab. 24.21.** Logoptionen im Modul `syslog`

| Options-Name | Beschreibung |
| --- | --- |
| LOG_PID | Die PID mit jeder Nachricht ausgeben. |
| LOG_NDELAY | Die Verbindung zum Syslog sofort öffnen (`open`). |
| LOG_CONS | Fehler beim Senden auf die Konsole ausgeben. |

**Tab. 24.21.** fortgesetzt

| Options-Name | Beschreibung |
|---|---|
| LOG_NOWAIT | Dieses Flag soll nicht mehr genutzt werden. |
| LOG_ODELAY | Den Aufruf von open erst beim Aufruf von syslog() durchführen. |
| LOG_PERROR | Meldungen ebenfalls auf stderr ausgeben. |

### 24.3.5 Beispiele

Ausgeben einer Nachricht über syslog() mit einem eigenen Namen in der Logzeile („PY ERR") und der PID:

```
>>> import syslog
>>> syslog.openlog('PY ERR ', syslog.LOG_PID, syslog.LOG_SYSLOG)
>>> syslog.syslog('Syslog Nachricht 1')
```

Die Ausgabe in der Logdatei (auf CentOS /var/log/messages) sollte ungefähr so aussehen:

```
Nov  7 17:04:06 localhost journal: PY ERR [7938]: Syslog Nachricht 1
```

Dem Aufruf der Funktion syslog() kann noch das Log-Level und der Ausgabekanal mitgegeben werden:

```
>>> syslog.syslog(syslog.LOG_ALERT, 'Syslog Nachricht 2')
>>> syslog.syslog(syslog.LOG_ALERT|syslog.LOG_SYSLOG,
 'Syslog Nachricht 3')
```

Die Ausgaben ändern sich durch die Angaben nicht. Falls man ein zu niedriges Log-Level angibt, wird die Nachricht nicht über den Syslog ausgegeben:

```
Nov  7 17:04:49 localhost journal: PY ERR [7938]: Syslog Nachricht 2
Nov  7 17:04:57 localhost journal: PY ERR [7938]: Syslog Nachricht 3
```

# 25 Datenbanken

Die Python-Standardlibrary enthält einige Module für die Nutzung von Datenbanken. Da sind zunächst Datei-basierte Datenbanken, die keinen eigenen Prozess zur Verwaltung und Ausführung der Abfragen haben. Anfragen werden durch eine Library direkt auf den Dateien der Datenbank ausgeführt. Die Module sind dbm und sqlite3.

Eigenständige Datenbankserver gibt es wie Sand am Meer. Im Linux-Umfeld werden häufig MySQL und Postgres eingesetzt. Die Module für die Nutzung dieser Datenbanken sind aber nicht mehr in der Standardlibrary enthalten, sie müssen mit pip installiert werden (siehe Kapitel 28 auf Seite 428).

Datenbankserver verwenden SQL[1], um Daten zu beschreiben, einzufügen, zu verändern oder abzufragen. Diese Sprache beschreibt, „was womit" zu machen ist. Daten werden mit verschiedenen Typen beschrieben und zu Datensätzen in einer Tabelle zusammengefasst. Jede Zeile einer Tabelle enthält einen Datensatz. Eine Datenbank kann theoretisch aus beliebig vielen Tabellen bestehen.

## 25.1 Das DB-API 2.0

Um einen Wildwuchs bei Datenbank-API zu verhindern, wurde festgelegt, welche Funktionen Datenbankschnittstellen möglichst enthalten sollten. Dieses API ist in Version 2.0 in PEP 249 beschrieben.

Der Zugriff auf eine Datenbank findet über ein Connection-Objekt statt. Dieses Objekt stellt die Verbindung zur Datenbank her und steuert einige wichtige Dinge.

Von einem Connection-Objekt kann man ein oder mehrere Cursor-Objekte erhalten. Mit diesen Objekten erledigt man die tatsächliche Arbeit, stellt Anfragen und holt ein Ergebnis ab. Im Prinzip sieht die Aufrufreihenfolge für Datenbanken unter Python wie folgt aus:

```
1  import dbmodul
2  connection = dbmodul.connect()
3  cur = connection.cursor()
4  cur.execute()
5  result = cur.fetchall()
6  ...
7  cur.close()
8  connection.close()
```

**Listing 25.1.** Prinzipieller Ablauf einer Datenbanksitzung

---

1 SQL – Structured Query Language – Der Standard, wenn es um relationale Datenbanken geht.

Im Listing 25.1 sind die nötigen Kommandos exemplarisch für die Datenbank „db-modul" aufgeführt. Dieser Name muss natürlich durch den Namen eines echten Datenbankmoduls ersetzt werden, z. B. „sqlite3" (Sqlite 3), „mysqlclient" (MySQL) oder „psycopg2" (PostgreSQL).

Die Auslassung in Zeile 6 deutet an, dass mit dem `Cursor`-Objekt mehrere Anfragen an die Datenbank gestellt werden können.

### 25.1.1 Attribute eines Datenbankmoduls

In einem als DB-API 2.0-kompatibel ausgewiesenen Datenbankmodul müssen die folgenden Attribute definiert sein.

**Tab. 25.1.** Attribute eines DB-API 2.0-kompatiblen Moduls

| Attribut | Beschreibung |
| --- | --- |
| apilevel | Eine Zeichenkette, die die API-Version angibt. Mögliche Werte sind „1.0" und „2.0". Wenn kein Wert verfügbar ist, sollte man von Version 1.0 ausgehen. |
| threadsafety | Eine Zahl zwischen 0 und 3.<br>0 – Das Modul kann nicht zwischen Threads geteilt werden.<br>1 – Das Modul kann zwischen Threads geteilt werden, Verbindungen nicht.<br>2 – Threads können das Modul und Verbindungen teilen.<br>3 – Threads können das Modul, Verbindungen und Cursor teilen. |
| paramstyle | Eine Zeichenkette, die angibt, wie Parameter an SQL-Statements übergeben werden.<br>qmark – nutzt ein Fragezeichen als Platzhalter.<br>numeric – Platzhalter ist ein Doppelpunkt, gefolgt von einer Zahl.<br>named – hier werden der Doppelpunkt und ein Bezeichner angegeben.<br>format – verwendet C-Style-Platzhalter, z. B. %s.<br>pyformat – verwendet die benannten Platzhalter von Python. |

### 25.1.2 `Connection`-Objekte

Diese Objekte stellen die Verbindung zur Datenbank her, steuern Transaktionen und liefern ein Objekt, mit dem Anweisungen auf der Datenbank ausgeführt werden können.

**Tab. 25.2.** Methoden von `Connection`-Objekten im DB-API 2.0

| Methode | Beschreibung |
| --- | --- |
| cursor() | Liefert ein neues `Cursor`-Objekt für die Verbindung. |
| close() | Schließt die Verbindung zur Datenbank. |
| commit() | Übernimmt die bisher durch eine Transaktion vorgenommenen Änderungen in die Datenbank. |
| rollback() | Verwirft die Änderungen an der Datenbank seit Beginn der Transaktion. |

Transaktionen führen bei Datenbanken zu einem besonderen Verhalten. Dies wird als „Isolation Level" bezeichnet und beschreibt, welche Daten andere Clients der Datenbank sehen können, während eine Transaktion läuft. Hier kann zwischen unterschiedlichen Stufen gewählt werden. Mehr zu den Möglichkeiten in den Abschnitten der einzelnen Module.

### 25.1.3 `Cursor`-Objekte

Ein Cursor-Objekt kann Anweisungen an eine Datenbank senden und Ergebnisse auslesen. Diese Objekte werden mit einer bestehenden Datenbankverbindung erstellt. Diese Objekte sollten die folgenden Attribute und Methoden haben.

**Tab. 25.3.** Attribute und Methoden von `Cursor`-Objekten im DB-API 2.0

| Attribut | Beschreibung |
| --- | --- |
| description | Eine Sequenz von Tupeln mit sieben Werten. Diese beschreiben das Datum in einer Ergebnisspalte. |
| rowcount | Enthält die Zahl der Zeilen die das letzte Statement geliefert/verändert hat. Enthält −1, wenn dieser Wert für die letzte Anweisung nicht ermittelt werden kann. |
| arraysize | Dieses Attribut bestimmt die Anzahl der Zeilen, die mit `fetchmany()` geholt werden. Der Standardwert ist eins. |
| **Methode** | |
| execute(op[, parameter]) | Führt die Abfrage oder das Kommando op auf der Datenbank aus. |
| close() | Schließt den Cursor. |
| executemany(op, seq_of_par) | Führt die Abfrage oder das Kommando für alle gegebenen Parameter aus. |
| fetchone() | Liest die nächste Ergebniszeile. Das Ergebnis ist None, wenn keine Daten verfügbar sind. |
| fetchmany([size=cursor.arraysize]) | Liest die angegebene Zahl an Ergebniszeilen. |

**Tab. 25.3.** fortgesetzt

| Methode | Beschreibung |
| --- | --- |
| `fetchall()` | Liest alle verbliebenen Zeilen des Abfrageergebnisses. |
| `callproc(proc[,`<br>`parameter])` | Führt eine „Stored Procedure" aus. Diese Methode ist optional. |
| `nextset()` | Diese Methode ist optional, da nicht alle Datenbanken mehrere Resultsets unterstützen. |

Dies sind schon die wichtigsten Methoden für eine Datenbankschnittstelle. Im Laufe der Zeit haben sich schon einige Erweiterungen im PEP eingefunden. Für eine vollständige Liste der Attribute und Funktionen sei hier auf den PEP verwiesen. Viele Datenbankmodule bringen darüber hinaus eigene Erweiterungen mit.

## 25.1.4 Exceptions

Das DB-API definiert die folgenden Exceptions. Damit werden alle möglichen Fehler während der Arbeit mit einer Datenbank beschrieben.

**Tab. 25.4.** Exceptions im DB-API 2.0

| Ausnahme | Beschreibung |
| --- | --- |
| `Warning` | Kein kritischer Fehler. |
| `Error` | Die Basisklasse für alle folgenden Ausnahmen des Moduls. |
| `InterfaceError` | Fehler in der Datenbankschnittstelle. |
| `DatabaseError` | Fehler in der Datenbank. |
| `OperationalError` | Fehler in der Bearbeitung von Anfragen oder beim Verbindungsaufbau. |
| `IntegrityError` | Die Integrität der Daten ist nicht gegeben, z. B. eine Foreign Key-Bedingung trifft nicht zu. |
| `InternalError` | Ein Fehler im Modul, z. B. Aufruf mit einem bereits geschlossenen Cursor. |
| `ProgrammingError` | Programmierfehler in der Abfrage oder dem Kommando wie Syntax Error oder falsch geschriebene Tabellen- und Spaltennamen. |
| `NotSupportedError` | Aktionen, die nicht von der Schnittstelle unterstützt werden. |

## 25.2 Das Modul `sqlite3`

Bei SQLite[2] handelt es sich um eine C-Library, die Datenbankfunktionen auf Basis von Dateien zur Verfügung stellt. Weil die Library zu einem Programm hinzu gebunden werden kann, wird sie als eingebettete Datenbank bezeichnet. Die Datenbank besteht nur aus einer Datei, und das Datenformat ist zwischen verschiedensten Plattformen portabel.

Die Library lehnt sich bei den Abfragen an den SQL-Standard an. Mit der Library kann in Programmen sehr leicht eine komfortable Möglichkeit geschaffen werden, Daten zu organisieren und zu durchsuchen. Das Modul liefert in den DB-API-Attributen die folgenden Basisinformationen:

```
>>> import sqlite3
>>> sqlite3.apilevel
'2.0'
>>> sqlite3.threadsafety
1
>>> sqlite3.paramstyle
'qmark'
```

SQLite speichert alle Daten in einigen Basistypen. Die Typen aus dem SQL-Standard werden auf diese Typen abgebildet. Die folgende Tabelle zeigt die Zuordnung von SQLite3-Typen zu den Python-Typen.

**Tab. 25.5.** Konvertierung von Datentypen zwischen SQLite und Python

| SQLite | Python |
| --- | --- |
| NULL | None |
| INTEGER | int |
| REAL | float |
| TEXT | str |
| BLOB | bytes |

Beim Anlegen einer Tabelle kann die übliche Syntax von SQL zur Daten-Definition genutzt werden. Eine Tabelle für ein Telefonbuch könnte zum Beispiel wie folgt aussehen:

---

2 Homepage von SQLite: https://www.sqlite.org

```
1   create table phonebook (
2       id integer primary key,
3       vorname varchar(32),
4       nachname varchar(32)
5       phone varchar(20),
6   )
```

**Listing 25.2.** Definition einer Datenbanktabelle für ein Telefonbuch

Listing 25.2 stellt das SQL-Statement zum Erzeugen einer Tabelle dar. Jede Spalte der Tabelle wird mit einem Namen, dem Datentyp und ggf. mit weiteren Eigenschaften beschrieben. Die einzelnen Spaltenbeschreibungen werden durch ein Komma getrennt.

Die Spalte id ist eine Zahl (integer) und wird als eindeutiges Kennzeichen (eindeutiger Schlüssel) für jeden Datensatz eingefügt. Die Spalten vorname, nachname und phone nehmen die Daten auf. Es handelt sich um in der Länge beschränkte Textfelder (varchar mit einer Längenangabe in Klammern).

Bei der Definition einer Tabelle muss bei den SQL-Statements nicht auf Groß- und Kleinschreibung der Datentypen geachtet werden. Ob die Spaltennamen case-sensitive sind, hängt von der Datenbank ab. SQLite3 achtet bei Spaltennamen nicht auf Groß- und Kleinschreibung.

Wenn kein Typ bei der Datendefinition angegeben wird, wird „Text" als Datentyp angenommen.

### 25.2.1 Öffnen einer Datenbank

SQLite speichert alle Daten einer Datenbank in einer Datei. Das Erstellen einer neuen oder das Öffnen einer bestehenden Datenbank beschränkt sich also auf den Aufruf der connect()-Methode mit dem Dateinamen. Ein Username oder Passwort sind nicht erforderlich.

```
1   import sqlite3
2   con = sqlite3.connect('database.db')
```

**Listing 25.3.** Öffnen einer SQLite-Datenbank

Listing 25.3 öffnet die Datei database.db als Datenbank. Falls die Datei noch nicht vorhanden ist, wird sie angelegt.

Mit SQLite ist es auch möglich, eine Datenbank im Speicher anzulegen. Dies erreicht man, indem man als Dateinamen :memory: verwendet. Der Nachteil dieser, im Zugriff sehr schnellen, Lösung ist der Datenverlust beim Schließen der Datenbankverbindung oder dem Ausschalten des Rechners.

### 25.2.2 Daten definieren und abfragen

Sobald eine Verbindung zur Datenbank besteht, kann ein Cursor-Objekt erzeugt werden, mit dem Anweisungen an die Datenbank gesendet werden können. Nun ein vollständiges Beispiel für die Arbeit mit SQLite.

```
 1  import sqlite3
 2
 3  con = sqlite3.connect(':memory:')
 4  cur = con.cursor()
 5  cur.execute("create table phonebook (name, phone)")
 6
 7  cur.execute("insert into phonebook values (?, ?)", ('Anna', '012345'))
 8  cur.execute("insert into phonebook (name, phone) values (?, ?)",
 9              ('Bibi', '023456'))
10
11  cur.execute("select * from phonebook")
12  print(cur.fetchall())
13
14  cur.execute("select * from phonebook where name=:name", {'name': 'Anna'})
15  print(cur.fetchall())
16
17  cur.close()
18  con.close()
```

**Listing 25.4.** Zugriff auf eine SQLite-Datenbank

Im Listing 25.4 wird eine Datenbank im Speicher angelegt (Zeile 3). In dieser wird eine Tabelle „phonebook" mit den zwei Spalten name und phone angelegt (Zeile 5). In der Tabelle werden zwei Datensätze gespeichert (Zeilen 7–8).

Anschließend werden zwei Abfragen an die Datenbank gestellt. Zuerst werden alle Datensätze der Tabelle angefordert (Zeile 10), dann die, bei denen der Name „Anna" ist (Zeile 13).

Die Ausgabe des Programms sollte wie folgt aussehen:

```
[('Anna', '012345'), ('Bibi', '023456')]
('Anna', '012345')
```

Die Funktion fetchall() würde das zweite Ergebnis ebenfalls als Liste liefern, auch wenn es nur ein Tupel enthält.

Der Wert des Attributs description des Cursors ist:

```
>>> cur.description
(('name', None, None, None, None, None, None),
 ('phone', None, None, None, None, None, None))
```

Das `sqlite3`-Modul liefert nur den Namen der Tabellenspalte. Alle weiteren Felder sind `None`.

Die Statements zum Einfügen der Daten (Zeilen 7–8) und die zweite Abfrage (Zeile 13) nutzen unterschiedliche Varianten des „Paramstyle" des DB-API. Beim Einfügen stehen Fragezeichen für die einzusetzenden Daten. Diese werden positionsabhängig im Statement eingefügt. In der Abfrage wird ein benannter Parameter genutzt. Dieser wird durch ein Dictionary bereitgestellt.

Den Import von größeren Datenmengen in eine Tabelle kann man durch die Methode `executemany()` beschleunigen. Hier kann eine Sequenz mit einem Statement verarbeitet werden.

```
1  cur.executemany("insert into phonebook values (?, ?)",
2    (('Anna', '012345'),('Bibi', '023456')))
```

**Listing 25.5.** Bulk-Import mit `executemany()`

Die Anweisung in Listing 25.5 kann die beiden einzelnen `insert`-Statements aus Listing 25.4 ersetzen.

### 25.2.3 Transaktionen

Für Statements, die Daten verändern (INSERT, UPDATE, DELETE, REPLACE), werden in SQLite ohne besondere Einstellung implizit Transaktionen gestartet. Sie werden implizit beendet, bevor ein Statement ausgeführt wird, das nicht zu den genannten gehört und kein SELECT-Statement ist.

Standardeinstellung ist der sogenannte „Autocommit Mode", jedes Statement wird als Transaktion betrachtet und automatisch abgeschlossen, d.h. ein Statement muss nicht durch BEGIN und COMMIT eingefasst sein.

SQLite verwendet zur Steuerung von anderen Schreib-/Lesezugriffen auf die Datenbank die folgenden „Isolation Level":
-   DEFERRED fordert erst beim tatsächlichen Zugriff auf die Datenbank ein Lock an, das andere Schreibzugriffe verhindert. Andere Prozesse können von der Datenbank lesen.
-   IMMEDIATE blockiert mit Ausführung des BEGIN alle anderen Zugriffe, die die Datenbank modifizieren. Auch hier können andere Prozesse während der Transaktion von der Datenbank lesen.
-   EXCLUSIVE blockiert die Datenbank für alle anderen Lese- und Schreibzugriffe.
-   AUTOCOMMIT wird mit `isolation_level=None` eingestellt und ist der Defaultwert. Nach jedem `execute()` werden die Daten automatisch übernommen.

Transaktionen werden bei voneinander abhängigen Datenbankanweisungen benötigt. Aus dem Telefonbuch lässt sich leicht ein Beispiel dafür herleiten: Wenn man den Na-

men und die Telefonnummer in getrennten Tabellen speichert, kann man mehrere
Telefonnummern zu einem Namen speichern, ohne dass der Name mehrfach in den
Tabellen auftaucht. Die Tabellen für das erweiterte Telefonbuch können zum Beispiel
wie folgt aussehen.

```
1  create table user (
2      id integer primary key,
3      vorname varchar(32),
4      nachname varchar(32)
5  )
6  create table phone (
7      pid integer,
8      phone varchar(20),
9      foreign key(pid) references user(id)
10 )
```

**Listing 25.6.** Erweiterte Definition der Tabellen für ein Telefonbuch

In Listing 25.6 sind zwei Tabellen definiert, die durch einen „Foreign Key" voneinander abhängen. Die Telefonnummer wird in einer eigenen Tabelle gespeichert. Sie ist
mit der Spalte `pid` als Referenz auf die Nummer des Namens (`id`) versehen (Zeile 9).
Durch diese Referenz können in der Tabelle `phone` mehrere Telefonnummern zu einem
Namen gespeichert werden.

Der Nachteil: Ein kompletter Datensatz muss nun in mehreren Schritten eingefügt werden. Zunächst wird ein Name in die Datenbank gespeichert. Beim Einfügen
erzeugt die Datenbank eine eindeutige ID für diese Zeile. Diese ID muss ausgelesen
werden, bevor sie zusammen mit der Telefonnummer in der Tabelle `phone` gespeichert
werden kann. Diese mehrteilige Aktion sollte in einer Transaktion zusammengefasst
werden. Durch einen Fehler bei einer Aktion könnten sonst inkonsistente Daten in der
Datenbank zurückbleiben.

```
1  import sqlite3
2  con = sqlite3.connect('database.db')
3  cur = con.cursor()
4  cur.execute("""create table if not exists user (
5    id integer primary key,
6    name varchar(32))"""
7  )
8  cur.execute("""create table if not exists phone (
9    pid integer,
10   phone varchar(20),
11   foreign key(pid) references user(id))"""
12 )
13 cur.close()
14 con.close()
```

**Listing 25.7.** Tabellen mit Foreign Key in SQLite

Listing 25.7 erstellt eine Datenbank mit den Tabellen aus Listing 25.6. Als kleine Erweiterung kommt in dem Create-Statement die Bedingung „if not exists" zum Einsatz (Zeile 5 und 9). Die Tabelle wird nur angelegt, wenn sie noch nicht in der Datenbank existiert. Wenn diese Bedingung nicht genutzt wird, führt ein Vorhandensein
der Tabellen zu einer Exception.

```python
1  import sqlite3
2  con = sqlite3.connect('database.db')
3  cur = con.cursor()
4
5  data = (('Anna', '012345'), ('Bibi', '023456'))
6  res = cur.execute("begin deferred")
7
8  for n, p in data:
9      res = cur.execute("insert into user (name) values (?)", (n,))
10     lid = cur.lastrowid
11     res = cur.execute("insert into phone values (?, ?)", (lid, p))
12
13 con.commit()
14 cur.execute("select name, phone from user, phone where id = 1")
15 cur.fetchone()
```

**Listing 25.8.** Transaktion in SQLite

Listing 25.8 zeigt, wie das Füllen der Datenbank mit einer Transaktion geschützt werden kann. Vor dem Einfügen wird die Transaktion mit „begin", gefolgt von einem „Isolation Level" gestartet (Zeile 6). Nach dem Einfügen der Daten wird durch commit()
das Speichern veranlasst. Bis dahin könnten alle Änderungen durch ein „Rollback"
ungeschehen gemacht werden.

### 25.2.4 Transaktionen interaktiv

Wie eine Transaktion andere Prozesse beim Zugriff auf die Datenbank einschränken
kann, lässt sich im Python-Interpreter ausprobieren. Für den folgenden Ablauf sind
zwei Verbindungen zur Datenbank erforderlich. Zunächst wird eine Verbindung
geöffnet und der Status bezüglich Transaktionen abgefragt:

```python
>>> import sqlite3
>>> con1 = sqlite3.connect('database.db')
>>> con1.in_transaction
False
```

Die zweite Verbindung wird in einem anderen Terminal geöffnet und die Daten der
Tabelle phone werden abgefragt:

```
>>> import sqlite3
>>> con2 = sqlite3.connect('database.db')
>>> cur2 = con2.cursor()
>>> cur2.execute("select * from phone")
<sqlite3.Cursor object at 0x7f529f02c8f0>
>>> cur2.fetchall()
[(1, '012345'), (2, '023456'), (3, '012345'), (4, '023456')]
```

In der ersten Sitzung wird nun ein Cursor erzeugt und das Statement BEGIN ausgeführt. Dies ist der Anfang der Transaktion. Der Status wird auch gleich überprüft:

```
>>> cur1 = con1.cursor()
>>> cur1.execute("begin deferred")
<sqlite3.Cursor object at 0x7f66527428f0>
>>> con1.in_transaction
True
```

In dieser Sitzung mit der aktiven Transaktion wird nun ein neues Datum in die Tabelle eingefügt:

```
>>> cur1.execute("insert into phone values(1, '098765')")
<sqlite3.Cursor object at 0x7f66527428f0>
>>> con1.in_transaction
True
>>> cur1.execute("select * from phone")
<sqlite3.Cursor object at 0x7f66527428f0>
>>> cur1.fetchall()
[(1, '012345'), (2, '023456'), (3, '012345'), (4, '023456'),
 (1, '098765')]
```

Der Transaktions-Status der Verbindung ist immer noch aktiv. Die Tabelle phone kann ausgelesen werden und zeigt alle Daten, inklusive der zuletzt geschriebenen. Was sieht die zweite Sitzung von den Änderungen? Was liefert eine Abfrage der Daten aus der Tabelle phone?

```
>>> cur2.execute("select * from phone")
<sqlite3.Cursor object at 0x7f529f02c8f0>
>>> cur2.fetchall()
[(1, '012345'), (2, '023456'), (3, '012345'), (4, '023456')]
```

Solange die Transaktion nicht abgeschlossen ist, sind die Daten für andere Datenbanknutzer nicht freigegeben, nicht sichtbar. Das Connection-Objekt der ersten Sitzung muss die Transaktion durch einen Aufruf von commit() beenden:

```
>>> con1.commit()
>>> con1.in_transaction
False
```

Eine erneute Abfrage aller Daten nach dem `commit()` liefert dann auch in der zweiten Sitzung die neuen Daten:

```
>>> cur2.execute("select * from phone")
<sqlite3.Cursor object at 0x7f529f02c8f0>
>>> cur2.fetchall()
[(1, '012345'), (2, '023456'), (3, '012345'), (4, '023456'),
 (1, '098765')]
```

Wenn ein Programm eine Datenänderung auf eine gesperrte Tabelle durchführen möchte, wird eine entsprechende Fehlermeldung erzeugt (`OperationalError`).

Transaktionen mit den Methoden `commit()` und `rollback()` fügen sich gut in die Ausnahmebehandlung ein.

```
1  try:
2      cur = con.cursor()
3      cur.execute(...)
4  except Exception, err:
5      con.rollback()
6  else:
7      con.commit()
```

**Listing 25.9.** Ausnahmebehandlung kombiniert mit Transaktionen

Der `try...except`-Block in Listing 25.9 nutzt eine auftretende Ausnahme, um die Änderungen an der Datenbank rückgängig zu machen. Ohne eine Ausnahme werden die Änderungen gespeichert.

Ein `Connection`-Objekt ist auch für den Einsatz mit `with` geeignet.

```
1  with sqlite3.connect(db_filename) as con:
2      cur = con.cursor()
3      cur.execute('select current_timestamp')
4      cur.fetchone()
```

**Listing 25.10.** Datenbank-Aktionen kombiniert mit `with`

Listing 25.10 zeigt den Einsatz der Datenbankverbindung mit `with`. Nach Ende des Anweisungsblocks wird automatisch die Verbindung zur Datenbank geschlossen.

### 25.2.5 Erweiterungen des Connection-Objekts

Das Connection-Objekt des Moduls ist um einige SQLite-spezifische Methoden erweitert. Es verfügt auch über zwei Attribute, die mit Transaktionen zu tun haben. Der aktuelle Status einer Transaktion kann abgefragt und das Verhalten während einer Transaktion kann erfragt und eingestellt werden.

**Tab. 25.6.** Zusätzliche Attribute von Connection-Objekten in SQLite3

| Attribut | Beschreibung |
| --- | --- |
| isolation_level | Gibt das eingestelle „Isolation Level" wieder und kann auch geändert werden. Mögliche Werte sind None, DEFERRED, IMMEDIATE oder EXCLUSIVE. |
| in_transaction | True, wenn eine Transaktion noch nicht beendet ist. |

Die Klasse ist auch um einige Methoden, gegenüber den im PEP des DB-API 2.0 beschriebenen, erweitert. In der folgenden Tabelle sind nur einige aufgeführt.

**Tab. 25.7.** Zusätzliche Methoden von Connection-Objekten in SQLite3

| Methode | Beschreibung |
| --- | --- |
| execute(sql[, parameters]) | Erzeugt ein temporäres Cursor-Objekt und führt die SQL-Anweisung aus. |
| executemany(sql[, parameters]) | Erzeugt ein temporäres Cursor-Objekt und führt damit die Anweisung für die Parameter aus. |
| executescript(sql_script) | Führt die gegebenen Anweisungen mit einem temporären Cursor aus. |
| create_function(name, num_params, func) | Definiert eine Funktion unter dem Namen name. Mit num_params wird die Anzahl der Funktionsparameter festgelegt. Die Funktion func ist ein Python-Callable. |
| create_aggregate(name, num_params, aggregate_class | Definiert eine Summen-Funktion. Die Klasse muss die Methoden step und finalize implementieren. |
| create_collation(name, callable) | Definiert eine Sortier-Funktion. Das Ergebnis sollte -1 sein, wenn der erste Wert kleiner als der zweite bewertet wird, 0 bei Gleichheit und 1, wenn der erste Wert größer als der zweite bewertet wird. |

# 25.3 PostgreSQL mit `psycopg2`

Das Modul `psycopg2` ermöglicht den Zugriff auf PostgreSQL. Bei PostgreSQL handelt es sich um eine objekt-relationale Datenbank, die als eigenständiger Serverprozess läuft. Die Entwickler legen großen Wert auf Zuverlässigkeit und Einhaltung der SQL-Standards. Gleichzeitig sind viele praktische Erweiterungen eingebaut, die den Einsatz der Datenbank für die unterschiedlichsten Zwecke ermöglichen.

Das Modul gehört nicht zur Standardlibrary und muss zunächst mit `pip` installiert werden:

```
$ pip install psycopg2
```

Für das Modul `psycopg2` sehen die allgemeinen Attribute des DB-API zum Beispiel wie folgt aus:

```
>>> import psycopg2
>>> psycopg2.apilevel
'2.0'
>>> psycopg2.threadsafety
2
>>> psycopg2.paramstyle
'pyformat'
```

Dieses Modul unterstützt das API-Level 2, ist weitestgehend für den Einsatz mit Threads geeignet und unterstützt „pyformat" bei der Parameterübergabe.

### 25.3.1 Verbindung zur Datenbank

Die Initialisierung eines `Connection`-Objekts ist bei einer Client-/Server-Datenbank, im Vergleich zu SQLite, schon etwas aufwendiger. Neben dem Datenbanknamen ist mindestens ein User anzugeben, und dieser hat zum Schutz meist ein Passwort. Da die Datenbank auf einem anderen Rechner laufen kann, muss ggf. der Host angegeben werden. Falls man sich auf dem gleichen Rechner befindet, kann auch „localhost" angegeben werden bzw. wird als Standardwert verwendet.

Die Verbindungsdaten können als Zeichenkette (DSN[3]) oder benannte Parameter an die Funktion `connect()` übergeben werden. Die Zeichenkette enthält die einzelnen Werte ebenfalls in der Form einer Zuweisung.

---

3 DSN – "Data Source Name" – die Beschreibung einer Datenquelle.

```
1  con1 = psycopg2.connect("""dbname='mydb' user='dbuser' host='localhost'
2  password='dbpass'""")
```

**Listing 25.11.** Verbindungsaufbau zu einer PostgreSQL-Datenbank mit DSN

Wenn die Verbindungsdaten in Form benannter Parameter übergeben werden, ist der Datenbankname als `database` zu übergeben. Die anderen Parameter verwenden den gleichen Namen wie bei der DSN.

```
1  con2 = psycopg2.connect(database='mydb', user='dbuser',
2                     host='localhost', password='dbpass')
```

**Listing 25.12.** Verbindungsaufbau zur PostgreSQL mit benannten Parametern

Weiterer Parameter bei beiden Formen ist:

> `port` – Der Port, auf der die Datenbank zu erreichen ist (Default 5432).

Nachdem die Verbindung zur Datenbank steht, kann ein `Cursor`-Objekt erzeugt werden und damit Anfragen an die Datenbank gestellt werden. Dies entspricht dem vorgestellten Ablauf für das DB-API. Listing 25.13 stellt dies beispielhaft für die Abfrage der aktuellen Zeit dar.

```
1  import psycopg2
2  try:
3      con = psycopg2.connect(database='mydb', user='dbuser',
4                         host='localhost', password='dbpass')
5      cur = con.cursor()
6      rows = cur.execute("select current_timestamp")
7      result = cur.fetchone()
8      cur.close()
9      print("Datum und Zeit", result[0].ctime())
10 except psycopg2.Error as e:
11     pass
```

**Listing 25.13.** Abfrage der Uhrzeit in PostgreSQL

Die Exceptions, die beim Aufbau der Verbindung oder während einer Abfrage auftreten können, werden in Abschnitt 25.1.4 auf Seite 375 aufgelistet.

### 25.3.2 Parameter an Anfragen übergeben

Für die Beschreibung der Parameterübergabe wird zunächst eine Tabelle mit unterschiedlichen Spaltentypen angelegt.

```
1   sql = """create table typetest(
2     id     serial,
3     zahl   integer default 0,
4     zeichen varchar(32) default '',
5     zeit    datetime default current_timestamp
6   )
7   """
8
9   import psycopg2
10  with psycopg2.connect(database='mydb', user='dbuser',
11                        host='localhost', password='dbpass') as con:
12      cur = con.cursor()
13      rows = cur.execute(sql)
```

**Listing 25.14.** Definition einer Tabelle für Test der Parameterüberabe

Mit dem SQL-Statement in Listing 25.14 werden in den Zeilen 2 bis 5 vier unterschiedliche Spaltentypen definiert: Ein Autoinkrement (ein Zähler, der bei jedem neuen Einfügen erhöht wird), eine Zahl, eine Zeichenkette und ein Datumstyp. Die Spalte mit dem Autoinkrement muss beim Einfügen eines Datensatzes nicht übergeben werden, die Datenbank füllt diese Spalte selbstständig.

Die einfachste Form, eine Zeichenkette für ein Insert-Statement aufzubauen, sind die C-Style-Platzhalter. Hier wird für jeden einzufügenden Wert ein %s platziert[4]. Um die erforderlichen Anführungszeichen um Zeichenketten in der SQL-Anweisung muss sich der Programmierer nicht kümmern, diese werden automatisch eingefügt.

```
1   sql = """insert into typetest (zahl, zeichen, zeit)
2       values (%s, %s, %s)"""
3
4   import datetime
5   cur.execute(sql, (42, 'Hallo Welt!', datetime.datetime.now().isoformat()))
6   cur.execute(sql, (42, 'Hallo Welt!', datetime.datetime.now()))
7   con.commit()
```

**Listing 25.15.** Einfügen mit C-Style-Platzhalter

Listing 25.15 fügt zwei Zeilen in die Tabelle unter Verwendung der C-Style-Platzhalter ein. Die Platzhalter in Zeile 2 sind ohne Anführungszeichen angegeben!

---

[4] Andere Werte sind im Gegensatz zur String-Formatierung nicht zulässig.

Die Parameter müssen immer als Sequenz-Typ, also Tupel oder Liste, übergeben werden, auch wenn es sich nur um einen Wert handelt.

Der Aufruf von `commit()` im Anschluss an die Einfügeoperationen ist nur erforderlich, falls die Verbindung nicht im Autocommit-Modus ist. Mehr dazu im Abschnitt 25.3.3

Alternativ kann das Modul auch ein Dictionary als Parameter für ein SQL-Statement verarbeiten. Die Werte werden dann in der Form `%(name)s` in dem Statement platziert.

```
1  import datetime
2
3  sql = """insert into typetest (zahl, zeichen, zeit)
4      values (%(z)s, %(s)s, %(d)s)"""
5
6  values = {'d': datetime.datetime.now(), 's': 'Zeichenkette', 'z': 42}
7
8  cur.execute(sql, values)
9  con.commit()
```

**Listing 25.16.** Einfügen mit benannten Platzhaltern

In den Zeilen 3 und 4 des Listings 25.16 wird das SQL-Statement mit benannten Parametern definiert. Die Werte sind in dem Dictionary in Zeile 6 enthalten. Beide Variablen werden dem Aufruf von `execute()` in Zeile 6 übergeben.

### Sicherheitshinweis

Ein SQL-Statement sollte nie mit einer der Python Template- oder String-Funktionen aufgebaut werden. Werte an ein SQL-Statement sollten immer durch die Funktion `execute()` eingesetzt werden. Dies sorgt dafür, dass Zeichen mit besonderer Bedeutung in SQL korrekt umgewandelt werden und kein Sicherheitsloch durch SQL-Injektion[5] entsteht!

### 25.3.3 Erweiterungen des `Connection`-Objekts

Auch dieses Modul definiert einige Attribute und Methoden über den DB-API-Standard hinaus. Zunächst eine Tabelle mit den Attributen.

---

5 Hier wird durch geschicktes Einsetzen von Zeichen das eigentliche SQL-Statement verändert. Das Ergebnis enthält dann möglicherweise geheime Daten, die von der ursprünglichen Abfrage gar nicht ausgegeben worden wären.

**Tab. 25.8.** Attribute des `Connection`-Objekts in `psycopg2`, zusätzlich zum DB-API 2.0

| Attribut | Beschreibung |
| --- | --- |
| closed | 0, wenn die Verbindung besteht, ungleich null, wenn die Verbindung geschlossen wurde oder defekt ist. |
| dsn | Der DSN der Verbindung. |
| autocommit | `True`, wenn jede Anweisung sofort in die Datenbank übernommen wird. Wenn dieser Wert auf `False` gesetzt wird, muss eine Transaktion mit `commit()` oder `rollback()` abgeschlossen werden, damit die Daten gespeichert werden. |
| isolation_level | Das aktive „isolation level" für Transaktionen. |
| encoding | Die aktuelle Zeichencodierung. |
| notices | Alle Nachrichten, die die Datenbank während der Session an den Client gesendet hat. |
| notifies | Eine Liste von `Notify`-Objekten mit Nachrichten vom Server an den Client. |
| server_version | Die Versionszahl der Datenbank. |
| status | Eine Zahl, die den Status der Verbindung angibt. Die Werte sind als Konstanten in `psycopg2.extensions` definiert: `STATUS_READY` – Verbindung besteht. `STATUS_BEGIN` – Eine Transaktion ist eröffnet. `STATUS_IN_TRANSACTION` – Alias für `STATUS_BEGIN`. `STATUS_PREPARED` – Die Verbindung befindet sich in der zweiten Phase eines „Two-Phase Commit" (tpc) und kann keine weiteren Anweisungen entgegennehmen, bis die Transaktion mit `tpc_commit()` oder `tpc_rollback()` beendet wurde. Für eine geschlossene Verbindung ist der Status nicht definiert. |
| async | 1, wenn die Verbindung asynchron arbeitet, sonst 0. |

Für eine bestehende Verbindung können die Werte z. B. wie folgt aussehen:

```
>>> con2.closed
0
>>> con.dsn
'dbname=mydb user=dbuser password=xxxxxxxxxxxx host=localhost'
>>> con.autocommit
False              # Änderungen müssen mit commit() übernommen werden!
>>> con.isolation_level
1
>>> con.encoding
'UTF8'
>>> con.status
2
>>> psycopg2.extensions.STATUS_BEGIN
2
```

Für das `Connection`-Objekt sind auch in diesem Modul etliche Methoden als Erweiterung gegenüber dem DB-API 2.0 definiert. Die folgende Liste beschreibt nur einen Teil der Erweiterungen.

**Tab. 25.9.** Zusätzliche Methoden des `Connection`-Objekts in `psycopg2`

| Methode | Beschreibung |
| --- | --- |
| `cancel()` | Beendet eine gerade laufende Aktion auf der Datenbank. |
| `reset()` | Setzt die Verbindung in den Ursprungszustand zurück. |
| `set_session(` | Setzt verschiedene Parameter für eine Datenbankverbindung. Ein |
| `isolation_level=None,` | Wert von `None` verändert den Parameter nicht. |
| `readonly=None,` | `isolation_level` – setzt das „Isolation Level" der Verbindung. |
| `deferrable=None,` | Als Parameter können die Konstanten aus Tabelle 25.10 oder |
| `autocommit=None)` | die folgenden Werte verwendet werden: READ UNCOMMITTED, READ COMMITTED, REPEATABLE READ oder SERIALIZABLE. |
| | `readonly` – Auf `True` gesetzt ist die Verbindung nur zum Lesen. |
| | `deferrable` – `True` erlaubt der Verbindung eine verzögerte Verarbeitung (nur ab PostgreSQL 9.1). |
| | `autocommit` – Setzt Autocommit für die Verbindung. |
| `set_client_encoding(enc)` | Stellt die Zeichencodierung für die Verbindung ein. Standardwert ist der für die aktuelle Datenbank festgelegte Wert. |

### 25.3.4 Transaktionen und Isolation Level

Die einzelnen Isolation-Level legen fest, auf welche Daten eine Abfrage während einer Transaktion Zugriff hat. Die Level sind unter `psycopg2.extensions` als Konstanten definiert und haben folgende Auswirkungen.

**Tab. 25.10.** Isolation-Level von Transaktionen in `pscopg2`

| Konstante | Beschreibung |
| --- | --- |
| `ISOLATION_LEVEL_AUTOCOMMIT` | 0 – Die Änderungen jedes Statements werden nach seiner Ausführung gespeichert und sind dann für jeden sichtbar. |
| `ISOLATION_LEVEL_READ_COMMITTED` | 1 – Sieht nur die Daten, die zum Beginn der Abfrage gültig in der Datenbank standen. |
| `ISOLATION_LEVEL_REPEATABLE_READ` | 2 – Sieht nur Daten, die vor Beginn der Transaktion gültig in der Datenbank standen. |
| `ISOLATION_LEVEL_SERIALIZABLE` | 3 – Es kann nur eine Aktion zur Zeit auf der Datenbank ausgeführt werden. Dies ist die sicherste Art, Änderungen auszuführen, aber auch die langsamste. |

**Tab. 25.10.** fortgesetzt

| Konstante | Beschreibung |
| --- | --- |
| ISOLATION_LEVEL_READ_UNCOMMITTED | 4 – Daten von laufenden, aber noch nicht abgeschlossenen Transaktionen können bereits gelesen werden. |

## 25.4 MySQL mit `mysqlclient`

MySQL ist eine Client-/Server-Datenbank, die gerne für Web-Anwendungen verwendet wird. Das Modul `mysqlclient` befindet sich nicht in der Standardlibrary und muss zunächst mit `pip` installiert werden:

```
$ pip install mysqlclient
```

Das Modul bietet zwei Importmöglichkeiten: `MySQLdb` oder `_mysql`. Letzteres ist eine Python-Implementierung des C-Interfaces für Mysql. Es wird empfohlen, die abstraktere Schnittstelle `MySQLdb` einzusetzen.

Die allgemeinen DB-API-Attribute sehen für dieses Modul wie folgt aus:

```
>>> import MySQLdb
>>> MySQLdb.apilevel
'2.0'
>>> MySQLdb.threadsafety
1
>>> MySQLdb.paramstyle
'format'
```

### 25.4.1 Verbindung zur Datenbank

Durch das DB-API sieht auch der Zugriff auf eine Mysql-Datenbank, bis auf den `connect()`-Aufruf, nicht anders aus als bei anderen Datenbanken. Die `connect()`-Methode kann positionsabhängige und benannte Parameter verarbeiten. Um den Aufruf übersichtlich zu gestalten, wird empfohlen, die benannten Parameter zu verwenden.

```
1  import MySQLdb
2  MySQLdb.connect(host='host', db='mydb', user='ser', passwd='pass')
```

**Listing 25.17.** `connect()`-Methode im Modul `mysqlclient`

Listing 25.17 zeigt den Konstruktor des `Connection`-Objekts. Die folgende Tabelle erläutert die Keywords.

**Tab. 25.11.** Parameter der `connect()`-Methode im Modul `mysqlclient`

| Parameter | Beschreibung |
| --- | --- |
| host | Der Name des Rechners, zu dem die Verbindung hergestellt werden soll. |
| user | Der Username für die Anmeldung bei der Datenbank. |
| passwd | Das Passwort des Datenbank-Users. |
| db | Datenbank, zu der eine Verbindung hergestellt werden soll. |
| port | TCP-Port des Datenbankservers. |
| unix_socket | Pfad des UNIX-Sockets. |
| conv | Mapping für Typ-Konvertierungen von MySQL zu Python. Der Standardwert kommt aus `MySQLdb.converters.conversions`. |
| connect_timeout | Maximale Zeit in Sekunden bis der Server beim Verbindungsaufbau geantwortet haben muss. |
| compress | Schaltet die Kompression für die Datenübertagung mit gzip ein. |
| named_pipe | Nutzt eine benannte Pipe für die Kommunikation (Windows). |
| init_command | Dieses Kommando wird einmal auf der Datenbank ausgeführt, wenn die Verbindung zustande kommt. |
| read_default_file | Liest Einstellungen aus der gegebenen Datei. |
| read_default_group | Benennt die Gruppe, aus der Einstellungen zu lesen sind (`my.cnf` oder der Datei bei `read_default_file`). |
| client_flag | Verwendet die Einstellungen aus `MySQLdb.constants.CLIENT`. |
| load_infile | Wenn ungleich null, wird „LOAD LOCAL INFILE" eingeschaltet. |
| cursorclass | Die Klasse, die die Funktion `cursor()` erzeugt (nur als Keyword-Parameter). |
| use_unicode | Wenn dieser Parameter `True` ist, werden die Text-Datentypen als Unicode-Strings geliefert (nur als Keyword-Parameter). |
| charset | Das „charset" für die Verbindung zur Datenbank (nur als Keyword-Parameter). |
| sql_mode | Setzt den SQL-Modus der Verbindung. Nähere Informationen dazu finden sich in der MySQL-Dokumentation (nur als Keyword-Parameter). |
| ssl | Ein Dictionary. Die Schlüssel sind die Parameter der C-Funktion `mysql_ssl_set` aus dem MySQL-API (nur als Keyword-Parameter). |

Mit der Datenbankverbindung kann durch den Aufruf von `cursor()` ein `Cursor`-Objekt erstellt werden. Mit diesem kann auf der Datenbank gearbeitet werden. Als Beispiel hier wieder der Abruf des aktuellen Datums mit Uhrzeit in der Datenbank.

```
1  import MySQLdb
2  con = None
3  cur = None
4  try:
5      con = MySQLdb.connect('localhost', 'user', 'pass', 'testdb');
6      cur = con.cursor()
7      rows = cur.execute('select current_timestamp')
8      result = cur.fetchone()
9      cur.close()
10     print('Datum und Zeit', result[0].ctime())
11 except MySQLdb.Error as e:
12     if cur:
13         cur.close()
14     print('Error %d: %s' % (e.args[0],e.args[1]))
15 finally:
16     if con:
17         con.close()
```

**Listing 25.18.** Abfragen der Uhrzeit in MySQL

Listing 25.18 unterscheidet sich von dem Beispiel mit PostgreSQL (Listing 25.13 auf Seite 386) nur in der Angabe des Modulnamens, dem Aufruf von `connect()` und der Fehlerbehandlung.

### 25.4.2 Parameter an Anfragen übergeben

Die Abfrage des Modulattributs `paramstyle` hat für das Modul den Wert `format` ergeben. Die Stellen, an denen eine Variable eingefügt werden soll, müssen also mit einem `%s` gekennzeichnet werden. Für die folgenden Beispiele wird zunächst eine Tabelle definiert.

```
1  sql = """create table mytest (
2  id      integer not null auto_increment,
3  vorname varchar(32) default '',
4  nachname varchar(32) not null,
5  _alter  integer default 0,
6  primary key(id)
7  )"""
```

**Listing 25.19.** Tabellendefinition mit MySQL

Listing 25.19 enthält einen Multiline-String mit einem SQL-Statement, um eine Tabelle in MySQL anzulegen. Sie enthält vier Spalten:
- `id` – Eine fortlaufende Zahl, um einen Eintrag eindeutig identifizieren zu können.
- `vorname` – Eine maximal 32 Zeichen lange Zeichenkette. Wird automatisch als leere Zeichenkette angelegt, wenn nichts beim Einfügen angegeben wird.

- `nachname` – Ebenfalls eine 32 Zeichen lange Zeichenkette. Dieser Spalte muss ein Wert zugewiesen werden, die Anweisung „not null" erzwingt das.
- `_alter` – Eine Zahl für eine Altersangabe. Der Unterstrich zu Beginn ist erforderlich, da „alter" ein Schlüsselwort von SQL ist.

Das Statement zum Anlegen einer Tabelle kann mit `execute()` ausgeführt werden (Listing 25.20).

```
1  rows = cur.execute(sql)
```

**Listing 25.20.** Tabelle anlegen in MySQL

Die Ausführung des Statements liefert einen Rückgabewert von 0, da keine Zeile einer Tabelle verändert wurde.

### Einfügen eines Datensatzes

Nun wird die Tabelle mit Daten befüllt. Zunächst wird eine einzelne Zeile in die Datenbank eingefügt.

```
1  sql = 'insert into mytest (vorname, nachname, _alter) values (%s, %s, %s)'
2  cur.execute(sql, ('Donald', 'Duck', 75))
```

**Listing 25.21.** Einfügen einer Zeile in MySQL

Listing 25.21 enthält in Zeile 1 einen String mit dem SQL-Statement zum Einfügen eines Datensatzes. Die eigentlichen Daten sind durch die Platzhalter %s ersetzt. Zeile 2 zeigt die `execute()`-Methode des `Cursor`-Objekts mit den Daten in einem Tupel.

Der Rückgabewert von `execute()` ist hier 1. Der Tabelle wurde eine neue Zeile hinzugefügt.

### Einfügen mehrerer Datensätze

Das Listing 25.22 definiert mehrere Datensätze in einem Tupel und schreibt sie mit der Funktion `executemany()` mit der SQL-Anweisung aus Listing 25.21 in die Datenbank.

```
1  data = (
2    ('Micky', 'Maus', 80),
3    ('', 'Goofy', 75),
4    ('Dagobert', 'Duck', 90),
5  )
6  cur.executemany(sql, data)
```

**Listing 25.22.** Einfügen mehrerer Datensätze in MySQL

Das Ergebnis dieses Funktionsaufrufs ist 3.

**Daten abfragen**

Auch für Abfragen dient %s als Platzhalter für variable Daten in einem SQL-Statement, das an die Methode `execute()` übergeben wird. Listing 25.23 führt in Zeile 1 eine Abfrage mit `execute()` aus. Das Ergebnis wird in den folgenden Zeilen auf den Bildschirm ausgegeben.

```
1  cur.execute('select * from mytest where nachname = %s', ('duck',))
2  result = cur.fetchall()
3  for line in result:
4      print(line)
```

**Listing 25.23.** Abfrage in MySQL mit variabler Query

Der Platzhalter %s ist universell für alle Datentypen. Als Beispiel hier noch eine Abfrage auf die Alters-Spalte der Tabelle mit einer Zahl als variablem Wert.

```
1  cur.execute('select * from mytest where _alter = %s', (75,))
2  result = cur.fetchall()
3  for line in result:
4      print(line)
```

**Listing 25.24.** Abfrage in MySQL mit Zahlenwert

### 25.4.3 Erweiterungen des `Connection`-Objekts

Das `Connection`-Objekt ist gegenüber dem DB-API-Standard unter anderem um die folgenden Funktionen erweitert.

**Tab. 25.12.** Zusätzliche Methoden des `Connection`-Objekts in MySQL

| Methode | Beschreibung |
| --- | --- |
| `autocommit(on)` | Schaltet `autocommit` in den gegebenen Zustand. Die Methode interpretiert einen Python-Typ als booleschen Wert. |
| `query(q)` | Stellt die übergebene Anfrage an die Datenbank. |
| `set_character_set(charset)` | Stellt `charset` als Codierung für die Verbindung ein. |
| `set_sql_mode(sql_mode)` | Mit dieser Einstellung kann in gewissen Grenzen die SQL-Syntax und die Einhaltung von SQL-Standards von MySQL beeinflusst werden. <br><br> Vor MySQL 5.6.6 war standardmäßig kein Modus gesetzt. Ab dieser Version wurde `NO_ENGINE_SUBSTITUTION` gesetzt. Mit dieser Einstellung wird die Verwendung der Default-Datenbank-Engine beim Anlegen einer Tabelle verhindert, wenn eine bestimmte Engine gefordert, aber nicht verfügbar ist. |

**Tab. 25.12.** fortgesetzt

| Methode | Beschreibung |
| --- | --- |
| show_warnings() | Liefert eine Sequenz von Tupeln mit den Warnungen auf der Verbindung. |

### 25.4.4 Cursor-Klassen

Das Modul definiert verschiedene Cursor-Klassen. Diese Klassen können mit dem Konstruktor des Connection-Objekts als Parameter cursorclass verwendet werden.

**Tab. 25.13.** Cursor-Klassen im Modul mysqlclient

| Klasse | Beschreibung |
| --- | --- |
| BaseCursor | Die Basisklasse für alle Cursor-Objekte. Diese Klasse erzeugt kein Warning. |
| Cursor | Die Standard Cursor-Klasse des Moduls. Diese Klasse ist von verschiedenen anderen Cursor-Klassen abgeleitet, erzeugt Warning und liefert Ergebniszeilen als Tupel. |
| CursorStoreResultMixIn | Überträgt das gesamte Ergebnis zum Client. |
| CursorUseResultMixIn | Speichert das Ergebnis auf dem Server, der Client ruft es zeilenweise ab. |
| CursorTupleRowsMixIn | Liefert eine Ergebniszeile als Tupel. |
| CursorDictRowsMixIn | Liefert eine Ergebniszeile als Dictionary. Die Spaltennamen sind die Schlüssel. Nicht eindeutige Spaltennamen bei Abfragen über mehrere Tabellen werden als table.column eingetragen. |
| DictCursor | Entspricht der Klasse Cursor mit dem Unterschied, dass Ergebniszeilen als Dictionary geliefert werden. |
| SSCursor | Ein „server-side" Cursor, von dem das Ergebnis zeilenweise gelesen werden kann. |
| SSDictCursor | Entspricht SSCursor mit Ergebniszeilen als Dictionary. |

# 26 Diverses

Eine lose Sammlung von Tools, die man immer wieder mal benötigt und die nicht direkt in die bisherigen Kategorien passen.

## 26.1 `math` – Mathematische Funktionen

In dem Modul `math` sind Konstanten und Funktionen aus den unterschiedlichsten Bereichen der Mathematik versammelt.

### Konstanten

Die Zahlen in der folgenden Tabelle kennt wohl jeder.

**Tab. 26.1.** Konstanten in `math`

| Konstante | Beschreibung |
|-----------|--------------|
| pi | Die Kreiszahl Pl. |
| e | Die eulersche Zahl. |

Die Konstanten enthalten die Zahlen mit der typischen Genauigkeit von Fließkommazahlen:

```
>>> import math
>>> math.pi
3.141592653589793
>>> math.e
2.718281828459045
```

Zahlen, also auch Ergebnisse von Funktionen, können gegen unendlich oder „NaN"[1] verglichen werden. Diese Werte sind nicht als Konstanten definiert. Sie können aber als Zahl erzeugt und einer Variablen zugewiesen werden:

```
>>> float('nan')
nan
>>> float('inf')
inf
```

---

[1] NaN – Not a Number – keine Zahl

## Exponential- und Logarithmusfunktionen

Exponentialfunktionen zur Basis e, Logarithmusfunktionen mit verschiedenen Basen sowie die Potenz- und Wurzelfunktion.

**Tab. 26.2.** Exponential- und Logarithmusfunktionen im Modul `math`

| Funktion | Beschreibung |
| --- | --- |
| `exp(x)` | Liefert e**x. |
| `expm1(x)` | Liefert e**x - 1. |
| `log(x[, base])` | Logarithmus von x zur Basis e (natürlicher Logarithmus). Alternativ kann mit `base` eine andere Basis vorgegeben werden. |
| `log1p(x)` | Berechnet den natürlichen Logarithmus von 1 + x. |
| `log2(s)` | Logarithmus von x zur Basis 2. |
| `log10(x)` | Logarithmus von x zur Basis 10. |
| `pow(x, y)` | Berechnet die y Potenz von x. |
| `sqrt(x)` | Berechnet die Quadratwurzel von x. |

Die gesonderten Logarithmusfunktionen mit Basis 2 und 10 sollen genauer rechnen als die allgemeine Funktion `log()` bei der die entsprechende Basis angegeben wird:

```
>>> import math
>>> math.log(math.e)
1.0
>>> math.log2(8)
3.0
>>> math.log10(100)
2.0
>>> math.pow(2, 3)
8.0
>>> math.sqrt(2)
1.4142135623730951
```

## Trigonometrische und Hyperbel-Funktionen

Hier finden sich die Sinus- und Kosinusfunktion sowie alle Verwandten. Die Funktionen arbeiten mit Winkeln im Bogenmaß/Radiant. Für die Konvertierung von Grad in Radiant und zurück gibt es die beiden Funktionen `radiant(x)` und `degrees(x)`.

**Tab. 26.3.** Trigonometrische und Hyperbel-Funktionen im Modul math

| Funktion | Beschreibung |
|---|---|
| cos(x) | Kosinusfunktion |
| sin(x) | Sinusfunktion |
| tan(x) | Tangensfunktion |
| acos(x) | Umkehrfunktion von cos(). |
| asin(x) | Umkehrfunktion von sin(). |
| atan(x) | Umkehrfunktion von tan(). |
| atan2(y, x) | Berechnet atan(y / x). |
| hypot(x, y) | Berechnet die Strecke vom Nullpunkt zum Punkt (x, y). |
| sinh(x) | Sinus Hyperbolicus |
| cosh(x) | Kosinus Hyperbolicus |
| tanh(x) | Tangens Hyperbolicus |
| asinh(x) | Areasinus Hyperbolicus. Umkehrfunktion von sinh(). |
| acosh(x) | Areakosinus Hyperbolicus. Umkehrfunktion von cosh(). |
| atanh(x) | Areatangens Hyperbolicus. Umkehrfunktion von tanh(). |

Die Sinus- und Kosinusfunktionen, angewendet auf einen Winkel von 90 Grad. Dieser wird zunächst mit der Funktion radians() umgerechnet:

```
>>> import math
>>> math.radians(90)
1.5707963267948966
>>> math.sin(1.5707963267948966)
1.0
>>> math.cos(1.5707963267948966)
6.123233995736766e-17
>>> math.hypot(1, 1)
1.4142135623730951
```

An der Zeile mit der Kosinusfunktion sieht man sehr schön die Ungenauigkeit bei der Rundung von Fließkommazahlen. Der Wert sollte null sein.

### Sonstige Funktionen

Das Modul enthält auch Funktionen zum Auf- und Abrunden, Abschneiden von Nachkommastellen, zur Bestimmung eines größten gemeinsamen Teilers, für kryptografische Anwendungen und verschiedene Tests gegen Grenzwerte.

**Tab. 26.4.** Sonstige Funktionen im Modul `math`

| Funktion | Beschreibung |
|---|---|
| `ceil(x)` | Liefert die nächste Ganzzahl, die größer als `x` ist. |
| `copysign(x, y)` | Liefert `x` mit dem Vorzeichen von `y`. |
| `fabs(x)` | Betrag von `x`. |
| `factorial(x)` | Fakultät von `x`. |
| `floor(x)` | Die nächstkleinere ganze Zahl. |
| `fmod(x, y)` | Die Modulo-Funktion der C-Library. |
| `frexp(x)` | Berechnet zwei Werte `m` und `n` für die Gleichung `x = m * 2 ** n`. |
| `fsum(i)` | Summiert die Werte in der Sequenz auf. |
| `gcd(a, b)` | Größter gemeinsamer Teiler. |
| `isclose(a, b, *, rel_tol=1e-09, abs_tol=0.0)` | Liegen die Zahlen nah beieinander? Die Funktion liefert `True`, wenn dem so ist. Die Toleranz bei der Bewertung kann mit den Parametern `rel_tol` und `abs_tol` vorgegeben werden. `rel_tol` ist die maximal zulässige Differenz zwischen den Zahlen. `abs_tol` ist die minimale Differenz und sollte wenigstens null sein. |
| `isfinite(x)` | Liefert `True`, wenn `x` nicht unendlich oder NaN ist. |
| `isinf(x)` | Liefert `True`, wenn `x` unendlich ist. |
| `isnan(x)` | Liefert `True`, wenn `x` NaN ist. |
| `ldexp(x, y)` | Berechnet `x * (2**y)`. Dies ist die Umkehrfunktion zu `frexp()`. |
| `modf(x)` | Zerlegt `x` in seinen Vor- und Nachkommateil. Das Vorzeichen wird dabei für beide Teile übernommen. |
| `trunc(x)` | Schneidet die Nachkommastellen von `x` ab und liefert eine Ganzzahl. |

Ein paar Beispiele zu den Funktionen aus Tabelle 26.4:

```
>>> import math
>>> math.ceil(math.pi)
4
>>> math.ceil(math.e)
3
>>> math.copysign(math.pi, -1)
-3.141592653589793
>>> math.factorial(4)
24
>>> math.floor(math.pi)
3
>>> math.fmod(5, 2)
1.0
>>> math.frexp(7)
(0.875, 3)
>>> .875 * 2**3
7.0
```

```
>>> math.fsum([.1, .2, .3])
0.6
>>> math.gcd(12, 8)
4
>>> math.isclose(7, 8)
False
>>> math.isclose(7, 8, rel_tol=1)   # sehr tollerant
True
>>> math.isnan(float('nan')) .
True
>>> math.modf(math.pi)
(0.14159265358979312, 3.0)
>>> math.trunc(math.pi)
3
```

Die Funktion fsum() entspricht der eingebauten Funktion sum(). Allerdings soll sie eine höhere Genauigkeit liefern.

## 26.2 hashlib – **Hashfunktionen**

Dieses Modul bietet Objekte für sogenannte Hash-Algorithmen. Diese berechnen über ein Datum einen Wert mit einer bestimmten Länge, der in der Regel deutlich kürzer ist als das ursprüngliche Datum. Ein populäres Beispiel sind die MD5- oder SHA*-Werte von CD/DVD-Images. Im Idealfall gibt es keine zwei Eingangswerte, die das gleiche Ergebnis produzieren. Gerade für Funktionen mit kleinen Ergebnissen ist dies inzwischen nicht mehr gesichert[2]. (Das Ergebnis hat wenig Bits, die Anzahl wird auch häufig in der Bezeichnung der Funktion angegeben.)

### Verfügbare Algorithmen

Die im Modul verfügbaren Algorithmen sind im Attribut algorithms_available hinterlegt:

```
>>> import hashlib
>>> hashlib.algorithms_available
{'sha224', 'sha384', 'DSA-SHA', 'dsaEncryption', 'ecdsa-with-SHA1',
 'sha', 'sha1', 'SHA1', 'md5', 'sha512', 'SHA384', 'DSA', 'whirlpool',
```

---

2 Man bezeichnet es als Kollision, wenn zwei Eingabewerte das gleiche Ergebnis produzieren. Besonders die Algorithmen MD5 und SHA1 mit ihren kurzen Ergebniswerten sind kritisch.

```
'dsaWithSHA', 'SHA512', 'MD5', 'SHA', 'MD4', 'SHA224', 'md4',
'sha256', 'ripemd160', 'RIPEMD160', 'SHA256'}
```

Das Attribut `algorithms_guaranteed` enthält die Liste der plattformübergreifend verfügbaren Algorithmen:

```
>>> hashlib.algorithms_guaranteed
{'sha224', 'sha384', 'sha1', 'md5', 'sha256', 'sha512'}
```

Wie man sieht, sind die Unterschiede in den Listen erheblich.

### Attribute und Methoden von Hash-Objekten

Alle Hash-Objekte haben die folgenden Attribute und Methoden.

**Tab. 26.5.** Attribute und Methoden der Klassen in `hashlib`

| Attribut | Beschreibung |
| --- | --- |
| name | Der Name des Algorithmus. Dieser Wert kann als Parameter zur Objekterzeugung mit `new()` dienen. |
| digest_size | Länge des Ergebnisses in Bytes. |
| block_size | Die interne Blockgröße des Algorithmus in Bytes. |
| **Methode** | |
| update(o) | Fügt o zu den Daten des Objekts hinzu. Der Parameter muss ein Puffer von Bytes sein. |
| digest() | Liefert das Ergebnis des verwendeten Algorithmus auf die bisher gespeicherten Daten als Byte-String. |
| hexdigest() | Liefert das Ergebnis der Berechnung mit der Darstellung der Bytes in Hexadezimaldarstellung. |
| copy() | Kopiert ein Hash-Objekt. |

Die Hash-Namen aus dem Set `algorithms_guaranteed` können als Parameter für den Objekt-Konstruktor `new()` genutzt werden, z. B.:

```
>>> import hashlib
>>> m1 = hashlib.new('md5')
```

Im Fall der Namen `algorithms_guaranteed`, z. B. der Hash-Funktion MD5, ist auch ein eigener Konstruktor vorhanden. Damit sind, wie im Beispiel zu sehen, zwei Wege der Objekterzeugung vorhanden:

```
>>> import hashlib
>>> m2 = hashlib.md5()
```

Jedem Konstruktor kann ein Byte-Puffer übergeben werden. Alternativ können ein oder mehrere Puffer mittels der Methode `update()` übergeben werden:

```
>>> m1 = hashlib.new('md5', b'Hallo Welt!')
>>> m1.hexdigest()
'55243ecf175013cfe9890023f9fd9037'
>>> m2 = hashlib.md5()
>>> m2.update(b'Hallo Welt!')
>>> m2.hexdigest()
'55243ecf175013cfe9890023f9fd9037'
```

Die Attribute eines MD5-Objekts liefern zum Beispiel folgende Daten:

```
>>> m2.name
'md5'
>>> m2.digest_size
16
>>> m2.block_size
64
```

## 26.3 `csv` – CSV-Dateien

CSV – Comma Separated Values – ist ein häufig genutztes Format, um Daten aus Tabellenkalkulationen und Datenbanken auszutauschen. Von „Comma" im Dateinamen sollte man sich nicht täuschen lassen, es gibt eine Vielzahl von Interpretationen, wie eine Datei mit dieser Bezeichnung aussehen kann. Als Trennzeichen zwischen Werten wird auch gerne das Semikolon oder ein Tabulator verwendet. Das Modul `csv` bezeichnet dies als verschiedene Dialekte („Dialect").

### Funktionen des Moduls

Das Modul enthält die folgenden Funktionen.

**Tab. 26.6.** Funktionen des Moduls `csv`

| Funktion | Beschreibung |
|---|---|
| `reader(csvfile, dialect='excel', **fmtparams)` | Liefert ein `reader`-Objekt, das die Daten in `csvfile` zeilenweise liest. Für diesen Parameter kommen Dateien oder eine Liste in Frage. |

**Tab. 26.6.** fortgesetzt

| Funktion | Beschreibung |
|---|---|
| | Bei Dateien wird empfohlen, sie mit dem Parameter `newline="` zu öffnen. |
| | Der Inhalt einer Zeile wird als Liste von Strings geliefert. Eventuell nötige Konvertierungen des Datentyps muss das Programm vornehmen. |
| | Mehr Informationen zu den möglichen `fmtparams` in der Tabelle 26.8. |
| `writer(csvfile, dialect='excel', **fmtparams)` | Erzeugt ein Objekt zum Schreiben einer CSV-Datei. Als `csvfile` kommt jedes Objekt mit `write()`-Methode infrage. |
| | Auch hier sollte beim Öffnen ein `newline="` angegeben werden. |
| `register_dialect(name[, dialect[, **fmtparams]])` | Verbindet den Namen `name` mit dem `Dialect`-Objekt. |
| `unregister_dialect(name)` | Entfernt einen `Dialect`. |
| `get_dialect(name)` | Liefert das `Dialect`-Objekt zu einem Namen (Zeichenkette). |
| `list_dialects()` | Listet die verfügbaren Dialekte auf. |
| `field_size_limit([new_limit])` | Gibt die maximale Feldgröße aus. Mit dem Parameter `new_limit` kann ein neuer Wert vorgegeben werden. |

Für den Anwender ist es natürlich besonders interessant, welche Typen von CSV-Dateien von dem Modul unterstützt werden. Die Funktion `list_dialects()` zeigt die verfügbaren „Dialekte":

```
>>> import csv
>>> csv.list_dialects()
['unix', 'excel', 'excel-tab']
```

Das Modul enthält folgende Klassen.

**Tab. 26.7.** Klassen des Moduls `csv`

| Klasse | Beschreibung |
|---|---|
| `DictReader(csvfile, fieldnames=None, restkey=None, restval=None, dialect='excel', *args, **kw)` | Liefert ein Objekt, das sich wie ein `reader` verhält. Das Objekt liest die Daten in ein Dictionary ein. |
| | Der Parameter `fieldnames` ist eine Sequenz mit den Spaltennamen. Diese Namen werden als Schlüssel für das Daten-Dictionary verwendet. Ohne den Paramter wird die erste Zeile der Datei für die Spaltennamen genutzt. |

**Tab. 26.7.** fortgesetzt

| Klasse | Beschreibung |
|---|---|
| DictWriter(csvfile, fieldnames, restval='', extrasaction='raise', dialect='excel', *args, **kw) | Erzeugt ein Objekt, das sich wie ein writer verhält. Die Daten müssen in einem Dictionary übergeben werden. Im Parameter fieldnames wird eine Sequenz mit den Spaltennamen erwartet, die gleichzeitig die Schlüssel für das Daten-Dictionary darstellen. Der Header wird mit der Methode writeheader() und die Daten mit writerow() geschrieben. |
| Dialect | Eine Containerklasse mit Parametern für die folgenden Datenformate. |
| excel | Beschreibt die Eigenschaften eines Excel-CSV-Exports. |
| excel_tab | Die Eigenschaften eines Excel-Exports mit TAB als Trennzeichen. |
| unix_dialect | Die Eigenschaften einer unter UNIX erstellten CSV-Datei. |
| Sniffer | Diese Klasse kann zur Bestimmung des Formats genutzt werden. Der Methode sniff() kann eine Probe der Daten und eine Zeichenkette mit Trennzeichen übergeben werden (Default None). Sie liefert ein Dialect-Objekt |

Die Funktionen reader() und writer() (Tabelle 26.6) akzeptieren eine Vielzahl von Keyword-Parametern im Parameter fmtparams, die das Datenformat beeinflussen. Die Namen in Tabelle 26.8 sind bis auf strict Attributnamen der Klasse Dialect.

**Tab. 26.8.** Format-Parameter der Funktionen reader() und writer()

| Parameter | Beschreibung |
|---|---|
| delimiter | Ein Zeichen, das die Felder trennt, z. B. ','. |
| doublequote | Ein boolescher Wert, der die Maskierung des quotechar ein- oder ausschaltet. Wenn dies eingeschaltet ist, wird das Zeichen effektiv verdoppelt. |
| escapechar | Ein Ein-Zeichen-String, der beim Schreiben das Zeichen delimiter umgibt, wenn quoting den Wert QUOTE_NONE hat. Außerdem wird quotechar damit umgeben, wenn doublequote den Wert False hat. |
| lineterminator | Diese Zeichenkette markiert das Ende einer Zeile für den writer. |
| quotechar | Ein Ein-Zeichen-String, der Felder mit Sonderzeichen wie delimiter, quotechar oder Zeilenumbrüchen umgibt. |
| quoting | Bestimmt, wie umfangreich das Quoting beim Schreiben und Lesen ausfällt. Kann die Werte QUOTE_ALL, QUOTE_MINIMAL, QUOTE_NONNUMERIC oder QUOTE_NONE annehmen. QUOTE_MINIMAL ist der Defaultwert. |

**Tab. 26.8.** fortgesetzt

| Parameter | Beschreibung |
| --- | --- |
| skipinitialspace | Ignoriert Leerzeichen nach dem delimiter, wenn hier True übergeben wird. Default ist False. |
| strict | Wird dieser Wert auf True gesetzt, löst die Verarbeitung von fehlerhaften Daten die Ausnahme Error aus. Default ist False. |

Die Attribute für die Klasse excel sehen z. B. wie folgt aus:

```
>>> import csv
>>> csv.excel.delimiter
','
>>> csv.excel.doublequote
True
>>> csv.excel.escapechar
>>> csv.excel.lineterminator
'\r\n'
>>> csv.excel.quotechar
'"'
>>> csv.excel.quoting
0
>>> csv.excel.skipinitialspace
False
```

**CSV-Dateien einlesen und schreiben**

Im Folgenden werden ein paar Beispiele für das Lesen und Schreiben von CSV-Dateien vorgestellt. Um eine Datei zeilenweise zu verarbeiten, kann man einfach ein reader-Objekt erzeugen und anschließend die Daten mit einer Schleife lesen:

```
>>> import csv
>>> fd = open('test.csv', newline='')
>>> reader = csv.reader(fd)
>>> for line in reader:
...     print(line)
...
['11', '12', '13']
['21', '22', '23']
['31', '32', '33']
```

Das Einlesen einer Datei mit dem `DictReader` unterscheidet sich zunächst nicht von dem mit der `reader`-Klasse. Der Parameter `fieldnames` wird in diesem Beispiel beim Konstruktor-Aufruf nicht übergeben. Die erste Zeile der Datei wird als Spaltenname im Dictionary verwendet:

```
>>> import csv
>>> fd = open('test.csv', newline='')
>>> dr = csv.DictReader(fd)
>>> dr.fieldnames
['11', '12', '13']
>>> for line in dr:
...     print(line)
...
{'12': '22', '13': '23', '11': '21'}
{'12': '32', '13': '33', '11': '31'}
```

Mit einer Liste von Spaltennamen für den Konstruktor sieht das Ergebnis schon anders aus. Die erste Zeile wird korrekt als Daten gelesen, die Werte haben die Spaltennamen als Schlüssel im Dictionary:

```
>>> fd = open('test.csv', newline='')
>>> dr = csv.DictReader(fd, fieldnames=['s1', 's2', 's3'])
>>> for line in dr:
...     print(line)
...
{'s1': '11', 's3': '13', 's2': '12'}
{'s1': '21', 's3': '23', 's2': '22'}
{'s1': '31', 's3': '33', 's2': '32'}
```

Listing 26.1 zeigt, wie mit der Klasse `DictWriter` Daten in eine CSV-Datei geschrieben werden können.

```
1  import csv
2  data = (
3      {'s1': 11, 's2': 21, 's3': 31}, {'s1': 21, 's2': 22, 's3': 32},
4      {'s1': 31, 's2': 23, 's3': 33},
5  )
6  with open('tabelle.csv', 'w') as fd:
7      writer = csv.DictWriter(fd, ['s1', 's2', 's3'])
8      writer.writeheader()
9      for line in data:
10         bytes = writer.writerow(line)
```

**Listing 26.1.** Schreiben einer CSV-Datei mit `DictWriter`

Die Methode `writerow()` liefert die Anzahl der geschriebenen Bytes. Dieses Beispiel ist nur die Minimalform, da dem `DictWriter`-Objekt keine Format-Parameter übergeben werden.

## 26.4 `getpass` – **Passwörter eingeben**

Gelegentlich muss man den aktuellen Benutzer ermitteln und sein Passwort auf der Konsole einlesen. Dies braucht man nicht von Grund auf neu zu implementieren. Das Modul `getpass` bietet die nötigen Funktionen:

```
>>> import getpass
>>> getpass.getuser()
'user'
>>> getpass.getpass()
Password:
'test'
>>> getpass.unix_getpass()
Password:
'asdf'
```

Die Passwortabfrage kann optional mit zwei Parametern aufgerufen werden. Als erster Parameter kann ein Prompt angegeben werden, der anstelle von „Password:" ausgegeben wird:

```
>>> import getpass
>>> getpass.getpass('Dein Passwort')
Dein Passwort
```

# 26.5 enum – **Aufzählungstypen**

Aufzählungstypen weisen einem beliebigen Namen einen konstanten numerischen Wert zu. Mit diesen Objekten können Vergleiche ausgeführt werden, und über die Menge der Werte kann ein Iterator laufen. Das Modul enum definiert zwei Klassen.

**Tab. 26.9.** Klassen im Modul enum

| Klasse | Beschreibung |
| --- | --- |
| Enum | Dies ist die allgemeine Enum-Klasse. |
| IntEnum | Dies ist eine Spezialisierung von Enum. Objekte dieser Klasse können mit Ganzzahlen verglichen werden. |

### Erstellen eines Aufzählungstyps

Ein Aufzählungstyp wird als eine von Enum abgeleitete Klasse definiert. In der Klasse werden die einzelnen Werte als Klassenvariablen deklariert. Ein Konstruktor ist nicht erforderlich.

```
1  from enum import Enum
2  class Roman(Enum):
3      i = 1
4      ii = 2
5      iii = 3
```

**Listing 26.2.** Definition eines Enums

Mit dem Import und der Klassendefiniton in Listing 26.2 ist schon alles erledigt. Es muss kein Objekt erzeugt werden, der Aufzählungstyp kann sofort genutzt werden.

Die Werte in einem Aufzählungstyp müssen nicht eindeutig sein. Nur die Namen in der Klasse müssen es sein. Listing 26.3 definiert ein Enum mit mehreren Namen für den Wert 2. Dies wird auch als Alias bezeichnet.

```
1  from enum import Enum
2  class Multi(Enum):
3      v1 = 1
4      v2 = 2
5      v3 = 4
6      v4 = 2
```

**Listing 26.3.** Definition eines mehrdeutigen Enums

Da es sich bei der mehrfachen Zuweisung desselben Wertes durchaus um einen Tippfehler handeln kann, gibt es in dem Modul einen Dekorator, der die mehrfache Vergabe eines Wertes verhindert.

```
1  from enum import Enum, unique
2  @unique
3  class Multi(Enum):
4      v1 = 1
5      v2 = 2
6      v3 = 4
7      v4 = 2
```

**Listing 26.4.** Einen eindeutigen Enum erzwingen

Die Ausführung von Listing 26.4 führt zu einem `ValueError` mit einem Hinweis auf die (vermutlich) fehlerhafte Zeile:

```
ValueError: duplicate values found in <enum 'Multi'>: v4 -> v2
```

Eine alternative Möglichkeit, ein Enum zu initialisieren, besteht in dem Aufruf von `Enum` als Konstruktor. Die Klasse implementiert das Callable-Protokoll, d.h. der Aufruf führt eine Funktion aus. Listing 26.5 zeigt als Beispiel die Initialisierung einer Aufzählung `Tiere`.

```
1  Tiere = Enum('Tiere', 'Hund Katze Maus')
```

**Listing 26.5.** Aufruf des `Enum`-Konstruktors

Als erster Parameter wird ein Name angegeben, als Zweiter die Namen der Mitglieder der Aufzählung. Der zweite Parameter kann verschiedene Formen haben:
– Eine Zeichenkette mit durch Leerzeichen getrennten Namen.
– Eine Sequenz mit Namen.
– Eine Sequenz von Tupeln, die Namen und Wert enthalten.
– Ein Mapping/Dictionary mit Namen-/Werte-Paaren.

Bei der automatischen Initialisierung bekommen die Namen Werte ab 1 zugewiesen:

```
>>> t1 = Enum('Tiere', 'Hund Katze Maus')
>>> t1
<enum 'Tiere'>
>>> t1.Hund
<Tiere.Hund: 1>
>>> t2 = Enum('Tiere', [('Hund', 1), ('Katze', 2)])
>>> t2
<enum 'Tiere'>
```

```
>>> t2.Hund
<Tiere.Hund: 1>
>>> t3 = Enum('Pilze', {'Fliegenpilz': 1, 'Knollenblaetter': 2})
>>> t3.Fliegenpilz
<Pilze.Fliegenpilz: 1>
```

**Enums verwenden**

Wie schon erwähnt, können Enums sofort nach der Definition der Klasse benutzt werden. Die Klasse aus Listing 26.2 verhält sich wie folgt beim Zugriff auf die einzelnen Werte:

```
>>> Roman.i
<Roman.i: 1>
>>> print(Roman.i)
Roman.i
>>> Roman.i.name
'i'
```

Über die Aufzählung kann eine Schleife ausgeführt werden:

```
>>> for n in Roman:
...     print(n)
...
Roman.i
Roman.ii
Roman.iii
```

Ein Element der Aufzählung kann als Key für ein Dictionary zum Einsatz kommen:

```
>>> d = {}
>>> d[Roman.i] = 'Nummer 1'
>>> d
{<Roman.i: 1>: 'Nummer 1'}
```

Auf die einzelnen Elemente kann sowohl über den Wert als auch über den Namen in Form eines Dictionarys zugegriffen werden:

```
>>> Roman(1)
<Roman.i: 1>
>>> Roman['i']
<Roman.i: 1>
```

Enums können miteinander verglichen werden. Enums unterschiedlichen Typs sind nie gleich, auch wenn der Wert der Elemente übereinstimmt:

```
>>> Roman.i == Roman.ii
False
>>> Roman.i == Roman.i
True
>>> Roman.i == Multi.v1
False
```

## 26.6 pprint – Variablen schöner ausgeben

Im Interpreter kann man sich jede Variable mit der eingebauten print-Funktion ausgeben lassen. Bei einfachen Werten wie Zahlen und Zeichenketten ist dies ausreichend.

Geschachtelte Datenstrukturen aus Listen und Dictionarys werden aber schnell unübersichtlich. Dies kann man durch das Modul pprint lösen. Ein kurzes Beispiel: Die Zweierpotenzen für die Exponenten von 3 bis 24 werden mit dem Exponenten in ein Dictionary ausgegeben (darin kann man schnell aus der Anzahl der IP-Adressen in einem Netzwerk die Bitzahl der Netzmaske nachsehen):

```
>>> bitmasks = {2 ** n : 32 - n for n in range(3,25)}
>>> bitmasks
{128: 7, 4096: 12, 262144: 18, 8: 3, 256: 8, 2097152: 21,
 16: 4, 512: 9, 4194304: 22, 16777216: 24, 6553...
```

Das Dictionary ist durch seine innere, ungeordnete Struktur unübersichtlich. Das Modul pprint bietet die Klasse PrettyPrinter für eine strukturierte Ausgabe an. Das Programm muss nur das Modul importieren, ein Objekt erzeugen und ihm dann die Daten zur Ausgabe übergeben:

```
>>> import pprint
>>> pp = pprint.PrettyPrinter()
>>> pp.pprint(bitmasks)
{8: 29,
 16: 28,
 32: 27,
 64: 26,
 128: 25,
 ...
 16777216: 8}
```

Die vollständige Signatur des Konstruktors sieht wie folgt aus:

```
PrettyPrinter(indent=1, width=80, depth=None, stream=None, *,
              compact=False)
```

Die Bedeutung der Parameter wird in der folgenden Tabelle erläutert.

**Tab. 26.10.** Parameter des Konstruktors für `PrettyPrinter`

| Parameter | Beschreibung |
| --- | --- |
| ident | Anzahl Zeichen für die Einrücktiefe pro Ebene der Datenstruktur. Default-wert: 1. |
| width | Breite der Ausgabe. Defaultwert: 80 Zeichen. |
| depth | Eine Zahl für die Ausgabetiefe der Datenstruktur. Defaultwert: unbeschränkt. |
| stream | Der genutzte Ausgabekanal. Default: stdout. |
| compact | Boolescher Wert, wenn gesetzt, wird möglichst viel von einer Datenstruktur in eine Zeile geschrieben. Defaultwert: False |

# 27 Verarbeiten von Startparametern

Die Shell ist unter Linux die klassische Startumgebung für alle Programme. Typischerweise wird einem Programm beim Aufruf ein oder mehrere Parameter mitgegeben, zum Beispiel:

```
wc -l /var/log/messages
```

Die Anweisung an die Shell besteht aus dem eigentlichen Kommando, hier das Programm wc (Word Count), das die Wörter in einer Datei zählt, dem sogenannten Flag -l und dem zugehörigen Parameter/Argument.

Wie kommt ein Programm an die Daten aus der Kommandozeile? Python stellt die Kommandozeile eines Programms im Modul sys zur Verfügung. Wer möchte, kann die erhaltenen Daten „von Hand" verarbeiten. Eine komfortable Möglichkeit bietet das Modul argparse.

## 27.1 Zugriff auf die Startparameter mit sys

In Python kann man auf die Werte der Kommandozeile über das Modul sys zugreifen. Das Attribut argv ist eine Liste, die mit den durch Leerzeichen getrennten Werten der Kommandozeile gefüllt wird. Der Inhalt von argv[0] ist immer der Name der Programmdatei, evtl. mit Pfad. Die Argumente folgen, falls vorhanden, ab dem Index eins in der Liste.

```
1  #!/usr/bin/env python3.5
2  import sys
3
4  if len(sys.argv):
5      print(sys.argv)
```

**Listing 27.1.** Startparameter aus sys.argv ausgeben

Die Ausgaben des Programms aus Listing 27.1, gespeichert als sysargs.py, sehen wie folgt aus:

```
$ ./sysargs.py
['./sysargs.py']
$ ./sysargs.py foo bar
['./sysargs.py', 'foo', 'bar']
```

Jeder Parameter aus der Liste kann nun verarbeitet werden. Das Programm muss prüfen, was die einzelnen Elemente der Liste enthalten, welche Werte in der Kommandozeile erwartet werden und ob die erhaltenen Werte richtig oder falsch sind. Diese Methode der Parameterverarbeitung ist nicht sehr komfortabel. Für diese Aufgabe gibt es in der Standardlibrary das Modul `argparse`, das im folgenden Abschnitt vorgestellt wird.

## 27.2 Startparameter mit `argparse` verarbeiten

Durch den Einsatz des Moduls `argparse` ist eine objektorientierte Vorgehensweise bei der Definition und Auswertung der Startparameter möglich. Einem Objekt der Klasse `ArgumentParser` werden die einzelnen Parameter durch Aufrufe der Methode `add_argument()` beschrieben und hinzugefügt. Anschließend kann durch die Methode `parse_args()` die Kommandozeile, eine Liste von Zeichenketten, verarbeitet werden.

Die Erzeugung des Objekts und die Verarbeitung der Parameter sieht also im einfachsten Fall wie folgt aus:

```
>>> import argparse
>>> p = argparse.ArgumentParser()
>>> p.parse_args()
Namespace()
```

Die Ausgabe „`Namespace()`" stellt das Ergebnis von `parse_args()` dar. In diesem Fall enthält es keine Werte, da auch keine Daten an die Funktion übergeben wurden.

Einen Parameter versteht dieses Programm auch ohne gesonderte Definition: `-h` oder `--help`. Wenn man dieses Flag beim Aufruf angibt, erzeugt die Klasse einen Hilfetext zu den definierten Parametern. Angenommen die drei Zeilen aus dem vorherigen Beispiel wurden als `argparse0.py` gespeichert, dann sollte der Aufruf Folgendes ausgeben:

```
$ python3.5 argparse0.py -h
usage: argparse0.py [-h]

optional arguments:
  -h, --help  show this help message and exit
```

Da noch keine Argumente definiert wurden, zeigt die Ausgabe nur den minimalen Hilfetext.

### 27.2.1 Die Klasse `ArgumentParser`

Für die Definition und Verarbeitung von Kommandozeilen-Parametern muss ein Objekt der Klasse `ArgumentParser` erstellt werden. Der Konstruktor hat folgende Signatur:

```
ArgumentParser(prog=None, usage=None, description=None, epilog=None,
parents=[], formatter_class=argparse.HelpFormatter, prefix_chars='-',
fromfile_prefix_chars=None, argument_default=None,
conflict_handler='error', add_help=True, allow_abbrev=True)
```

Alle Argumente sind mit Defaultwerten belegt und werden in der folgenden Tabelle erläutert.

**Tab. 27.1.** Parameter des Konstruktors der Klasse `ArgumentParser`

| Parameter | Beschreibung |
| --- | --- |
| `prog` | Name des Programms. Defaultwert `sys.argv[0]` |
| `usage` | Beschreibung des Programmaufrufs (wird sonst aus den Parametern und dem Programmnamen generiert). Defaultwert: `None` |
| `description` | Dieser Text wird vor der Argument-Beschreibung ausgegeben. Defaultwert: `None` |
| `epilog` | Dieser Text wird nach der Argument-Beschreibung ausgegeben. Defaultwert: `None` |
| `parents` | Eine Liste von weiteren Objekten der Klasse `ArgumentParser`, deren Argumente berücksichtigt werden sollen. Durch den Einsatz dieser Möglichkeit können einzelne Parser mit wenigen Optionen zusammengefasst und Wiederholungen in den Definitionen eingespart werden. Defaultwert: Eine leere Liste |
| `formatter_class` | Eine Klasse, um die Ausgabe des Hilfetexts anzupassen. Defaultwert: `argparse.HelpFormatter` Mögliche Alternativen sind: `RawDescriptionHelpFormatter`, `RawTextHelpFormatter` `ArgumentDefaultsHelpFormatter`, `MetavarTypeHelpFormatter` |
| `prefix_chars` | Definiert in einer Zeichenkette die zulässigen Zeichen vor optionalen Parametern. Defaultwert: - |
| `fromfile_prefix_chars` | Prefix für Dateien, aus denen weitere Parameter gelesen werden sollen. Durch dieses Zeichen ist es möglich, in der Kommandozeile eine Datei anzugeben, die pro Zeile einen weiteren Parameter für das Programm enthält. Defaultwert: `None` |

**Tab. 27.1.** fortgesetzt

| Parameter | Beschreibung |
| --- | --- |
| argument_default | Ein globaler Defaultwert für Argumente. Defaultwert: None |
| conflict_handler | Funktion zum Auflösen von konkurrierenden Optionen. Normalerweise ist es nicht möglich, zwei Argumente mit dem gleichen Namen zu einem Parser hinzuzufügen. Ein möglicher Wert ist resolve. In diesem Fall wird der letzte definierte Parameter übernommen. Nur wenn alle Parameter einer Option doppelt definiert sind, werden sie entfernt. Defaultwert: error |
| add_help | Aktiviert die Default-Hilfefunktion für dieses Objekt. Dieses Flag sollte in einem Parent-Parser (siehe parents) auf False gesetzt werden. Defaultwert: True |
| allow_abbrev | Lange Parameternamen dürfen abgekürzt werden, wenn sie eindeutig sind. False bei diesem Parameter verhindert dies. Defaultwert: True. |

Hier ein paar Beispiele für den Einsatz der Keyword-Parameter aus Tabelle 27.1 bei der Erzeugung eines ArgumentParser-Objekts.

**prog**
Den Programmnamen im Hilfetext kann man mit dem Parameter prog beeinflussen:

```
>>> import argparse
>>> p = argparse.ArgumentParser(prog='Mein Programm')
>>> p.parse_args(['-h'])
usage: Mein Programm [-h]

optional arguments:
  -h, --help  show this help message and exit
```

**usage**
Die Funktion usage() nimmt den Programmnamen und die Parameterliste entgegen:

```
>>> import argparse
>>> p = argparse.ArgumentParser(usage='Das Programm, die Parameter')
>>> p.parse_args(['-h'])
usage: Das Programm, die Parameter

optional arguments:
  -h, --help  show this help message and exit
```

## description

Ein individueller Text zwischen der usage-Zeile und der Beschreibung der Parameter kann mit description platziert werden:

```
>>> import argparse
>>> p = argparse.ArgumentParser(description='Die Beschreibung')
>>> p.parse_args(['-h'])
usage: [-h]

Die Beschreibung

optional arguments:
  -h, --help  show this help message and exit
```

An dieser Stelle ein Hinweis auf die usage-Zeile: Es ist kein Programmname angegeben. In einer interaktiven Sitzung ist sys.argv[0] ein Leerstring.

## epilog

Ein Text nach der Hilfenachricht kann mit epilog definiert werden:

```
>>> import argparse
>>> p = argparse.ArgumentParser(epilog='Mein Epilog')
>>> p.parse_args(['-h'])
usage: [-h]

optional arguments:
  -h, --help  show this help message and exit

Mein Epilog
```

### 27.2.2 Den Parser starten

Nachdem ein Objekt der Klasse ArgumentParser erzeugt ist, können ihm Daten übergeben werden. Die Methode parse_args() wird mit den an das Programm übergebenen Parametern aufgerufen, normalerweise sys.argv[1:]. Für die folgenden Beispiele wird der Parser mit einer manuell erstellten Liste statt sys.argv versorgt[1]:

---

**1** Die Zeile mit add_argument() vorerst nicht beachten. Wie mit dieser Methode Parameter in dem Parser-Objekt erstellt werden, wird im folgenden Abschnitt 27.2.3. erklärt.

```
>>> import argparse
>>> p = argparse.ArgumentParser()
>>> p.add_argument('-f')
>>> args = p.parse_args(['-f', 'Test'])
```

Der Methode parse_args() wird eine Liste mit zwei Elementen übergeben: Das Flag -f und der zugehörige Parameter in Form der Zeichenkette Test.

Das Ergebnis ist ein Namespace-Objekt, in dem die einzelnen Werte als Attribut unter dem bei add_argument() verwendeten Namen angesprochen werden können:

```
>>> args
Namespace(f='Test')
>>> args.f
'Test'
```

Da der Parameter f als optional definiert wurde, muss er nicht in der Kommandozeile angegeben werden. Der entsprechende Wert in der Rückgabe von parse_args() ist dann **None**:

```
>>> p.parse_args()
Namespace(f=None)
```

Die Klasse Namespace() stellt die in der Kommandozeile gefundenen Parameter als Attribute eines Objekts dar. Wenn man die Werte lieber in Form eines Dictionarys haben möchte, kann man die Funktion vars() auf das Objekt anwenden:

```
>>> vars(args)
{'f': 'Test'}
```

Der Methode parse_args() kann ein Namespace-Objekt über den Keyword-Parameter namespace übergeben werden. Das Ergebnis wird dann in das bereits bestehende Objekt eingefügt.

### 27.2.3 Argumente für den Parser definieren

Das frisch erstellte Parser-Objekt weiß natürlich noch nicht, was es in der Kommandozeile suchen soll. Dafür werden dem Objekt mit der Methode add_argument() die zulässigen Argumente übergeben. Bei der Definition eines Arguments wird unterschieden, ob es optional ist oder nicht.

### Positionsabhängige Parameter

Nicht optionale Argumente werden auch als „positionsabhängige Parameter" bezeichnet. Diese tauchen als eigenständige Werte in der Kommandozeile auf.

Bei der Definition auf einem `ArgumentParser`-Objekt mit `add_argument()` haben diese einfach nur einen Namen aus Buchstaben und Zahlen:

```
p.add_argument('pos1')
```

Das Beispiel definiert ein über den Namen `pos1` zu erreichendes Attribut. Ein Weglassen dieser Parameter beim Aufruf des Programms führt zur Ausgabe des Hilfetextes.

### Optionale Parameter

Optionale Argumente werden auch als Flag bezeichnet und sind durch ein (Kurzform) oder zwei Minuszeichen (ein längerer, sprechender Bezeichner) zu Beginn des Namens gekennzeichnet:

```
p.add_argument('-f', '--foo')
```

Dieses Beispiel definiert auf dem Parser-Objekt ein Flag in der Form `-f` oder `--foo`. Bei Flags kann man beide Formen angeben, muss es aber nicht. Gerade die Kurzformen mit einem Buchstaben sind häufig schnell verbraucht.

### Keyword-Paramter bei der Parameterdefinition

Die Methode `add_argument()` akzeptiert neben einem Namen oder den Flags noch eine Menge Keyword-Parameter, mit denen der erwartete Wert beschrieben werden kann.

**Tab. 27.2.** Parameter der Funktion `add_argument()`

| Parameter | Beschreibung |
| --- | --- |
| `action` | Die Art von Aktion, die für diesen Parameter ausgeführt werden soll. |
| `choices` | Ein Container-Typ mit den zulässigen Werten. |
| `const` | Eine Konstante, die von den Parametern `action` und `nargs` benötigt wird. |
| `default` | Wenn der Parameter nicht in den zu verarbeitenden Parametern enthalten ist, kommt dieser Wert zum Einsatz. |
| `dest` | Der Name des Zielattributs. |
| `help` | Ein kurzer Hilfetext zu diesem Parameter. Dieser erscheint in der Parameterbeschreibung, wenn die Hilfe zum Aufruf ausgegeben wird. |

**Tab. 27.2.** fortgesetzt

| Parameter | Beschreibung |
| --- | --- |
| metavar | Der Name für dieses Argument in der usage-Nachricht. |
| nargs | Anzahl der Argumente, die zu diesem Parameter gehören. |
| required | Definiert, ob der Parameter optional ist. |
| type | In diesen Typ soll der Parameter konvertiert werden. |

Die Signatur der Funktion sieht wie folgt aus:

```
add_argument(name or flags...[, action][, nargs][, const][, default]
[, type][, choices][, required][, help][, metavar][, dest])
```

**default**
Dieser Parameter weist dem Argument den gegebenen Wert zu, falls dieser nicht in
der Kommandozeile angegeben wurde:

```
>>> import argparse
>>> p = argparse.ArgumentParser()
>>> p.add_argument('-d', default=0)
>>> p.parse_args([])              # d nicht in Parametern
Namespace(d=0)
```

**choices**
Wenn nur ein eingeschränkter Wertebereich für einen Parameter zulässig sein soll,
kann man ihn mit choices definieren:

```
>>> import argparse
>>> p = argparse.ArgumentParser()
>>> p.add_argument('-c', choices=['0', '42'])
>>> p.parse_args(['-c', '42'])
Namespace(c='42')
```

Der Versuch, einen nicht in der Menge enthaltenen Wert zu übergeben, führt zu einer
Fehlermeldung mit einer Beschreibung der zulässigen Parameter:

```
>>> p.parse_args(['-c', '7'])
usage: [-h] [-c {0,42}]
: error: argument -c: invalid choice: '7' (choose from '0', '42')
```

**type**

Die Parameter aus der Kommandozeile werden als Zeichenketten an das Programm übergeben und von dem `ArgumentParser` als solche in den Attributen gespeichert. Dieses Verhalten kann mit dem Parameter `type` bei der Methode `add_argument()` beeinflusst werden. Im einfachsten Fall kann eine einfache Typkonvertierung z. B. in eine Zahl erfolgen:

```
>>> import argparse
>>> p = argparse.ArgumentParser()
>>> p.add_argument('-i', type=int)
>>> args = p.parse_args(['-i', '42'])
>>> args
Namespace(i=42)
>>> type(args.i)
<class 'int'>
```

Der Wert des Attributs `i` ist keine Zeichenkette mehr.

Für den Wert von `type` können einige eingebaute Funktionen verwendet werden (im vorherigen Beispiel war es die Funktion `int`)[2]. Eine andere interessante Möglichkeit ist die Funktion `open()`. Durch den Einsatz dieser Funktion kann man eine Datei öffnen:

```
>>> import argparse
>>> p = argparse.ArgumentParser()
>>> p.add_argument('-f', type=open)
>>> args = p.parse_args(['-f', 'test.txt'])
```

Der Parser erhält als Argument für das Flag `f` die Zeichenkette `test.txt`. Vorausgesetzt, diese Datei existiert, wird der Rückgabewert der Funktion `open()` dem Attribut `f` zugewiesen:

```
>>> args
Namespace(f=<_io.TextIOWrapper name='test.txt' mode='r'
encoding='UTF-8'>)
>>> args.f
<_io.TextIOWrapper name='test.txt' mode='r' encoding='UTF-8'>
```

---

**2** Die Funktion muss eine Zeichenkette als Parameter entgegennehmen und kann einen beliebigen Typ zurückliefern.

Der Wert des Attributs `f` ist ein gewöhnliches File-Objekt. Die Funktion `open()` wurde mit ihren Standardparametern benutzt, die Datei wurde als Textdatei zum Lesen geöffnet.

Mit dem File-Objekt lassen sich die verfügbaren Methoden nutzen:

```
>>> s = args.f.read()
>>> s
'Hallo Welt!\n'
```

Das Verhalten der Funktion `open()` kann man mit vielen Parametern beeinflussen. Diese kann man leider nicht in dem vorgestellten Aufruf von `add_argument()` angeben. Dafür gibt es im Modul `argparse` eine spezielle Funktion: `FileType`. Hier können die Argumente `mode`, `bufsize`, `encoding` und `errors` übergeben werden. Der Konstruktor für diese Objekte hat folgende Signatur:

```
FileType(mode='r', bufsize=-1, encoding=None, errors=None)
```

Um zum Beispiel eine Datei zum Schreiben zu öffnen, kann man Folgendes bei der Definition eines Parameters angeben:

```
>>> import argparse
>>> p = argparse.ArgumentParser()
>>> p.add_argument('-f', type=argparse.FileType('w'))
>>> args = p.parse_args(['-f', 'stest.txt'])
>>> args
Namespace(f=<_io.TextIOWrapper name='stest.txt' mode='w'
encoding='UTF-8'>)
>>> args.f
<_io.TextIOWrapper name='stest.txt' mode='w' encoding='UTF-8'>
>>> args.f.write("Hallo Welt!")
11
>>> args.f.close()
```

**dest**

Mit dem Parameter `dest` kann der Name für das Attribut beliebig verändert werden. Im folgenden Beispiel wird das Flag `url` mit dem Namen `url_base` versehen:

```
>>> p.add_argument('--url', dest='url_base')
>>> p.parse_args(['-f', 'Test', '--url', 'www.example.com'])
Namespace(foo='Test', url_base='www.example.com')
```

**nargs**

Wenn ein Argument mehr als einen Wert aus der Kommandozeile benötigt, kann dies mit dem Parameter `nargs` definiert werden. Die Anzahl der erforderlichen Argumente wird mit einer Zahl festgelegt.

```
1  import argparse
2
3  p = argparse.ArgumentParser()
4  p.add_argument('multi2', nargs=2)   # positionsabhängiger Parameter, 2 Werte
5
6  args = p.parse_args(['1', '2'])
7  print(args)
```

**Listing 27.2.** Zuweisung von zwei Argumenten an ein Attribut

Das Script aus Listing 27.2 liefert das folgende Ergebnis:

```
Namespace(multi2=['1', '2'])
```

Für den Parameter `multi2` wurden die Werte 1 und 2 eingelesen und einer Liste zugewiesen.

Mit dem Parameter `nargs` kann man auch die Zuweisung eines Wertes an eine Liste erzwingen. Dafür muss `nargs=1` für den Parameter übergeben werden. Die folgende Interpreter-Sitzung baut auf dem Parser aus Listing 27.2 auf:

```
>>> p.add_argument('list1', nargs=1)
>>> p.parse_args(['1', '2', '3'])
Namespace(list1=['3'], multi2=['1', '2'])
```

Dieses Vorgehen kann hilfreich sein, wenn man plant, an diesen Wert noch weitere anzuhängen. Das Attribut ist dann schon eine Liste.

**Optionale Werte mit nargs**

Das Argument für `nargs` kann statt einer Zahl auch als eine Zeichenkette mit dem Fragezeichen angegeben werden. Ein Wert ist für diesen Parameter dann optional und es wird, falls vorhanden, der Wert aus dem Parameter `default` zugewiesen, sonst `None`.

```
1  import argparse
2  p = argparse.ArgumentParser()
3  p.add_argument('def1', nargs='?', default='42')
```

**Listing 27.3.** Defaultwerte für positionsabhängige Parameter

Der Aufruf des Programms aus Listing 27.3 mit einem positionsabhängigen Parameter kann jetzt auf zwei Arten erfolgen – ohne oder mit Parametern:

```
>>> p.parse_args()
Namespace(def1='42')
>>> p.parse_args(['p1'])
Namespace(def1='p1')
```

Für den Parameter def1 wird im ersten Fall der angegebene Defaultwert verwendet und im zweiten der erste verfügbare Wert konsumiert.

Für optionale Parameter wird es schon etwas komplizierter. Hier sind die Fälle zu unterscheiden, bei denen weder das Flag noch ein Wert, das Flag ohne Wert oder beides angegeben wird. Hier kommt auch der Parameter const für den Aufruf von add_argument() ins Spiel.

Wurde const ein Wert zugewiesen, und wird beim Aufruf von parse_args() nur das Flag ohne Wert angegeben, dann erhält das Attribut diesen Wert zugewiesen.

Wenn const nicht spezifiziert wurde, und das Flag taucht in der Kommandozeile ohne Wert auf, führt dies zur Ausgabe des Hilfetextes.

```
1  import argparse
2  p = argparse.ArgumentParser()
3  p.add_argument('--def2', nargs='?', default=0, const=42)
```

**Listing 27.4.** Defaultwerte für Flags in der Parameterübergabe

Die drei möglichen Parameterübergaben an parse_args() liefern dann die folgenden Ergebnisse:

```
>>> p.parse_args()
Namespace(def2=0)              # nichts übergeben -> default
>>> p.parse_args(['--def2'])
Namespace(def2=42)             # nur Flag -> const
>>> p.parse_args(['--def2', 'p2'])
Namespace(def2='p2')           # Flag mit Wert -> Wert
```

Ohne einen Wert in der Kommandozeile wird dem Attribut default zugewiesen. Ist nur das Flag angegeben, erhält es den Wert aus const. Der letzte Fall sollte keiner Erläuterung bedürfen.

### Zusammenfassen beliebig vieler Parameter

Ein weiterer möglicher Parameter für nargs ist eine Zeichenkette mit einem Stern. Diese Anweisung fasst alle folgenden Parameter bis zum nächsten Flag in eine Liste zusammen. Die Angabe dieses Zeichens für mehrere positionsabhängige Parameter macht keinen Sinn. Ein Beispiel für die Zusammenfassung von Parametern:

```
>>> import argparse
>>> p = argparse.ArgumentParser()
>>> p.add_argument('a', nargs='*')
>>> p.add_argument('-m', nargs='*')
>>> p.add_argument('-p', nargs='*')
>>> p.parse_args(['1', '2', '-p', '3', '4', '-m', '5', '6'])
Namespace(a=['1', '2'], m=['5', '6'], p=['3', '4'])
```

Die Attribute erhalten jeweils zwei Werte in einer Liste zugewiesen. Der gerade definierte ArgumentParser kann auch ohne Werte aufgerufen werden:

```
>>> p.parse_args()
Namespace(a=[], m=None, p=None)
```

Die Zeichenkette '+' für nargs ermöglicht ebenfalls die Zuweisung von mehreren Werten in eine Liste. Sollte allerdings keine Zuweisung möglich sein, wird ein Fehler ausgelöst und ein entsprechender Hinweis auf die benötigten Parameter ausgegeben:

```
>>> import argparse
>>> p = argparse.ArgumentParser()
>>> p.add_argument('a', nargs='+')
>>> p.parse_args(['1', '2', '3'])
Namespace(a=['1', '2', '3'])
>>> p.parse_args([])
usage: [-h] a [a ...]
: error: the following arguments are required: a
```

### Verarbeitung verbleibender Argumente

Um alle verbliebenen Argumente der Kommandozeile in eine Liste aufzunehmen, kann man nargs auf den Wert argparse.REMAINDER setzen. Der ArgumentParser in Listing 27.5 erwartet einen optionalen Parameter und speichert alle weiteren Argumente in den Wert rest.

```
1  import argparse
2  p = argparse.ArgumentParser()
3  p.add_argument('-p')
4  p.add_argument('rest', nargs=argparse.REMAINDER)
```

**Listing 27.5.** Aufnehmen der restlichen Kommandozeile

Ein paar Beispiele für die Verarbeitung von verschiedenen Parameterlisten mit dem in Listing 27.5 definierten Parser:

```
>>> p.parse_args()
Namespace(p=None, rest=[])
>>> p.parse_args(['1'])
Namespace(p=None, rest=['1'])
>>> p.parse_args(['-p', 'p1', '1'])
Namespace(p='p1', rest=['1'])
>>> p.parse_args(['-p', 'p1', '1', '2', '3'])
Namespace(p='p1', rest=['1', '2', '3'])
```

Der Parameter rest bekommt alle Werte zugewiesen, die nicht durch das Flag p konsumiert werden.

# 28 Python erweitern

Python bietet durch seine Unterstützung von Modulen eine hervorragende Basis zur Nutzung von externem Code. Im Lieferumfang von Python ist `pip` enthalten. Dieses Programm dient zur komfortablen Installation von sogenannten Packages, Softwarepaketen von Drittanbietern.

Zum schnellen Testen und Schutz der Python-Installation können Programmpakete in einer eigenen Umgebung installiert werden. Die Python-Distribution enthält zum Einrichten von neuen Umgebungen (Environments) das Programm `pyvenv`.

## 28.1 Module von Drittanbietern finden

Der Python Package Index, kurz PyPI, ist das offizielle Verzeichnis von Python-Modulen, die nicht zur Standarddistribution gehören. Die URL ist:

```
https://pypi.python.org/pypi
```

Der PyPI wird auch als „Cheeseshop" bezeichnet. Software für eine bestimmte Aufgabe lässt sich mit der Suchfunktion schnell finden.

## 28.2 Pakete installieren mit `pip`

Für die Installation von weiteren Python-Modulen gibt es `pip`. Dieses Tool vereinfacht die Installation aus dem Internet, z. B. von PyPI, erheblich. Anstatt ein Paket manuell herunterzuladen und den üblichen „Dreisatz" von `configure`, `make`, `make install` oder andere Installationsanweisungen anzuwenden, reicht ein einfaches Kommando. Die grundsätzliche Struktur von `pip`-Aufrufen ist:

```
pip <Kommando> <Optionen>
```

Anhängig von der Distribution kann das Programm auch mit einer angehängten Releasenummer installiert sein, z. B. als `pip3`. Die folgende Tabelle erhebt keinen Anspruch auf Vollständigkeit der Aufrufe von `pip`.

**Tab. 28.1.** Funktionen von `pip`

| Aufruf | Beschreibung |
|---|---|
| `pip install Paktename` | Installieren eines Pakets. |
| `pip install Django==1.7.1` | Eine bestimme Version installieren. |
| `pip install --upgrade Paketname` | Update eines Pakets. |
| `pip list --outdated` | Pakete anzeigen, für die es Updates gibt. |
| `pip show --files Paketname` | Anzeige der installierten Dateien. |
| `pip uninstall Paketname` | Entfernen eines Pakets. |

Das Kommando

```
pip --help
```

listet alle möglichen Parameter von `pip`.

    Die möglichen Optionen zu einem Kommando erhält man mit:

```
pip <Kommando> --help
```

Als Beispiel sind hier die Ausgaben im Terminal für eine Suche nach „outdated"
Paketen wiedergegeben:

```
$ pip list --outdated
You are using pip version 6.1.1, however version 7.0.1 is available.
You should consider upgrading via the 'pip install --upgrade pip' \
command.
Django (Current: 1.8.1 Latest: 1.8.2 [wheel])
pip (Current: 6.1.1 Latest: 7.0.1 [wheel])
setuptools (Current: 14.3 Latest: 17.0 [wheel])
```

Um die Pakete zu aktualisieren, muss man die folgenden Kommandos ausführen, der
Rest geschieht von allein:

```
pip install --upgrade pip
pip install --upgrade setuptools
pip install --upgrade Django
```

Die Reihenfolge der Updates ist beliebig, `pip` berücksichtigt Abhängigkeiten automatisch.

## 28.3 `virtualenv` **und** `pyvenv`

Um verschiedene Versionen von Python oder Module anderer Anbieter gleichzeitig auf einem Rechner nutzen zu können, gibt es virtuelle Umgebungen. Mit dem Programm `virtualenv` wurde es möglich, zu einer Python-Version gezielt Module zu installieren.

`virtualenv` für Python der 2er-Reihe ist unter dem Namen `virtualenv` mit angehängter Major- und Minor-Releasenummer zu erreichen, z. B. `virtualenv-2.6`.

Bei Python 3 hat sich der Name geändert, das Programm heißt jetzt `pyvenv`. Auch hier wird wieder die Major- und Minor-Releasenummer angehängt, z. B. `pyvenv-3.5`.

Ein neues Environment mit dem Verzeichnis `djangotest` richtet man wie folgt ein:

```
pyvenv-3.5 djangotest
```

Dieses Kommando richtet im Arbeitsverzeichnis das Verzeichnis `djangotest` mit Python 3.5 ein. Um in dieses Environment zu wechseln, muss man das im `bin`-Verzeichnis abgelegte Script `activate` aufrufen:

```
source djangotest/bin/activate
```

Vor dem Shellprompt wird nun der Name des aktiven Environments in runden Klammern angezeigt:

```
$ source bin/activate
(djangotest) $ python
Python 3.5.1 (default, Mar 15 2016, 14:33:11)
[GCC 4.8.5 20150623 (Red Hat 4.8.5-4)] on linux
Type "help", "copyright", "credits" or "license" for more information.
>>>
```

Um die Umgebung zu verlassen, ruft man einfach in der Shell `deactivate` auf:

```
(djangotest) $ deactivate
```

In der Umgebung können jetzt wie gewohnt mit `pip` die benötigten Module installiert werden. Zum Beispiel Django:

```
(djangotest) $ pip install django
```

Die Flexibilität in der Zusammenstellung der Python-Umgebung erkauft man sich mit einem erhöhten Aufwand bei der Aktualisierung der Software. Wenn die Python-Version aus Sicherheitsgründen ausgetauscht werden muss, ist eine Neuinstallation des Environments fällig. Eine gute Dokumentation der Installation ist dann sehr hilfreich.

Es gibt noch ein weiteres Modul, das den Umgang mit vielen Environments vereinfacht: `virtualenvwrapper`.

Dieses Paket kann einfach mit `pip` installiert werden:

```
pip install virtualenvwrapper
```

Mehr Informationen zu diesem Paket finden sich unter:

```
https://virtualenvwrapper.readthedocs.org/en/latest/
```

### `pyvenv` von Python 3.4 unter Ubuntu

Unter Ubuntu ist bei Python 3.4 das Programm `pyvenv` defekt. Ein neues Environment
muss wie folgt angelegt werden:

```
pyvenv-3.4 --without-pip venvdir
source venvdir/bin/activate
curl https://bootstrap.pypa.io/get-pip.py | python
deactivate
source venvdir/bin/activate
```

## 28.4 Interessante Module außerhalb der Standardlibrary

### Ein Python-Programm als UNIX-Daemon

Unter UNIX gibt es viele Prozesse, die beim Systemstart initialisiert werden und im
Hintergrund ihre Arbeit verrichten. Diese Prozesse bezeichnet man auch als Daemons.

Ein Daemon kann auch in Python geschrieben werden. Dabei sind beim Start
des Programms ein paar Dinge zu beachten. Das Modul `python-daemon` erledigt alle erforderlichen Dinge. Da es nicht zur Standardlibrary gehört, muss es mit `pip` installiert
werden:

```
pip install python-daemon
```

Das Vorgehen beim Start als Daemon ist im PEP 3143 beschrieben.

```
https://www.python.org/dev/peps/pep-3143/
```

**Linux-Dateisystem überwachen**

Die Überwachung von Dateisystemen auf Änderungen ist eine spannende Aufgabe. Hat sich der Inhalt einer Datei verändert? Ist eine Datei in einem Verzeichnis angelegt/gelöscht worden? Natürlich könnte man regelmäßig die Größe einer Datei prüfen, das erzeugt aber je nach Häufigkeit unnötig viele Zugriffe auf das Dateisystem. Um zu prüfen, ob es in einem Verzeichnis eine Veränderung gegeben hat, müsste man ständig die Liste der enthaltenen Dateien einlesen. Keine wirklich praktische Lösung.

Zur Lösung dieses Problems wurde unter Linux das Inotify-System eingeführt, für das es natürlich auch Python-Bindings gibt. Da es ein Linux-spezifisches Modul ist, gehört es nicht zur Standardlibrary. Es gibt verschiedene Implementierungen für Python. Die Suche mit `inotify` bei PyPI liefert eine lange Ergebnisliste.

Ein größeres Beispiel für die Anwendung eines dieser Module findet sich im Abschnitt 32 auf Seite 445.

Teil III: **Größere Beispiele**

# 29 Referenzzähler für Latex-Dokumente

Falls man in einem Latex-Dokument die Label und Referenzen mal überarbeiten muss, kann es passieren, dass sich Fehler einschleichen und man sich anschließend der Fehlermeldung „There were undefined references." gegenübersieht. Im Logfile gibt es einen kurzen Hinweis, welche Referenz auf welcher Seite des Dokuments nicht bekannt ist. Der Dateiname steht häufig weit entfernt von der Meldung.

Ein kurzes Python-Script kann die Labels und Referenzen heraussuchen und die Daten aufbereitet darstellen.

## 29.1 Anforderungen

Die Anforderungen an das Programm sind im Einzelnen:
- Durchsuche alle Dateien mit der Endung `.tex` in einem Verzeichnis nach `ref` und `label`.
- Labels und Referenzen werden mit Quelldatei und Zeilennummer in zwei Listen erfasst, die nach Einlesen aller Dateien verglichen werden.
- Referenzen, die kein entsprechendes Label haben, werden mit Dateiname und Zeilennummer ausgegeben.

## 29.2 Eine Lösung

Um die Anforderungen umzusetzen, werden die Module `pathlib` (Kapitel 15.1 auf Seite 169) und `re` (Kapitel 16 auf Seite 183) verwendet.

```
1  from pathlib import Path
2  import re
3
4  # alle *.tex-Dateien aus einem Verzeichnis (hier 'tex/') ermitteln
5  wd = Path('tex')
6  texfiles = wd.glob('*.tex')
7
8  rec = re.compile(r'(label|ref)[{=]([a-zA-Z_:0-9]+)}?')
```

**Listing 29.1.** Referenzzähler für Latex I

Listing 29.1 zeigt den Anfang des Programms. Es lädt zunächst die Klasse `Path` aus dem Modul `pathlib` sowie das Modul `re` (Zeile 1 und 2).

In Zeile 5 wird ein `Path`-Objekt mit dem relativen Pfad `tex` erzeugt. In diesem Verzeichnis sollen alle Dateien liegen. Die Methode `glob()` mit dem Muster `*.tex` füllt die Variable `texfiles` mit einer Liste aller entsprechenden Pfade (Zeile 6).

Zeile 8 definiert einen regulären Ausdruck, um die Referenzen und Labels im Text zu erkennen. Die beiden Wörter werden zur späteren Verwendung ausgeschnitten. Nach den Wörtern muss ein Gleichheitszeichen oder die linke geschweifte Klammer folgen. Das folgende Wort wird ausgeschnitten, dies ist das Label bzw. die Referenz. Die anschließende rechte geschweifte Klammer ist optional.

```
1   # diese dict speichern die Label und Referenzen
2   data = {'ref' : {}, 'label': {} }
3
4   for f in texfiles:                      # alle Dateien durchsuchen
5       line_num = 0                        # Zeilenzähler
6       print(f)                            # Dateiname ausgeben
7       for line in f.open():
8           line = line.strip()
9           line_num += 1
10          m = rec.findall(line)
11          if not m:
12              continue
13          for typ, label in m:
14              if typ not in data:
15                  print('Key nicht in data:', typ)
16                  continue
17              if label not in data[typ]:
18                  data[typ][label] = [(line_num, f)]
19              else:
20                  data[typ][label].append((line_num, f))
```

**Listing 29.2.** Referenzzähler für Latex II

Listing 29.2 definiert zunächst ein Dictionary für die gefundenen Daten. Dieses nimmt in zwei Dictionarys die gefundenen Labels und Referenzen auf (Zeile 2).

Die Zeilen 4–20 verarbeiten die Dateiliste und die einzelnen Dateien. Der Einsatz von `findall()` stellt sicher, dass alle Labels und Referenzen in einer Zeile gefunden werden.

Der reguläre Ausdruck liefert zwei Werte: Den Typ und das Label. Diese Zeichenketten werden als Schlüssel für die Dictionarys verwendet, um die Zeilennummer und den Dateinamen des Auftretens zu speichern.

```
1   for ref in data['ref']:
2       if ref not in data['label']:
3           for line, file in data['ref'][ref]:
4               print('{:4d} {} : {}'.format(line, ref, file))
```

**Listing 29.3.** Referenzzähler für Latex III

Fehlt nur noch die Ausgabe. In Listing 29.3 wird das Dictionary mit den Referenzen durchlaufen und geprüft, ob das Label in dem anderen Dictionary definiert ist. Wenn das Label nicht gefunden wird, werden alle Fundstellen mit Zeilennummer und Dateinamen ausgegeben.

## 29.3 Mögliche Erweiterungen

Um das Programm flexibler zu gestalten, kann die Angabe des zu durchsuchenden Verzeichnisses als Kommandozeilen-Parameter an das Programm erfolgen. Dafür kommt das Modul `argparse` zum Einsatz (Kapitel 27 auf Seite 414).

```
1  import argparse
2  import sys
3  p = argparse.ArgumentParser()
4  p.add_argument('-d', '--directory', default='tex')
5  params = p.parse_args(sys.argv[1:])
6
7  from pathlib import Path
8  directory = Path(params.directory)
9  if not directory.exists():
10     print("Verzeichnis {} existiert nicht.".format(params.directory))
11     sys.exit()
12 if not directory.is_dir():
13     print("{} ist kein Verzeichnis.".format(params.directory))
14     sys.exit()
```

**Listing 29.4.** Verzeichnis über die Kommandozeile übergeben

Das Programm 29.4 erstellt ein `ArgumentParser`-Objekt mit einem optionalen Parameter. Das Argument erhält `tex` als Defaultwert. Zur Sicherheit überprüft das Programm, ob der gegebene Wert überhaupt existiert und ein Verzeichnis ist (Zeilen 9–14).

Der Programmteil aus Listing 29.4 kann entweder zu Beginn des bisherigen Programms eingefügt werden oder am Ende in einem `if`-Zweig wie in Kapitel 9.2 vorgestellt. Dieser kommt dann nur zur Ausführung, wenn das Programm aus der Linux-Shell aufgerufen wird (Listing 29.5).

```
1  if __name__ == '__main__':
2      import argparse
3      import sys
4      p = argparse.ArgumentParser()
5      p.add_argument('-d', '--directory', default='tex')
6      params = p.parse_args(sys.argv[1:])
7      ...
```

**Listing 29.5.** Verarbeitung der Startparameter in `if __name__`

# 30 Dateien und Verzeichnisse umbenennen

Dateinamen mit Sonderzeichen wie zum Beispiel einem Leerzeichen führen bei der Bearbeitung in der Shell zu Problemen.

## 30.1 Anforderungen

Alle Datei- und Verzeichnisnamen in einem gegebenen Verzeichnis sollen auf unzulässige Zeichen untersucht werden. Als unzulässige Zeichen gelten Leer- und Satzzeichen wie Komma und Semikolon. Leerzeichen sollen durch einen Unterstrich ersetzt werden, alle anderen Zeichen werden einfach entfernt. Großbuchstaben sollen durch Kleinbuchstaben ersetzt werden.

## 30.2 Eine Lösung

Der Rahmen für das Programm entspricht dem Listing 15.1 auf Seite 177. Ausgehend vom aktuellen Verzeichnis werden alle Dateien und Verzeichnisse untersucht. Für jede Datei wird eine Funktion zur Behandlung des Dateinamens aufgerufen. Das Gleiche gilt für Verzeichnisse, nachdem das Verzeichnis durchsucht wurde.

```
 1  from pathlib import Path
 2
 3  def normalize_filenames(p, pattern='*'):
 4      """Das Verzeichnis 'p' rekursiv nach 'pattern' durchsuchen."""
 5      dirs = []
 6      for file in p.iterdir():
 7          if file.is_dir():              # Verzeichnisse fuer spaeter merken
 8              dirs.append(file)
 9          elif file.is_file() and file.match(pattern):
10              replace_and_move(file)
11      for dir in dirs:                   # nun alle Verzeichnisse durchsuchen
12          normalize_filenames(dir)
13          replace_and_move(dir)
14
15  p = Path()                             # Start im aktuellen Verzeichnis
16  normalize_filenames(p)
```

**Listing 30.1.** Suchen nach Dateien und Verzeichnissen

Das Programm verwendet das Modul `pathlib` (Kapitel 15.1 auf Seite 169).

Die Funktion `normalize_filenames()` hat sich nur unwesentlich gegenüber der Originalfunktion `listdir()` geändert. Der Parameter `pattern` hat als Defaultwert jetzt ein Matching für alle Dateien (Zeile 3).

Zunächst werden wieder alle Dateien in einem Verzeichnis bearbeitet und die enthaltenen Verzeichnisse erst im Anschluss. Statt einer Ausgabe mit `print()` wird nun eine Funktion mit dem Datei- bzw. Verzeichnisnamen aufgerufen.

Die Funktion `replace_and_move()` muss nun mit Leben gefüllt werden. Das Modul `re` (Kapitel 16 auf Seite 183) wird zum Suchen und Ersetzen der Sonderzeichen genutzt.

```
 1  import re
 2  def replace_and_move(file):
 3      """
 4      Sonderzeichen aus dem Dateinamen loeschen.
 5      Leerzeichen durch '_' ersetzen.
 6      Alle Zeichen des Dateinamens in Kleinbuchstaben wandeln.
 7      """
 8      filename = file.name
 9      pfad = file.parent                      # Pfad speichern
10      filename = re.sub('[:,;]', '', filename)
11      newfilename = re.sub(' ', '_', filename).lower()
12      newfile = Path(pfad, newfilename)
13      print(file, newfile)
14      file.rename(newfile)                    # alte Datei umbenennen
```

**Listing 30.2.** Funktion zum Suchen und Ersetzen in Dateinamen

Listing 30.2 zeigt eine mögliche Implementierung der geforderten Aktionen. Der Pfad wird zur Bearbeitung in Pfad und Dateiname aufgetrennt (Zeile 8–9). Die unzulässigen Zeichen werden ersetzt und das Ergebnis in einer Variablen als neuer Dateiname gespeichert (Zeile 10–11). Aus dem Pfad und dem neuen Dateinamen wird der neue Pfad zusammengesetzt. Wegen der Ausgabe ist die Zuweisung des neuen Dateinamens an eine Variable explizit formuliert (Zeile 12). Wenn man auf die Ausgabe verzichten kann/will, kann die Erstellung des neuen `Path`-Objekts auch im Aufruf von `rename()` stattfinden (Zeile 14).

## 30.3 Mögliche Erweiterungen

Sollte durch die Ersetzungen ein leerer Dateiname entstehen – vielleicht ist auch nur eine Erweiterung wie z. B. „.jpg" übrig – dann könnte ein zufälliger Name aufgebaut werden.

# 31 Verfügbarkeit von Webservern prüfen

Wenn man eine größere Anzahl Webserver in Betrieb hat, testet man regelmäßig die Erreichbarkeit und alarmiert bei Fehlern, um dies von einem Menschen prüfen zu lassen. Zum Test, ob alle Webserver erreichbar sind, können Funktionen aus dem Modul `urllib` (Kapitel 22.2 auf Seite 258) genutzt werden. Anhand des Statuscodes oder eines Fehlers kann dann eine Entscheidung über das weitere Vorgehen getroffen werden. Bei vielen Webservern lohnt sich eine parallele Versendung der Anfragen. Dafür eignet sich das Modul `threading` (Kapitel 23.1 auf Seite 291).

## 31.1 Einen Webrequest stellen

Das Programm wird in kleinen Schritten aufgebaut. Zunächst wird nur ein Webrequest an einen Rechner gestellt. Die URL wird als Zeichenkette an die Funktion `urlopen()` aus dem Modul `urllib.request` übergeben.

```
1  import urllib.request
2  url = 'http://www.example.org'
3  fh = urllib.request.urlopen(url)
4  err = fh.code
5  res = fh.read()
```

**Listing 31.1.** Ein einfacher Webrequest

Eine statische URL, wie in Zeile 2 von Listing 31.1 gezeigt, ist nicht besonders praktisch. Man könnte mit den String-Methoden für jeden Rechner eine URL aufbauen. Im Modul `urllib.parse` befindet sich die Methode `urlunsplit()`, die diese Aufgabe viel zuverlässiger erledigen kann.

```
1  host = 'www.example.org'
2  path = ''
3  scheme = 'http'
4  query = ''
5  frag = ''
6  url = urllib.parse.urlunsplit((scheme, host, path, query, frag))
```

**Listing 31.2.** Aufbauen einer URL mit `urlunsplit()`

Das Programm in Listing 31.2 erzeugt aus den Daten im Tupel die gleiche URL wie die im Listing 31.1 Zeile 2 angegebene statische URL:

```
>>> url
'http://www.example.org'
```

Ein Programm muss also nur den Hostnamen (`host`) und das Protokoll (`scheme`) vorgeben, bei Bedarf noch einen Pfad (`path`), die URL wird von der Funktion korrekt zusammengefügt.

## 31.2 Eine Klasse zum Abfragen einer URL

Die beiden bisher vorgestellten Listings werden in eine Klasse zusammengefasst. Der Konstruktor des Objekts bekommt die notwendigen Parameter für die URL übergeben bzw. sinnvolle Defaultwerte.

```
1  import urllib.parse
2  import urllib.request
3
4  class GetUrl():
5      def __init__(self, host, path='', scheme='http', query='', frag=''):
6          self.host = host
7          self.path = path
8          self.scheme = scheme
9          self.query = query
10         self.frag = frag
11         self.fh = None
12         self.url = urllib.parse.urlunsplit((scheme, host, path, query, frag))
13     def run(self):
14         try:
15             self.fh = urllib.request.urlopen(self.url)
16             self.err = self.fh.code
17             self.res = self.fh.read()
18         except urllib.error.HTTPError:
19             self.text = 'ERR\n'
```

**Listing 31.3.** Klasse zum Abruf einer URL

Bei der Erzeugung eines Objekts muss diesem ein Hostname übergeben werden, alle weiteren Parameter sind optional. Ein Aufruf der Methode `run()` führt den Request aus.

```
>>> gu = GetUrl('www.example.org')
>>> gu.run()
>>> gu.err
200
```

Der Erfolg kann an dem Attribut `err` abgelesen werden. Ein Wert von 200 bedeutet, die Anfrage wurde erfolgreich beantwortet[1].

## 31.3 Webseite in einem Thread abfragen

Die Klasse `GetUrl` im Listing 31.3 aus dem vorherigen Abschnitt stellt nur einen Zwischenschritt zu einem Mulithreaded Programm dar. Um die Klasse als Thread nutzen zu können, muss sie von der Klasse `Thread` aus dem Modul `threading` abgeleitet werden. Im Konstruktor ist dann noch die Basisklasse zu initialisieren, bevor andere Aktionen ausgeführt werden.

Der Methodenname `run()` ist bereits vorausschauend gewählt worden, da dies die Methode ist, die beim Start eines Threads ausgeführt wird. Die Änderungen sind also gering.

```
1   import urllib.parse
2   import urllib.request
3   import threading
4
5   class GetUrl(threading.Thread):
6       def __init__(self, host, *args, path='', scheme='http', query='',
7                    frag='', **kwargs):
8           super(GetUrl, self).__init__(*args, **kwargs)
9           self.host = host
10          self.path = path
11          self.scheme = scheme
12          self.query = query
13          self.frag = frag
14          self.fh = None
15          self.url = urllib.parse.urlunsplit((scheme, host, path, query, frag))
16      def run(self):
17          try:
18              self.fh = urllib.request.urlopen(self.url)
19              self.err = self.fh.code
20              self.res = self.fh.read()
21          except (urllib.error.HTTPError, urllib.error.URLError):
22              self.ierr = 'ERR'
```

**Listing 31.4.** Multithreaded-Klasse zum Abruf einer URL

Das Listing 31.4 enthält neben den bereits erwähnten Änderungen in Zeile 5 und 8 noch eine weitere Import-Anweisung in Zeile 3, um das `threading`-Modul zu laden.

---

**1** Dieser sogenannte Status-Code wird vom Webserver geliefert und enthält Informationen, ob und welcher Fehler bei der Bearbeitung der Anfrage auftrat.

Die Schnittstelle des Konstruktors ist um positionsabhängige- und Keyword-Parameter erweitert worden. Hier übergebene Werte werden an den Konstruktor der Klasse Thread übergeben.

## 31.4 Abfragen mehrerer Hosts

Eine Liste von beliebigen Hosts ist in Python schnell definiert. Egal, ob als Tupel oder als Liste:

```
hosts = ['www.example.com', 'www.example.org', 'www.example.net']
```

Die Serverliste kann jetzt mit ein paar Schleifen durchlaufen und abgearbeitet werden. Listing 31.5 zeigt die einzelnen Schritte.

```
 1   threads = [GetUrl(host) for host in hosts]
 2
 3   for t in threads:
 4       t.start()
 5
 6   for t in threads:
 7       t.join()
 8
 9   for t in threads:
10       print(t.host, t.url, t.err)
```

**Listing 31.5.** Paralleles Abfragen von Webseiten mit Threads

Mit den einzelnen Namen in der Hostliste werden Objekte der Klasse GetUrl erzeugt (Zeile 1) und in einer Liste gespeichert.

Anschließend wird in jeweils einer eigenen Schleife für jedes Objekt der Liste der Thread gestartet, auf seine Beendigung gewartet und dann der Status ausgegeben.

## 31.5 Mögliche Erweiterungen

Das Programm hat die Serverliste in einer Variablen hinterlegt. Eine Serverliste als Parameter für die Kommandozeile erhöht den Nutzwert des Programms erheblich.

Das Gleiche gilt für den Pfad, der an das GetUrl-Objekt übergeben werden kann. Eine mögliche Erweiterung des Programms um die Parameterverarbeitung könnte wie folgt aussehen (dieser Teil sollte am Ende des Programms eingefügt werden).

```
1  import sys
2  import argparse
3  url_path = ''
4  hosts = []
5
6  if __name__ == '__main__':
7      if len(sys.argv) > 1:
8          p = argparse.ArgumentParser()
9          p.add_argument('-p', '--path', help='Der abzufragende Pfad')
10         p.add_argument('--hosts', nargs='*', help='Ein oder mehrere Hosts')
11         args = p.parse_args(sys.argv[1:])
12         if args.path:
13             url_path = args.path
14         if args.hosts:
15             hosts = args.hosts
16
17     check_hosts(hosts, url_path)
```

**Listing 31.6.** Verarbeitung von Kommandozeilen-Parametern für Webrequests

Listing 31.6 zeigt die Verarbeitung von Kommandozeilen-Parametern für eine Hostliste und einen optionalen Pfad, der auf den Webservern aufgerufen werden soll.

Die Abarbeitung der einzelnen Requests werden noch in eine Funktion zusammengefasst, die nach der Parameterverarbeitung aufgerufen wird.

```
1  def check_hosts(hosts, path):
2      threads = [GetUrl(host, path=path) for host in hosts]
3
4      for t in threads:
5          t.start()
6
7      for t in threads:
8          t.join()
9
10     for t in threads:
11         print(t.host, t.url, t.err)
```

**Listing 31.7.** Funktion Webservertest

Der Aufruf des Programms in der Shell kann dann wie folgt aussehen:

```
$ python3 check_hosts.py --hosts www.example.com www.example.org \
www.example.ne    # Achtung, absichtlicher Tippfehler!
www.example.com http://www.example.com 200
www.example.org http://www.example.org 200
www.example.ne http://www.example.ne ERR
```

# 32 Änderungen im Linux-Dateisystem überwachen – Inotify

Es gibt verschiedene Module, die die Funktionalität von Inotify auf Linux für Python-Programme nutzbar machen. Im folgenden Abschnitt wird `pyinotify` vorgestellt. Vor der Nutzung muss das Modul zunächst installiert werden:

```
pip install pyinotify
```

## 32.1 Beschränkungen von `inotify`

Auch wenn `inotify` ein mächtiges Tool ist, so hat es doch einige Beschränkungen:
- Events in den Dateisystemen `sysfs` und `procfs` werden nicht vollständig gemeldet.
- Netzwerkdateisysteme wie z. B. NFS führen Änderungen nicht unbedingt sofort aus bzw. propagieren sie zu den anderen beteiligten Hosts.
- Umbenennen von Dateien wird in zwei Events gemeldet.

## 32.2 Ereignisse im Dateisystem

Eine Aktion auf eine Datei (Öffnen, Schließen, Löschen...) wird im Rahmen des Moduls als Event bezeichnet. Ein Programm kann definieren, für welche Datei oder welches Verzeichnis es Benachrichtigungen bei Veränderungen erhalten möchte. Anhand der erhaltenen Events kann das Programm dann entsprechende Aktionen ausführen.

Die folgende Tabelle zeigt die im Modul definierten Events. Die Bezeichnung „Pfad" wird hier universell für eine Datei oder ein Verzeichnis verwendet.

**Tab. 32.1.** Events von `inotify`

| Event | Beschreibung |
|---|---|
| IN_ACCESS | Auf eine Datei wurde zugegriffen. |
| IN_ATTRIB | Die Dateiattribute wurden geändert. |
| IN_CLOSE_NOWRITE | Eine Datei, die nicht schreibbar ist, wurde geschlossen. |
| IN_CLOSE_WRITE | Eine beschreibbare Datei wurde geschlossen. |
| IN_CREATE | Im überwachten Verzeichnis ist eine Datei oder ein Verzeichnis erstellt worden. |
| IN_DELETE | Im überwachten Verzeichnis ist eine Datei oder ein Verzeichnis gelöscht worden. |

**Tab. 32.1.** fortgesetzt

| Event | Beschreibung |
|-------|--------------|
| IN_DELETE_SELF | Ein überwachter Pfad wurde gelöscht. |
| IN_DONT_FOLLOW | Einem Symlink soll nicht gefolgt werden. |
| IN_IGNORED | Wird ausgelöst, wenn ein überwachter Pfad gelöscht wird. |
| IN_ISDIR | Wird immer für ein Ereignis auf einem Verzeichnis gesendet. |
| IN_MASK_ADD | Hinzufügen einer Überwachung. |
| IN_MODIFY | Eine Datei wurde verändert. |
| IN_MOVE_SELF | Ein überwachter Pfad wurde verschoben. Der neue Pfad ist nur dann bekannt, wenn das Zielverzeichnis überwacht wurde. |
| IN_MOVED_FROM | Eine Datei oder ein Verzeichnis wurde aus einem überwachten Verzeichnis verschoben. |
| IN_MOVED_TO | Eine Datei oder ein Verzeichnis wurde in ein überwachtes Verzeichnis verschoben. |
| IN_ONLYDIR | Überwacht den Pfad nur, wenn es sich um ein Verzeichnis handelt. |
| IN_OPEN | Eine Datei wurde geöffnet. |
| IN_Q_OVERFLOW | Die Event-Warteschlange ist übergelaufen. |
| IN_UMOUNT | Das zugrunde liegende Dateisystem wurde ausgehängt. Dieses Event wird an alle darin enthaltenen überwachten Pfade gesendet. |

Einzelne Werte aus Tabelle 32.1 können mit der Oder-Verknüpfung zusammengefasst werden. Falls man alle Events beachten möchte, kann man sich den Bandwurm sparen und den vordefinierten Wert für alle Events nutzen: ALL_EVENTS.

## 32.3 Einen Eventhandler implementieren

Ein Eventhandler wird als von pyinotify.ProcessEvent abgeleitete Klasse definiert. Für jedes Event, das behandelt werden soll, muss eine Methode mit einem Namen definiert werden, der sich aus process_ und einem Namen aus Tabelle 32.1, z. B. IN_DELETE, zusammensetzt. Die Methode muss einen Parameter entgegennehmen, in der Regel wird dieser event genannt.

```
1  class EventHandler(pyinotify.ProcessEvent):
2      def process_IN_MOVED_TO(self, event):
3          pass
```

**Listing 32.1.** Ein Eventhandler für das Event IN_MOVED_TO

Listing 32.1 zeigt eine Klasse, die als Handler für das Event IN_MOVED_TO genutzt werden kann.

Leider ist keine Methode mit ALL_EVENTS möglich.

Das Event-Objekt enthält verschiedene Attribute, die den Pfad und das Objekt, für den das Ereignis eingetreten ist, enthalten.

## 32.4 Einrichten einer Überwachung

Um z. B. ein Verzeichnis auf Veränderungen zu überwachen, müssen ein paar Objekte erzeugt werden. Dies sind im Einzelnen:

- pyinotify.WatchManager – Ein Objekt zur Verwaltung der einzelnen Dateien und Verzeichnisse, die überwacht werden sollen.
- Ein Objekt einer von pyinotify.ProcessEvent abgeleiteten Klasse, die das Event-Handling implementiert (Eventhandler).
- pyinotify.Notifier – Das Objekt erhält den WatchManager und ein Objekt der Eventhandler-Klasse. Mit diesem Objekt wird die Event-Loop ausgeführt.

Um einen WatchManager zu erzeugen, wird einfach der Konstruktor der Klasse aufgerufen.

```
1  import pyinotify
2  wm = pyinotify.WatchManager()
```

**Listing 32.2.** Ein Objekt der Klasse WatchManager erzeugen

Diesem Objekt werden später mit der Methode add_watch() zu überwachende Dateien und Verzeichnisse hinzugefügt.

Das Notifier-Objekt erhält den WatchManager und ein zuvor erzeugtes Objekt der Klasse EventHandler bei der Erzeugung als Parameter. Dann kann die Methode loop() aufgerufen werden, mit der die Überwachung der Pfade startet.

```
1  notifier = pyinotify.Notifier(wm, ev)
2  notifier.loop()
```

**Listing 32.3.** Einen Notifier erzeugen und starten

Das Programm in Listing 32.3 ist noch nicht besonders sinnvoll. Die Variable ev stellt ein Objekt einer Klasse dar, die den Eventhandler implementiert, diese fehlt noch. Auch sind noch keine Pfade zu dem Watcher-Objekt hinzugefügt worden.

### Hinzufügen eines Pfades zum Watcher

Zu einem Watcher kann jederzeit mit add_watch() ein Pfad hinzugefügt werden.

Entfernt wird ein Watch mit del_watch(), mehrere mit rm_watch(). Beide Lösch-Methoden arbeiten mit Deskriptoren, die zuvor ggf. mit get_wd() und dem Pfad zu ermitteln sind.

Die Klasse WatchManager hat folgende Methoden zur Manipulation der einzelnen überwachten Pfade.

**Tab. 32.2.** Methoden von `WatchManager` für Pfadmanipulation

| Methode | Beschreibung |
| --- | --- |
| `get_watch(wd)` | Liefert ein Objekt der Klasse `Watch` für den angegebenen Deskriptor. |
| `del_watch(wd)` | Entfernt den Eintrag zu dem Watch-Deskriptor. |
| `add_watch(path, mask, proc_fun=None, rec=False, auto_add=False, do_glob=False, quiet=True, exclude_filter=None)` | Fügt einen Watch für den gegebenen Pfad mit den Event-Flags zum WatchManager hinzu.<br><br>`path` – Eine Zeichenkette oder eine Liste von Zeichenketten. Die Zeichenkette kann eine Datei oder ein Verzeichnis enthalten.<br><br>`mask` – Die Events, auf die reagiert werden soll.<br><br>`proc_fun` – Das Objekt, das ein Event behandeln soll. Dies muss eine Subklasse von `ProcessEvent`, dessen Subklassen oder ein Callable sein.<br><br>`rec` – Fügt für alle Verzeichnisse in dem gegebenen Pfad einen Watch hinzu, wenn hier `True` angegeben wird.<br><br>`auto_add` – Fügt automatisch Watcher für neu erzeugte Verzeichnisse in einem überwachten Verzeichnis hinzu, wenn hier `True` übergeben wird.<br><br>`do_glob` – `True` bei diesem Parameter aktiviert das Globbing auf dem Pfad.<br><br>`quiet` – Der WatchManager löst bei Fehlern die Ausnahme `WatchManagerError` aus, wenn hier `False` übergeben wird.<br><br>`exclude_filter` – Eine Funktion, die `True` liefert, wenn der Pfad nicht beobachtet werden soll. |
| `get_wd(path)` | Liefert den Watch-Deskriptor zu dem gegebenen Pfad. |
| `get_path(wd)` | Liefert den Pfad zum gegebenen Watch-Deskriptor. |
| `rm_watch(wd, rec=False, quiet=True)` | Entfernt einen Watch. |

## 32.5 Überwachen von `/tmp`

Die notwendigen Schritte für ein Programm zum Überwachen eines Verzeichnisses oder einer Datei sind damit vorgestellt. Ein vollständiges Programm für die Überwachung des Verzeichnisses `/tmp` auf neu erstellte oder gelöschte Dateien kann wie folgt aussehen.

```
1  import pyinotify
2
3  class EventHandler(pyinotify.ProcessEvent):
4      def process_IN_DELETE(self, event):
5          print("{}".format(event))
6      def process_IN_CREATE(self, event):
7          print("{}".format(event))
8
9  evh = EventHandler()
```

```
10 | wm = pyinotify.WatchManager()
11 | notifier = pyinotify.Notifier(wm, evh)
12 |
13 | wdd = wm.add_watch('/tmp', pyinotify.ALL_EVENTS, rec=False)
14 |
15 | notifier.loop()
```

**Listing 32.4.** Überwachen von /tmp auf Create/Delete

Nach dem Import des Moduls wird eine Klasse zur Behandlung von zwei der Events aus Tabelle 32.1 definiert (Zeile 3–7). Ein Objekt der Klasse wird erzeugt (Zeile 9) und zusammen mit einem WatchManager-Objekt an ein Notifier-Objekt übergeben.

Das zu überwachende Verzeichnis wird an die Methode add_watch() übergeben. Für das Verzeichnis sollen durch den Einsatz von pyinotify.ALL_EVENTS alle Events gemeldet werden. In Zeile 13 würde auch ein

```
wm.add_watch('/tmp', pyinotify.IN_CREATE|pyinotify.IN_DELETE,
rec=False)
```

reichen, da die anderen Events nicht ausgewertet werden. Der Parameter rec wird False übergeben.

Der Rückgabewert der Methode ist ein Dictionary mit dem Datei-/Pfadnamen als Schlüssel und dem Deskriptor als Wert, z. B.:

```
>>> wdd
{'/tmp': 1}
```

Der Aufruf von notifier.loop() blockiert im Python-Interpreter und muss mit Ctrl+C abgebrochen werden. Das Programm gibt bei der Erstellung einer neuen Datei mit dem Namen test und deren Löschen aber jeweils eine Zeile aus:

```
<Event dir=False mask=0x100 maskname=IN_CREATE name=test path=/tmp
 pathname=/tmp/test wd=1 >
<Event dir=False mask=0x200 maskname=IN_DELETE name=test path=/tmp
 pathname=/tmp/test wd=1 >
```

Das Event-Objekt enthält das aufgetretene Ereignis, den Pfad und Dateinamen in allen nötigen Kombinationen (nur Dateiname in name, nur Pfad in path und den gesamten Pfad in pathname).

Falls ein Verzeichnis mit dem Namen test angelegt wird, ändert sich das Attribut dir auf True:

```
<Event dir=True mask=0x40000100 maskname=IN_CREATE|IN_ISDIR name=test
 path=/tmp pathname=/tmp/test wd=1 >
```

```
<Event dir=True mask=0x40000200 maskname=IN_DELETE|IN_ISDIR name=test
 path=/tmp pathname=/tmp/test wd=1 >
```

Mit Listing 32.4 kann man auch sehr gut den Unterschied zwischen rec=False und
rec=True ausprobieren. Wenn die Rekursion aktiviert ist, werden auch Aktionen in den
enthaltenen Verzeichnissen bemerkt.

Wenn man dann noch den Parameter auto_add mit True übergibt, erhält das Programm auch Ereignisse in neuen Verzeichnissen übermittelt.

### Überwachung ändern oder beenden

Die Klasse WatchManager verfügt noch über Methoden zum Beenden oder Ändern von
einzelnen Überwachungen.

**Tab. 32.3.** Weitere Methoden von WatchManager

| Methode | Beschreibung |
| --- | --- |
| close() | Schließt den File-Deskriptor und beendet alle damit ver-bundenen Überwachungen. |
| get_fd() | Liefert den von Inotify zugewiesenen File-Deskriptor für den WatchManager. |
| update_watch(wd, mask=None, proc_fun=None, rec=False, auto_add=False, quiet=True) | Mit dieser Methode können die Parameter eines Watches verändert werden. |
| watch_transient_file( self, filename, mask, proc_class) | Beobachtet eine Datei, die häufig angelegt und gelöscht wird, z. B. ein PID-File. |

## 32.6 Überwachung mehrerer Dateien/Verzeichnisse

Mit einem WatchManager können mehrere Dateien und Verzeichnisse gleichzeitig überwacht werden. Um die Rückgabewerte von add_watch() zu speichern, bietet sich ein
Dictionary an, das mit update() aktualisiert wird.

```
 1  import datetime
 2  import os
 3  import pyinotify
 4  import sys
 5  dirs = ('/tmp', '/var', '/opt')
 6  wdd = {}
 7
 8  wm = pyinotify.WatchManager()
 9  evh = EventHandler()
10  notifier = pyinotify.Notifier(wm, evh)
11
```

```
12  for path in dirs:
13      wdd.update(wm.add_watch(path, pyinotify.ALL_EVENTS, rec=False))
14
15  notifier.loop()
```

**Listing 32.5.** Überwachung mehrerer Verzeichnisse

Listing 32.5 fügt die Verzeichnisse aus dem Tupel `dirs` (Zeile 5) in einer Schleife zu dem `WatchManager` hinzu (Zeile 12–13).

## 32.7 Mögliche Erweiterung

Der Eventhandler in Listing 32.4 hat nur zwei Eventtypen implementiert. Die Erweiterung für weitere Ereignisse ist einfach. Bei der Gelegenheit sollte auch gleich eine Funktion für ein einheitliches Logging implementiert werden.

```
1   import datetime
2   import pyinotify
3
4   def log(msg, *args):
5       print("{} {}".format(datetime.datetime.now(), msg.format(*args)))
6
7   class EventHandler(pyinotify.ProcessEvent):
8       def __init__(self, wm, watchd):
9           self.wm = wm
10          self.dirs = watchd
11      def process_IN_MOVED_TO(self, event):
12          log('event moved to {}\n', event.pathname)
13      def process_IN_MOVED_FROM(self, event):
14          log('event moved from {}\n', event.pathname)
15      def process_IN_CLOSE_WRITE(self, event):
16          log('event closed write {}\n', event.pathname)
17      def process_IN_MODIFY(self, event):
18          log('event modify {}\n', event.pathname)
19      def process_IN_CREATE(self, event):
20          log('event create {}\n', event.pathname)
```

**Listing 32.6.** Erweiterter Eventhandler für `inotify`

Listing 32.6 zeigt eine Klasse, die als Eventhandler für `pyinotify` genutzt werden kann. Die Klasse ist von `ProcessEvent` abgeleitet und implementiert verschiedene Events. Jede Methode gibt das Event mit einem Timestamp und dem betroffenen Pfad über die Funktion `log()` aus.

Teil IV: **Anhang**

# A Keywords, Konstanten und Module

## A.1 Keywords in Python

Die Liste aller Keywords in Python 3.5. Diese Wörter können nicht als Variablennamen genutzt werden (daher findet man in den Schnittstellenbeschreibungen häufig `klass` oder `cls` statt `class`).

**Tab. A.1.** Python Keywords

| Keyword | Beschreibung |
| --- | --- |
| False | Boolescher Wert für falsch. |
| True | Boolescher Wert für wahr. |
| None | Kein Wert. |
| and | Logische Und-Verknüpfung. |
| as | Alias. |
| assert | Prüft eine Bedingung. |
| break | Schleife abbrechen und das Programm dahinter fortsetzen. |
| class | Definition einer Klasse. |
| continue | Schleifendurchlauf abbrechen und von vorn beginnen. |
| def | Definition einer Funktion. |
| del | Löschen eines Elements einer Sequenz oder Dictionarys. |
| elif | Alternativer Zweig eines Tests. |
| else | Default-Zweig eines Tests. |
| except | Abfangen von Ausnahmen. |
| finally | Unbedingte Ausführung nach einer Schleife. |
| for | Endliche Schleife. |
| from | Beschränkt den Import aus einem Modul. |
| global | Sucht eine Variable im globalen Namensraum und ermöglicht das Schreiben darauf. |
| if | Testet eine Bedingung. |
| import | Lädt ein Modul. |
| in | Testet, ob ein Objekt in einem Containertyp enthalten ist. |
| is | Objektvergleich. |
| lambda | Definiert einen Lambda-Ausdruck. |
| nonlocal | Sucht eine Variable in einem übergeordneten Namensbereich. |
| not | Logisches Nicht. |
| or | Logisches Oder. |

**Tab. A.1.** fortgesetzt

| Keyword | Beschreibung |
|---------|--------------|
| pass | Leere Anweisung. |
| raise | Löst eine Ausnahme aus. |
| return | Rücksprung aus einer Funktion. |
| try | Leitet einen Block ein, bei dem ein Fehler erwartet wird. |
| while | Start eines Anweisungsblocks, der so lange wiederholt wird, bis die Bedingung nicht mehr zutrifft. |
| with | Beginn eines Anweisungsblocks mit einer Vorbedingung. |
| yield | Unterbrechung des Programmablaufs und Rückkehr zum Aufrufer. |

Neben den Keywords gibt es noch eine Besonderheit in der Benennung von Variablen und Klassen. Bezeichner mit einem oder zwei Unterstrichen zu Beginn oder am Ende:
- _ – Namen mit einem Unterstrich am Anfang werden bei einem import * nicht geladen.
- __ – Zwei Unterstriche zu Beginn eines Variablennamens in Klassendefinitionen. Diese werden als „privat" betrachtet und sind von außen nicht zugänglich.
- __*__ – Zwei Unterstriche zu Beginn und Ende eines Namens. Dies kennzeichnet interne Bezeichner von Python. Jede nicht dokumentierte Nutzung sollte unterbleiben.

## A.2 Konstanten

Mit den Konstanten sind besondere Werte definiert, die, wie die eingebauten Funktionen, jederzeit zur Verfügung stehen.

**Tab. A.2.** Vordefinierte Konstanten

| Name | Beschreibung |
|------|--------------|
| False | Der boolesche Wert für falsch. |
| True | Der boolesche Wert für wahr. |
| None | Dieser Wert stellt die Abwesenheit eines Wertes dar. Dies ist die einzige Instanz der Klasse NoneType. |
| NotImplemented | Ein Wert, der darauf hinweist, dass eine Funktion nicht implementiert ist. Dieser Wert sollte z. B. bei Vergleichsoperationen oder Operatoren genutzt werden. Der Interpreter versucht dann die Operation des anderen beteiligten Typs auszuführen. Wenn beide diesen Wert liefern, wird letztlich eine Exception dieses Namens ausgelöst. |

**Tab. A.2.** fortgesetzt

| Name | Beschreibung |
|---|---|
| Ellipsis | Stellt den gesamten Bereich einer Sequenz dar. Alternativ kann auch ... geschrieben werden. Eingebaute Klassen verwenden diesen Wert nicht. In eigenen Klassen kann er genutzt werden, um z. B. beim Aufruf von `__getitem__()` alle Elemente zurückzugeben. |
| `__debug__` | Enthält `True`, wenn der Interpreter ohne -O gestartet wurde. |

# A.3 Eingebaute Funktionen

Diese Funktionen stehen in Python immer zur Verfügung.

**Tab. A.3.** Eingebaute Funktionen

| Funktion | Beschreibung |
|---|---|
| `abs()` | Der absolute Wert einer Zahl. Der Betrag bei komplexen Zahlen. |
| `all()` | Liefert `True`, wenn alle Elemente einer Sequenz als wahr bewertet werden oder die Sequenz leer ist. |
| `any()` | Liefert `True`, wenn ein Element einer Sequenz als wahr bewertet wird, sonst `False`. |
| `ascii()` | Liefert die String-Darstellung eines Objekts, bei der Nicht-ASCII-Zeichen entsprechend codiert sind. Siehe auch `repr()`. |
| `bin()` | Liefert eine Zeichenkette mit der Binärdarstellung der übergebenen Zahl. |
| `bool()` | Liefert einen booleschen Wert für das übergebene Objekt. |
| `bytearray()` | Liefert ein Array von Bytes. Das Array kann verändert werden. |
| `bytes()` | Liefert ein `bytes`-Objekt. Das Objekt ist unveränderlich. |
| `callable()` | Liefert `True`, wenn das übergebene Objekt aufgerufen werden kann. |
| `chr()` | Liefert eine Zeichenkette für den übergebenen Wert. |
| `classmethod()` | Definiert eine Funktion, bei der als erster Parameter die Klasse statt der Instanz übergeben wird. |
| `compile()` | Übersetzt einen Python-Quelltext. |
| `complex()` | Erzeugt eine komplexe Zahl. |
| `delattr()` | Entfernt ein Attribut von einem Objekt. |
| `dict()` | Erstellt ein Dictionary. |
| `dir()` | Liefert eine Liste mit den Namen in dem gegebenen Namensraum. |
| `divmod()` | Liefert für zwei ganze Zahlen den Quotienten und Rest einer Division. |

**Tab. A.3.** fortgesetzt

| Funktion | Beschreibung |
| --- | --- |
| enumerate() | Liefert ein Aufzählungs-Objekt von einer Sequenz. |
| eval() | Führt eine Zeichenkette als Python-Ausdruck aus. |
| exec() | Führt eine Zeichenkette als Liste von Anweisungen aus. |
| filter() | Reduziert eine Sequenz anhand einer Funktion auf die Werte, für die die Funktion True liefert. |
| float() | Wandelt den übergebenen Wert in eine Fließkommazahl. |
| format() | Gibt den übergebenen Wert als Zeichenkette aus. Optional kann eine Formatvorgabe übergeben werden. |
| frozenset() | Erzeugt ein Objekt der Klasse frozenset. |
| getattr() | Liefert den Wert des gesuchten Attributs. |
| globals() | Liefert den globalen Namensraum als Dictionary. |
| hasattr() | Testet, ob ein Objekt ein Attribut mit dem gegebenen Namen hat. |
| hash() | Liefert den hash-Wert des Objekts (eine Zahl). |
| help() | Liefert den Hilfetext zu dem übergebenen Objekt. |
| hex() | Konvertiert eine Zahl in eine Zeichenkette mit der entsprechenden Hexadezimalzahl. |
| id() | Liefert die Identität eines Objekts. |
| input() | Liest Eingaben von der Tastatur. |
| int() | Erzeugt eine Zahl. |
| isinstance() | Prüft die Zugehörigkeit eines Objekts zu einer Klasse. |
| issubclass() | Liefert True, wenn das gegebene Objekt eine Unterklasse der Vergleichsklasse ist. |
| iter() | Erzeugt aus dem gegebenen Objekt einen Iterator. |
| len() | Liefert die Länge des gegebenen Objekts. |
| list() | Erzeugt eine Liste aus einem gegebenen Objekt. |
| locals() | Liefert ein Dictionary des lokalen Namensraums. |
| map() | Liefert einen Iterator, der die übergebene Funktion auf alle Elemente der übergebenen Sequenz anwendet. |
| max() | Liefert den Maximalwert aus einer Sequenz oder den gegebenen Werten. |
| memoryview() | Liefert ein Objekt der Klasse memoryview für das gegebene Objekt (ein Buffer-Typ). |
| min() | Liefert den Minimalwert aus einer Sequenz oder den gegebenen Werten. |
| next() | Liefert den nächsten Wert des übergebenen Iterators. |
| object() | Erzeugt ein Objekt der Klasse object. Dies ist die Basisklasse aller Objekte in Python. |
| oct() | Konvertiert eine ganze Zahl in eine Zeichenkette mit deren Oktaldarstellung. |
| open() | Öffnet eine Datei und liefert ein „file object". |
| ord() | Liefert den „Unicode codepoint" für ein Zeichen. Siehe auch chr(). |
| pow() | Liefert die n-te Potenz einer Zahl. Optional kann ein zusätzlicher Modulo-Operand angegeben werden. |

**Tab. A.3.** fortgesetzt

| Funktion | Beschreibung |
| --- | --- |
| print() | Gibt das übergebene Objekt auf dem Standard-Ausgabekanal aus. |
| property() | Definiert Funktionen zur Steuerung des Zugriffs auf ein Attribut eines Objekts. |
| range() | Erzeugt eine unveränderliche Sequenz (Zahlenfolge). |
| repr() | Liefert die Darstellung eines Objekts als Zeichenkette. Die Funktion eval() auf diese Zeichenkette angewandt sollte ein identisches Objekt erzeugen. |
| reversed() | Liefert einen Iterator, der die übergebene Sequenz von hinten nach vorne durchläuft. |
| round() | Rundet eine Fließkommazahl. Optional kann die Zahl der Nachkommastellen angegeben werden. |
| set() | Erzeugt ein Objekt der Klasse set. |
| setattr() | Fügt einem Objekt ein Attribut hinzu. |
| slice() | Liefert ein slice-Objekt mit dem gegebenen Bereich. Wird nur von Erweiterungsmodulen genutzt. |
| sorted() | Liefert eine sortierte Liste des übergebenen Iterators. |
| staticmethod() | Definiert eine Klassenmethode. Als erster Parameter muss nicht die aktuelle Instanz an die Funktion übergeben werden. |
| str() | Erzeugt eine Zeichenkette aus dem übergebenen Objekt. |
| sum() | Addiert eine Sequenz auf. |
| super() | Dient zum Aufruf von Methoden einer übergeordneten Klasse. |
| tuple() | Erzeugt ein unveränderliches Tupel aus einem Iterator. |
| type() | Liefert den Typ eines Objekts oder erzeugt ein neues Objekt eines gegebenen Typs. |
| vars() | Liefert die in einem Namensraum (Objekt) enthaltenen Variablen. |
| zip() | Iteriert über alle Elemente der gegebenen Sequenzen und liefert alle Elemente der aktuellen Position. Sobald eine Sequenz keine weiteren Elemente liefern kann, wird der Iterator beendet. |

## A.4 Module

Die folgenden Tabellen enthalten keine vollständige Auflistung der Module einer Python-Installation. Es existieren noch viele Module zum Testen und Entwickeln mit Python. Diese werden zum Teil nur von den Python-Entwicklern genutzt, was auch entsprechend in der Online-Dokumentation vermerkt ist. Auch Module für grafische Benutzeroberflächen können zum Lieferumfang gehören. Sie sind aber systemabhängig und deshalb manchmal gesondert zu installieren.

### A.4.1 Datentypen

Verschiedene Funktionen zur Organisation von Daten.

**Tab. A.4.** Module für Datentypen

| Modul | Beschreibung |
|---|---|
| array | Effiziente Arrays von grundlegenden Datentypen. |
| bisect | Sortierte Arrays. |
| calendar | Funktionen für Kalenderberechnungen. |
| collections | Container Datentypen. |
| copy | Tiefe Kopien von Datenstrukturen. |
| datetime | Datum und Uhrzeit. |
| heapq | Eine Prioritäts-Warteschlange. |
| pprint | Hübsche Ausgabe von Variablen. |
| reprlib | Alternative Implementierung von repr(). |
| types | Eingebaute Typen und dynamische Erzeugung neuer Typen. |
| weakref | Schwache Referenzen auf Objekte. |

### A.4.2 Mathematische Funktionen

Diese Module drehen sich um Zahlen.

**Tab. A.5.** Module für Mathematische Aufgaben

| Modul | Beschreibung |
|---|---|
| cmath | Arithmetik mit komplexen Zahlen. |
| decimal | Fließkomma-Arithmetik, auch mit fixer Kommastelle. |

**Tab. A.5.** fortgesetzt

| Modul | Beschreibung |
| --- | --- |
| fractions | Eine Klasse für Bruchrechnung. |
| math | Verschiedene mathematische Funktionen. |
| numbers | Abstrakte Basisklasse für Zahlen. |
| random | Zufallszahlen. |
| statistics | Statistik-Funktionen. |

## A.4.3 Verarbeitung von Text

Ein- und Ausgabe von Text, Bearbeitung und Codierung.

**Tab. A.6.** Module für die Verarbeitung von Text

| Modul | Beschreibung |
| --- | --- |
| difflib | Unterschiede zwischen Dateien ermitteln. |
| re | Reguläre Ausdrücke. |
| readline | Text über die Konsole einlesen. |
| rlcompleter | Vervollständigung von Text für readline. |
| string | Operationen auf Zeichenketten. |
| stringprep | Aufbereitung von Unicode-Zeichenketten. |
| textwrap | Formatieren von Text. |
| unicodedata | Zugriff auf die Unicode Character Database. |

## A.4.4 Dateien und Verzeichnisse

Umgang mit Dateien, zum Teil spezifisch für Betriebssysteme.

**Tab. A.7.** Module für Dateien und Verzeichnisse

| Modul | Beschreibung |
| --- | --- |
| filecmp | Vergleich von Dateien und Verzeichnissen. |
| fileinput | Zeilenweise Verarbeitung von mehreren Quelldateien. |
| fnmatch | Pattern Matching für UNIX-Dateinamen. |
| glob | Flexible Beschreibung von Pfaden. |

**Tab. A.7.** fortgesetzt

| Modul | Beschreibung |
| --- | --- |
| linecache | Zugriff auf Python-Quelltexte aus einem Programm. |
| macpath | Pfad-Funktionen für Mac OS 9. |
| os.path | Funktionen zur Manipulation von Pfaden. |
| pathlib | Objektorientierte Bearbeitung von Pfaden. |
| shutil | Operationen auf Dateien (copy, move, chown...). |
| stat | Informationen über Dateien. |
| tempfile | Erzeugung von temporären Dateien und Verzeichnissen. |

## A.4.5 Speicherung von Daten und Objekten

Damit Daten das Ende eines Programmes überleben, müssen sie gespeichert werden.

**Tab. A.8.** Module zur Speicherung von Daten und Objekten

| Modul | Beschreibung |
| --- | --- |
| copyreg | Eigene Funktionen für pickle registrieren. |
| dbm | Zugriff auf UNIX-Datenbanken. |
| marshal | Python-interne Objekt-Serialisierung. |
| pickle | Objekte serialisieren. |
| shelve | Speichern von Python-Objekten. |
| sqlite3 | Zugriff auf SQLite-Datenbanken. |

## A.4.6 Verschiedene Dateiformate

Datenformate von Programmen, auch aus dem Multimedia-Bereich.

**Tab. A.9.** Module für Dateiformate

| Modul | Beschreibung |
| --- | --- |
| configparser | Konfigurationsdateien. |
| csv | CSV-Dateien. |
| netrc | Zugriff auf netrc-Dateien von FTP. |
| plistlib | Zugriff auf Mac OS X .plst-Dateien. |

**Tab. A.9.** fortgesetzt

| Modul | Beschreibung |
|---|---|
| xdrlib | External Data Representation Standard, RFC 1014. |
| audioop | Bearbeitung von Audio-Daten. |
| aifc | AIFF, AIFC |
| sunau | Sun AU |
| wave | WAV |
| chunk | IFF |
| colorsys | Konvertierung zwischen Farbsystemen. |
| imghdr | Ermittlung des Typs einer Bilddatei. |
| sndhdr | Ermittlung des Typs einer Audiodatei. |
| ossaudiodev | Zugriff auf OSS-kompatible Audiogeräte. |

## A.4.7 Datenkomprimierung und Archivierung

Verschiedene populäre Kompressions- und Pack-Algorithmen.

**Tab. A.10.** Module zur Datenkomprimierung und Archivierung

| Modul | Beschreibung |
|---|---|
| bz2 | Komprimierung mit bzip2. |
| gzip | Zugriff auf gzip-Dateien. |
| lzma | Komprimierung mit LZMA. |
| tarfile | Zugriff auf TAR-Dateien. |
| zlib | Zu gzip kompatible Komprimierung. |
| zipfile | Zugriff auf ZIP-Archive. |

### A.4.8 Grundlegende Funktionen

Verschiedene Funktionen des Betriebssystems.

**Tab. A.11.** Module für grundlegende Dienste

| Modul | Beschreibung |
|---|---|
| argparse | Verarbeitung von Kommandozeilen-Parametern. |
| ctypes | Umwandlung von Datentypen. |
| curses | Funktionen für Text-Terminals. |
| curses.ascii | Funktionen für ASCII-Zeichen. |
| curses.panel | Fenster für Text-Terminals. |
| curses.textpad | Eingabefunktion für Text-Terminals. |
| errno | Standard-Fehlercodes. |
| getopt | Parser für Kommandozeilen-Parametern. |
| getpass | Funktion zur Passwort-Eingabe. |
| io | Funktionen für Streams. |
| logging | Logging-Funktion für Python. |
| logging.config | Konfiguration für Logger. |
| logging.handlers | Steuerung des Loggings. |
| os | Basis-Funktionen des Betriebssystems. |
| platform | Funktionen um die zugrunde liegende Plattform zu bestimmen. |
| time | Darstellung von Datum und Uhrzeit. |

### A.4.9 Parallele Programmierung

Verschiedene Module zum Verteilen von Rechenaufgaben.

**Tab. A.12.** Module für parallele Codeausführung

| Modul | Beschreibung |
|---|---|
| concurrent | Parallele Ausführung von Aufgaben. |
| dummy_threading | Platzhalter für threading ohne Funktion. |
| multiprocessing | Parallele Ausführung mit Prozessen. |
| queue | Synchronisierte Warteschlangen. |
| sched | Ereignis-Scheduler. |
| subprocess | Verwaltung von Prozessen. |
| threading | Parallele Ausführung mit Threads. |

## A.4.10 Kommunikation zwischen Prozessen

Interprozess-Kommunikation, lokal und über das Internet.

**Tab. A.13.** Module für Kommunikation zwischen Prozessen und übers Netzwerk

| Modul | Beschreibung |
|---|---|
| asynchat | Asynchrone Sender/Empfänger für Sockets. |
| asyncio | Asynchrones I/O, Event-Schleife, Koroutinen und Tasks. |
| asyncore | Asynchroner Socket-Handler. |
| mmap | Memory-Map I/O. |
| select | I/O-Multiplexing mit select. |
| selectors | Python-Interpretation von I/O-Multiplexing. |
| signal | Behandlung von Ereignissen. |
| socket | Socket-Schnittstelle. |
| ssl | TLS/SSL-Funktionen für Sockets. |

## A.4.11 Internet-Protokolle

Diese Module ermöglichen es die unterschiedlichsten Protokolle als Client oder Server zu nutzen.

**Tab. A.14.** Module für Internet-Protokolle

| Modul | Beschreibung |
|---|---|
| cgi | Common Gateway Interface |
| cgitb | CGI-Modul mit Debugging-Unterstützung. |
| http | HTTP-Module. |
| http.client | HTTP-Client. |
| http.server | HTTP-Server. |
| ftplib | FTP. |
| imaplib | IMAP4. |
| nntplib | NNTP. |
| poplib | POP3. |
| smtplib | SMTP Client. |
| smtpd | SMTP Server. |
| telnetlib | Telnet Client. |

**Tab. A.14.** fortgesetzt

| Modul | Beschreibung |
|---|---|
| socketserver | Basisklasse für Netzwerkserver. |
| xmlrpc | XML RPC. |
| xmlrpc.client | XML RPC Client |
| xmlrpc.server | XML RPC Server |
| ipaddress | Bearbeitung von IP-Adressen. |
| urllib | Bearbeitung von URL. |
| urllib.request | Abfragen einer URL. |
| urllib.response | Klassen für das Ergebnis eines Requests. |
| urllib.error | Fehlerklassen beim Zugriff auf eine URL. |
| urllib.parse | Zerlegen einer URL. |

## A.4.12 Internet-Datenformate

Diese Datenformate werden häufig bei der Übertragung von Daten im Internet einge-setzt. Manchmal werden aber auch Dateien so codiert.

**Tab. A.15.** Module für Internet-Datenformate

| Modul | Beschreibung |
|---|---|
| base64 | Base16, Base32, Base64, Base85 |
| binascii | Umwandlung zwischen Binär und ASCII. |
| binhex | binhex4 |
| email | Bearbeitung von MIME-Nachrichten. |
| json | Lesen und Schreiben von JSON. |
| mailbox | Bearbeitung von verschiedenen Mailbox-Formaten. |
| mailcap | Zugriff auf Mailcap-Dateien. |
| mimetypes | Umsetzung von Dateinamen auf MIME-Typen. |
| quopri | Bearbeitung von MIME quoted printable. |
| uu | Bearbeitung von Daten im uu-Format. |

## A.4.13 XML, HTML

Bearbeitung von XML und HTML.

**Tab. A.16.** Module für XML und HTML

| Modul | Beschreibung |
|---|---|
| html | Hyper Text Markup Language |
| html.parser | Ein HTML- und XHTML-Parser. |
| html.entities | Definition von HTML-Elementen. |
| xml.etree | ElementTree XML API |
| xml.dom | Document Object Model API |
| xml.sax | SAX2 Parser |

## A.4.14 Binärdaten

Codierung von Daten auf Maschinenebene.

**Tab. A.17.** Module für die Bearbeitung von Binärdaten

| Modul | Beschreibung |
|---|---|
| struct | Definition von binär codierten Daten. |
| codecs | Ermöglicht die Definition eigener Datencodierungen. |

## A.4.15 Funktionale Programmierung

Für die Anhänger der funktionalen Programmierung.

**Tab. A.18.** Module für Funktionale Programmierung

| Modul | Beschreibung |
|---|---|
| functools | Funktionen für Funktionen und aufrufbare Objekte. |
| itertools | Besondere Iteratoren. |
| operator | Operatoren als Funktionen. |

### A.4.16 Sonstiges

Module für systemabhängige Funktionen, zum Teil UNIX-spezifisch.

**Tab. A.19.** Systemnahe Module

| Modul | Beschreibung |
|---|---|
| sys | Verschiedene Dinge aus der Laufzeitumgebung (dem Interpreter). |
| posix | Einige Funktionen aus dem POSIX API. |
| pwd | Die UNIX-Passwort-Datei. |
| spwd | Die Shadow-Passwort-Datei. |
| grp | UNIX-Gruppen-Datei. |
| crypt | Funktionen für UNIX-Passwörter. |
| fcntl | UNIX fcntl und ioctl. |
| pipes | Shell Pipes unter UNIX. |
| pydoc | Zur Erzeugung von Dokumentation und der Online-Hilfe. |
| doctest | Interaktive Tests in Programmen. |
| unittest | Automatisierte Tests für Python. |

### A.4.17 Kryptografische Funktionen

Berechnung von Prüfsummen und Funktionen zur Authentifikation.

**Tab. A.20.** Module für Kryptografie

| Modul | Beschreibung |
|---|---|
| hashlib | Hashfunktionen und Prüfsummen. |
| hmac | HMAC-Authentifizierung nach RFC 2104. |

**A.4.18 Internationalization**

Häufig als I18N abgekürzt. Zwischen dem „I" und dem „N" befinden sich 18 Buchstaben.

**Tab. A.21.** Programme mehrsprachig gestalten

| Modul | Beschreibung |
|---|---|
| gettext | Verwaltung von Mehrsprachigkeit. |
| locale | Anpassungen an lokale Gegebenheiten. |

# B Onlinequellen

Python wird von einer internationalen Entwicklergemeinde, unter der Leitung der Python Software Foundation (PSF), als Open Source Software entwickelt. Diese Version wird als CPython bezeichnet und stellt die Referenz für andere Portierungen dar.

**Tab. B.1.** Links zu Python

| URL | Beschreibung |
| --- | --- |
| https://www.python.org | Die Website rund um Python. |
| https://docs.python.org/3/ | Die Dokumentation zu Python: Sprach- und Library-Referenz sowie Tutorials zu verschiedenen Themen. |
| https://docs.python.org/3/license.html | Die Lizenz von Python. |
| https://docs.python.org/3/reference/index.html | Die Python Language Reference |
| https://docs.python.org/3/library/index.html | Die Python Library Reference |
| https://pypi.python.org/pypi | Der Python Package Index, auch bekannt unter dem Namen „Cheeseshop". |
| https://www.python.org/psf-landing/ | Webseite der Python Software Foundation |
| http://www.jython.org/ | Ein in Java implementierter Python-Interpreter. |
| http://pypy.org/ | Python-Interpreter in Python, nicht zu verwechseln mit PyPi. |

Die im Text vorgestellten Module sind in der Online-Dokumentation unter den folgenden URLs zu finden.

**Tab. B.2.** Links zur Dokumentation der vorgestellten Python-Module

| URL | Modul |
| --- | --- |
| https://docs.python.org/3/library/collections.html | collections – Container datatypes |
| https://docs.python.org/3/library/time.html | time – Time access and conversions |
| https://docs.python.org/3/library/datetime.html | datetime – Basic date and time types |
| https://docs.python.org/3/library/pathlib.html | pathlib – Object-oriented filesystem paths |
| https://docs.python.org/3/library/os.path.html | os.path – Common pathname manipulations |
| https://docs.python.org/3/library/re.html | re – Regular expression operations |
| https://docs.python.org/3/library/random.html | random – Generate pseudo-random numbers |
| https://docs.python.org/3/library/socket.html | socket – Low-level networking interface |
| https://docs.python.org/3/library/doctest.html | doctest – Test interactive Python examples |

**Tab. B.2.** fortgesetzt

| URL | Modul |
|---|---|
| https://docs.python.org/3/library/itertools.html | itertools – Functions creating iterators for efficient looping |
| https://docs.python.org/3/library/functools.html | functools – Higher-order functions and operations on callable objects |
| https://docs.python.org/3/library/struct.html | struct – Interpret bytes as packed binary data |
| https://docs.python.org/3/library/base64.html | base64 – Base16, Base32, Base64, Base85 Data Encodings |
| https://docs.python.org/3/library/pickle.html | pickle – Python object serialization |
| https://docs.python.org/3/library/json.html | json – JSON encoder and decoder |
| https://docs.python.org/3/library/urllib.html | urllib – URL handling modules |
| https://docs.python.org/3/library/cgi.html | cgi – Common Gateway Interface support |
| https://docs.python.org/3/library/smtplib.html | smtplib – SMTP protocol client |
| https://docs.python.org/3/library/email.html | email – An email and MIME handling package |
| https://docs.python.org/3/library/poplib.html | poplib – POP3 protocol client |
| https://docs.python.org/3/library/threading.html | threading – Thread-based parallelism |
| https://docs.python.org/3/library/multiprocessing.html | multiprocessing – Process-based parallelism |
| https://docs.python.org/3/library/logging.html | logging – Logging facility for Python |
| https://docs.python.org/3/library/syslog.html | syslog – Unix syslog library routines |
| https://docs.python.org/3/library/sqlite3.html | sqlite3 – DB-API 2.0 interface for SQLite databases |
| https://docs.python.org/3/library/math.html | math – Mathematical functions |
| https://docs.python.org/3/library/hashlib.html | hashlib – Secure hashes and message digests |
| https://docs.python.org/3/library/csv.html | csv – CSV File Reading and Writing |
| https://docs.python.org/3/library/getpass.html | getpass – Portable password input |
| https://docs.python.org/3/library/enum.html | enum – Support for enumerations |
| https://docs.python.org/3/library/pprint.html | pprint – Data pretty printer |
| https://docs.python.org/3/library/sys.html | sys – System-specific parameters and functions |
| https://docs.python.org/3/library/argparse.html | argparse – Parser for command-line options, arguments and sub-commands |
| https://docs.python.org/3/library/venv.html | venv – Creation of virtual environments |

# Stichwortverzeichnis

... *siehe* Ellipsis

=
– Zuweisungsoperator  9

#
– Kommentar bis zum Zeilenende  5

$
– Shell Prompt  3

überladen
– einer Funktion  78

_-Variablen  97

__-Variablen  97

__abs__()  117

__add__()  116

__and__()  116

__bool__()  109

__bytes__()  109

__call__()  118, 132

__complex__()  117

__contains__()  116

__del__()  109

__delattr__()  113

__delete__()  123

__delitem__()  116

__dict__  108

__dir__()  113

__divmod__()  116

__doc__  107

__enter__()  136

__eq__()  111

__exit__()  136

__float__()  117

__floordiv__()  116

__format__()  109

__ge__()  111

__get__()  123

__getattr__()  112

__getattribute__()  113

__getitem__()  103, 115

__gt__()  111

__hash__()  109

__init__()  96, 109
– bei Vererbung  100

__int__()  117

__invert__()  117

__iter__()  116

__le__()  111

__len__()  115

__lshift__()  116

__lt__()  111

__main__  92

__missing__()  116

__mod__()  116

__mul__()  116

__ne__()  111

__neg__()  117

__or__()  116

__pos__()  117

__pow__()  116

__repr__()  109

__reversed__()  116

__round__()  117

__rshift__()  116

__set__()  123

__setattr__()  113

__setitem__()  103, 116

__str__()  109

__sub__()  116

__truediv__()  116

__wrapped__  131

__xor__()  116

. . .
– zweiter Prompt des Interpreters  5

>>>
– Eingabeprompt des Interpreters  3, 4

abweisende Schleife  71

Address already in use  253

argparse
– Argumente definieren  419
– ArgumentParser  416
– Modul argparse  415

argv  *siehe* sys

asyncio  212

Attribute
– einer Klasse  95

Aufzählungstypen  *siehe* enum

Ausgeben
– einer Variablen  11

Ausnahme  *siehe* Exception

Automatisiertes Testen  *siehe* doctest

base64
– Modul base64  242

Beziehung
- hat ein 94
- ist ein 94
big-endian 237
Binärdaten *siehe* bytearray, *siehe* bytes, *siehe*
    struct
Byte-Order 237
bytearray 34
bytes 32

callable 293
callable() 119
CGI 253
ChainMap *siehe* collections
collections
- ChainMap 147
- Counter 148
- defaultDict 151
- deque 145
- Modul collections 145
- namedtuple 152
- OrderedDict 150
- UserDict 152
- UserList 152
- UserString 152
Context Manager 136
Counter *siehe* collections
csv
- Modul csv 403

Daemon 431
Datagram-Socket *siehe* UDP-Socket
date
- Klasse in datetime 159
Datei
- als Iterator 57
- Binärdateien 58
- Textdateien 57
Dateiattribute *siehe* stat()
- Arbeiten mit 178
- st_atime 176
- st_ctime 176
- st_mtime 176
- st_size 176
Dateien 55
- Fehlerbehandlung 61
Dateien und Verzeichnisse
- Module in der Standardlibrary 461
Daten serialisieren *siehe* json

Datenaustausch zwischen Prozessen
- BaseManager-Objekte 337
- Lokale Manager-Objekte 336
- Manager-Objekte 331
- multiprocessing.Pipe 323
- multiprocessing.Queue 325
- Remote Manager-Objekte 338
- Shared Memory 327
- Typcodes in array 329
- Typcodes in ctypes 328
Datenaustausch zwischen Threads
- Queue 313
Datenbanken *siehe* DB-API
Datenformate
- Module in der Standardlibrary 462
Datenkomprimierung und Archivierung
- Module in der Standardlibrary 463
Datentypen
- Module in der Standardlibrary 460
datetime
- Attribute und Methoden der Klasse 166
- date 159
- Klasse in datetime 164
- Modul datetime 158
- Objekt initialisieren 164
- Operatoren 166
- time 160
- timedelta 162
- timezone 162
Datum und Uhrzeit *siehe* datetime
DB-API 372
- Attribute 373
- Connection-Objekt 373
- Cursor-Objekt 374
- Exceptions 375
- Modul mysqlclient 391
- Modul psycopg2 385
- Modul sqlite3 376
defaultDict *siehe* collections
Dekorator 126
- \_\_call\_\_() 132
- Funktion als 128
- Objekt als 132
- tarnen 130
- update_wrapper() 131
del 97
deque *siehe* collections
descriptor *siehe* Deskriptoren

Deskriptoren 123
– __delete__() 123
– __get__() 123
– __set__() 123
dict *siehe* Dictionary-Klasse
Dictionarys 26
– erzeugen 30
– items() 28
– keys() 28
– Methoden 27
– update() 27
– values() 28
dir() 12, 107
Docstring 83, 107
doctest 83
– ausführen 213
– formulieren 214
– mehrere Tests zusammenfassen 217
– mit variablem Ergebnis 216
– Modul doctest 213
Document Root 254

E-Mail senden *siehe* smtplib
Echo-Server 209
Ein Beispiel für Mehrfachvererbung 104
eingebaute Funktionen 457
eingebaute Keywords 455
eingebaute Konstanten 456
eingebaute Typen
– Dictionary 26
– Frozenset 30
– Listen 20
– Range 22
– Set 28
– Tupel 21
– Zahlen 14
– Zeichenketten 17
Einrückung 6
Ellipsis 457
email
– Aufbau einer Multipart-Message 279
– message, Klasse in email 272
– message_from_binary_file() 285
– message_from_bytes() 285
– message_from_file() 285
– message_from_string() 285
– Modul email 272
email.mime
– MIMEApplication 280

– MIMEAudio 280
– MIMEImage 280
– MIMEMessage 280
– MIMEMultipart 280
– MIMEText 280
– Modul email.mime 280
email.parser
– BytesFeedParser 283
– BytesParser 283
– E-Mail aus einer Datei 283
– FeedParser 283
– Parser 283
Endlosschleifen *siehe* itertools
enum
– Modul enum 409
Eulersche Zahl 397
Exception 139
– raise 139
– selbst definierte 139
– StopIteration 134

Factory-Funktion 84
False 63
Fehlerbehandlung 42
– bei der Arbeit mit Dateien 61
Fehlermeldungen *siehe* Exception
File-Objekte 56
– Methoden 56
filter() 87
Filter-Objekt *siehe* logging
finally 44
format() 49
– Formatierung eines Feldes 51
– Platzhalter 49
– Umwandlung der Zeichencodierung 50
– Variablen einsetzen 50
Formatter-Objekt *siehe* logging
from ... import 8
Frozenset 30
frozenset
– Frozenset-Klasse 28
functools 87, 229
– lru_cache 230
– partial() 233
– partialmethod() 235
– reduce() 230
– singledispatch 232
– total_ordering 231
– update_wrapper() 233

Funktion
– definieren 73
– Docstring 83
– geschachtelte Funktionen 83
– Keyword Parameter 80
– Parameter mit Defaultwert 81
– Parametertypen 76
– Positionsabhängige Parameter 77
– Rückgabewert 81
– Sichtbarkeit von Variablen 74
– Variable Parameter 78
Funktionale Programmierung
– Module in der Standardlibrary 467

Generator 135
getpass
– Modul getpass 408
glob
– Modul glob 181
global 141
globbing 176

Häufigkeit ermitteln 149
Handler-Objekt *siehe* logging
hasattr() 119
Hashfunktionen *siehe* hashlib
hashlib
– Modul hashlib 401
help()
– Docstring ausgeben 83
– eingebaute Hilfefunktion 11
Hooks 96, 103, 109
HTML
– Module in der Standardlibrary 467
http
– Ausgabe codieren mit html.escape() 257
– CGI 253
– cgi.FieldStorage 257
– CGIHTTPRequestHandler 253
– Formulardaten verarbeiten 256
– HTTPServer 251
– Modul cgi 255
– Modul http 251
– SimpleHTTPRequestHandler 251

id() 64
if 66
if ... elif 66
if ... else 66

if ... else (Bedingter Ausdruck) 68
import 8, 88
Index-Operator 22
inf, infinity 397
inotify
– Modul inotify 432
input() 46
inspect
– isabstract 121
– isbuiltin 121
– isclass 121
– isdatadescriptor 121
– isframe 121
– isfunction 121
– isgenerator 121
– isgeneratorfunction 121
– isgetsetdescriptor 121
– ismemberdescriptor 121
– ismethod 121
– ismethoddescriptor 121
– ismodule 121
– isroutine 121
– istraceback 121
– Modul inspect 121
inspectiscode 121
Internationalization
– Module in der Standardlibrary 469
Internet-Datenformate
– Module in der Standardlibrary 466
Internet-Protokolle
– Module in der Standardlibrary 465
Interpreter 4
Introspection 12
io
– Modul io 60
is 64
isinstance() 101
issubclass() 101
iter() 133
Iterator 133
– __iter__() 134
– __next__() 134
– StopIteration 134
iterator protocol 134
itertools 220
– count() 220
– cycle() 220
– Endlosschleifen 220
– Permutationen 227

– repeat() 220
– Sequenz filtern 221

JSON *siehe* json
– Konvertierung von Python-Typen 248
json
– Modul 247

Kapselung 97
key value store *siehe* Dictionarys
Keywords
– and 455
– as 455
– assert 455
– break 455
– class 455
– continue 455
– def 455
– del 455
– elif 455
– else 455
– except 455
– False 455
– finally 455
– for 455
– from 455
– global 455
– if 455
– import 455
– in 455
– is 455
– lambda 455
– None 455
– nonlocal 455
– not 455
– or 455
– pass 456
– raise 456
– return 456
– True 455
– try 456
– while 456
– with 456
– yield 456
Klasse 94
Klassen
– Definition von 94
Klassenvariablen 98
– Typ 99

Kommentar 5
Kommunikation über das Netzwerk
– Module in der Standardlibrary 465
Konkrete Pfad-Objekte *siehe* pathlib
– Methoden 174
Konstruktor 96
Kryptografische Funktionen
– Module in der Standardlibrary 468

lambda 85
list
– Listen-Klasse 20
list comprehension 30
Listen 20
– erzeugen 30
– Methoden 21
little-endian 237
Logger-Objekt *siehe* logging
logging
– auf mehrere Kanäle gleichzeitig 360
– basicConfig() 345
– Datum und Uhrzeit formatieren 343
– eigene Log-Level definieren 346
– Filter-Objekte 359
– Formatieren einer Logzeile 342
– Formatter-Objekte 358
– Funktionen im Modul 341, 348
– Handler-Klassen, vordefinierte 353
– Handler-Objekte 353
– Konfiguration 360
– Konfigurationsdictionary 365
– Kongifurationsdatei 361
– Log-Level unterdrücken 347
– Logger-Objekte 349
– Modul logging 341
– syslog *siehe* syslog

map() 86
Match-Objekt 186
math
– Modul math 397
Mathematische Funktionen *siehe* math
– Module in der Standardlibrary 460
MD5 *siehe* hashlib
Mehrfachvererbung 100
Mengen *siehe* Set
Methoden
– überladen 98
– eines Objekts 95

MIME *siehe* email.mime
MIME-Typen
– vordefinierte 282
Modul
– erneut Laden 92
– erstellen 89
– Fehler beim Import 91
– laden 88
– selektiv laden 88
– Suchpfad 90
– umbenennen beim Laden 89
Multipart-Nachricht *siehe* email.mime
multiprocessing
– Exceptions 319
– Funktion in einem Prozess ausführen 320
– Manager-Objekte 331
– Methoden des Moduls 318
– Modul multiprocessing 318
– Pipe 323
– Process 319
– Queue 325
– Shared Memory 327
Multitasking 290
Multithreading 291
MySQL 391
mysqlclient 391

namedtuple *siehe* collections
Namensraum 140
– Funktion 74
– Modul 88
– Objekt 104
NAN, Not A Number 249, 397
next() 134
None 63
nonlocal 141

Objekt 94
– als Zeichenkette ausgeben 119
– Attribut hinzufügen 97
– Attribute 95, 107
– aufrufen 117
– callable 119
– erzeugen aus einer Klasse 96
– Konstruktor 96
– Methoden 95
Objekt serialisieren *siehe* pickle
Objektidentität 64

old string formatting 53
– Steuerzeichen 53
open() 55
– Parameter 56
Operatoren
– Bit-Operationen 16
– Boolesche 65
– kurzschreibweise 17
– Mathematische 15
– Vergleiche 17
OrderedDict *siehe* collections
os
– Funktionen im Modul 179
– Modul os 179
– unlink() 209

Package 92
Parallele Programmierung
– Module in der Standardlibrary 464
pass
– Leere Anweisung 7
Passwort abfragen *siehe* getpass
Path
– Attribute der Klasse 170
– Klasse in pathlib 170
– Operatoren 172
Path-Objekt
– Typ bestimmen 176
pathlib
– Modul pathlib 169
– Path 170
Permutation, in itertools 227
– combinations() 228
– permutations() 228
– product() 228
Permutationen *siehe* itertools
Pfad einer Datei *siehe* pathlib
Pi 397
pickle
– Funktionen im Modul 244
– Modul 243
– Pickler-Objekte 247
pip
– Pakete installieren 428
Platzhalter
– im Modul struct 238
– strftime() 156
POP3 *siehe* poplib

poplib
– Exceptions 286
– Methoden der Klasse POP3 286
– Modul poplib 286
– Nachricht löschen 288
– POP3, Klasse im Modul 286
– Verarbeitung empfangener Nachrichten 288
PosixPath *siehe* pathlib
PostgreSQL 385
pprint
– Modul pprint 412
– PrettyPrinter() 412
Pretty Print *siehe* pprint
print() 48
Process *siehe* multiprocessing
property() 122
Property-Dekorator 122
Propertys 122
Prozess *siehe* multiprocessing
psycopg2 385
PurePath *siehe* pathlib
– Methoden der Klasse 173
PurePosixPath *siehe* pathlib
PureWindowsPath *siehe* pathlib
PyPI
– Python Package Index 428
Python erweitern
– Module 428

raise 45, 139
random
– choice() 198
– Modul random 195
– randint() 197
– random() 196
– randrange() 197
– sample() 198
– Sequenz mischen 198
– shuffle() 198
– SystemRandom 199
– Verteilungsfunktionen 199
– zufällige Auswahl 198
range 22
re
– Modul re *siehe* Reguläre Ausdrücke
reduce() 87
Referenz 9
Regex *siehe* Reguläre Ausdrücke

Reguläre Ausdrücke 183
– Definierte Zeichenmengen 193
– Escapen von Sonderzeichen 184
– Exceptions 194
– Flags 187
– Funktionen im Modul 192
– groups() 186
– Konstanten im Modul 191
– match() 185
– Parameter für eine Gruppe 187
– Pattern Matching 185
– Referenzen auf gefundenen Text 190
– Regular Expression Objects 191
– search() 185
– sub() 189
– Suchen und Ersetzen 189
– Zeichen mit besonderer Bedeutung 183
– Zeichenklasse 183
– Zeichenmenge 183
repr() 119

Schlafen
– time.sleep() 158
Schleifen
– bedingte 69
– break 72
– continue 72
– for-Schleife 69
– Iterator 133
– while-Schleife 71
– Zählschleife 69
select 212
selectors 212
self 95
Sequenz
– addieren 25
– multiplizieren 25
Sequenz filtern *siehe* itertools
Sequenzfilter, in itertools
– accumulate() 222
– chain() 222
– compress() 223
– dropwhile() 223
– filterfalse() 224
– groupby() 224
– islice() 225
– starmap() 226
– startmap() 221
– takewhile() 221

– tee() 221, 226
– zip_longest() 227
Set 28
– add() 29
– erzeugen 30
– Operatoren 29
– remove() 29
– set() 28
set
– Set-Klasse 28
SHA1 *siehe* hashlib
SHA256 *siehe* hashlib
Slicing 23
SMTP *siehe* smtplib
smtplib
– Exceptions 265
– Header zu einer Nachricht hinzufügen 269
– LMTP, Klasse im Modul 268
– Modul smtplib 265
– SMTP, Klasse im Modul 266
– SMTP_SSL, Klasse im Modul 268
– STARTTLS 270
– Verschlüsselter Mailversand 269
Socket
– im Dateisystem 208
socket
– accept() 209
– AF_INET 204–207
– AF_UNIX 208, 211
– Modul socket 203
– setsockopt() 206
– SO_REUSEADDR 206
– SOCK_DGRAM 204, 205, 211
– SOCK_STREAM 206–208
– socket() 204–208, 211
Speicherung von Daten und Objekten
– Module in der Standardlibrary 462
SQL *siehe* DB-API
Startparameter *siehe* argparse
stat()
– os.stat() 176
Statement über mehrere Zeilen 5
stderr 54
stdout 54
str
– String-Klasse 18
str() 119
Stream-Socket *siehe* TCP-Socket

String 17
– capitalize() 19
– casefold() 19
– center() 19
– count() 19
– encode() 19
– endswith() 19
– find() 19
– format() 19
– index() 19
– join() 19, 20
– lower() 19
– lstrip() 19
– Methoden der Klasse 19
– replace() 19
– rfind() 19
– rindex() 20
– rstrip() 20
– split() 20
– splitlines() 20
– startswith() 20
– strip() 20
– swapcase() 20
– title() 20
– upper() 20
StringIO
– Klasse 60
Strings
– Methoden 52
struct
– Byteorder festlegen 238
– Definition von Datentypen 238
– Funktionen im Moudul 237
– Modul struct 237
– Struct-Objekte 240
struct_time 154
Suchen und Ersetzen *siehe* Reguläre Ausdrücke
super() 100
sys
– argv 414
– Modul sys 414
syslog
– closelog() 368
– Log-Kanäle 370
– Log-Level im Modul 369
– Modul syslog 368
– openlog() 368, 370
– setlogmask() 368
– syslog() 368

TCP-Socket
– accept() 206, 208
– bind() 206, 208
– close() 206, 209
– connect() 208
– listen() 206, 208
– recv() 206, 209
– send() 207, 208
– Socket-Client 207
– Socket-Server 206
tempfile
– Modul tempfile 181
Temporäre Dateien erzeugen *siehe* tempfile
Text
– mit Regex beschreiben 183
Text verarbeiten
– Module in der Standardlibrary 461
Thread
– als abgeleitete Klasse 295
Thread-Objekt 293
threading
– Modul threading 291
– Thread 292
Threads synchronisieren 298
– Barrier 310
– Condition 301
– Event 307
– Lock 299
– RLock 301
– Semaphore 306
– Timer 308
time
– asctime() 156
– ctime() 157
– gmtime() 154
– Klasse in datetime 160
– localtime() 154
– mktime() 155
– Modul time 154
– sleep() 158
– strftime() 156
– strptime() 157
– struct_time 154
– time() 154
– Timestamp 154
timedelta
– Klasse in datetime 162
Timestamp *siehe* time

timezone
– Klasse in datetime 162
True 63
try … except 42
try … except … else 43
Tupel *siehe* tuple
– Methoden 22
– mit einem Element 21
tuple
– Tupel-Klasse 21
type() 13, 101, 106

UDP-Socket
– bind 204
– bind() 211
– close() 211
– recvfrom() 204, 211
– sendto() 205, 211
– Socket-Client 204
– Socket-Server 203
– UNIX-Socket 211
Uhrzeit formatieren *siehe* time.asctime(), *siehe*
    time.strftime()
Uhrzeit parsen
– time.strptime() 157
unendlich *siehe* inf, infinity
unittest 213
UNIX-Sockets 207
unquote() 265
update_wrapper() 131
urandom()
– os.urandom() 195, 199
URL
– Aufbauen 263
– codieren 242
– Klasse in urllib 263
– Zerlegen 264
urllib
– Modul urllib 258
– Modul urllib.error 258
– Modul urllib.parse 258
– Modul urllib.request 258
– Modul urllib.robotparser 258
– Request 261
– urlopen() 259
urlparse() 264
UserDict *siehe* collections
UserList *siehe* collections
UserString *siehe* collections

Variablen 9
– Sichtbarbeit in Funktionen 74
– Typ bestimmen mit type() 106
Variablennamen
– gültige 10
Vererbung 99
– einfache 100
– mehrfache 104
– Suchreihenfolge für Methoden 104
– von eingebauten Klassen 102
Verzeichnis rekursiv durchsuchen 177
virtualenv 430

Webseite
– dynamisch 256
– Formular 255
– statisch 252
Webserver *siehe* http
Webserver in Python 251
Wertvergleich 65

WindowsPath *siehe* pathlib
with 67, 137

XML
– Module in der Standardlibrary 467

yield 135

Zählschleife 136
Zahlen *siehe* eingebaute Typen
Zeichenketten *siehe* eingebaute Typen, *siehe*
    String
Zeichenklasse
– in Regex definieren 183
Zeichenmenge
– in Regex definieren 183
Zeit *siehe* time
Zeit einlesen
– time.strptime() 157
Zufallszahlen *siehe* random

www.ingramcontent.com/pod-product-compliance
Lightning Source LLC
Chambersburg PA
CBHW082103220326
41598CB00066BA/4918